智能演化优化

徐 华 袁 源 著

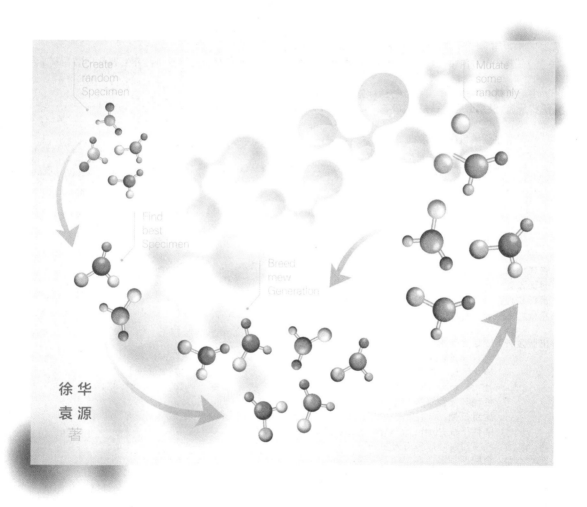

清华大学出版社

北京

内 容 简 介

近年来,演化计算作为计算智能领域的经典优化技术,已经广泛应用于求解组合优化、工程优化等理论和工程类的优化问题,形成了一种基于演化的智能优化方法。针对高维空间的多目标优化问题,近年来基于分解的多目标演化算法(MOEAs)利用了分而治之的思想有效降低了求解多目标或高维多目标优化问题的难度。根据分解的形式不同,基于分解的 MOEAs 又进一步细分为基于聚合的 MOEAs和基于参考点的 MOEAs。尽管基于分解的 MOEAs 是目前求解高维多目标优化问题最有前景的技术之一,然而它在方法和应用层面均存在着缺陷和不足。本书第一部分围绕该类方法,着眼于"如何在目标空间中平衡收敛性和多样性""如何在决策空间中平衡探索与开发"以及"如何进行有效的降维"等科学问题,展开了系统性的研究,旨在进一步完善其理论框架并推广其在具体问题上的应用。另外,针对多目标柔性作业车间调度这一类典型的 NP 难工程优化问题,本书基于演化优化的求解思路,分别研究了面向单目标优化的融合问题知识的混合和声搜索方法(HHS)、面向高维空间单目标优化的混合和声搜索和大邻域搜索的集成搜索方法(HHS/LNS),以及面向多目标优化的基于目标重要性分解的模因演化方法,并在多个基线数据集上取得了优异的效果。

本书可作为演化计算、智能优化、大数据及人工智能等相关专业研究参考和研究生教学用书。

图书在版编目(CIP)数据

智能演化优化/徐华,袁源著. —北京:清华大学出版社,2024.2
ISBN 978-7-302-65499-5

Ⅰ.①智… Ⅱ.①徐… ②袁… Ⅲ.①算法设计 Ⅳ.①TP301.6

中国国家版本馆 CIP 数据核字(2024)第 019962 号

责任编辑:白立军 薛 阳
封面设计:刘 乾
责任校对:刘惠林
责任印制:宋 林

出版发行:清华大学出版社
    网   址:https://www.tup.com.cn,https://www.wqxuetang.com
    地   址:北京清华大学学研大厦 A 座   邮   编:100084
    社 总 机:010-83470000   邮   购:010-62786544
    投稿与读者服务:010-62776969,c-service@tup.tsinghua.edu.cn
    质量反馈:010-62772015,zhiliang@tup.tsinghua.edu.cn
    课件下载:https://www.tup.com.cn,010-83470236
印 装 者:三河市君旺印务有限公司
经   销:全国新华书店
开   本:185mm×230mm   印   张:22.5   字   数:451 千字
版   次:2024 年 2 月第 1 版   印   次:2024 年 2 月第 1 次印刷
定   价:89.00 元

产品编号:102357-01

前 言

习近平总书记在党的二十大报告中指出：教育、科技、人才是全面建设社会主义现代化国家的基础性、战略性支撑。必须坚持科技是第一生产力、人才是第一资源、创新是第一动力，深入实施科教兴国战略、人才强国战略、创新驱动发展战略，这三大战略共同服务于创新型国家的建设。报告同时强调：推动战略性新兴产业融合集群发展，构建新一代信息技术、人工智能、生物技术、新能源、新材料、高端装备、绿色环保等一批新的增长引擎。

当前，人工智能日益成为引领新一轮科技革命和产业变革的核心技术。其中，智能演化优化作为一种重要的计算方法，在诸多领域，如控制系统设计、工业调度、软件工程等实际应用中，已经展现出其独特的优势和巨大的潜力。

演化算法（Evolutionary Algorithms，EAs）是一类模拟自然界生物进化过程的基于群体的全局优化算法。EAs已经成功应用于多目标优化领域，为求解"多目标优化问题"(MOPs)开辟了一条新的途径。由于EAs在多目标优化方面具有独特的优势，能够有效克服传统方法的局限性，多目标演化算法（Multi-Objective Evolutionary Algorithms，MOEAs）的研究已成为演化计算（Evolutionary Computation，EC）领域的热门方向之一，并已发展成为一个重要而活跃的研究分支：演化多目标优化（Evolutionary Multi-objective Optimization，EMO）。

相对于单目标优化问题（Single-objective Optimization Problems，SOPs），多目标优化问题（Multi-objective Optimization Problems，MOPs）的求解一般更加困难。在SOPs中，由于解之间是全序关系，通常只存在唯一的最优解；而在MOPs中，由于目标之间存在一定程度的冲突，导致解之间只存在偏序关系，因此一般不是得到单个的最优解，而是得到一组折中的解，即所谓的Pareto最优解集或非支配解集。

近几年来，EMO领域的研究焦点逐渐转向高维多目标优化问题（Many Objective Optimization Problems，MaOPs），即目标数目大于3的MOPs，这类研究的兴起主要有以下两个原因。一方面，涉及许多优化目标的优化问题确实广泛存在于各种实际应用中，如控制系统设计、工业调度、软件工程等。因此，实践者迫切需要有效的优化方

法能够很好地解决他们所面临的这类问题。 另一方面，非常流行的基于 Pareto 支配的 MOEAs，如第二代非支配排序遗传算法（Non-dominated Sorting Genetic Algorithm Ⅱ，NSGA-Ⅱ）、第二代强度 Pareto 演化算法（Strength Pareto Evolutionary Algorithm 2，SPEA2）、第二代基于 Pareto 包络的选择算法（Pareto Envelope-based Selection Algorithm Ⅱ，PESA-Ⅱ）等，虽然在具有两个或三个优化目标的 MOPs 上显示出了优异的性能，但是它们在高维多目标优化中却遇到了很大的困难。

本书将基于分解的 MOEAs 作为研究对象，在方法和应用两个层面均展开了研究工作，旨在进一步提升这类算法在高维多目标优化中的性能，并拓展其新型应用领域，为求解生产调度领域的复杂多目标优化问题提供高效的求解方法。 在理论方法层面，本书系统化地研究了在基于聚合的多目标演化算法中平衡收敛性和多样性的方法、基于新型支配关系的多目标演化算法、基于分解的多目标演化算法中的变化算子比较性研究、多目标优化中的目标降维方法，以及利用支配预测辅助的高成本多目标演化优化方法；在工程优化应用层面，针对实际集成电路制造领域的工艺调度优化问题，将具有多腔室、多机器人、多加工路径、多优化目标等复杂生产环境抽象为多目标柔性作业车间调度问题（Multi-Objective Flexible Job-shop Scheduling Problem，Mo-FJSP），系统化地研究了面向单目标优化的融合问题知识的混合和声搜索方法（HHS）、面向高维空间单目标优化的混合和声搜索和大邻域搜索的集成搜索方法（HHS/LNS），以及面向多目标优化的基于目标重要性分解的模因演化方法。

本书是"演化学习与智能优化"系列学术专著的第二部，笔者的研究团队后续将及时梳理和归纳总结相关的最新成果，以系列图书的形式分享给读者。 本书既可以作为演化学习、智能优化等领域的教材，同时也可以作为优化调度、演化学习、智能系统等方面系统与产品研发重要的理论方法参考书。 本书相关的内容资料（算法、代码、数据集等）可在开源社区下载（下载地址可查阅 THUAIR 官网或者联系作者）。 由于智能演化优化是一个崭新的快速发展的研究领域，受限于作者的学识和知识的认知范围，书中疏漏和不足之处在所难免，衷心地希望读者能提出宝贵的意见和建议，请联系 bailj@ tup.tsinghua.edu.cn。

本书的相关工作受国家自然科学基金项目（No. 61673235、No. 61175110、No. 60875073、No. 60575057）的持续资助与支持。 同时更要感谢本书书写过程中，清华大学计算机科学与技术系智能技术与系统国家重点实验室赵锦栎、陈小飞等对书稿整理所付出的艰辛努力，以及杨甲东、王勃等在相关研究方向上不断持续的合作创新工作成果。 没有各位团队成员的努力，本书无法以体系化的形式呈现在读者面前。

作 者

2023 年 12 月于北京

目　录

下篇 柔性作业车间调度问题及其优化求解

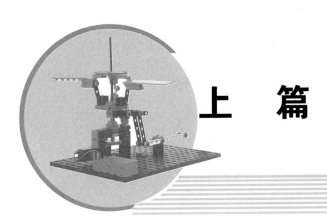

上　篇

多目标优化问题与智能演化优化方法

第 1 章　　引　言

1.1　研究背景

在社会生产的各个领域中,人们始终追求以最小的成本获得最大的效益。最小化成本和最大化效益构成了事物的一对矛盾,如果同时考虑矛盾的两个方面,这就是一个典型的多目标优化问题(Multi-objective Optimization Problems,MOPs)。实际上,科学研究和工程实践中的许多具体问题往往需要同时考虑多个优化目标。例如,军工企业在设计某种导弹时,一般会希望导弹射程尽可能远,精度尽可能高,重量尽可能轻,以及消耗燃料尽可能省等,但是这些设计目标的改善可能会相互冲突,譬如更远的射程可能会导致燃料消耗量的增加,所以须在各个设计目标之间做出折中。由于 MOPs 在现实世界中广泛存在,因此研究多目标优化算法,以帮助人们更好地解决这类问题,具有十分重要的理论意义和应用价值。

相对于单目标优化问题(Single-objective Optimization Problems,SOPs),MOPs 的求解一般更加困难。在 SOPs 中,由于解之间是全序关系,通常只存在唯一的最优解;而在 MOPs 中,由于目标之间存在一定程度的冲突,导致解之间只存在偏序关系,因此一般不是得到单个的最优解,而是得到一组折中的解,即所谓的 Pareto 最优解集或非支配解集。另外,在求解实际 MOPs 时,决策者往往还会根据个人偏好或某种决策方法,从Pareto 最优解集中挑选出一个或多个解作为问题最终的最优解。可以看出,得到 Pareto 最优解集是求解 MOPs 的首要步骤和关键所在,这也正是本书所关注的核心内容。传统的求解 MOPs 的算法包括线性加权法[1]、ϵ约束法[1]、极大极小法[2]、目标规划法[3]、目标满意法[4]等。尽管这些方法继承了求解 SOPs 的一些经典算法的机理,但是它们存在着一个共同的缺陷,那就是为得到原问题的 Pareto 最优解集,算法必须要多次运行,由于各次的运行求解过程相互独立,它们之间的信息难以共享,可能导致各次得到的结果不可比较,令决策者难以做出有效的决策,并且多次运行也会带来较大的计算开销,降低问题求解的效率。另外需要注意的是,这些方法往往对目标函数的可微性、Pareto 前沿面的凹凸性等也有一定的要求,例如,线性加权法不能有效处理 Pareto 前沿面的凹部,并且它们一般也很难处理大规模的问题,限制了它们的实际应用。演化算法(Evolutionary Algorithms,EAs)或称为演化算法,是一类模拟自然界生物进化过程的基于群体的全局优化算法。EAs已经成功应用于多目标优化领域,为求解MOPs开辟了一条新的途径。EAs特别适合于求解MOPs,主要是基于以下原因:首先,它们能够同时处理一组解(所谓种群),在一次运行中可以得到多个Pareto最优解,以近似Pareto最优解集;其次,EAs对Pareto前沿面的形状及连续性不敏感,如它们可以比较容易地处理不连续或凹的Pareto前沿面;另外,EAs可以有效处理大规模的搜索空间,非常适用于解决NP难的问题。正是由于EAs在多目标优化方面具有独特的优势,能够有效克服传统方法的局限性,多目标演化算法(Multi-Objective Evolutionary Algorithms,MOEAs)的研究已成为进化计算(Evolutionary Computation,EC)领域的热门方向之一,并已发展成为一个重要而活跃的研究分支:进化多目标优化(Evolutionary Multi-objective Optimization,EMO)。目前,EMO无论在方法还是应用层面上都已取得了丰硕的成果,新颖的算法和成功的应用不断涌现。EC领域的顶级期刊 *IEEE Transactions on Evolutionary Computation* 从1997年创刊至2023年所发表的文章中,被SCI引用最多的5篇文章中,有两篇是关于EMO方面的研究成果[5,6]。EC领域的两大主流国际会议,即ACM主办的Genetic and Evolutionary Computation Conference(GECCO)和IEEE主办的IEEE Congress on Evolutionary Computation(CEC),每年关于EMO的分会也是最多的;CEC 2009还专门设立了关于MOEAs的算法竞赛。EC领域多位知名学者,如Kalyanmoy Deb、Carlos A. Coello Coello等,也已陆续出版了EMO的相关专著[7,8]。

近几年来,EMO领域的研究焦点逐渐转向高维多目标优化问题(Many Objective Optimization Problems,MaOPs)[9],即目标数目大于3的MOPs,这类研究的兴起主要由于以下两点。一方面,涉及许多优化目标的优化问题确实广泛存在于各种实际应用中,如控制系统设计[10,11]、工业调度[12]、软件工程[13,14]等。因此,实践者迫切需要有效的优化方法能够很好地解决他们所面临的这类问题。另一方面,非常流行的基于Pareto支配的MOEAs,如第二代非支配排序遗传算法(Non-dominated Sorting Genetic Algorithm Ⅱ,NSGA-Ⅱ)[5]、第二代强度Pareto演化算法(Strength Pareto Evolutionary Algorithm 2,SPEA2)[15]、第二代基于Pareto包络的选择算法(Pareto Envelope-Based Selection Algorithm Ⅱ,PESA-Ⅱ)[16]等,虽然在具有两个或三个优化目标的MOPs上显示出了优异的性能,但是它们在高维多目标优化中却遇到了很大的困难。主要原因是,当问题的目标数目增多时,种群中非支配解的比例会急剧增大,甚至可能所有解都是非支配的,此时基于Pareto支配的选择机制将不能像处理低维目标时施予种群足够的选择压力,那么种群的进化将会减慢,甚至会停滞。若干早期关于高维多目标优化的研究[17-19]已经通过分析或实验的手段验证了这一点。

最近,由于研究者的不断努力,高维多目标优化的研究已取得了初步的进展,其中,基于分解的 MOEAs 也许是当前求解 MaOPs 的最有前景的一类技术,该类技术利用分解思想,或将原问题分解为多个单目标子问题,或将原问题目标空间直接分解为多个目标子空间,有效地降低了原问题的求解难度。然而这类技术在方法和应用方面依然存在着诸多不足和缺陷。

(1) 在方法层面上,有的算法在保持种群多样性方面存在困难,而有的算法则存在收敛性不足的问题,因此在这些算法中如何更加有效地平衡收敛性(Convergence)和多样性(Diversity)是亟待解决的问题;另外,这类算法也很少探究如何在决策空间中更加有效地平衡探索(Exploration)与开发(Exploitation)之间的关系,所以在这方面也有很大的研究空间。

(2) 在应用层面上,目前这类算法在求解具体应用问题时,往往不能将多目标搜索与问题相关知识有机地结合起来,因而存在优化能力不足的问题。

1.2　基本概念以及基本框架

多目标优化问题的智能演化求解是本书的重点论述内容,下面将首先阐释多目标优化问题的基本概念以及多目标演化算法的基本框架。

1.2.1　多目标优化问题

不失一般性,本书考虑具有如下数学形式的 MOPs:

$$\min \boldsymbol{f}(\boldsymbol{x}) = (f_1(\boldsymbol{x}), f_2(\boldsymbol{x}), \cdots, f_m(\boldsymbol{x}))^{\mathrm{T}}$$

$$\text{subject to } \boldsymbol{x} \in \Omega \subseteq \mathbb{R}^n \tag{1.1}$$

其中,$\boldsymbol{x} = (x_1, x_2, \cdots, x_n)^{\mathrm{T}}$ 是决策空间 Ω 中的一个 n 维的决策向量;$\boldsymbol{f}: \Omega \to \Theta \subseteq \mathbb{R}^m$ 是 m 维的目标向量,它是一个从 n 维决策空间 Ω 到 m 维目标空间 Θ 的映射,图 1.1 给出了该映射的示意图。接下来,给出 MOPs 中的几个重要定义。

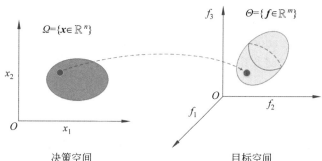

图 1.1　多目标优化中从决策空间到目标空间的映射示意图

定义 1.1：给定两个决策向量 $x,y\in\Omega$，如果 x 的 Pareto 支配 y，表示为 $x\prec y$，当且仅当对任意 $i\in\{1,2,\cdots,m\}$，$f_i(x)\leqslant f_i(y)$ 且至少存在一个下标 $j\in\{1,2,\cdots,m\}$，$f_j(x)\leqslant f_j(y)$。

定义 1.2：一个决策向量 $x^*\in\Omega$ 是 Pareto 最优解当且仅当不存在决策向量 $x\in\Omega$ 使得 $x\prec x^*$。

定义 1.3：Pareto 最优解集，$x\prec x^*$，定义为

$$PS=\{x\in\Omega\mid x\text{ 是 Pareto 最优解}\} \tag{1.2}$$

定义 1.4：Pareto 前沿面 PF，定义为

$$PF=\{f(x)\in\mathbb{R}^m\mid x\in PS\} \tag{1.3}$$

定义 1.5：理想点 z^* 表示为 $z^*=(z_1^*,z_2^*,\cdots,z_m^*)^{\mathrm{T}}$，其中，对每个 $i\in\{1,2,\cdots,m\}$，z_i^* 是 f_i 的下确界。

定义 1.6：最差点 z^{nad} 表示为 $z^{\mathrm{nad}}=(z_1^{\mathrm{nad}},z_2^{\mathrm{nad}},\cdots,z_m^{\mathrm{nad}})^{\mathrm{T}}$，其中，对每个 $i\in\{1,2,\cdots,m\}$，z_i^{nad} 是 f_i 在 PS 上的上确界。

针对 MOPs，MOEAs 的目标是要求解一组非支配的目标向量，这组向量需要在目标空间中尽可能地接近 Pareto 前沿面，即收敛性（Convergence）；且它们沿着 Pareto 前沿面应该尽可能均匀地分布，即多样性（Diversity）。

1.2.2 多目标演化算法简介

MOEAs 是 EAs 在多目标优化方面的继承和发展，与 EAs 相同，它也有如下三个显著的特点[20]。

（1）基于种群（Population-based）：需要维护问题的一组可行解，称为种群。以并行的方式对问题解空间进行寻优，进化过程是以种群为载体的。

（2）面向适应度（Fitness-oriented）：种群中的每个可行解，称为个体或染色体。每个个体有各自的基因表示，称为编码。每个个体性能的优劣程度通过适应度来表征。依据适者生存的自然法则，适应度较高的个体被保留的概率高，而适应度较低的个体则易被淘汰，这种选择机制是算法收敛到问题最优解的基础。

（3）变化驱动（Variation-driven）：在问题求解过程中，通过变化算子来改变个体的基因表示，这模仿了生物进化中遗传基因的改变过程，是算法能够对问题解空间进行有效搜索的根本所在。

MOEAs 首先通过随机方法或启发式方法产生初始种群，初始种群中染色体或个体的数目称为种群大小。然后 MOEAs 进入迭代过程，图 1.2 给出了该过程的示意图。在每代中，首先，进行配对选择（Mating Selection），即选择当前种群中的哪些个体来产生子代个体；然后，对选出的个体执行变化算子（Variation Operator）以产生若干子代个体，常用的变化算

子如遗传算法(Genetic Algorithms,GAs)中的交叉和变异;接着,对产生的子代个体进行评价,即计算个体所对应解的所有目标值;最后,进行环境选择(Environmental Selection),即选择种群中哪些个体成为下一代个体。如果在每代中只产生一个子代个体,则称算法采用了稳态(Steady State)模式;若每代中产生了数目为种群大小的子代个体,则称算法采用了生成(Generational)模式。

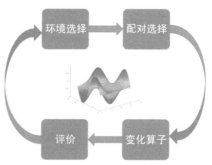

图 1.2　MOEAs 进化迭代示意图

在求解 SOPs 的 EAs 中,变化算子是研究的重点,主要考虑如何设计更加高效的变化算子以使搜索在决策空间中实现探索(Exploration)与开发(Exploitation)之间的平衡,换言之,即广泛搜索与集中搜索之间的平衡。目前研究者已经开发了多种针对 SOPs 的有效的变化算子,如分布估计算法(Estimation of Distribution Algorithm,EDA)[21]根据优选个体的分布建立概率模型,并通过所建立的模型进行随机采样产生子代个体;差分进化(Differential Evolution,DE)[22]通过父代个体之间的差异产生子代个体。环境选择在单目标 EAs 中比较简单,因为目标函数直接体现了个体的优劣,但是对于 MOEAs 而言却是研究的焦点。以采用生成模式的 MOEAs 为例,研究所围绕的关键问题就是,如何进行合理的适应度分配,从两倍种群大小的个体中选出一半的个体作为下一代个体,并能使个体在目标空间中实现收敛性和多样性之间的平衡。图 1.3 示意了著名的多目标遗传算法(Multi-Objective Genetic Algorithm,MOGA)[23]和 NSGA-Ⅱ所采用的适应度分配方法。在 MOGA 中,所有非支配个体的适应度定为 1,然后其他个体的适应度设为支配它的个体数目加 1;这种方式下适应度相同的个体会进一步利用适应度共享的机制进行选择。在 NSGA-Ⅱ中,首先将种群中所有非支配个体的适应度设置为 1,然后暂时不考虑这些非支配个体,可以在余下的种群中确定新的非支配个体,并将它们的适应度设置为 2,以此类推,直到整个种群的个体均被分配适应度;适应度相同的个体构成 NSGA-Ⅱ中的非支配层,它们之间需利用拥挤距离(Crowding Distance)进行进一步区分。

注意,尽管 MOEAs 中关于变化算子的研究相对较少,但是它仍然有着举足轻重的作用。事实上,已经有研究[24]指出,MOEAs 在目标空间中对收敛性和多样性(二者在某种程度上是存在对立关系的)的要求会加大其在决策空间中平衡探索与开发的难度,从而对变化算子也会有着更高的要求。因此,MOEAs 的设计要考虑到两个平衡,第一是在目标空间中收敛性和多样性之间的平衡,第二是在决策空间中探索与开发之间的平衡。第二个平衡会为第一个平衡提供更大的潜力,而第一个平衡会为第二个平衡建立更好的基础,因此这两个平衡之间是相互影响、相互促进的。

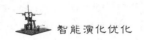

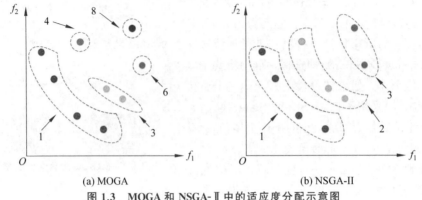

(a) MOGA   (b) NSGA-Ⅱ

图 1.3　MOGA 和 NSGA-Ⅱ 中的适应度分配示意图

1.3　相关研究工作综述

高维多目标优化问题目前是进化多目标优化领域的研究前沿。针对这一领域,本节将综述相关研究工作的现状。

1.3.1　进化高维多目标优化

如 1.1 节所述,MaOPs 会对已有的 MOEAs 造成严重的困难[17-19,25-27],特别是对于非常流行的基于 Pareto 支配的 MOEAs。在已有的研究中,一般有两类技术可以克服基于 Pareto 支配的 MOEAs 在求解 MaOPs 方面的缺陷。

第一类技术的主要思想是采用新型的偏好关系(松弛的 Pareto 支配或其他排序方式),目的是能够在目标空间中引入更细粒度的序关系。目前为止,这方面已经有了很多深入的研究。ϵ-支配是最具代表性的工作之一,该支配关系将目标空间分成许多网格且每个网格只能包含一个解。Deb 等[28]将该概念与多目标搜索结合起来开发了一个稳态的 MOEA,以快速的计算过程实现了解的良好分布。除 ϵ-支配之外,许多其他可选的偏好关系在高维多目标优化中也很有前景,如平均和最大排序[29]、支持关系[30]、模糊 Pareto支配[31,32]、扩张关系[33]、偏好顺序排序[34]、L-支配等[35-39]。若干类似的研究[40-43]在一定程度上探究了不同偏好关系的优缺点。

另一种类型的技术旨在提高多样性保持的机制。该类技术是基于如下的考虑,既然Pareto 支配不能在高维多目标空间中朝着 Pareto 前沿面产生足够的选择压力,那么选择几乎完全依赖于多样性保持算子,这一般被认为是 MOEAs 中的第二级选择算子。然而,大多数已有的多样性保持指标,如拥挤距离[5]或者 k 最近距离[15],更偏爱抗支配性

(Dominance Resistant)[17,26] 的解,即那些在至少一个目标上有很高性能但是在其他目标上性能很差的解。这会导致搜索偏向于那些离全局 Pareto 前沿面较远的解,尽管这些解在目标空间中可能具有良好的多样性分布。因此需要谨慎对待高维多目标优化中的多样性保持策略,以避免或缓解这种现象的发生。与第一类技术相比,本类技术相关的研究要少得多。Adra 和 Fleming[44] 提出了两种管理多样性的机制且研究了它们在高维多目标优化中对算法总体收敛性的影响。Deb 和 Jain[45] 提出了一种改进的 NSGA-Ⅱ 算法,即 NSGA-Ⅲ,它用一个聚类算子替换了 NSGA-Ⅱ 中的拥挤距离算子,该聚类算子是在一组均匀分布的参考点的辅助下执行的。Li 等[46] 为基于 Pareto 支配的 MOEAs 开发了一种一般性的修改多样性指标的策略,即基于转移的密度估计策略,该策略综合考虑了解的分布和收敛信息。

与基于 Pareto 支配的 MOEAs 不同的是,其他两类 MOEAs——基于指标的和基于分解的 MOEAs,一般被认为比较适合于求解 MaOPs,因为它们或者采用了其他偏好关系来促进收敛性,或者使用了高效的多样性保持机制。然而,它们在处理 MaOPs 时,也面临着各自的问题。

基于指标的 MOEAs 直接考虑算法所要达到的效果,旨在优化一个性能指标,该指标可以在近似 Pareto 前沿面的解集之间提供一个理想的序的关系。由于良好的理论特性,超体积(Hypervolume,HV)[6] 是最常使用的性能指标。HV 的主要优点在于最大化 HV,等价于为给定的 MOP 问题找到 Pareto 前沿面[47]。在已有文献中,已经有一些比较成熟的利用 HV 的算法,如基于指标的演化算法(Indicator-Based Evolutionary Algorithm,IBEA)、S 测度选择演化算法(S Metric Selection Evolutionary Algorithm,SMS-EMOA)[48],以及多目标协方差矩阵自适应进化策略(Multi-Objective Covariance Matrix Adaptation Evolution Strategy,MO-CMA-ES)[49]。然而,HV 的计算代价会随目标数的增多呈指数级增长,且一般在多于 5 个目标的高维多目标情形下很难得到实际应用。为了解决这一问题,一个可选的策略是只需知道根据 HV 所得到的解的序关系,而不需要精确计算 HV 值。多目标 HV 估计算法(HV estimation algorithm for multi-objective optimization,HypE)[50] 采用了这种策略,其中,HV 的值是通过蒙特卡罗模拟来近似的。另一种策略是用其他性能指标来替代 HV,这些指标比 HV 的计算代价要小得多且同样要具有较好的理论特性,如 R_2[51] 和 Δ_p[52]。这种策略已经在最近的一些基于指标的 MOEAs 中得到了实现[53-56]。

基于分解的 MOEAs 根据分解形式的不同又可以进一步细分为基于聚合的 MOEAs 和基于参考点的 MOEAs。基于聚合的 MOEAs 使用一个权向量将一个 MOP 的所有优化目标合成到一个聚合函数中,那么一组权向量(或者方向)将会产生多个聚合函数,每个聚合函数定义了一个单目标优化问题。种群多样性的保持是通过在目标空间中指定一组均匀分布的权向量来隐式实现的。问题分解多目标演化算法（Multi-Objective Evolutionary Algorithm Based on Decomposition，MOEA/D）[57,58]和多重单目标 Pareto 采样（Multiple Single-Objective Pareto Sampling，MSOPS）[59]是两个最具代表性的基于聚合的 MOEAs。最近，作者针对高维多目标优化提出了一个基于 NSGA-Ⅱ的新的搜索框架，称作集成适应度排序（Ensemble Fitness Ranking，EFR）[60]，它比 MSOPS 更具一般性。在形式上，EFR 可以看作平均排序（Average Ranking，AR）和最大排序（Maximum Ranking，MR）[29]的扩展。显著的不同之处在于 EFR 使用了更具一般性的适应度函数（聚合函数）替代了 AR 和 MR 所使用的目标函数。在过去的几年里，基于聚合的 MOEAs 在高维多目标优化中非常流行，因为它们在 MaOPs 上已经显示了相当好的性能[25,61-64]。然而，它们在高维多目标搜索方面仍然存在缺陷。以 MOEA/D 为例，它即使在高维多目标空间中，一般也能够使种群很好地接近 Pareto 前沿面，但是在多样性保持方面往往存在困难，经常会导致不能较好地覆盖 Pareto 前沿面。该发现已经被最近的若干研究[37,45,65]所证实，其原因很大程度上归于所采用聚合函数的等高线的特性，这将在第 3 章予以进一步详述。其他基于聚合的 MOEAs，如 MOSOP 和 EFR，也存在着类似的问题，因为它们也是依赖聚合函数驱动搜索。另外值得一提的是，MOEA/D 作为设计 MOEAs 的主流框架之一，已有大量基于它的研究，如与群体智能算法相结合[66,67]，嵌入自适应机制[68-70]，与局部搜索相混合[71,72]，引入选择中的稳定匹配[73]等。然而，这些新的算法大多未在 MaOPs 上得到验证。除了少数最近的文献[74,75]，MOEA/D 在高维多目标优化方面的研究还集中在实验探究其搜索行为上[62,63,76-78]。

　　基于参考点的 MOEAs 是一类最近兴起的求解 MaOPs 的很有前景的技术，该类技术可有效缓解处理高维目标所面临的若干困难[45]。与基于聚合的 MOEAs 的不同之处在于，基于参考点的 MOEAs 并不依赖于聚合函数，其中也并没有多个显式的单目标子问题，它通过多个参考点（或参考方向）直接将目标空间分解为多个目标子空间，并在进化过程中对多个目标子空间进行并行地搜索。TC-SEA[79]、MOEA/D-M2M[80]、NSGA-Ⅲ[45]和 I-DBEA[75]是具有代表性的基于参考点的 MOEAs。TC-SEA 在每次迭代中利用曼哈顿距离产生一组均匀分布的吸引点（参考点），每个解被附着在最近的吸引点上，同样每个吸引点所附着的解根据曼哈顿距离指标进行局部竞争，以产生下一代解。MOEA/D-M2M 通过一组均匀分布的参考线将一个 MOP 分解为多个定义在目标子空间上的 MOP，每个目标子空间分配含有一定数目个体的子种群来负责求解相应的 MOP，子种群中的个体竞争是通过 Pareto 非支配排序方法实现。NSGA-Ⅲ通过一组均匀分布的参考点，将所考虑种群中的每个个体都附着在相应参考点所对应的参考线上，环境选择时强调 Pareto 非支配的且距离所附着参考线较近的个体。I-DBEA 在环境选择中采用了与 NSGA-Ⅲ类似的准则，但是与 NSGA-Ⅲ不同的是，I-DBEA 在进化过程中使用了稳态的模式,而 NSGA-Ⅲ 使用了生成模式。由于基于参考点的 MOEAs 显式地将目标空间分为多个子空间,因此在保持解的多样性方面存在一定的优势,然而这类方法往往主要通过 Pareto 支配关系使种群接近 Pareto 前沿面,如 MOEA/D-M2M、NSGA-Ⅲ 和 I-DBEA,所以在求解 MaOPs 时会在一定程度上出现收敛性不足的问题。

最后需要指出的是,利用分解的思想求解 MOPs,其实在一些较早的 MOEAs 研究中就已出现,典型的如 MOGLS[81,82]。

本书论述内容也将涉及多目标演化算法中的变化算子,尽管变化算子对算法性能有显著的影响,但该方面的研究仍然较少。

1.3.2　多目标演化算法中的变化算子

在 EMO 领域,大多数研究,如文献[5]和[15],都关注于环境选择过程。然而,正如 1.2.2 节所述,在决策空间中保持开发和探索的平衡对于 MOEAs 也非常重要,这通常是由变化算子来实现的。

为了加强 MOEAs 在决策空间中的搜索能力,一些研究[83,84]针对 MOPs 提出了新的变化算子。此外,关于这方面的另一条研究路线是综合已有的多个变化算子的效果。这是基于如下的事实:不同的变化算子往往适合于不同问题的适应度地形,甚至可能适合于优化过程的不同阶段。因此,将不同变化算子有机地结合起来可以期望在搜索能力上实现优势互补。在过去几十年中,许多研究者在多目标优化中利用了这个一般性的想法。Vrugt 等[85]提出在 NSGA-Ⅱ 中同时采用不同的变化算子来产生子代个体,该方法还采用了自适应的策略,该策略会倾向于选择具有最高再生成功率的变化算子。Tan 等[24]提出了一个自适应的变化算子,该算子利用基因的二元表示结构且综合了交叉和变异的功能。Elhossini 等[86]提出了一种混合算法来求解 MOPs,该算法将粒子群算法(Particle Swarm Optimization,PSO)与遗传算子相混合,其中,遗传算子进行了一定的改进以保存 PSO 使用过的信息。一些最近的类似的工作可以参见文献[70],[87-89]。另外,需要提及的是,这种类型的方法一般会采用自适应的控制机制来协调不同变化算子之间的选择。

在高维多目标优化领域,变化算子对算法性能影响方面的研究相对较少。但是最近的研究表明,当处理高维多目标问题时,这个问题值得特别关注。Sato 等[90]发现,随着目标数目的增长,真实 Pareto 最优解的基因表达明显地变得多样化,他们认为传统的变化算子在这种情形下可能会变得太具有扰乱性且有效性降低。根据该分析,他们进一步提出了在交叉算子中控制最大交叉基因数目(Controlling the maximum number of Crossed Genes,CCG),该策略可以显著提高若干 MOEAs 在 MaOPs 上的性能。Ishibuchi 等[91]观察到,在求解高维多目标背包问题时,当算法中父代个体和子代个体之间的距离较小时,算法性能能够得到明显的提升。为了进一步验证该观测,他们实现了一个基于距离的

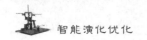

交叉算子,该算子给出了一个自定义的参数来控制父代个体与子代个体之间的距离。

1.4 本 章 小 结

本章介绍了多目标优化问题及其重要性,并讨论了高维多目标优化问题和基于分解的 MOEAs 的应用。此外,本章还指出了 MOEAs 在环境选择方面的挑战,特别是在平衡多样性和收敛性之间的适应度分配方面。一些适应度分配方法,如 MOGA 和 NSGA-Ⅱ中使用的方法,被介绍作为解决这一问题的可能途径。为后续章节的讨论提供了基础和引导。

第2章 基础知识

2.1 典型的基于分解的多目标演化算法

本节介绍四种典型的基于分解的多目标演化算法（Multi-Objective Evolutionary Algorithms，MOEAs），即 MOEA/D、EFR、NSGA-Ⅲ 和 MOGLS。MOEA/D 和 EFR、NSGA-Ⅲ，以及 MOGLS，分别是第 3 章、第 4 章、第 5 章，以及第 12 章的研究基础。

2.1.1 问题分解多目标演化算法

MOEA/D 的核心思想是将一个多目标优化问题（Multi-objective Optimization Problems，MOP）问题通过聚合函数分解为多个单目标子问题。它并不直接近似真实的 Pareto 前沿面，而是旨在并行优化这些子问题。这种机制有效的原因是每个子问题的最优解实际上对应着给定 MOP 的 Pareto 最优解。这些最优解的集合可以看作真实 Pareto 前沿面的一个良好的近似。一般来说，加权和函数、切比雪夫函数和基于惩罚的边界交叉（Penalty-based Boundary Intersection，PBI）函数能够很好地达成 MOEA/D 中分解的目的。以切比雪夫函数为例，设 $\lambda_1,\lambda_2,\cdots,\lambda_N$ 是一组均匀分布的权向量，那么一个 MOP 问题可以分解为如下 N 个单目标子问题：

$$g_j^{\text{te}}(\boldsymbol{x} \mid \boldsymbol{\lambda}_j, \boldsymbol{z}^*) = \max_{k=1}^{m}\{\lambda_{j,k} \mid f_k(\boldsymbol{x}) - z_k^* \mid\} \tag{2.1}$$

其中，$j=1,2,\cdots,N$ 且 $\boldsymbol{\lambda}_j = (\lambda_{j,1},\lambda_{j,2},\cdots,\lambda_{j,m})^{\text{T}}$。te 是表示时间步骤或迭代代数的符号，有助于算法的控制和调整，以实现多目标优化问题的解决。

在 MOEA/D 的算法初始化阶段，对每个向量 $\boldsymbol{\lambda}_j$，计算一个集合 $B(j) = \{j_1,j_2,\cdots,j_T\}$，其中，$\{\boldsymbol{\lambda}_{j,1},\boldsymbol{\lambda}_{j,2},\cdots,\boldsymbol{\lambda}_{j,T}\}$ 是根据欧几里得距离得出的距 $\boldsymbol{\lambda}_j$ 最近的 T 个权向量，它也称作权向量 $\boldsymbol{\lambda}_j$ 的邻域。由权向量的邻域，可以进一步定义子问题的邻域，第 j 个子问题的邻域包含权值向量来自于 $\boldsymbol{\lambda}_j$ 邻域的所有子问题。在 MOEA/D 的每一代中，维持着一个含有 N 个解 $x_1,x_2,\cdots,x_N$ 的种群，其中，x_j 表示第 j 个子问题的当前解。MOEA/D 的特征之一是在再生过程中采用了交配限制。当产生第 j 个子代个体时，首先从 $B(j)$ 中

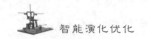

随机选择两个索引 k 和 l，然后通过遗传算子由 $\boldsymbol{x}_k$ 和 $\boldsymbol{x}_l$ 生成一个新解 $\boldsymbol{y}$。MOEA/D 的另一个特征是局部替代，即当得到 $\boldsymbol{y}$ 时，它将与每个邻域解 $\boldsymbol{x}_u, u \in B(j)$ 做比较，当且仅当 $g^{\text{te}}(\boldsymbol{y}|\boldsymbol{\lambda}_u, \boldsymbol{z}^*) < g^{\text{te}}(\boldsymbol{y}|\boldsymbol{x}_u, \boldsymbol{z}^*)$ 时，$\boldsymbol{x}_u$ 将会被 $\boldsymbol{y}$ 所替代。当所有 N 个子代个体均以这种方式逐个产生，并尝试替代已有解后，一个新的种群就形成了。上述步骤将会重复执行，直至终止条件满足。更详细的关于 MOEA/D 的细节，可参见文献[7]和[58]。

2.1.2　集成适应度排序

EFR 最初是在文献[60]中提出的。EFR 采用生成模式，它的框架基于 NSGA-Ⅱ，但是在环境选择部分与 NSGA-Ⅱ 有着显著的不同。

在 EFR 的第 t 代，父代种群 P_t（大小为 N）和子代种群 Q_t（大小为 N）首先合并为一个种群 $R_t = P_t \bigcup Q_t$（大小为 $2N$）。然后需要选择最好的 N 个个体进入下一代种群，EFR 的选择机制描述如下。对 R_t 中的每个解 $\boldsymbol{x}$，它与 N 个不同的适应度值 $\boldsymbol{F}_1(\boldsymbol{x})$，$\boldsymbol{F}_2(\boldsymbol{x}), \cdots, \boldsymbol{F}_n(\boldsymbol{x})$ 相关联。适应度函数 $F_j, j \in \{1, 2, \cdots, N\}$ 可以选取某种聚合函数，且在 EFR 的初始化阶段被确定。对每个适应度函数 F_j，所有 R_t 中的解将根据该函数值进行非递减的排序（具有相同函数值的解相对位置随机），那么每个解在 $\boldsymbol{F}_j$ 上会有各自的排序位置，排在第一位的排序序号为 1，第二位的排序序号为 2，以此类推。当考虑完所有 N 个适应度函数后，每个解 $\boldsymbol{x}$ 将会有 N 个排序序号，可以表示为向量 $\boldsymbol{R}(\boldsymbol{x}) = (r_1(\boldsymbol{x})$, $r_2(\boldsymbol{x}), \cdots, r_N(\boldsymbol{x}))^{\mathrm{T}}$，其中，$r_j(\boldsymbol{x})$ 是 $\boldsymbol{x}$ 在适应度函数 $\boldsymbol{F}_j$ 上的排序序号。然后集成排序会根据 $\boldsymbol{R}(\boldsymbol{x})$ 给出每个解 $\boldsymbol{x}$ 的全局排序序号 $R_g(\boldsymbol{x})$。文献[60]中提供了三种可选用的集成排序模式：平均排序、最大排序和层次排序。若采用最大排序，$R_g(\boldsymbol{x})$ 的计算方式如下：

$$R_g(\boldsymbol{x}) = \min_{j=1}^{N} r_j(\boldsymbol{x}) \tag{2.2}$$

因为一些解可能具有相同的 R_g 值，所以根据 R_g，合并的种群 R_t 可以分裂成若干解集 $\{F_1, F_2, \cdots, F_n\}$（类比于 NSGA-Ⅱ 中的"层"），其中，$F_i$ 中的解具有相同的第 i 小的 R_g 值。不同于 NSGA-Ⅱ，EFR 在最后一个可接受层上只是随机选择部分解。

2.1.3　第三代非支配排序遗传算法

NSGA-Ⅲ 的基本框架与著名的 NSGA-Ⅱ 类似，显著的改变在于选择机制。NSGA-Ⅲ 的主要过程可简要描述如下。

NSGA-Ⅲ 首先定义一组参考点。然后随机生成含有 N 个个体的初始种群，其中，N 是种群大小。接下来，算法进行迭代直至终止条件满足。在第 t 代，算法在当前种群 P_t 的基础上，通过随机选择，模拟两点交叉（Simulated Binary Crossover，SBX）和多项式变异[92]产生子代种群 Q_t。P_t 和 Q_t 的大小均为 N。因此，两个种群 P_t 和 Q_t 合并会形成

种群大小为 $2N$ 的新的种群 $R_t = P_t \cup Q_t$。为了从种群 R_t 中选择最好的 N 个解进入下一代,首先利用基于 Pareto 支配的非支配排序将 R_t 分为若干不同的非支配层 $(F_1, F_2$ 等)。然后,算法构建一个新的种群 S_t。构建方法是从 F_1 开始,逐次将各非支配层的解加入 S_t,直至 S_t 的大小等于 N,或首次大于 N。假设最后可以接受的非支配层是 l 层,那么在 $l+1$ 层以及之后的那些解就被丢弃掉了,且 $S_t \backslash F_l$ 中的解已经确定被选择作为 P_{t+1} 中的解。P_{t+1} 中余下的个体需要从 F_l 中选取,选择的依据是要使种群在目标空间中具有理想的多样性。在原始 NSGA-II 中,F_l 中具有较大拥挤距离的解会优先被选择。然而,拥挤距离度量并不适合求解 MaOPs[93]。因此 NSGA-III 不再采用拥挤距离,而是采用了新的选择机制,该机制会通过所提供的参考点,对 S_t 中的个体进行更加系统的分析,以选择 F_l 中的部分解进入 P_{t+1}。

具体做法是:目标值和所提供的参考点首先被归一化,以使它们有相同的范围。在归一化后,集合 S_t 的理想点就是零向量。之后,对 S_t 中的每个个体,算法计算其到每个参考线(连接理想点和参考点的直线)的距离,该个体将被依附于具有最小垂直距离的那个参考点上。接着,对第 j 个参考点定义小生境数目 ρ_j,它表示在 $S_t \backslash F_l$ 中有多少数目的个体依附于该参考点,算法计算出所有的 ρ_j 以待后续的处理。现在,算法执行小生境保持算子从 F_l 中选择个体,执行过程如下。首先,具有最小 ρ_j 值的那些参考点被选取出来,形成参考点的集合 $J_{min} = \{j : argmin_j \rho_j\}$。如果 $|J_{min}| > 1$,随机选择一个 $\bar{j} \in J_{min}$。如果 F_l 中没有任何个体与第 $\bar{j}$ 个参考点关联,那么该参考点在当前代中将不再考虑,同时,J_{min} 重新计算且 $\bar{j}$ 需要再次选择;否则,继续考虑 $\rho_{\bar{j}}$ 的大小。在 $\rho_{\bar{j}} = 0$ 的情形下,从 F_l 中那些依附于第 $\bar{j}$ 个参考点的个体中,选取到第 $\bar{j}$ 个参考线距离最短的那个个体,并将它加入 P_{t+1},同时 $\rho_{\bar{j}}$ 增加 1。在 $\rho_{\bar{j}} > 1$ 的情形下,从 F_l 中依附于第 $\bar{j}$ 个参考点的个体中随机选择一个个体,并将它加入 P_{t+1},同时 $\rho_{\bar{j}}$ 的数目增加 1。上述的小生境保持算子将会被重复执行,直至 P_{t+1} 中的个体数目达到 N。NSGA-III 的更多细节请参考文献[45]。

2.1.4　多目标遗传局部搜索

MOGLS 是较早的蕴含分解思想的多目标演化算法,它最初是用来求解多目标车间流水线调度问题。另外从搜索行为上来看,MOGLS 混合了遗传搜索和局部搜索,所以它也可以看作一种模因演算法。MOGLS 的执行流程简要描述如下。

首先,算法初始化一个大小为 N 的种群,并用一个外部存档存储所找到的非支配解。之后,算法进行迭代直至终止条件满足。在 MOGLS 的第 t 代,首先选出当前种群 P_t 中的所有非支配解,并用其更新外部存档。然后算法进入交配选择阶段,需要选择 $N - N_{elite}$ 对父代个体,每对个体进行交叉和变异操作产生一个子代个体,并将其加入 P_{t+1} 中。

在选择每对父代个体时,首先随机产生一个权向量 $w=(w_1,w_2,\cdots,w_m)^T$,其中,$\sum\limits_{t=1}^{m} w_i = 1$,$m$ 是目标数目,然后对 P_t 中的每个解 x,有加权函数值 $f(x)=\sum\limits_{i=1}^{m} w_i f_i(x)$,其中,$f_i$ 是第 i 个目标函数,通过该函数值,由基于轮盘赌的比例选择法,可以得到每个个体被选择的概率 $P(x)$,根据该概率,可以选择两个父代个体。接着,算法采用了一种精英策略,从外部存档中随机选择 N_{elite} 个解加入 P_{t+1} 中,那么现在 P_{t+1} 中解的个数已达到种群大小。之后,算法进入局部搜索过程,该过程总共执行 N 次,每次选择当前种群 P_{t+1} 中的一个个体以概率 p_{LS} 进行局部改进。选择方法如下:随机产生一个权向量 $w=(w_1,w_2,\cdots,w_m)^T$,其中,$\sum\limits_{i=1}^{m} w_i = 1$,然后依据函数值 $f(x)=\sum\limits_{i=1}^{m} w_i f_i(x)$ 使用无放回锦标赛选择从 P_{t+1} 中选择一个个体。如果局部搜索被执行,改进后的个体将作为下一代种群中的个体,否则原来的个体将进入下一代种群。另外,在局部搜索中,算法设置了一个参数 k,每次只随机检测当前解的 k 个邻域,k 较小时局部搜索很快就会终止,否则局部搜索会检测很多解,通过该参数可以调整局部搜索在 MOGLS 中所花费的计算开销。

2.2 差 分 进 化

差分进化(Differential Evolution,DE)是一种简单但是非常强大的全局演化算法,已经被成功应用到许多重要领域,如生产调度[94]、数字滤波器设计[95]、前向神经网络训练[96,97]、电力系统中的经济负荷分配[98]等。DE 进化一个包含 N 个候选个体的种群,每个个体是一个 n 维的实参数向量,可以表示为 $X_{i,G}=[x_{1,i,G},x_{2,i,G},\cdots,x_{n,i,G}]^T$,其中,$i=1,2,\cdots,N$ 且 G 是当前代数。DE 包含三个主要算子:变异、交叉和选择。变异算子的目的是建立一个突变向量 $V_{i,G}=[v_{1,i,G},v_{2,i,G},\cdots,v_{n,i,G}]^T$。众所周知,DE 中有若干种不同的变异方式。本章将采用 DE/rand/1 模式,阐述如下。

$$V_{i,G}=X_{r_1^i,G}+F \cdot (X_{r_2^i,G}-X_{r_3^i,G}) \tag{2.3}$$

下标 r_1^i,r_2^i 和 r_3^i 是从 $[1,N]$ 中随机选取的互不相同的整数,且也不同于基向量下标 i;F 一般是在区间 $[0.4,1]$ 中的放缩因子。在变异算子后,交叉算子通过交换目标向量 $X_{i,G}$ 和突变向量 $V_{i,G}$ 的组成部分来产生一个试探向量 $U_{i,G}=[u_{1,i,G},u_{2,i,G},\cdots,u_{n,i,G}]^T$。DE 可以采用两种交叉方法,即指数交叉和二项交叉。本章采用二项交叉,描述如下。

$$u_{j,i,G}\begin{cases} v_{j,i,G}, & \text{rand}(0,1) \leqslant \text{Cr 或者 } j=q \\ x_{j,i,G}, & \text{其他} \end{cases} \tag{2.4}$$

交叉概率 Cr 是在区间 $[0,1]$ 中恒定的实数;q 是从区间 $[1,n]$ 中随机选取的整数,且

需要确保 $U_{i,G}$ 中的至少一个组成部分来自于 $V_{i,G}$。选择算子用于确定 $U_{i,G}$ 是否会成为下一代种群成员。对于单目标优化问题,选择算子描述如下。

$$X_{i,G+1} \begin{cases} U_{i,G}, & f(U_{i,G}) \leqslant f(X_{i,G}) \\ X_{i,G}, & \text{其他} \end{cases} \tag{2.5}$$

其中,$f(X)$ 是需要最小化的目标函数。

到现在为止,DE 已经被广泛用于处理多个目标[99]。特别值得一提的是,一个带有 DE 算子的 MOEA/D 版本赢得了 CEC2009 的 MOEAs 竞赛[100]。最近,许多研究者[45,101,102]已经开始研究 DE 在 MaOPs 上的性能。

注意,原始 DE 中的选择算子,即式(2.5),不能直接在多目标或者高维多目标优化中使用。因此 MOEAs 中的 DE 算子一般指的是由 $X_{i,G}$ 得到 $U_{i,G}$,其中只包括变异和交叉。

2.3　柔性作业车间调度的析取图模型

为了能够采用所研究的优化策略解决实际工业生产中的工程优化问题,本书重点针对工业应用领域柔性作业车间调度问题(FJSP)开展深入的探讨。作为一类典型工程优化问题,对于 FJSP 问题的求解,常常首先将其抽象为一类图的形式化描述形式——析取图[103]。为了后续能够清晰地描述对于 FJSP 问题的优化方法,本节将简单介绍析取图模型的基本定义。2.4 节将简单介绍 FJSP 问题算法的标准测试问题。

析取图模型[103]原先是为表示 JSP 问题的调度解而设计的。既然 FJSP 问题是 JSP 问题的扩展,因此可以容易地扩展析取图以表示 FJSP 问题的调度解。设析取图可以表示为 $G = \{V, C \cup D\}$,其中,V 表示所有结点的集合,且每个结点(不包括开始结点和结束结点)表示一个操作;C 为所有连接弧(Conjunctive Arc)的集合,连接弧指的是连接同一作业内两个相邻操作的弧线,弧线的方向表示该作业两个相邻操作之间的执行顺序;D 为所有非连接弧(Disjunctive Arc)的集合,非连接弧指的是连接同一个机器上两个相邻操作的弧线,弧线的方向表示这两个操作在该台机器上的执行顺序。每个结点上方标记了每个操作所选择的机器,下方标记着对应的处理时间,该处理时间可以看作结点的权重。开始结点和结束结点的权重设置为 0。如果非连接图是无环的,那么它对应着 FJSP 问题的一个可行调度解。从开始结点到结束结点的最长路径称为关键路径,其长度对应调度解的完工时间。关键路径上的每个操作都称为关键操作。在本章之后的叙述中,对操作和结点、调度解和析取图将不加以区分,因为它们之间实质上是等价的。

以表 2.1 中的问题为例,图 2.1 给出了该问题一个可能调度解的析取图表示。在该析取图中,有两条关键路径 $S \rightarrow O_{2,1} \rightarrow O_{2,2} \rightarrow O_{2,3} \rightarrow E$ 和 $S \rightarrow O_{3,1} \rightarrow O_{2,3} \rightarrow E$,且它们的长度均为 5,所以该调度的完工时间是 5。操作 $O_{2,1}, O_{2,2}, O_{2,3}$ 和 $O_{3,1}$ 都是关键操作。

表 2.1 MO-FJSP 问题样例的处理时间表

作 业	操 作	M_1	M_2	M_3
J_1	$O_{1,1}$	1	—	3
	$O_{1,2}$	4	2	2
J_2	$O_{2,1}$	—	2	4
	$O_{2,2}$	1	2	3
	$O_{2,3}$	1	—	2
J_3	$O_{3,1}$	4	2	3
	$O_{3,2}$	1	—	4

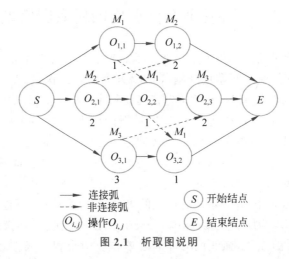

图 2.1 析取图说明

为了后续描述算法方便,本书基于析取图 G 定义了一系列形式化表示的符号。设 $\mu(G,v)$ 表示 G 中的一个结点 v 所选择的机器 ID。设 $\mathrm{ES}(G,v)$ 表示结点 v 的最早开始时间,$\mathrm{LS}(G,v,T)$ 表示在不延迟期望完工时间 T(完工时间不大于 T)的情况下,结点 V 的最迟开始时间。相应地,最早和最迟完成时间分别表示为 $\mathrm{EC}(G,v)=\mathrm{EC}(G,v)+p_{v,\mu(G,v)}$ 和 $\mathrm{LC}(G,v,T)=\mathrm{LS}(G,v,T)+p_{v,\mu(G,v)}$,其中,$p_{v,\mu(G,v)}$ 是结点 v 在机器 $\mu(G,v)$ 上的处理时间。$\mathrm{PM}(G,v)$ 和 $\mathrm{SM}(G,v)$ 分别表示同一台机器上恰好在 V 之前处理和之后处理的操作。设 $\mathrm{PJ}(v)$ 和 $\mathrm{SJ}(V)$ 表示同一个作业内刚好在 V 之前处理和之后处理的操作。设 $\mathrm{nc}(G)$ 是 G 中关键操作的数目且 $\chi(G)=\{\mathrm{co}_1,\mathrm{co}_2,\cdots,\mathrm{co}_{\mathrm{nc}(G)}\}$ 表示所有关键操作的集合。

如果一个操作是关键操作,当且仅当 $\mathrm{ES}(G,V)=\mathrm{LS}(G,V,C_{\max}(G))$。另外,因为本

章中只考虑活动调度解[104],所以一个操作真实的开始时间设置为它的最早开始时间。以图 2.1 中的析取图为例,操作 $O_{2.2}$ 是一个关键操作,所以 $\mathrm{ES}(G,O_{2.2})=\mathrm{LS}(G,O_{2.2},5)=2$;操作 $O_{1.2}$ 不是关键操作,因为 $\mathrm{ES}(G,O_{1.2})=2$ 而 $\mathrm{LS}(G,O_{1.2},5)=3$;如果期望完工时间为 $T=6$,那么 $\mathrm{LS}(G,O_{1.2},6)=4$。

2.4 标准测试问题

本节简要介绍多目标优化求解算法的两个标准测试问题,即 MaOPs 和 MO-FJSP。

2.4.1 高维多目标优化测试问题

为了方便测试和比较 MOEAs 的性能,研究者往往需要公开的测试问题。Deb 等[105]指出一个好的多目标优化问题(Multi-objective Optimization Problems,MOPs)测试集应该具有如下特征:

(1)测试问题应该是通过相对简单的方式来构造的;

(2)测试问题中决策变量以及优化目标的维度均可以扩展到任何数目;

(3)问题所形成的 Pareto 前沿面(连续的或离散的)必须容易理解,且其精确的形状和位置是可知的。相对应的决策变量值也应该能够容易地确定;

(4)问题可以分别在 MOEAs 收敛到 Pareto 前沿面或找到广泛分布的 Pareto 解集方面施加可控的难度。

目前可以扩展到任何目标维度的 MOPs 著名测试集主要有 DTLZ[105] 和 WFG[106] 测试集,它们已经成为高维多目标优化中的标准测试集,本书后续会使用它们对高维多目标演化算法进行评测。测试问题的构造方式有多种,其中,问题生成器是最常使用的方式之一,Deb 等[7] 提出了一个经典的 MOPs 生成器,它的描述如下。首先对于一个 m 目标的优化问题,它将问题完整的决策变量分成 m 个互不重合的部分,即

$$\boldsymbol{x}=(\boldsymbol{x}_1,\boldsymbol{x}_2,\cdots,\boldsymbol{x}_{m-1},\boldsymbol{x}_m)^{\mathrm{T}} \tag{2.6}$$

那么问题生成器具有以下形式:

$$\begin{cases} \min f_1(\boldsymbol{x}_1) \\ \min f_2(\boldsymbol{x}_2) \\ \vdots \\ \min f_{m-1}(\boldsymbol{x}_{m-1}) \\ \min f_m(\boldsymbol{x})=g(\boldsymbol{x}_m)h(f_1(\boldsymbol{x}_1),f_2(\boldsymbol{x}_2),\cdots,f_{m-1}(\boldsymbol{x}_{m-1}),g(\boldsymbol{x}_m)) \\ \text{subject to } x_i \in \mathbb{R}^{|x_i|}(i=1,2,\cdots,m) \end{cases} \tag{2.7}$$

可以选取非负的 g 和 h 函数,使 $h(x_1,x_2,\cdots,x_m)$ 关于变量 $x_i,i=1,2,\cdots,m-1$ 是

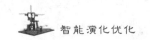

严格单调递减的,且关于变量 x_m 是单调递增的。那么通过简单分析可知,Pareto 最优值必须满足 $g(x_m)$ 取最小值,假设该最小值是 g^*,那么问题的 Pareto 前沿面可以表示为 $f_m = g^* h(f_1, f_2, \cdots, f_{m-1}, g^*)$,通过 h 函数的凹凸性还可以控制所生成 Pareto 前沿面的凹凸性。

另外,测试问题又可以根据其 Pareto 前沿面在每个目标维度上的范围是否相同,分为归一化问题(Normalized Problems)和非归一化问题(Scaled Problems)。图 2.2 分别给出了归一化问题和非归一化问题的 Pareto 前沿面的示例。

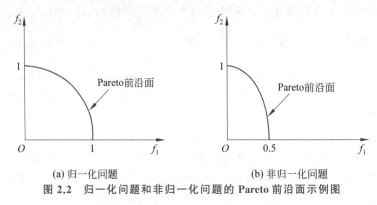

(a) 归一化问题　　　　　　　　(b) 非归一化问题

图 2.2　归一化问题和非归一化问题的 **Pareto** 前沿面示例图

2.4.2　柔性作业车间调度测试问题

在 FJSP 的研究中,比较著名的测试集有 Kacem data[107]、Brdata[108]、BCdata[109]、DPdata[110] 和 HUdata[111]。这些测试集大多是在经典的 JSP 测试集基础上进行构造的。以 HUdata 为例,它的测试问题是从 Fisher 和 Thompson[112] 的 3 个经典 JSP 问题(mt06、mt10、mt20)以及 Lawrence[113] 的 40 个 JSP 问题衍化而来:每个操作的处理机器在原来处理机器的基础上通过概率加入其他机器,按照概率的不同又细分成三组问题(Edata、Rdata、Vdata)。注意,当考虑多个目标时,FJSP 的 Pareto 前沿面是未知的,这与高维多目标优化测试问题不同。其实对多目标组合优化问题而言,构造已知问题的 Pareto 前沿面是十分困难的。

2.5　性　能　指　标

评价 MOEAs 的优劣程度,一般需要使用量化的性能指标,目前文献中提出的性能指标多达数十种,它们有的只能度量 MOEAs 的收敛性,有的只能度量 MOEAs 的多样性,而有的能够综合体现 MOEAs 的收敛性和多样性。这里给出 5 种性能指标的具体定义,它们将在本书后续被使用。

（1）世代距离（Generational Distance，GD）[114]：设解集 A 是 Pareto 前沿面的一个近似解集，那么解集 A 的 GD 值定义如下。

$$\text{GD}(A) = \frac{1}{|A|} \sum_{x \in A} \min_{y \in PF} d(x, y) \tag{2.8}$$

$d(x, y)$ 表示解 x 和 y 在目标空间中的欧几里得距离。GD 只能衡量解集的收敛性，GD 值越小，表征算法的收敛性越好。

（2）反向世代距离（Inverted Generational Distance，IGD）[115]：设参考集 P^* 为一组在 Pareto 前沿面上均匀分布的点，解集 A 是该前沿面的一个近似解集，那么解集 A 的 IGD 值定义如下。

$$\text{IGD}(A, P^*) = \frac{1}{|P^*|} \sum_{x \in P^*} \min_{y \in A} d(x, y) \tag{2.9}$$

这里 $d(x, y)$ 同样表示解 x 和 y 在目标空间中的欧几里得距离。如果 $|P^*|$ 足够大能够充分表示 Pareto 前沿面，那么 $\text{IGD}(A, P^*)$ 能在某种意义上综合衡量解集的收敛性和多样性。因为要想得到较小的 $\text{IGD}(A, P^*)$ 值，解集 A 必须在目标空间中与 Pareto 前沿面足够接近，且 P^* 中的任何部分在 A 中都有相应的解进行表示。

（3）多样性比较指标（Diversity Comparison Indicator，DCI）[116]：DCI 可以比较一组 Pareto 近似解集的多样性程度，它是针对高维多目标优化专门设计的。设 $A_1, A_2, \cdots, A_l$ 是 l 个 Pareto 近似解集，DCI 计算之前需要先将目标空间划分成若干网格，然后将 A_1, $A_2, \cdots, A_l$ 放入相应的格中，并找出当中非支配解所在的一组格：$h_1, h_2, \cdots, h_s$。最后计算每个解集 A_i 对每个格 h_j 的贡献度 $\text{CD}(A_i, h_j)$。那么解集 A_i 的 DCI 值为

$$\text{DCI}(A_i) = \frac{1}{s} \sum_{j=1}^{s} \text{CD}(A_i, h_j) \tag{2.10}$$

需要注意的是，DCI 体现的是多个解集之间多样性的相对优劣程度，它的值只有相对意义。DCI 的范围为 0～1，$\text{DCI}(A_i) > \text{DCI}(A_j)$ 表示 A_i 的多样性优于 A_j。

（4）超体积（Hypervolume，HV）[6]：设解集 A 是 Pareto 前沿面的近似解集，$r = (r_1, r_2, \cdots, r_m)^\text{T}$ 是目标空间中的一个参考点，它被解集 A 中的所有目标向量支配。那么关于参考点 r 的 HV 指的是被解集 A 所支配且以参考点 r 为边界的目标空间的体积，即：

$$\text{HV}(A, r) = \text{volume}\left(\bigcup_{f \in A} [f_1, r_1] \times \cdots [f_m, r_m] \right) \tag{2.11}$$

图 2.3 阐释了 HV 在二维目标空间中的含义。HV 能够在某种程度上综合反映解集的收敛性和多样性，HV 值越大表示算法所得解集的性能越优。

（5）集合覆盖率（Set Coverage，SC）[117]：设解集 A 和 B 均是 Pareto 前沿面的近似解集，那么集合覆盖率 $C(A, B)$ 表示 B 中的解被 A 中至少一个解支配的百分比，即：

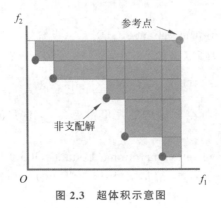

图 2.3　超体积示意图

$$C(A,B) = \frac{|\{x \in B \mid \exists y \in A : y \text{ Pareto 支配 } x\}|}{|B|} \qquad (2.12)$$

注意，$C(B,A)$ 并不一定等于 $1-C(A,B)$。如果 $C(A,B)$ 较大而 $C(B,A)$ 较小，那么在某种程度上解集 A 优于解集 B。

上述 5 个性能指标中，从涉及的解集数目角度，GD、IGD 和 HV 都属于一元指标，SC 属于双指标，而 DCI 则属于多元指标。从功能角度，GD 是收敛性的指标，DCI 是多样性的指标，IGD 和 HV 则属于综合性的指标。SC 并不直接体现收敛性或多样性，它从 Pareto 支配关系方面比较解集的相对优劣。

在性能指标的具体计算中也需要注意相应的问题。对于 GD，如果 Pareto 前沿面的形状比较规则，则一般可以通过解析的方法直接计算解到 Pareto 前沿面的最短距离，否则需要像计算 IGD 一样在 Pareto 前沿面上采样一定数目的均匀分布的点。对于 IGD，它的关键问题在于如何在 Pareto 前沿面上采样均匀分布的点，这在低维目标空间中是较容易的，但是在高维目标空间中，需要采样大量的点才能比较可靠地计算 IGD，所以 IGD 在高维多目标中的应用中存在一定困难。对于 HV，它的计算主要涉及参考点的选择问题，一般认为选择 r_i 略大于 z_i^{nad} 是比较合适的[76,118]，这种情形能够很好地强调解集收敛性和多样性之间的平衡；另外，HV 的计算还涉及复杂性的问题，一般对于目标数目高于 10 维的情形，只能用近似的方法来计算。对于 DCI，需要通过一个参数 div 来设置网格环境，文献[116]中推导出了该参数在不同目标维数情形下的合理范围。

2.6　本章小结

本章介绍了基于分解的多目标演化算法的 4 种典型方法：MOEA/D、EFR、NSGA-Ⅲ 和 MOGLS。其中，MOEA/D 采用聚合函数将多目标优化问题分解为多个单目标子问题进行并行优化;EFR 基于 NSGA-Ⅱ框架,采用生成模式,通过集成适应度排序方法进行环境选择;NSGA-Ⅲ的基本框架类似于 NSGA-Ⅱ,但选择机制有显著改变,它采用参考点法进行排序;MOGLS 是一种混合了遗传搜索和局部搜索的多目标演化算法。此外,本章还介绍了用于测试和比较 MOEAs 性能的高维多目标优化测试问题和柔性作业车间调度测试问题。差分进化作为一种简单但非常强大的全局演化算法,也被广泛应用于许多领域。

第 3 章　在基于聚合的多目标演化算法中平衡收敛性和多样性

3.1　前　言

本章旨在提高基于聚合的 MOEAs 在高维多目标优化中多样性保持方面的能力,从而更好地平衡收敛性和多样性。本章的贡献概括如下。

(1) 本章提出了一个一般性思想以在基于聚合的 MOEAs 中实现收敛性和多样性的平衡,该思想利用了目标空间中解到权向量的垂直距离。

(2) 本章分别在两个典型的基于聚合的 MOEAs(MOEA/D 和 EFR)中实现了该思想以增强它们在高维多目标优化中的性能,并形成了两个新的算法,即基于距离更新策略的 MOEA/D,简称 MOEA/D-DU;带有排序限制模式的 EFR,简称 EFR-RR。

(3) 本章给出了一个可选的在线的归一化过程,它能嵌入 MOEA/D-DU 和 EFR-RR 中以有效解决非归一化问题。这是一个相当新颖的做法,截至本项研究工作发表为止,已有文献还未对此进行广泛的研究[45,75]。

(4) 本章所提出的算法基本包含所有在基于分解的 MOEAs 中曾经提出的技术,并将它们扩展到解决 MaOPs 方面。尽管有些概念是类似的,但是本章实际上将它们有机地组合在一个算法中。例如,MOEA/D-DU 继承了系统采样(与文献[45]相同)、邻域定义(与文献[58]相同)、自适应归一化(与文献[45、75]类似)、首次唯一性替代(与文献[75]相同)和以优先顺序替代(本章予以介绍)的优点。

(5) 本章讨论了所提出的算法与其他已有的基于分解的算法的相似性和不同之处。基于大量的实验结果,对为什么这些算法在高维多目标优化中劣于所提算法给出了可能的解释。

(6) 在实验研究中,本章建议了一种可以在标准测试集上更加合理公平地比较 MOEAs(带有或不带有复杂归一化过程)性能的做法。

本章后续部分组织如下:3.2 节简要介绍了一些最近提出的基于分解的算法,它们在某种程度上与本章所提算法类似;3.3 节在分析了 MOEA/D 和 EFR 的缺陷后,给出了本章的基本思想;3.4 节详细介绍了如何利用该基本思想增强 MOEA/D 和 EFR 在高维多目标优化中的性能;3.5 节阐述了本章所采用的实验设计;3.6 节从两个方面实验研究了改进算法的性能;3.7 节将所提改进算法与若干先进算法进行了大量的实验比较;3.8 节对本章工作进行了小结。

3.2　类似算法简介

本节将简要回顾最近提出的与本章所介绍算法类似的几个算法。

(1) Qi 等[119]提出了一个改进的 MOEA/D 算法,称为 MOEA/D-AWA。MOEA/D-AWA 从两个方面增强了 MOEA/D 的性能。首先,MOEA/D-AWA 基于对原始切比雪夫函数几何性质的分析提出了一种新的权向量初始化方法。其次,MOEA/D-AWA 采用了一种自适应的权向量调整策略以处理具有复杂 Pareto 前沿面的问题。这种策略周期性地调整权值以使子问题的权向量能够自适应地重新分布,从而得到更加均匀分布的解。

(2) Li 等[73]提出使用稳定匹配模型来协调 MOEA/D 中的选择过程,形成的新的 MOEA/D 变体称作 MOEA/D-STM。在 MOEA/D-STM 中,子问题和解被认为是两组智能体。子问题偏好那些能使它的聚合函数值更低的解,而解则偏好那些对应权向量与之相近的子问题。为了平衡子问题和解之间的偏好关系,MOEA/D-SMT 使用匹配算法将每个解分配到每个子问题上以平衡进化搜索中的收敛性和多样性。与 MOEA/D 不同,MOEA/D-STM 使用生成模式。

(3) Deb 等[45]提出了一个基于参考点的高维多目标 NSGA-Ⅱ,称作 NSGA-Ⅲ,细节请参见 2.1.3 节。需要特别指出的是,NSGA-Ⅲ中结合了一种复杂的归一化技术以有效处理非归一化问题。

(4) Asafuddoula 等[75]针对高维多目标优化提出了一个改进的基于分解的演化算法,称作 I-DBEA。在 I-DBEA 中,子代解只有在不被当前种群中任何解所支配的情况下才尝试通过替代已有解的方式进入种群。子代解以随机的顺序与种群中所有解逐个竞争,直到能够完成一次成功的替代或所有解都已比较完毕。竞争的依据是两个距离,即 d_1 和 d_2,其中,d_2 就是上文提及的垂直距离。d_2 较小的解胜出。只有当两个所比较解对应的 d_2 值相等时,才进一步考虑 d_1,该情形下 d_1 较小的解胜出。另外,I-DBEA 中也包含一个与 NSGA-Ⅲ类似的在线归一化过程。

(5) Wang 等[120]提出了一个使用全局替换策略的 MOEA/D 算法,称作 MOEA/D-GR。在 MOEA/D-GR 中,一旦产生一个新解,它就被关联到能获得最小聚合函数值的那个子问题上。然后,与这个子问题最接近的若干子问题被选择作为该子问题的替换邻域,新的解会尝试替换这些子问题的当前解。

注意,MOEA/D-STM 和 MOEA/D-GR 只在 2 和 3 目标问题上进行了研究和验证。

尽管 MOEA/D-AWA 在 MaOPs 问题上进行了测试,但是问题只限于退化问题。NSGA-Ⅲ和 I-DBEA 是专门为高维多目标优化而设计的。另外,NSGA-Ⅲ和 I-DBEA 虽然采用了分解的思想,但是它们仍然依赖 Pareto 支配来控制收敛性,而不是通过聚合函数,这与本节所提及的其他方法不同。

3.3 基本思想

在基于聚合的 MOEAs 中,切比雪夫函数可能是最常使用的聚合函数类型。本章采用切比雪夫函数的改进版本。设 $\lambda_1,\lambda_2,\cdots,\lambda_N$ 是一组在目标空间中均匀分布的权向量,z^* 是理想点,那么对于第 j 个子问题,该函数可以定义为

$$F_j(\boldsymbol{x})=\max_{k=1}^{m}\left\{\frac{1}{\lambda_{j,k}}\mid f_k(\boldsymbol{x})-z_k^*\mid\right\} \tag{3.1}$$

其中,对于任意 $k\in\{1,2,\cdots,m\}$,$\lambda_{j,k}\geqslant0$ 且 $\sum_{k=1}^{m}\lambda_{j,k}=1$。若 $\lambda_{j,k}=0$,$\lambda_{j,k}$ 设置为 10^{-6}。

这种形式的切比雪夫函数较原始形式[7]有两个优势。首先,均匀分布的权向量将会使搜索方向在目标空间中也是均匀分布的。其次,每个权向量唯一对应 Pareto 前沿面上的一个 Pareto 最优解。证明可参见文献[119]。这两个优势在一定程度上缓解了算法在多样性保持方面的难度。

然而在实际中,即使公式(3.1)也是有缺陷的。理想情况下,如果每个如公式(3.1)所定义的函数 F_j 都能够获得最优解,那么就能够同时实现最理想的多样性分布。但是,实际上对于 MOEA/D 和 EFR,这种情况并不成立。一方面,它们所得到的最终解一般都只是近优解,不足以隐式地确定最终种群的多样性。例如,图 3.1 阐释了,在二维目标空间中,在 5 个权向量($\lambda_1,\lambda_2,\cdots,\lambda_5$)的辅助下,所得到最终解($A,B,C,D$ 和 E)的分布,其中,虚线表示按公式(3.1)分解所得子问题的等高线。可以看出,解的分布并不如权向量的分布那么均匀。这是因为尽管 B 和 D 能够分别在函数 F_2 和 F_4 上取得较好的值,但是二者均与它们各自所对应的搜索方向偏离较远。另一方面,更加重要的问题出现在进化过程中,在其中,如果只依赖于聚合函数值,解的选择将会被误导。例如,在图 3.1 中,存在另一个解 F,它在 F_2 上的值略差于 B。在 MOEA/D 中,F 有很大的可能在更新过程中替换 B。而在 EFR

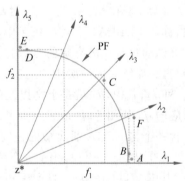

图 3.1　二维目标空间中解的分布示意图

中,因为在函数 F_2 上,B 比 F 获得了更好的排序序号,所以 F 非常可能在环境选择过程中被淘汰。然而直觉上,对于权向量 $\boldsymbol{\lambda}_2$,F 实际上是更佳的选择。

值得提及的是,在进化的早期,解通常是远离 Pareto 前沿面的,这时这种误导性的选择更容易发生,从而可能导致搜索偏向 Pareto 前沿面的局部区域。

上述提及的两种情形可以都归因于一个事实,那就是,在目标空间中远离 $\boldsymbol{\lambda}_j$ 的解也能得到相对较好的 F_j 值。公式(3.1)的等高线可以很好地解释这一问题,且由于稀疏分布的解以及指数级增长的超体积,这个问题在高维多目标空间中将会变得更加严重。

考虑到所有这些因素,本章的研究动机是,在 MOEA/D 和 EFR 中,不仅要考虑一个解的聚合函数值,而且要考虑它到相应权向量的垂直距离。这种做法期望能够使解接近其所对应的权向量,从而显式地在进化过程中保持解的理想的分布,最终实现在高维多目标优化中收敛性和多样性的平衡。值得一提的是,基于惩罚的边界交叉函数(PBI)[7]在某种程度上隐式地考虑了解与权向量的接近程度,但是它仍然存在上述提到的问题。不失一般性,本章只考虑公式(3.1)中定义的改进的切比雪夫函数。

假设 $\boldsymbol{f}(\boldsymbol{x}) = (f_1(\boldsymbol{x}), f_2(\boldsymbol{x}), \cdots, f_m(\boldsymbol{x}))^{\mathrm{T}}$ 是解 $\boldsymbol{x}$ 的目标向量,L 是以方向 $\boldsymbol{\lambda}_j$ 通过 $\boldsymbol{z}^*$ 的直线,且 $\boldsymbol{u}$ 是 $\boldsymbol{f}(\boldsymbol{x})$ 在 L 上的投影。设 $d_{j,2}(\boldsymbol{x})$ 是在目标空间中从解 $\boldsymbol{x}$ 到权值向量 $\boldsymbol{\lambda}_j$ 的垂直距离,那么它可以按下式计算:

$$d_{j,2}(\boldsymbol{x}) = \| \boldsymbol{f}(\boldsymbol{x}) - \boldsymbol{z}^* - d_{j,1}(\boldsymbol{x})(\boldsymbol{\lambda}_j / \|\boldsymbol{\lambda}_j\|) \|$$

$$(3.2)$$

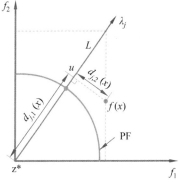

图 3.2　二维目标空间中解到权向量的垂直距离的示意图

其中,$d_{j,1}(\boldsymbol{x})$ 是 $\boldsymbol{z}^*$ 和 $\boldsymbol{u}$ 之间的距离,且它能够通过下式得到:

$$d_{j,1}(\boldsymbol{x}) = \| (\boldsymbol{f}(\boldsymbol{x}) - \boldsymbol{z}^*)^{\mathrm{T}} \boldsymbol{\lambda}_j \| / \|\boldsymbol{\lambda}_j\| \quad (3.3)$$

图 3.2 在二维目标空间中阐释了垂直距离 $d_{j,2}(\boldsymbol{x})$。接下来,将详细描述如何利用 $d_{j,2}(\boldsymbol{x})$ 分别增强 MOEA/D 和 EFR 的性能。

3.4　算 法 详 解

在本节中,两个改进的算法 MOEA/D-DU 和 EFR-RR 将分别在 3.4.1 节和 3.4.2 节中详细介绍。3.4.3 节提供了一个可选的归一化过程,它可以嵌入所提算法之中。3.4.4 节分别简要分析了 MOEA/D-DU 和 EFR-RR 在每代中的计算复杂度。3.4.5 节将讨论所提算法与文献中一些已有算法的相似点和不同点。

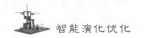

3.4.1 增强 MOEA/D

MOEA/D-DU 的算法框架如算法 3-1 所示。算法首先产生一组均匀分布的权向量 $\boldsymbol{\Lambda}=\lambda_1,\lambda_2,\cdots,\lambda_N$，其中，$\lambda_j$ 确定了第 j 个子问题，即 F_j。与 NSGA-Ⅲ[45]类似，MOEA/D-DU 也采用了 Das 和 Dennis 的系统方法[121]来产生这些结构化的权向量。在权向量生成之后，随机初始化一个包含 N 个解 $x_1,x_2,\cdots,x_N$ 的种群，其中，x_j 表示第 j 个子问题的当前解。在步骤 3 中，初始化理想点 z^*。因为精确地计算 z_i^* 是非常耗时的，它实际上是由当前所找到的目标 f_i 的最小值来估计的，且在搜索过程中不断更新。MOEA/D-DU 仍然采用与它的前身算法[58]相同的交配限制模式来产生子代解，因此在步骤 4~步骤 6 中，需要确定每个子问题 F_i 的邻域 $B(i)$。步骤 7~步骤 8 迭代执行直至终止条件满足。在每一迭代中，解 x_i 的交配解 x_k 以概率 δ 从它的邻域 $B(i)$ 中选择，以 $1-\delta$ 的概率从整个种群中选取。然后对 x_i 和 x_k 执行遗传算子，即模拟两点交叉和多项式变异[92]，以得到一个新的解 y，最后使用 y 来更新理想点和当前种群。

算法 3-1　MOEA/D-DU 的算法框架

1：　生成一组权向量 $\boldsymbol{\Lambda}\leftarrow\{\lambda_1,\lambda_2,\cdots,\lambda_N\}$
2：　初始化种群 $P\leftarrow\{x_1,x_2,\cdots,x_N\}$
3：　初始化理想点 $z^*\leftarrow(z_1^*,z_2^*,\cdots,z_m^*)^{\mathrm{T}}$
4：　**for** $i\leftarrow1$ to N **do**
5：　　　$B(i)\leftarrow\{i_1,i_2,\cdots,i_T\}$，其中，$\lambda_{i_1},\lambda_{i_2},\cdots,\lambda_{i_T}$ 是离 λ_i 最近的 T 个权向量
6：　**end for**
7：　**while** 终止条件不满足 **do**
8：　　　**for** $i\leftarrow1$ to N **do**
9：　　　　　**if** rand()$<\delta$ **then**
10：　　　　　　$E\leftarrow B(i)$
11：　　　　　**else**
12：　　　　　　$E\leftarrow\{1,2,\cdots,N\}$
13：　　　　　**end if**
14：　　　　随机选择一个下标 $k\in E$ 且 $k\neq i$
15：　　　　$y\leftarrow$ GeneticOperators(x_i,x_k)
16：　　　　UpdateIdealPoint(y,z^*)
17：　　　　UpdateCurrentPopulation$(y,z^*,\boldsymbol{\Lambda},P,K)$
18：　　　**end if**
19：　**end while**
20：　**return** 所有 P 中的非支配解

更新策略(算法 3-1 中的步骤 17)是 MOEA/D-DU 中具有独特性的步骤，也是与原

始 MOEA/D 的显著不同之处。算法 3-2 详细阐述了该策略，其运行过程如下。一旦生成新解 y，则分别计算它与每个权向量 λ_j，即对于 $j=1,2,\cdots,N$，计算垂直距离 $d_{j,2}(y)$，$j=1,2,\cdots,N$。然后从这 N 个距离中选择 K 个最小的距离，其中，$K \ll N$ 是一个控制参数。假设这 K 个最小的距离是 $d_{j_1,2}(y),d_{j_2,2}(y),\cdots,d_{j_K,2}(y)$，且以非递减的顺序排列，即 $d_{j_1,2}(y) \leqslant d_{j_2,2}(y) \leqslant d_{j_K,2}(y)$。解 y 与解 $x_{j1},x_{j2},\cdots,x_{jK}$ 逐一进行比较，如果一个解 $x_{jk},k \in \{1,2,\cdots,K\}$，满足 $F_{jk}(x_{jk}) > F_{jk}(y)$，那么解 x_{jk} 将被解 y 所替代，更新过程终止。由上述可见，MOEA/D-DU 使用了稳态模式，在当前种群中最多只有一个解可以被新产生的解 y 所替代。

算法 3-2　UpdateCurrentPopulation(y,z^*,Λ,P,K)

1：　**for** $j \leftarrow 1$ to N **do**
2：　　计算从 y 到权向量 λ_j 的垂直距离，即 $d_{j,2}(y)$
3：　**end for**
4：　从 N 个距离 $d_{j,2}(y),j=1,2,\cdots,N$ 中选出最小的 K 个距离，得到
$$d_{j_1,2}(y) \leqslant d_{j_2,2}(y) \leqslant d_{j_K,2}(y)$$
$$d_{j_2,2}(y) \leqslant \cdots \leqslant d_{j_K,2}(y)$$
5：　**for** $k \leftarrow 1$ to K **do**
6：　　**if** $F_{j_k}(y) < F_{j_k}(x_{j_k})$ **then**
7：　　　$x_{j_k} \leftarrow y$
8：　　　**return**
9：　　**end if**
10：**end for**

3.4.2　增强 EFR

由 2.1.2 节可知，在 EFR 中，所有在 R_t 中的解均会参与每个适应度函数 F_j 的排序。然而，正如 3.3 节中所提及的，这可能会对解的选择产生误导。为了缓解这个问题，本章提出了 EFR 的一个新的版本，称为 EFR-RR，其中引入了限制排序的模式，即一个解只能被允许在部分适应度函数上进行排序，这部分函数的选取依据是该解在目标空间中与这些函数所对应的权向量较为接近。详细过程解释如下。对每个解 $x \in R_t$，定义一个大小为 $K(K \ll N)$ 的集合 $B(x)$，在总共 N 个权向量中，该集合包含与 x 最为接近的 K 个权向量的下标，接近程度用公式（3.2）中所给出的垂直距离来衡量。解 x 将仅参与那些 $j \in B(x)$ 的适应度函数 F_j 上的排序。因此，每个解 x 只有 K 个排序位置，且每个适应度函数也仅对部分解进行排序。在本章中，适应度函数 F_j 设置为如公式（3.1）所示的改进的切比雪夫函数，且这里只考虑最大排序模式，所以 EFR-RR 中解 x 的全局排序序号可由

式(3.4)给出：

$$R_g(\boldsymbol{x}) = \min_{j \in B(\boldsymbol{x})} r_j(\boldsymbol{x}) \tag{3.4}$$

如果 $K = N$，式(3.4)实际上等价于式(2.2)。

3.4.3　可选归一化过程

归一化技术对于算法求解非归一化问题非常有效。例如，文献[7]中的研究表明，即使一个简单的归一化过程也能显著提高 MOEA/D 在非归一化问题上的性能。

多目标优化中的在线归一化技术本质上就是估计 z^* 和 z^{nad}，因为在归一化中目标 $f_i(\boldsymbol{x})$ 会被式(3.5)所替代：

$$\widetilde{f}_i(\boldsymbol{x}) = \frac{f_i(\boldsymbol{x}) - z_i^*}{z_i^{\mathrm{nad}} - z_i^*} \tag{3.5}$$

一般来说，可以通过当前找到的目标 f_i 的最小值来有效估计 z_i^*。然而，z^{nad} 的估计是一个困难得多的任务，因为它需要整个 Pareto 前沿面的信息[122,123]。实际中，归一化可以离线或在线执行。对于离线模式，可以在执行 MOEA 之前，使用一个专门的算法，如文献[123]和[124]所述，对 z^{nad} 进行估计。对于在线模式，z^{nad} 的估计是在优化过程中同时进行的。

在 NSGA-Ⅲ[45] 提出之前，大多 MOEAs 并不使用在线归一化技术，或者只使用很简单的在线归一化，如通过当前种群中目标 f_i 的最大值来估计 z_i^{nad}[7,73]。本章也提供一个类似于 NSGA-Ⅲ 的在线归一化过程，它可以嵌入所提算法中以有效处理非归一化问题。因为本章的焦点并不是在线归一化，该过程的细节留待 4.2.4 节予以详述。

3.4.4　计算复杂度

MOEA/D-DU 主要的计算代价是在算法 3-2 所述的更新过程上。步骤 1～步骤 3 需要 $O(mN)$ 的计算开销来计算 $d_{j,2}(\boldsymbol{y})$，$j = 1, 2, \cdots, N$。在步骤 4 中，需要 $O(N \log K)$ 的计算开销来选择最小的 K 个距离并对它们进行排序。步骤 8～步骤 13 最多需要 $O(mK)$ 的计算开销，因此 MOEA/D-DU 在每代中产生 N 个实验解的复杂度为 $O(mN^2)$ 和 $O(N^2 \log K)$ 中的较大者。

EFR-RR 的主要计算代价在于全局排序序号的计算。首先，所有垂直距离的计算总共需要 $O(mN^2)$ 的计算开销。对每个解 $\boldsymbol{x}$ 计算 $B(\boldsymbol{x})$ 总共需要 $O(N^2 \log K)$ 的计算开销。假设 C_j 是参与适应度函数 F_j 上排序的解的数目，那么在所有的适应度函数上的排序将要花费 $O\left(\sum_{j=1}^{N} C_j \log C_j\right)$ 的计算代价。因为 $\sum_{j=1}^{N} C_j \log C_j < N^2 \log N$，那么最差情形下总体的复杂度是 $\max\{O(mN^2), N^2 \log N\}$。

3.4.5　讨论

在描述了 MOEA/D-DU 和 EFR-RR 的细节后,本节将讨论所提出的算法与 3.2 节所提及算法的主要相似和不同之处。应当事先指出的是,所有这些算法均采用了一组权向量来指引搜索过程。

(1) MOEA/D-DU 与 MOEA/D-AWA:尽管二者均保证了在目标空间中均匀分布的权向量会产生均匀分布的搜索方向,但是它们的实现方式稍有不同。MOEA/D-AWA 采用了一种新的权向量初始化方法,而 MOEA/D-DU 使用了一种改进的聚合函数。更重要的是,MOEA/D-AWA 旨在周期性地调整权向量以在具有复杂 Pareto 前沿面的问题上得到分布更加均匀的解,而 MOEA/D-DU 意在利用一组固定的权向量更好地平衡收敛性和多样性之间的关系。换言之,MOEA/D-AWA 强调权值调整的策略,而 MOEA/D-DU 强调新的更新种群的策略。

(2) MOEA/D-DU 与 MOEA/D-STM:二者都使用改进的切比雪夫函数且利用 $d_{j,2}(\boldsymbol{x})$ 平衡收敛性和多样性,但是它们在实现机制上有着显著的不同。在 MOEA/D-STM 中,聚合函数值和 $d_{j,2}(\boldsymbol{x})$ 分别被看作两种代理(子问题和解)的偏好,然后使用延迟接受过程找到一个在子问题和解之间的稳定的偏好匹配,从而从联合的种群中选择一半的解作为下一代种群。在 MOEA/D-DU 中,聚合函数值和 $d_{j,2}(\boldsymbol{x})$ 之间的折中是用一个更加直接的方式来实现的,即新产生的解首先根据 $d_{j,2}(\boldsymbol{x})$ 选择它最接近的 K 个权向量,且该解只有机会与这 K 个权向量所对应的解进行竞争。另外,MOEA/D-STM 使用了生成模式,而 MOEA/D-DU 是一个稳态的算法。3.7.1 节将说明,在高维多目标优化中,MOEA/D-STM 的性能不能与 MOEA/D-DU 相提并论。

(3) MOEA/D-DU 与 I-DBEA:二者均是通过改进原始 MOEA/D 中的更新过程来增强其性能,且在进化过程中都需要计算 $d_{j,2}(\boldsymbol{x})$,也都采用了稳态的模式;然而,MOEA/D-DU 的基本思想与 I-DBEA 有着本质上的不同。对于 I-DBEA,尽管其在 $d_{j,2}(\boldsymbol{x})$ 之外还使用了 $d_{j,1}(\boldsymbol{x})$ 来选择解,但是所采用的 $d_{j,2}(\boldsymbol{x})$ 对于 $d_{j,1}(\boldsymbol{x})$ 的简单的优先关系使得 $d_{j,1}(\boldsymbol{x})$ 起作用的概率很低,这是因为 $d_{j,2}(\boldsymbol{x})$ 是实数值,它几乎总是可以区别两个解。因此,类似于 NSGA-Ⅲ,I-DBEA 也是强调非支配的且靠近参考线的解。与 I-DBEA 相比,MOEA/D-DU 与原始 MOEA/D 一样,并不依赖于任何 Pareto 支配关系,它通过同时最小化若干聚合函数使种群不断接近 Pareto 前沿面。此外,$d_{j,2}(\boldsymbol{x})$ 在 MOEA/D-DU 和 I-DBEA 中所起的作用也相当不同。在 I-DBEA 中,$d_{j,2}(\boldsymbol{x})$ 是直接作为解之间相互比较的指标。而在 MOEA/D-DU 中,$d_{j,2}(\boldsymbol{x})$ 是用来选择那些有机会被新生成的解所替代的解,且解相互之间仍然按照聚合函数值来比较。3.7.1 节将说明 MOEA/D-DU 在解决高维多目标优化问题方面较 I-DBEA 有着很强的竞争力。

（4）MOEA/D-DU 与 MOEA/D-GR：二者均对可以被新解所替代的解进行了精心的选择；然而，这两个算法有着相当不同的初衷。MOEA/D-GR 旨在为一个新产生的解找到一个最合适的子问题，且 MOEA/D 中的子问题的邻域概念仍然在 MOEA/D-GR 的替换过程中被使用。与 MOEA/D-GR 不同，MOEA/D-DU 在更新过程中不再使用子问题的邻域概念。相反地，它采用了一个纯几何的观点，只利用 $d_{j,2}(x)$ 来尽可能地避免保留那些虽然取得好的聚合函数值，但是在目标空间中远离聚合函数所对应的权向量的解，从而在高维目标空间中保持解的理想的分布。3.7.1 节将展示在高维多目标优化问题上，MOEA/D-DU 相比于 MOEA/D-GR 有着较大的优势。

（5）EFR-RR 与 NSGA-Ⅲ：二者均使用生成模式且均将联合的种群分裂成若干"层"以选择解。然而，它们在环境选择中如何排序解方面存在着显著的不同。NSGA-Ⅲ 仍然使用 Pareto 支配关系来促进解的收敛，且采用了由一组权向量辅助的小生境保持算子在最后可接受层上选择解，目的是维持种群的多样性。相比于 NSGA-Ⅲ，EFR-RR 采用聚合函数而不是 Pareto 支配来促进收敛性。需要注意的是，EFR-RR 实际上也在权向量的辅助下执行了小生境过程，因此在 EFR-RR 中每个权向量同时起到了促进收敛性和多样性的作用。而在 NSGA-Ⅲ 中，每个权向量主要是用来强调多样性。即使就小生境方法而论，NSGA-Ⅲ 和 EFR-RR 也有着显著的区别。在 NSGA-Ⅲ 中，每个解只能与一个唯一的权向量相关联，但是在 EFR-RR 中，每个解可以与若干权向量相关联。3.7.2 节将说明 EFR-RR 在非归一化问题上相比于 NSGA-Ⅲ 是有一定优势的。

3.5　实　验　设　计

本节进行实验设计方面的工作，以为后续研究 MOEA/D-DU 和 EFR-RR 的性能奠定基础。首先，将指定实验中使用的测试问题和性能指标。然后，列出了用来验证所提出算法的 8 种 MOEAs。最后，给出了本章中使用的实验设置。

3.5.1　测试问题

本章使用 DTLZ[105] 和 WFG[106] 测试集，并将这些问题分为两组。第一组问题均是归一化测试问题，包括 DTLZ1～4、DTLZ7 和 WFG1～9。需要注意的是，原始 DTLZ7 和 WFG1～9 问题的目标值在每个目标维度上范围不同，所以是非归一化问题。正如 2.4.1 节所述，它们真实的 Pareto 前沿面是已知的，所以可以按照如下方式修改它们的目标值使其转换为归一化问题。

$$f_i \leftarrow \frac{f_i - z_i^*}{z_i^{\text{nad}} - z_i^*}, \quad i = 1, 2, \cdots, m \tag{3.6}$$

因此,对归一化后的 DTLZ7 和 WFG1～9 问题,理想点和最差点分别是 0 和 1。该组问题是用来测试不包含显式归一化过程的算法的性能,表 3.1 概括了它们的主要特征。

表 3.1　测试问题特征

问　　题	特　　征
DTLZ1	线性的、多峰的
DTLZ2	凹的
DTLZ3	凹的、多峰的
DTLZ4	凹的、有偏的
DTLZ7	混合的、非连通的、多峰的
WFG1	混合的、有偏的
WFG2	凸的、非连通的、多峰的、不可分解的
WFG3	线性的、退化的、不可分解的
WFG4	凹的、多峰的
WFG5	凹的、欺骗的
WFG6	凹的、不可分解的
WFG7	凹的、有偏的
WFG8	凹的、有偏的、不可分解的
WFG9	凹的、有偏的、多峰的、欺骗的、不可分解的

第二组问题都是非归一化问题,包括非归一化的 DTLZ1～2 问题[45]和原始的 WFG4～9 问题。非归一化的 DTLZ1 和 DTLZ2 分别是原始 DTLZ1 和 DTLZ2 的修改版本。举例说明,如果比例因子是 10^i,那么非归一化的 DTLZ1 以如下方式修改原始 DTLZ1 的目标函数。

$$f_i \leftarrow 10^{i-1} f_i, \quad i = 1, 2, \cdots, m \tag{3.7}$$

该组测试问题用来测试嵌有归一化过程的算法在处理非归一化问题方面的性能。

如 2.4.1 节所述,上述问题均可扩展到任意的目标维数和决策变量维数。本章考虑目标数目 $m \in \{2, 5, 8, 10, 13\}$。DTLZ 问题的决策变量数目由 $n = m + k - 1$ 确定,其中,m 为目标数目,对 DTLZ1,k 设置为 5;对 DTLZ2～6,k 设置为 10;对 DTLZ7,k 设置为 20。对所有 WFG 问题,决策变量数目设置为 24,位置相关参数设置为 $m-1$。对于非归一化 DTLZ1 和 DTLZ2 问题,本章对不同目标数目使用的比例因子如表 3.2 所示。

表 3.2　非归一化 DTLZ1 和 DTLZ2 问题的比例因子

目标数量(m)	比 例 因 子	
	DTLZ1	DTLZ2
2	10^i	10^i
5	10^i	10^i
8	3^i	3^i
10	2^i	3^i
13	1.2^i	2^i

3.5.2　性能指标

本章使用 HV 指标作为主要评价指标,该指标是 EMO 领域最流行的评价指标之一,它是 Pareto 相容的[115],它良好的理论特性保证了它是一个非常公平的指标[48]。如 2.5节所述,HV 可以在一定程度上综合体现算法的收敛性和多样性。本章在 HV 计算中所使用的参考点为 $1.1z^{nad}$,其中,每个测试问题的 z^{nad} 均可以解析获得。另外,根据文献[119]和[125]中的做法,在计算 HV 时,丢弃那些不支配参考点的解。对于非归一化问题,在计算 HV 之前,还需要使用 z^{nad} 和 z^* 对所得解集和参考点的目标值进行归一化。因此,在本章实验中,对 m 目标问题,$HV \in [0, 1.1^m - V_m]$,其中,V_m 是归一化的真实Pareto 前沿面与坐标轴围成的超体积。对于不超过 10 个目标的问题,使用最近提出的WFG 算法[126]计算 HV;否则,利用文献[50]中提出的蒙特卡罗模拟方法计算 HV,且使用 10 000 000 个采样点以保证精确性。

另外,本章还使用 GD 和 DCI 作为两个辅助的性能指标,分别评价算法的收敛性和多样性。DCI 的计算需要使用一个参数 div 来设置网格环境,根据文献[116]的建议,div的设置如表 3.3 所示。

表 3.3　DCI 中 div 的设置

目标数量(m)	5	8	10	13
div	10	6	5	5

3.5.3　比较算法

MOEA/D-DU 和 EFR-RR 将与 8 个 MOEAs 进行对比,其中 4 个是 MOEA/D变体。

第一个 MOEA/D 变体是 MOEA/D-DE[58] 稍作修改后的版本。为了比较的公平,将 MOEA/D-DE 中的 DE 算子替代为 MOEA/D-DU 中使用的再生模式。这样做另外的原因是文献[45]中的结果显示 MOEA/D-DE 似乎并不太适合解决 MaOPs。在本章的实验中,该 MOEA/D 版本简写为 MOEA/D,它实际上是 MOEA/D-DU 的基础算法。

另外三个所比较的 MOEA/D 变体分别是 MOEA/D-STM[73]、MOEA/D-GR[120] 和 I-DBEA[75],它们在某种程度上类似于 MOEA/D-DU。基于上述提到的相同的原因,将 MOEA/D-STM 和 MOEA/D-GR 中的 DE 算子替换为 MOEA/D-DU 中使用的再生模式。

原始的 EFR[60] 也将参与比较,因为它是 EFR-RR 的前身算法。

另外,两个非基于聚合的 MOEAs 也将用来进行比较,即 GrEA[37] 和 SDE[46],这两个算法均是针对高维多目标优化专门设计的,它们的整体性能优于许多先进的高维多目标优化算法。对于 SDE,这里使用 SPEA2＋SDE,因为它在文献[46]中所考虑的三个版本(NSGA-Ⅱ＋SDE、SPEA2＋SDE 和 PESA-Ⅱ＋SDE)中,整体性能最优。

除了 MOEA/D-STM 和 I-DBEA,所有上述提到的 7 个算法在它们的原始文献中并没有采用任何显式的归一化技术。MOEA/D-STM 使用了一个简单的归一化过程,而 I-DBEA 使用了比较复杂的归一化过程。因为在线归一化方法并不是本章关注的重点,所以这里移除 MOEA/D-STM 和 I-DBEA 中的归一化过程。这 7 个算法将在 3.7.1 节与 MOEA/D-DU 和 EFR-RR 在归一化测试问题上进行比较。该做法是消除不同比例的目标值以及归一化过程对 MOEAs 性能的影响,单纯验证所提出策略(MOEA/D-DU 中基于距离的更新策略和 EFR-RR 中排序限制模式)的有效性。

为了研究非归一化测试问题对算法性能的影响,这里进一步将 3.4.3 节提供的归一化过程嵌入 MOEA/D-DU 和 EFR-RR 中,并在 3.7.2 节中比较其与 NSGA-Ⅲ 的性能,因为 NSGA-Ⅲ 的特征之一就是包含一个复杂的归一化过程以处理非归一化问题。

除了 GrEA 和 SDE,所有其他 MOEAs 均使用 4.2.2 节中介绍的方法来产生结构化的权向量。MOEA/D、MOEA/D-STM、MOEA/D-GR、MOEA/D-DU、EFR 和 EFR-RR 都使用式(3.1)中定义的改进的切比雪夫函数。

所有 MOEAs 包括 MOEA/D-DU 和 EFR-RR 均在 jMetal[127] 框架下实现,且在 8GB 内存的 Intel Corei7 2.9GHz 处理器上运行。

3.5.4　实验设置

实验设置包括一般性设置和参数设置。一般性设置如下。

(1) 运行次数和终止条件:每个算法在每个实例上独立运行 30 次,记录性能指标的

平均值。每次运行,算法在进行 $20\,000\times m$ 次目标函数评价后终止。

(2) 显著性检验:为了在某些情形下检测统计显著性,对两个比较算法所得指标值进行置信度为 95% 的 Wilcoxon 秩和检验[128]。

对于参数设置,这里首先列出一些公共的设置。

(1) 种群大小:除了算法 GrEA 和 SDE,其他算法采用与权向量数目相同的种群大小,由于受权向量生成方式的限制,这些算法的种群大小并不是任意的,它由参数 H 所控制($N = C_{H+m-1}^{m-1}$)。对于 GrEA 和 SDE,种群大小可以设置为任何正整数。但是为了公平比较,所有算法对每个问题实例采用相同的种群大小。表 3.4 列出了对不同目标数目的问题所采用的种群大小。为了避免只产生位于边界的权向量,对多于 5 个目标的问题采用两层权向量,具体细节请参见 4.2.2 节。

表 3.4 种群大小设置

目标数目(m)	分割数(H)	种群大小(N)
2	99	100
5	5	210
8	3,3	240
10	3,2	275
13	2,2	182

(2) 交叉和变异相关参数:所有算法均使用模拟两点交叉和多项式变异来生成新解,参数设置如表 3.5 所示。在 EFR、EFR-RR、I-DBEA 和 NSGA-Ⅲ 中,根据文献[45]、[60]、[75]设置一个较大的交叉分布指数($\eta_c = 30$)。

表 3.5 交叉和变异的参数设置

参 数 名	参 数 值
交叉概率(p_c)	1.0
变异概率(p_m)	1/n
交叉的分布指数(η_c)	20
变异的分布指数(η_m)	20

(3) 邻域大小 T 和概率 δ:在 MOEA/D、MOEA/D-STM、MOEA/D-GR 和 MOEA/D-DU 中,T 设置为 20,δ 设置为 0.9。

(4) MOEA/D-DU 和 EFR-RR 中的参数 K:MOEA/D-DU 中 K 设置为 5,EFR-RR

中 K 设置为 2。3.6.1 节还将研究参数 K 对算法性能的影响。

MOEA/D、MOEA/D-GR、GrEA 和 SDE 还有它们各自特定的参数。在 MOEA/D 中,每个子代解最多可替代的解的数目(n_r)设置为 1。在 MOEA/D-GR 中,替代邻域的大小(T_r)设置为 5,且每个子代解最多只能替代 1 个解。在 GrEA 中,每个实例所采用的网格分割数(div)如表 3.6 所示,这是依据文献[37]中的建议进行调整的。在 SDE 中,外部存档的大小设置为与种群大小相同的值。

表 3.6　GrEA 中网格分割数的设置

问　题	目标数目(m)	网格分割数(div)
DTLZ1	2,5,8,10,13	18,15,14,16,19
DTLZ2	2,5,8,10,13	19,11,12,15,10
DTLZ3	2,5,8,10,13	19,19,19,19,20
DTLZ4	2,5,8,10,13	19,10,13,15,14
DTLZ7	2,5,8,10,13	20,13,12,11,9
WFG1	2,5,8,10,13	18,17,15,13,10
WFG2	2,5,8,10,13	19,16,18,20,16
WFG3	2,5,8,10,13	20,19,16,16,12
WFG4	2,5,8,10,13	18,13,12,11,9
WFG5	2,5,8,10,13	19,12,13,15,10
WFG6	2,5,8,10,13	20,12,13,12,10
WFG7	2,5,8,10,13	19,12,13,14,9
WFG8	2,5,8,10,13	20,14,12,12,14
WFG9	2,5,8,10,13	19,13,13,15,10

3.6　算法的性能分析

本节将分析所提出的改进算法的性能。首先,探讨参数 K 对 MOEA/D-DU 和 EFR-RR 性能的影响。然后,将探究所提出算法在高维多目标优化中平衡收敛性和多样性的能力。

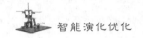
3.6.1 参数 K 的影响

在 MOEA/D-DU 和 EFR-RR 中，K 是一个平衡收敛性和多样性的主要控制参数。为了研究它们对于 K 的敏感性，以步长 1 在区间 $[1,20]$ 上调整 K，并将它们测试于所有的归一化问题上。除了 K 之外的其他参数设置与 4.3.4 节中的相同。限于篇幅，图 3.3 只显示了在归一化的 DTLZ4、DTLZ7、WFG3 和 WFG9 问题上，HV 值随 K 值的变化情况，这里只考虑了 5、8、10 和 13 目标的情况。

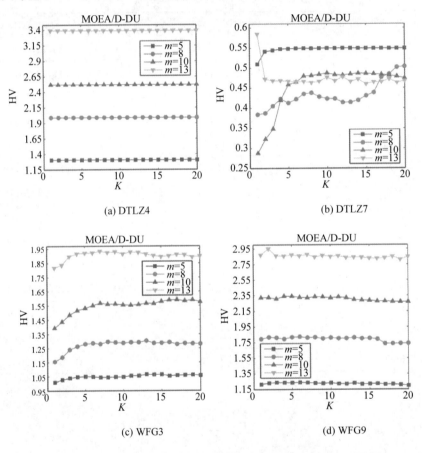

图 3.3 在不同目标维度 m 的情形下，K 在归一化 DTLZ4、DTLZ7、WFG3 和 WFG9 测试问题上对 MOEA/D-DU 和 EFR-RR 性能的影响（图中显示了 30 次独立运行所得的平均 HV 值）

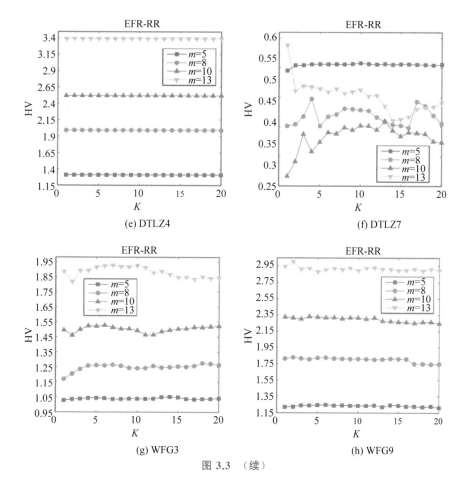

图 3.3　（续）

由图 3.3,可以得到如下实验观察结果。

（1）对每个实例,K 对 MOEA/D-DU 和 EFR-RR 的性能有着类似的影响。

（2）K 的最合适的设置不仅依赖于所要解决的问题,也依赖于问题所具有的目标数目。

（3）对于有些问题,如 DTLZ4、MOEA/D-DU 和 EFR-RR 的性能对 K 的设置不是很敏感。二者均能在较大的 K 值范围内获得相当稳定的性能。

（4）对于有些问题,如 WFG3 和 WFG9,K 的设置不同可能只会引起微小的性能变化。

（5）对于有些问题,如 DTLZ7,需要对 K 进行比较仔细的设置。在这些情形下,K 的微小变化可能会导致性能的剧烈改变。

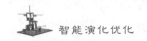
总体上来说,尽管 MOEA/D-DU 和 EFR-RR 的性能会随着 K 值的变化而有着不同程度的波动,但是它们能在 K 的恰当设置下,实现收敛性和多样性的平衡。实验显示在区间$[1,8]$上调整 K 是比较可靠的,因为 K 设置在这个范围内通常可以使 MOEA/D-DU 和 EFR-RR 达到最优或近优的性能。当为所考虑的实例调整 K 时,如果解收敛情况不佳,较大的 K 值一般会更加合适;如果解的多样性不理想,建议使用较小的 K 值。

3.6.2 收敛性和多样性的研究

本节将分别使用 GD 和 DCI 指标研究所提出算法的收敛性和多样性。这里只考虑归一化的 DTLZ1～4 和 WFG4～9 问题。因为这些问题的 Pareto 前沿面呈规则的几何形状,所以 GD 值可以通过分析的方法容易地确定,而不需要在 Pareto 前沿面上采样点。DTLZ1 的 Pareto 前沿面形状是一个超平面,而其他问题的 Pareto 前沿面形状是一个超球面。

MOEA/D-DU 和 EFR-RR 将与它们相应的前身算法(MOEA/D 和 EFR)在高维多目标的场景的情形下进行比较。表 3.7 列出了所得的平均 GD 和 DCI 结果。由这个表可见,MOEA/D-DU 和 EFR-RR 在保持多样性方面都优于它们的前身算法,它们在几乎所有涉及的实例上均获得了更好的 DCI 结果。对于收敛性,MOEA/D-DU 仍然总体上优于 MOEA/D,它在大多数实例上都得到了较好的平均 GD 值;EFR-RR 对于 EFR 也表现出了很强的竞争力,它们分别在不同的实例上获得了较好的 GD 结果。值得注意的是,相比于 EFR,EFR-RR 在 5 目标 DTLZ3 上所得 GD 和 DCI 结果要差得多。但是需要解释的是,这并不能说明 EFR-RR 在该情形下无法实现多样性的保持。这是因为尽管 DCI 是一个多样性比较指标,但是该指标并不考虑远离 Pareto 前沿面的那些解。而 DTLZ3 问题具有大量的局部 Pareto 前沿面,较小的 K 值会不利于 EFR-RR 收敛到 Pareto 前沿面上。另外,如果为 EFR-RR 设置较大的 K,GD 和 DCI 结果会改善很多。

为了更加直观地描述解在高维目标空间中的分布,图 3.4 使用平行坐标分别绘出了 MOEA/D-DU、MOEA/D、EFR-RR 和 EFR 在 10 目标 WFG4 实例上一次运行所得到的最终的非支配解。正如图 3.4 所示,MOEA/D-DU 和 EFR-RR 均能在所有 10 个目标的 $f_i \in [0,1]$ 范围上找到广泛分布的解,且目标之间的折中可以从图中清晰地看出,而 MOEA/D 和 EFR 都未能对中间解进行有效的覆盖。

上述的比较结果表明,与它们相应的前身算法相比,MOEA/D-DU 和 EFR-RR 在多样性保持方面有着明显的优势,且在收敛性方面也有着不弱的性能,从而它们在收敛性和多样性之间实现了更好的折中。甚至在某些问题上,它们无论在收敛性或多样性方面均表现更优。

表 3.7　MOEA/D-DU(EFR-RR)和 MOEA/D 和 MOEA/D(EFR)在归一化问题上所得的平均 GD 和 DCI 值的比较
（每个实例较优的平均结果以粗体标记）

问题	m	GD MOEA/D-DU	GD MOEA/D	DCI MOEA/D-DU	DCI MOEA/D	GD EFR-RR	GD EFR	DCI EFR-RR	DCI EFR
DTLZ1	5	**0.000 020**	0.004 803	**0.969 315**	0.896 647	0.000 668	**0.000 188**	**0.943 488**	0.920 854
	8	0.000 136	**0.000 048**	**0.992 567**	0.972 053	0.000 170	**0.000 073**	**0.989 848**	0.949 016
	10	0.000 022	**0.000 004**	**0.991 502**	0.959 821	**0.000 215**	0.000 579	**0.988 164**	0.922 184
	13	**0.000 029**	0.000 084	**0.992 594**	0.936 280	0.000 173	**0.000 039**	**0.994 281**	0.945 934
DTLZ2	5	**0.000 023**	0.000 054	**0.939 564**	0.836 140	**0.000 052**	0.000 105	**0.933 494**	0.854 702
	8	0.000 199	**0.000 103**	**0.985 478**	0.968 888	0.000 429	**0.000 211**	**0.985 609**	0.925 318
	10	0.000 087	**0.000 059**	**0.976 237**	0.930 026	0.000 573	**0.000 148**	**0.978 438**	0.876 171
	13	**0.000 218**	0.000 328	**0.990 947**	0.942 113	0.000 354	0.000 286	**0.998 750**	0.964 441
DTLZ3	5	0.011 119	**0.009 032**	**0.814 999**	0.701 524	0.312 651	**0.002 989**	0.007 747	**0.995 126**
	8	0.003 099	**0.000 492**	**0.982 177**	0.945 281	**0.003 595**	0.031 573	**0.985 280**	0.926 237
	10	0.001 925	**0.000 282**	**0.961 370**	0.914 810	0.005 250	**0.001 787**	**0.984 499**	0.857 481
	13	**0.001 035**	0.001 727	**0.975 368**	0.804 104	**0.000 481**	0.019 179	**0.997 120**	0.939 957
DTLZ4	5	**0.000 016**	0.000 027	**0.957 419**	0.934 750	**0.000 024**	0.030 027	**0.955 842**	0.946 478
	8	**0.000 026**	0.000 041	**0.982 202**	0.980 584	**0.000 034**	0.030 048	0.986 258	**0.990 275**
	10	**0.000 014**	0.000 021	**0.998 616**	0.981 274	**0.000 022**	0.030 030	**0.998 315**	0.995 138
	13	**0.000 020**	0.000 037	**0.993 399**	0.952 210	**0.000 019**	0.030 023	**0.995 285**	0.993 149

续表

问题	m	GD		DCI		GD		DCI	
		MOEA/D-DU	MOEA/D	MOEA/D-DU	MOEA/D	EFR-RR	EFR	EFR-RR	EFR
WFG4	5	**0.000 036**	0.000 108	**0.958 943**	0.237 922	0.000 098	**0.000 058**	**0.960 109**	0.286 770
	8	**0.000 488**	0.000 632	**0.993 236**	0.951 922	**0.000 457**	0.000 663	**0.985 042**	0.931 296
	10	**0.000 131**	0.000 199	**0.989 878**	0.907 584	**0.000 192**	0.000 208	**0.998 226**	0.848 858
	13	**0.000 217**	0.000 229	**0.991 063**	0.934 429	**0.000 214**	0.000 226	**0.996 185**	0.967 426
WFG5	5	**0.001 296**	0.001 421	**0.883 937**	0.771 605	0.001 341	0.001 361	0.816 306	0.735 464
	8	**0.001 131**	0.001 155	**0.998 100**	0.962 539	0.001 180	0.001 283	**0.987 310**	0.925 904
	10	**0.000 703**	0.000 832	**0.986 966**	0.934 614	**0.000 792**	0.000 878	**0.998 997**	0.841 463
	13	0.000 879	**0.000 861**	**0.996 643**	0.982 889	**0.000 907**	0.000 949	**0.998 150**	0.964 958
WFG6	5	0.001 173	**0.001 152**	**0.926 435**	0.315 379	0.001 284	**0.001 275**	**0.974 729**	0.187 833
	8	**0.001 263**	0.001 637	**0.998 935**	0.970 405	**0.001 310**	0.001 522	**0.989 279**	0.927 994
	10	**0.000 789**	0.000 937	**0.993 133**	0.932 979	**0.000 910**	0.001 007	**0.999 700**	0.819 165
	13	**0.001 172**	0.001 184	**0.996 104**	0.962 610	**0.001 171**	0.001 207	**0.999 021**	0.961 705
WFG7	5	**0.000 066**	0.000 136	**0.899 289**	0.480 338	0.000 099	**0.000 064**	**0.945 729**	0.332 050
	8	**0.000 552**	0.000 966	**0.996 412**	0.965 031	**0.000 271**	0.000 445	**0.989 559**	0.930 570
	10	**0.000 128**	0.000 168	**0.975 515**	0.954 160	**0.000 096**	0.000 186	**0.999 086**	0.838 123
	13	**0.000 786**	0.002 391	**0.974 228**	0.759 269	0.000 374	**0.000 372**	**0.992 426**	0.924 018

续表

问题	m	GD		DCI		GD		DCI	
		MOEA/D-DU	MOEA/D	MOEA/D-DU	MOEA/D	EFR-RR	EFR	EFR-RR	EFR
WFG8	5	**0.003 256**	0.014 374	**0.982 783**	0.125 524	**0.003 480**	0.006 584	**0.990 924**	0.095 518
	8	0.005 102	**0.005 095**	0.959 361	0.819 171	0.005 643	**0.005 110**	0.968 154	0.830 303
	10	0.005 566	**0.003 776**	0.988 397	0.717 678	0.006 110	**0.004 606**	0.996 009	0.756 254
	13	0.004 611	**0.001 271**	0.981 147	0.665 580	0.003 793	**0.001 848**	0.989 844	0.677 784
WFG9	5	**0.000 704**	0.001 363	0.980 032	0.152 752	0.001 065	**0.001 042**	0.978 193	0.190 482
	8	0.001 224	**0.001 114**	0.997 196	0.963 975	0.001 212	**0.001 026**	0.990 183	0.922 299
	10	**0.000 668**	0.000 675	0.997 815	0.927 091	0.000 927	**0.000 584**	0.998 744	0.880 118
	13	**0.000 945**	0.001 150	0.994 202	0.947 416	**0.000 961**	0.001 285	0.996 398	0.955 634

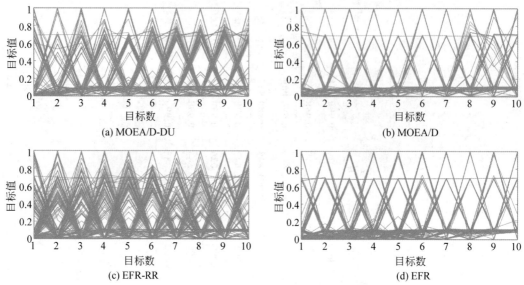

(a) MOEA/D-DU (b) MOEA/D

(c) EFR-RR (d) EFR

图 3.4 MOEA/D-DU、MOEA/D、EFR-RR 和 EFR 在归一化 10 目标 WFG4
问题上所得最终非支配解集的目标值的平行坐标

3.7 与先进算法的比较

本节根据 3.5 节中的实验设置将所提出的 MOEA/D-DU 和 EFR-RR 与若干先进的
MOEAs 进行比较。

3.7.1 在归一化问题上的比较

在本节,不包含显式归一化过程的算法将在第一组测试问题上进行比较,这些问题均
是归一化问题。表 3.8 显示了 9 个比较算法在归一化 DTLZ 问题上所得 HV 指标的比较
结果。

表 3.9 显示了在归一化 WFG 测试问题上的比较结果。为了得到统计性的结论,在
MOEA/D-DU(EFR-RR)和其他任一比较算法之间进行显著性检验。在上述三个表中,
分别用不同的标记标出了显著劣于 MOEA/D-DU、EFR-RR 或两者的结果。

表 3.10 概括了在所有 70 个测试实例上 MOEA/D-DU(EFR-RR)与其他比较算法在
HV 指标上的显著性检验情况。在该表中,算法 3-1 相比较于算法 3-2,"B"("W")表示算
法 3-1 在多少实例上得到的结果显著优(劣)于算法 3-2,"E"表示在多少实例上,两者所得
到的结果没有统计显著性的区别。

表 3.8　算法依据平均 HV 值在归一化 DTLZ 问题上的性能比较（每个实例最优的平均 HV 值以粗体标记）

问题	m	MOEA/D-DU	EFR-RR	MOEA/D	MOEA/D-STM	MOEA/D-GR	I-DBEA	EFR	GrEA	SDE
DTLZ1	2	0.704 279	0.704 371	0.703 886‡	0.703 975‡	**0.704 426**	0.667 992‡	0.703 793‡	0.678 608‡	0.702 98‡
	5	**1.577 413**	1.573 057	1.561 594‡	1.553 199‡	1.577 212	1.572 915‡	1.568 136‡	1.378 445‡	1.545 282‡
	8	2.131 065	**2.137 607**	2.095 140‡	2.072 317‡	2.094 544‡	2.136 977	2.072 935‡	2.121 597‡	2.105 726‡
	10	2.591 995	2.592 416	2.587 703‡	2.584 714‡	2.587 288‡	**2.592 680**	2.573 180‡	2.560 445‡	2.561 582‡
	13	3.389 976	3.450 434	3.280 537‡	3.198 809‡	3.387 834*	**3.450 678**	3.376 324‡	2.189 600‡	3.396 960*
DTLZ2	2	**0.420 129**	0.420 127	0.420 128	0.420 122‡	0.420 128	0.418 982‡	0.420 128‡	0.406 731‡	0.419 984‡
	5	**1.307 144**	1.306 897	1.279 784‡	1.256 106‡	1.305 507‡	1.305 292‡	1.285 600‡	1.303 783‡	1.298 814‡
	8	1.950 643	1.980 951	1.880 637‡	1.802 214‡	1.799 788‡	1.972 858*	1.780 040‡	**2.008 651**	1.995 382
	10	2.499 082	2.503 177	2.469 220‡	2.437 519‡	2.428 536‡	2.506 564	2.384 168‡	**2.518 827**	2.505 607
	13	3.123 026	3.323 667	3.009 885‡	2.951 134‡	2.984 305‡	3.379 538	3.122 809*	3.306 616*	**3.380 496**
DTLZ3	2	0.396 144	**0.411 314**	0.351 672*	0.404 385*	0.394 502*	0.002 024‡	0.394 373*	0.366 298*	0.391 238*
	5	1.224 940	0.054 759	1.211 052‡	1.220 319	1.023 841‡	0.496 700‡	1.274 197	1.158 907	**1.294 771**
	8	1.927 300	1.981 563	1.777 357‡	1.731 227‡	1.820 582‡	1.831 474‡	1.760 750‡	1.601 322‡	**1.994 729**
	10	2.451 253	2.484 752	2.388 250‡	2.377 550‡	2.304 133‡	2.405 593*	2.326 901‡	2.304 258‡	**2.503 337**
	13	3.089 054	3.343 837	2.844 142‡	2.609 725‡	3.035 628‡	3.350 566	3.100 067*	2.359 130‡	**3.370 061**

续表

问题	m	MOEA/D-DU	EFR-RR	MOEA/D	MOEA/D-STM	MOEA/D-GR	I-DBEA	EFR	GrEA	SDE
DTLZ4	2	0.420 128	0.420 128	0.378 778	0.409 783	**0.420 128**	0.420 005‡	0.420 128‡	0.347 491‡	0.295 993‡
	5	**1.308 070**	1.307 969	1.300 444‡	1.304 319	1.307 972†	1.302 482‡	1.305 789‡	1.306 873‡	1.302 604‡
	8	1.990 879	1.992 482	1.987 187*	1.980 209‡	1.985 272‡	1.980 485‡	1.990 668	**2.013 161**	1.998 266
	10	2.519 895	**2.521 704**	2.518 763‡	2.517 569‡	2.519 728*	2.514 036‡	2.521 234*	2.519 544*	2.501 111‡
	13	**3.388 281**	3.388 239	3.371 633‡	3.340 614‡	3.384 074‡	3.384 292‡	3.386 687	3.359 210‡	3.376 911‡
DTLZ7	2	0.491 624	0.543 805	**0.543 950**	0.543 948	0.495 961*	0.495 626*	0.543 947	0.534 730*	0.542 912*
	5	0.548 057	0.554 015	0.549 165*	0.548 522*	0.535 319‡	0.486 780‡	0.552 953	**0.584 698**	0.560 808
	8	0.412 756	0.454 187	0.390 231‡	0.409 169*	0.469 486	0.460 563	0.426 755*	**0.618 048**	0.491 885
	10	0.458 421	0.391 554	0.459 661	0.460 771	0.316 704‡	0.457 378	0.369 927‡	**0.674 957**	0.451 083
	13	0.467 171	0.510 667	0.451 700‡	0.452 945‡	0.501 658*	0.482 824*	0.470 118*	**0.612 042***	0.464 647*

注：† 表示结果显著劣于 MOEA/D-DU；

* 表示结果显著劣于 EFR-RR；

‡ 表示结果显著劣于 MOEA/D-DU 和 EFR-RR。

表 3.9　算法依据平均 HV 值在归一化 WFG 问题上的性能比较（每个实例最优的平均 HV 值以粗体标记）

问题	m	MOEA/D-DU	EFR-RR	MOEA/D	MOEA/D-STM	MOEA/D-GR	I-DBEA	EFR	GrEA	SDE
WFG1	2	0.562 230	0.581 095	0.593 810	**0.641 743**	0.568 671	0.426 905‡	0.573 331	0.623 764	0.561 651*
	5	1.001 123	1.242 156	1.306 573	**1.349 242**	0.465 755‡	0.882 835‡	1.236 781	1.136 911*	1.212 965*
	8	1.410 532	1.562 607	1.766 691	**1.935 880**	1.482 641*	1.711 815	1.782 913	1.631 993	1.898 297
	10	1.666 437	2.178 243	**2.442 026**	2.439 172	1.292 318‡	2.416 167	2.396 391	2.156 655	2.399 104
	13	3.167 303	3.125 288	3.125 818†	2.975 475‡	3.024 708*	**3.179 508**	3.156 495	3.158 010†	3.170 219
WFG2	2	0.740 281	0.758 307	0.761 351	0.760 855	0.742 650*	0.713 250‡	0.762 530	0.758 330	**0.762 608**
	5	1.600 169	**1.601 199**	1.571 654‡	1.589 303‡	1.464 050‡	1.584 469‡	1.546 560‡	1.565 527‡	1.581 520‡
	8	**2.139 066**	2.135 469	2.119 648‡	2.121 209‡	2.107 631‡	2.108 573‡	2.116 394‡	2.111 040‡	2.118 015‡
	10	**2.591 736**	2.589 398	2.578 580‡	2.583 832‡	2.589 241†	2.573 491‡	2.576 869‡	2.562 607‡	2.573 589‡
	13	3.431 186	**3.442 014**	3.406 848‡	3.386 077‡	3.430 181*	3.428 283*	3.414 637‡	3.414 581‡	3.431 470*
WFG3	2	0.700 664	0.699 118	0.700 160	0.700 704	0.700 284	0.677 166‡	0.699 375‡	0.682 771‡	**0.700 997**
	5	**1.050 757**	1.034 773	0.867 282‡	0.866 017‡	0.906 913‡	1.037 868‡	0.852 188‡	1.045 229‡	0.994 442‡
	8	1.280 380	1.204 763	1.222 794‡	1.227 956‡	1.136 276‡	1.244 489‡	1.213 499‡	**1.416 407**	1.247 331†
	10	1.532 371	1.460 729	1.458 075‡	1.460 352‡	1.489 880†	1.528 830	1.454 140‡	**1.726 470**	1.518 089
	13	1.920 702	1.816 198	1.671 833‡	1.642 120‡	1.736 590‡	1.922 486	1.754 964‡	**2.284 531**	1.925 885

续表

问题	m	MOEA/D-DU	EFR-RR	MOEA/D	MOEA/D-STM	MOEA/D-GR	I-DBEA	EFR	GrEA	SDE
WFG4	2	0.417 000	**0.418 377**	0.416 908*	0.417 200*	0.417 183*	0.405 476‡	0.418 244	0.406 336‡	0.418 255*
	5	1.285 940	**1.287 692**	0.920 686‡	0.962 506‡	0.792 782‡	1.254 008‡	0.961 821‡	1.253 821‡	1.247 417‡
	8	1.934 635	**1.965 264**	1.679 865‡	1.659 225‡	1.715 845‡	1.860 717‡	1.724 350‡	1.930 146*	1.905 486‡
	10	2.468 681	**2.491 699**	2.231 219‡	2.247 558‡	2.369 648‡	2.435 737‡	2.194 736‡	2.405 230‡	2.347 108‡
	13	3.008 914	3.337 246	2.900 558‡	2.777 046‡	3.030 456*	**3.339 312**	3.085 706*	3.119 742*	3.247 644*
WFG5	2	0.378 917	**0.379 074**	0.373 096‡	0.378 518*	0.378 374	0.374 261‡	0.379 034	0.366 330‡	0.377 682‡
	5	**1.216 121**	1.207 217	1.173 121‡	1.175 929‡	0.798 748‡	1.208 029‡	1.186 556‡	1.213 000†	1.210 585†
	8	1.809 546	1.853 939	1.523 779‡	1.499 358‡	1.610 531‡	1.811 091*	1.572 135‡	**1.868 017**	1.840 307*
	10	2.288 982	2.338 790	2.044 104‡	2.111 802‡	2.110 555‡	2.327 699*	1.988 422‡	**2.338 894**	2.285 479*
	13	2.685 390	3.077 929	2.629 138‡	2.599 395‡	2.629 734‡	**3.135 248**	2.802 878*	2.945 444*	3.118 274
WFG6	2	0.386 121	0.387 136	0.388 269	0.388 159	0.386 992	0.371 930‡	0.386 763	0.375 526‡	**0.388 339**
	5	1.203 532	1.202 838	0.932 134‡	0.989 178‡	0.745 472‡	1.198 173†	0.814 322‡	**1.209 398**	1.204 154
	8	1.792 582	1.845 513	1.524 041‡	1.514 136†	1.632 452‡	1.788 382*	1.568 782‡	**1.860 831**	1.823 996*
	10	2.264 165	**2.318 441**	1.973 321‡	2.019 177‡	2.106 371‡	2.288 335*	1.942 445‡	2.291 735*	2.281 144*
	13	2.694 571	3.028 384	2.632 777‡	2.577 972‡	2.703 796*	**3.057 529**	2.797 318*	2.947 601*	3.048 374

续表

问题	m	MOEA/D-DU	EFR-RR	MOEA/D	MOEA/D-STM	MOEA/D-GR	I-DBEA	EFR	GrEA	SIDE
WFG7	2	0.419 219	0.419 127	0.419 264	0.419 271	0.419 270	0.403 176‡	0.419 119†	0.406 740‡	**0.419 480**
	5	1.278 119	1.280 956	1.119 326‡	1.134 063‡	0.843 455‡	1.269 955‡	1.032 286‡	**1.294 253**	1.280 318
	8	1.926 683	1.987 161	1.657 222‡	1.640 169‡	1.741 279‡	1.917 133‡	1.704 069‡	**1.998 229**	1.953 074*
	10	2.458 886	**2.509 162**	2.329 332‡	2.319 595*	2.315 842‡	2.475 375*	2.162 850‡	2.491 561*	2.421 732‡
	13	3.080 436	3.350 532	2.792 831‡	2.760 968‡	2.918 742‡	3.353 342	3.106 133‡	3.198 467*	3.320 231*
WFG8	2	0.380 438	0.379 809	0.379 589	0.380 673	0.380 463	0.354 848‡	0.380 610	0.374 610‡	**0.381 698**
	5	1.174 365	**1.179 315**	0.620 310‡	0.606 449‡	0.687 016‡	1.165 600‡	0.614 472‡	1.160 200‡	1.153 417‡
	8	1.753 599	1.739 425	1.426 568‡	1.416 873‡	1.545 540‡	1.686 752‡	1.443 098‡	**1.760 000**	1.682 100‡
	10	2.227 371	2.192 016	1.770 687‡	1.781 845‡	1.925 330‡	2.228 087	1.789 877‡	**2.235 939**	2.079 279‡
	13	2.668 338	3.070 900	2.465 452‡	2.451 922‡	2.766 640*	**3.073 486**	2.535 248‡	2.990 715*	3.036 104*
WFG9	2	0.395 282	0.393 623	0.400 667	0.387 581*	0.388 456	0.378 018‡	0.407 289	0.382 390‡	**0.409 947**
	5	**1.237 722**	1.223 673	0.658 931‡	0.674 282‡	0.677 244‡	1.176 343‡	0.789 826‡	1.226 696‡	1.228 754‡
	8	1.819 899	1.830 079	1.628 043‡	1.623 609‡	1.639 324‡	1.744 089‡	1.582 517‡	**1.870 276**	1.848 786
	10	**2.341 604**	2.314 426	2.062 388‡	2.074 169‡	2.134 863‡	2.293 407‡	2.096 066‡	2.327 689†	2.296 196‡
	13	2.871 460	3.003 053	2.722 066‡	2.711 396‡	2.842 311‡	3.045 041	2.811 748‡	2.941 058*	**3.082 909**

注：† 表示结果显著劣于 MOEA/D-DU；

* 表示结果显著劣于 EFR-RR；

‡ 表示结果显著劣于 MOEA/D-DU 和 EFR-RR。

表 3.10　MOEA/D-DU 和 EFR-RR 与其他算法之间的显著性检验情况总结

		MOEA/D-DU	EFR-RR	MOEA/D	MOEA/D-STM	MOEA/D-GR	I-DBEA	EFR	GrEA	SDE
MOEA/D-DU 与	B	—	21	52	50	46	40	43	32	26
	W	—	41	8	8	6	21	15	34	32
	E	—	8	10	12	18	9	12	4	12
EFR-RR 与	B	41	—	52	52	54	45	48	41	39
	W	21	—	11	11	8	16	7	24	27
	E	8	—	7	7	8	9	15	5	5

由上述结果,对于所提出的 MOEA/D-DU 和 EFR-RR,可以得到如下实验发现。

(1) MOEA/D-DU 明显优于 MOEA/D。实际上,MOEA/D-DU 在总共 70 个实例的 52 个实例上得到了比 MOEA/D 显著优秀的 HV 结果,而 MOEA/D 只在 8 个实例上显著优于 MOEA/D-DU,其中还有一半是 2 目标实例。这强有力地显示,在解决高维多目标优化问题上,MOEA/D-DU 中所提出的更新策略比 MOEA/D 中的更加有效。

(2) MOEA/D-DU 相对其他三种 MOEA/D 变体,即 MOEA/D-STM、MOEA/D-GR 和 I-DBEA,也显现出了一定的优势。具体来说,MOEA/D-DU 在绝大多数实例上均显著优于 MOEA/D-STM 和 MOEA/D-GR。与 I-DBEA 相比,MOEA/D-DU 一般在 2、5 和 8 目标实例上具有显著优势,在 10 目标实例上也非常有竞争力。但是在 13 目标实例上,I-DBEA 一般显现出了更高的性能。这些结果证实了 MOEA/D-DE 中的选择机制与那些先进 MOEA/D 变体所采用的选择机制是可比的甚至更优。

(3) EFR-RR 在高维多目标情形下显著提升了 EFR 的性能。在总共 56 个高维多目标($m > 3$)实例中,EFR-RR 在 46 个实例中表现出了显著优的性能,而 EFR 只在当中的 5 个实例中显著优于 EFR-RR。对于 2 目标实例,EFR-RR 和 EFR 的性能之间并没有显著性区别。这些结果清晰地阐释了 EFR-RR 中所使用的排序限制模式在高维多目标优化问题上的有效性。

(4) 对比于两个专门设计用于处理高维多目标优化的算法,即 GrEA 和 SDE,MOEA/D-DU 和 EFR-RR 与它们相比也显现出了特别强的竞争力。这 4 个算法分别在某些特定的问题上表现最优。基于上述大量的实验结果,为了量化算法的整体性能,本章进一步引入了表现分[50]对算法进行排名,这样方便于对算法表现得到一些有意义的见解。对一个特定的问题,假设有 l 个算法 $Alg_1, Alg_2, \cdots, Alg_l$ 参与比较,如果依据 HV,Alg_j 显著优于 Alg_i,那么 $\delta_{i,j}$ 设置为 1,否则设为 0。那么对每个算法 Alg_i,表现分由式(3.8)确定。

$$P(\mathrm{Alg}_i) = \sum_{\substack{j=1 \\ j \neq i}}^{l} \delta_{i,j} \qquad (3.8)$$

该值显示了在所考虑的实例上,有多少其他算法显著优于该算法。所以,该值越小,算法的性能越佳。图 3.5 分别概括了在不同目标维数和不同测试问题上的平均表现分。

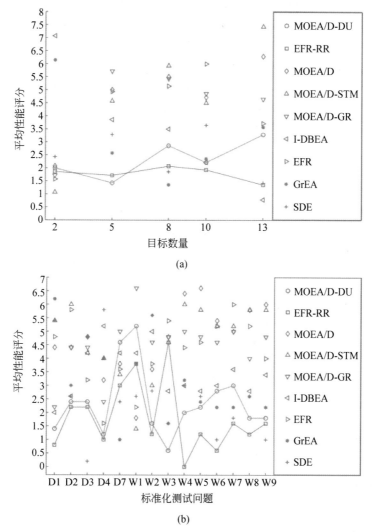

图 3.5 不同目标维数和不同测试问题上的平均表现分

(a)表示在每个目标维度的所有归一化测试问题上所得平均表现分;(b)表示在每个归一化测试问题的所有目标维度上所得平均表现分。测试问题名称简写为 DTLZ(Dx)和 WFG(Wx)。分数越小,表示依据 HV 整体性能越优。图中以直线连接 MOEA/D-DU 和 EFR-RR 所得分数值

由图 3.5(a)可以看出,MOEA/D-DU 和 EFR-RR 在目标数目较多情况下的排名均非常靠前。对于 2 目标问题,MOEA/D-DU 总体上略优于 MOEA/D,然而 EFR-RR 却略差于 EFR。有趣的是,尽管 GrEA 和 I-DBEA 在高维多目标优化问题上取得了较突出的性能,但是它们在 2 目标问题上却表现不佳。相反地,MOEA/D、MOEA/D-STM 和 MOEA/D-GR 在 2 目标问题上有令人满意的表现,但是在高维多目标优化问题上性能扩展性欠佳。另外,I-DBEA 显现了一个非常有趣的搜索行为,即:它在具有更高数目的问题上表现出了更强的竞争力。

由图 3.5(b)可以看出,EFR-RR 在总共 14 个测试问题的 10 个中取得了最优的整体性能,且在 WFG9 问题上排名第二,但是 EFR-RR 在 WFG1 和 WFG3 问题上并没有显示出如此优越的性能。MOEA/D-DU 在 WFG3 问题上总体表现最优,在 8 个实例中排名第二,均劣于 EFR-RR。然而,MOEA/D-DU 在解决 DTLZ7 和 WFG1 问题上存在一定困难,在这两个问题上它仅总体优于 MOEA/D-GR。

表 3.11 给出了所考虑的 9 个算法在所有 70 个实例上的平均表现分,且根据这一评分,这里也给出了每个算法相应的排名。所提出的 EFR-RR 和 MOEA/D-DU 分别排名第一和第二,紧随其后的是 SDE 和 GrEA。但是值得指出的是,这只是对算法在本章所考虑的所有问题实例上的一个综合的评价。实际上,没有算法在所有实例上都优于其他任一比较算法,某些算法更适合解决某种特定的问题,如 I-DBEA 可能比其他算法更适合解决具有非常高目标数目的问题。另外,GrEA 在实验中所表现的突出的总体性能是通过为每个问题实例都设置合适的 div 值而得到的。从这个角度来说,GrEA 在参数设置方面占了其他算法的便宜。

表 3.11　在所有归一化问题实例上所考虑的 9 个算法所得平均表现分,较小的分数表示依据 HV 整体性能较优

算　　法	分　　数	名　　次
MOEA/D-DU	2.36	2
EFR-RR	1.79	1
MOEA/D	4.71	9
MOEA/D-STM	4.70	8
MOEA/D-GR	4.47	7
I-DBEA	3.49	5
EFR	4.27	6
GrEA	3.20	4
SDE	2.53	3

因为对比于所提出的 MOEA/D-DU 和 EFR-RR,GrEA 和 SDE 也是两个很有竞争力的高维多目标优化算法,所以在表 3.12 中进一步显示了每个算法在总共 $70 \times 30 = 2100$ 运行中,每次运行的平均 CPU 时间。因为所有这 4 个算法均运行在相同的框架内,且在同样的计算环境下运行,所以这些数据能以相对公平的方式使我们对每个算法的效率有粗略的了解。结果显示,尽管 GrEA 和 SDE 也有着相当好的总体性能,但是它们的效率无法与 MOEA/D-DU 和 EFR-RR 相比,它们明显需要更多的计算开销。

表 3.12　MOEA/D-DU、EFR-RR、GrEA 和 SDE 每次运行的平均 CPU 时间

算　法	CPU 时间/s	算　法	CPU 时间/s
MOEA/D-DU	8.981	GrEA	44.464
EFR-RR	14.011	SDE	98.801

3.7.2　在非归一化问题上的比较

本节将 3.4.3 节中阐述的归一化技术嵌入 MOEA/D-DU 和 EFR-RR 中,并将它们与 NSGA-Ⅲ在第二组测试问题,即非归一化问题上进行比较。

表 3.13 显示了 MOEA/D-DU、EFR-RR 和 NSGA-Ⅲ所得平均 HV 结果。由表 3.13 可知,EFR-RR 与 NSGA-Ⅲ相比有明显优势。具体来说,在所考虑的 40 个实例的 30 个中,EFR 显著优于 NSGA-Ⅲ,而 NSGA-Ⅲ只在 5 个实例上显著优于 EFR-RR,包括 5、13 目标 DTLZ1,13 目标 DTLZ2 以及 5、13 目标 WFG5。对于 MOEA/D-DU,在 2、5 和 8 目标问题上,它一般优于 NSGA-Ⅲ。在 10 目标问题上,MOEA/D-DU 和 NSGA-Ⅲ平分秋色,它们各在一半的实例上表现显著优于对方。然而,MOEA/D-DU 在 13 目标问题上的性能总体要逊于 NSGA-Ⅲ。实际上,NSGA-Ⅲ在 7 个 13 目标实例上都取得了比 MOEA/D-DU 具有显著优势的结果。

表 3.13　在非归一化测试问题上依据平均 HV 值的性能比较(每个实例最优的 HV 值以粗体标记)

问题	m	MOEA/D-DU	EFR-RR	NSGA-Ⅲ
DTLZ1	2	**0.704 179**	0.704 174	0.701 746*
	5	**1.576 914**	1.563 334	1.571 783†
	8	2.130 914	**2.137 705**	2.129 752‡
	10	2.591 432	**2.592 426**	2.585 756‡
	13	3.386 799	3.450 218	**3.450 789**

问题	m	MOEA/D-DU	EFR-RR	NSGA-Ⅲ
DTLZ2	2	**0.420 127**	0.420 115	0.419 951[‡]
	5	**1.307 157**	1.306 985	1.297 456[‡]
	8	1.952 661	**1.983 739**	1.970 329[*]
	10	2.499 967	**2.506 082**	2.505 281
	13	3.135 602	3.349 935	**3.379 670**
WFG4	2	0.416 934	**0.418 212**	0.417 910[*]
	5	**1.287 030**	1.286 825	1.265 777[‡]
	8	1.937 218	**1.971 430**	1.879 845[‡]
	10	2.472 125	**2.499 611**	2.442 636[‡]
	13	3.039 460	**3.359 619**	3.316 773[*]
WFG5	2	0.378 437	**0.379 066**	0.378 669[*]
	5	**1.216 065**	1.206 244	1.213 641[†]
	8	1.812 500	**1.858 908**	1.820 270[*]
	10	2.291 171	**2.341 408**	2.327 403[*]
	13	2.792 708	3.103 004	**3.134 267**
WFG6	2	**0.386 738**	0.386 458	0.386 413
	5	**1.205 599**	1.204 359	1.201 132[†]
	8	1.788 193	**1.847 898**	1.803 972[*]
	10	2.262 895	**2.324 245**	2.300 161[*]
	13	2.691 167	3.057 463	**3.067 444**
WFG7	2	**0.419 193**	0.419 167	0.418 768[‡]
	5	1.278 789	**1.282 254**	1.278 558[*]
	8	1.927 311	**1.989 183**	1.920 527[‡]
	10	2.459 857	**2.511 870**	2.474 063[*]
	13	3.115 259	**3.370 701**	3.347 897[*]

续表

问题	m	MOEA/D-DU	EFR-RR	NSGA-Ⅲ
WFG8	2	0.379 874	**0.379 964**	0.379 504
	5	1.166 643	**1.178 156**	1.163 539[‡]
	8	**1.774 488**	1.773 226	1.679 544[†]
	10	2.243 801	**2.264 483**	2.214 018[‡]
	13	2.587 436	**2.993 202**	2.947 889[*]
WFG9	2	0.395 017	**0.403 498**	0.401 294[*]
	5	**1.239 003**	1.229 890	1.179 849[‡]
	8	1.834 668	**1.850 715**	1.728 561[‡]
	10	**2.352 997**	2.336 695	2.274 673[‡]
	13	2.961 438	**3.095 129**	2.978 443[*]

注：[†] 表示结果显著劣于 MOEA/D-DU；

　　 [*] 表示结果显著劣于 EFR-RR；

　　 [‡] 表示结果显著劣于 MOEA/D-DU 和 EFR-RR。

图 3.6 绘出了 MOEA/D-DU、EFR-RR 和 NSGA-Ⅲ 在解决 8 目标 WFG9 问题时所得 HV 随代数的进化轨迹。由图 3.6 可知，尽管 3 个算法均能随着代数的增加稳定地降低 HV 值，但是 MOEA/D-DU 和 EFR-RR 能比 NSGA-Ⅲ 更快地收敛到 Pareto 前沿面且最终获得更高的 HV 值。

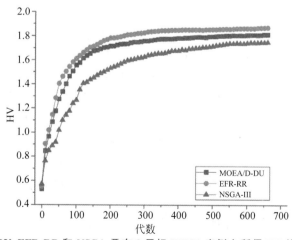

图 3.6　MOEA/D-DU、EFR-RR 和 NSGA-Ⅲ 在 8 目标 WFG9 实例上所得 HV 值随代数的进化轨迹

从上述结果可以得出，与 NSGA-Ⅲ 相比，嵌有复杂归一化过程的 MOEA/D-DU 和 EFR 在解决非归一化问题上至少是很有竞争力的甚至性能会更优。

3.7.3　进一步讨论

本节将进一步讨论与实验研究相关的几个问题。

第一个问题是关于实验设置中的种群大小。直觉上，在实现多样性和收敛性两方面折中的前提下，近似一个 Pareto 前沿面所用点的数目随目标维数增多呈指数级增长。因此在高维情形下表示全部 Pareto 前沿面，MOEAs 需要采用一个非常大的种群大小。然而，正如文献[45]中所提到的，在这种情形下，决策者很难理解和选择一个偏好的解。另一个缺陷是很大的种群大小会使 MOEAs 的计算效率很低，有时甚至不可行。例如，如果在 2 目标的情况下设置种群大小为 100，那么在 8 目标的情形下，假设保持同样密集的分布，需要设置种群大小为 10^8。显然，进化含有如此庞大数目解的种群，对一个 MOEA 来说是难以承受的或者说是不切实际的。所以，正如文献[78]所述，高维多目标优化中的一个可行的搜索策略是在整个 Pareto 前沿面上全局搜索稀疏分布的非支配解。在本章实验中，种群大小的设置如表 3.4 所示，且类似的设置可参见大多数高维多目标优化的相关文献，如[32]、[37]、[45]、[46]、[75]。在原始的 HypE 研究[50]中，甚至采用了一个更小的种群大小，即 50，来研究 HypE 在高维多目标优化问题上的性能。

第二个问题是为什么 MOEA/D-DU 和 EFR-RR 在 2 目标问题上没有表现出与相应前身算法的优势，尽管它们在高维目标问题上性能要优异很多。我们认为有两个可能的原因。第一，正如上面所提及的，在高维目标空间中，种群中的解和权向量只能是稀疏分布的，其中一个区域可能只与一个解或一个权向量相关联。那么，如果过分强调聚合函数值，解就非常有可能偏离相应的区域，从而对多样性的保持造成损坏。然而在二维目标空间中，即使一个普通的种群大小，如 100，也能够实现解在目标空间中的非常密集的分布，在这种情形下即使对于 MOEA/D 和 EFR 也不容易失去对 Pareto 前沿面某些区域的追踪。第二，在更高维的目标空间中有着更高的自由度，所以产生那些有着好的聚合函数值但远离相应权向量的解的可能性要大得多。因此，这时 MOEA/D-DU 中基于距离的更新策略和 EFR-RR 中排序限制模式会对进化过程中保持解的理想分布起到更大的作用。

第三个问题是为什么两个与 MOEA/D-DU 类似的算法，即 MOEA/D-STM 和 MOEA/D-GR，没有在高维多目标优化问题上表现出与 MOEA/D-DU 相当的性能。对于 MOEA/D-STM，它使用一个配对算法来协调子问题和解的不同偏好。因此，它隐式地给予了这两种偏好以同等的重要性。然而，在高维多目标优化中，偏向于解的偏好也许会更加恰当，因为在高维目标空间中使用稀疏分布的解极可能失去对某些区域的追踪。对 MOEA/D-DU 和 EFR-RR 中参数 K 的实验研究也证实了这一点，因为该实验显示使

用小的 K 值比较合适。对于 MOEA/D-GR,当处理高维多目标优化问题时,利用子问题的聚合函数值为一个新解找到一个合适的子问题并不是非常合理的。这是因为在高维目标空间中,稀疏分布的权向量相互之间距离较远,因此各个子问题(聚合函数)的最优值有着很大的不同,这导致不同聚合函数的绝对的值之间并不具有可比性。MOEA/D-GR 另外一个潜在缺陷是仍然使用子问题的邻域作为替换邻域,这对于高维多目标优化来说是值得商榷的。这也可以归因于权向量在目标空间中的稀疏分布,其限制了子问题之间的信息共享。

最后一个问题是关于 MOEA/D-DU 和 EFR-RR 中的参数 K 的设置。在本章实验中,将所提算法与其他算法进行比较时,对所有的测试实例都采用了固定的 K 值。然而,如 3.6.1 节所述,最合适的 K 值依赖于所要解决的问题实例。实际上,K 在控制收敛性和多样性平衡方面起到了重要的作用。如果使用一个大的 K 值,将会促进收敛性。相反,如果使用一个小的 K 值,将会更加强调 $d_{j,2}(x)$,从而促进多样性。对一个特定的问题实例,二者之间应该存在一个最优的平衡,这也是 MOEA/D-DU 和 EFR-RR 中 K 的意义所在。

3.8　本章小结

本章针对高维多目标优化提出了 MOEA/D-DU 和 EFR-RR,这两个算法分别增强了两个基于聚合的 MOEAs,即 MOEA/D 和 EFR。基本思想是在进化过程中利用解到权向量的垂直距离显式地维持解在目标空间中的分布。具体来说,在 MOEA/D-DU 中,更新过程首先根据垂直距离确定在目标空间中离新产生的解最近的 K 个权向量,然后新解只能尝试替换与这 K 个权向量对应的解,替换的依据是通过比较聚合函数值。在 EFR-RR 中,本章认为每个解只参与一部分聚合函数的排序将会比参加所有的聚合函数更优,其中聚合函数的选择也是由垂直距离辅助实现的。

在实验研究中,本章探究了关键参数 K 对 MOEA/D-DU 和 EFR-RR 性能的影响,并提出了如何恰当设置 K 的一些建议。本章也说明了在高维多目标优化中,MOEA/D-DU 和 EFR-RR 在平衡收敛性和多样性方面一般优于它们相应的前身算法。为了显示算法的竞争力,进一步将 MOEA/D-DU 和 EFR-RR 与 7 个先进算法进行比较,包括 4 个 MOEA/D 变体、EFR,以及两个非基于分解的算法。作为比较载体,使用了来自 DTLZ 和 WFG 数据集的 70 个归一化实例,目标维数最高达到 13。实验结果显示,在高维多目标优化中,无论 MOEA/D-DU 或者 EFR-RR 都较它们的前身算法有着明显的优势,且二者均总体优于其他的比较算法。另外,本章分别在 MOEA/D-DU 和 EFR-RR 中嵌入了一个复杂的在线归一化过程,且将它们在非归一化问题上与 NSGA-Ⅲ 进行比较,结果验证了嵌有归一化过程的 MOEA/D-DU 和 EFR-RR 在处理不同比例目标方面的有效性。

第4章 基于新型支配关系的多目标演化算法

4.1 前　　言

本章的主要贡献体现在以下两大方面。

第一方面在于算法设计。本章针对高维多目标优化,提出了一个简单但是有效的基于θ-支配的演化算法(θ-Dominance Based Evolutionary Algorithm,θ-DEA)。该算法是基于一个最近提出的基于参考点的算法,即 NSGA-Ⅲ。NSGA-Ⅲ强调种群中那些 Pareto 非支配的且距离相应参考点的参考线较近的个体。然而,当目标数目较多时,NSGA-Ⅲ所依赖的 Pareto 支配缺乏足够的选择压力以使种群向 Pareto 前沿面靠近,因此在这样的情形下,相比于收敛性,NSGA-Ⅲ 实际上更加强调多样性,从而会造成收敛性不足的问题。而 MOEA/D 中基于聚合函数的适应度评价机制令其即使在高维目标空间中也能够使种群很好地接近 Pareto 前沿面。本章旨在利用 MOEA/D 中的适应度评价机制来提高 NSGA-Ⅲ 在高维多目标优化中的收敛性,但是仍然继承 NSGA-Ⅲ 在多样性保持方面的优势。为了达到这个目的,本章提出了一种新型的支配关系,称为θ-支配。在θ-支配中,解被分配到由均匀参考点所表示的不同簇中。只有在同一个簇中的解存在竞争关系,该竞争关系是由一个类似于 PBI 函数[7]的适应度函数所确定。当θ-DEA 进行环境选择时,基于θ-支配的非支配排序模式不仅偏好每个簇中具有较好适应度值的解,而且也保证所选择的解在各个簇之间尽可能均匀地分布。

第二方面在于实验比较。尽管各种高维多目标演化算法已经被陆续提出,但是目前对各种不同算法的比较研究却很少。文献[64]比较了 8 种演化算法在 MaOPs 上的性能,但是比较仅局限在只有两种目标空间维度的问题上,且该研究并没有涉及最新的算法,如 NSGA-Ⅲ。本章将θ-DEA 与 8 种先进的算法在来源于两个著名数据集的 16 个测试问题的 80 个实例上进行了详尽的比较。实验结果表明,θ-DEA 是求解 MaOPs 的一种非常有前景的算法。我们希望本章的实验比较能够引发对高维多目标演化算法更加全面的比较研究以及对它们搜索行为更加深入的分析。

本章后续部分组织如下: 4.2 节详细描述了所提出的θ-DEA;4.3 节阐述了实验中性

能比较所使用的测试问题、性能指标,以及算法设置;4.4 节给出了大量的实验结果及讨论;4.5 节对本章工作进行了总结。

4.2　基于 θ-支配的演化算法

4.2.1　算法框架

本章所提出的 θ-DEA 的框架如算法 4-1 所示。首先生成一组 N 个参考点,可以表示为 $\boldsymbol{\Lambda} = \{\boldsymbol{\lambda}_1, \boldsymbol{\lambda}_2, \cdots, \boldsymbol{\lambda}_N\}$。对于含有 m 个优化目标的问题,$\boldsymbol{\lambda}_j (j \in \{1, 2, \cdots, N\}$ 是一个 m 维的向量,可以表示为 $\boldsymbol{\lambda}_j = (\lambda_{j,1}, \lambda_{j,2}, \cdots, \lambda_{j,m})^{\mathrm{T}}$,其中,$\lambda_{j,k} > 0, k = 1, 2, \cdots, m$ 且 $\sum_{k=1}^{m} \lambda_{j,k} = 1$。接着随机生成大小为 N 的初始种群 P_0。在步骤 3 中初始化理想点 z^*。因为精确的 z^* 一般是很难得到的,实际上是使用当前搜索到的目标 f_i 的最小值来近似,且在搜索中不断更新。步骤 4 初始化最差点,其中,z_i^{nad} 被设置为种群 P_0 中目标 f_i 的最大值,且在算法每一代的归一化过程中被更新。步骤 6~步骤 23 循环迭代直至终止条件满足。步骤 7 中,通过重组算子由当前种群 P_t 生成子代种群 Q_t。然后,Q_t 与 P_t 进行合并,形成一个种群大小为 $2N$ 的新种群 R_t。种群 $S_t = \bigcup_{i=1}^{\tau} F_i$,其中,$F_i$ 为种群 R_t 的第 i 层 Pareto 非支配层,其中,τ 满足 $\sum_{i=1}^{\tau-1} |F_i| < N$ 且 $\sum_{i=1}^{\tau} |F_i| \geqslant N$。实际上,对于具有较多优化目标的问题,由于种群中绝大部分解都是 Pareto 非支配的,所以 S_t 几乎总是与 F_1 等同的。步骤 11 中,利用 z^* 和 z^{nad} 对种群执行归一化过程。在归一化之后,使用聚类算子将 S_t 中的个体分裂成 N 个簇,这 N 个簇的集合表示为 $C = \{C_1, C_2, \cdots, C_N\}$,其中,$C_j$ 由参考点 $\boldsymbol{\lambda}_j$ 所表征。然后,使用基于 θ-支配(非 Pareto 支配)的非支配排序将 S_t 分为不同的 θ-非支配层(F_1'、F_2'等)。θ-支配是 θ-DEA 中的核心概念,将在之后介绍。一旦执行完 θ-非支配排序,接下来的步骤就是选择 S_t 中的 N 个解,形成种群 P_{t+1}。从第一层 θ-非支配层 F_1' 开始,逐步将解加入 P_{t+1} 中。不同于 NSGA-Ⅱ 和 NSGA-Ⅲ,在最后一个可接受层上,只是随机地选择解,因为 θ-支配已同时强调了多样性和收敛性。当然,在步骤 20 中也可以使用一些增强多样性的策略。接下来的章节将会详细描述 θ-DEA 的一些重要步骤。

算法 4-1　θ-DEA 的算法框架

1：$\boldsymbol{\Lambda} \leftarrow \mathrm{GenerateReferencePoints()}$
2：$P_0 \leftarrow \mathrm{InitializePopulation()}$

3： $z^* \leftarrow \text{InitializeIdealPoint()}$

4： $z^{\text{nad}} \leftarrow \text{InitializeNadirPoint()}$

5： $t \leftarrow 0$

6： **while** 终止条件不满足时 **do**

7： $Q_t \leftarrow \text{CreateOfspringPopulation}(P_t)$

8： $R_t \leftarrow P_t \cup Q_t$

9： $S_t \leftarrow \text{GetParetoNondominatedFronts}(R_t)$

10： $\text{UpdateIdealPoint}(S_t)$

11： $\text{Normalize}(S_t, z^*, z^{\text{nad}})$

12： $C \leftarrow \text{Clustering}(S_t, \boldsymbol{\Lambda})$

13： $\{F_1', F_2', \cdots\} \leftarrow \theta\text{-Non-dominated-sort}(S_t, C)$

14： $P_{t+1} \leftarrow \varnothing$

15： $i \leftarrow 1$

16：   **while** $|P_{t+1}| + |F_i'| < N$ **do**

17： $P_{t+1} \leftarrow P_{t+1} \cup F_i'$

18： $i \leftarrow i+1$

19：   **end while**

20： $\text{RandomSort}(F_i')$

21： $P_{t+1} \leftarrow P_{t+1} \cup F_i'[1:(NZ - |P_{t+1}|)]$

22： $t \leftarrow t+1$

23： **end while**

4.2.2 参考点的生成

为了确保所得到解的多样性，θ-DEA 中采用了 Das 和 Dennis 所提出的系统方法[121]来生成结构化的参考点。MOEA/D、NSGA-Ⅲ 甚至一些更早的算法，如 Murata 等提出的细胞 MOEA[129]，也采用了同样的机制。利用这种方法产生的参考点数目取决于目标向量的维数 m 以及另一个正整数 H。考虑如下方程：

$$\sum_{i=1}^{m} x_i = H, x_i \in \mathbb{N}, \quad i = 1, 2, \cdots, m \tag{4.1}$$

该方程解的数目可以按式(4.2)计算：

$$N = \left(\frac{H+m-1}{m-1} \right) \tag{4.2}$$

设 $(x_{j,1}, x_{j,2}, \cdots, x_{j,m})^{\mathrm{T}}$ 是方程的第 j 个解，那么参考点 $\boldsymbol{\lambda}_j$ 可以由式(4.3)得到：

$$\lambda_{j,k} = \frac{x_{j,k}}{H}, \quad k = 1, 2, \cdots, m \tag{4.3}$$

从几何角度来说，$\boldsymbol{\lambda}_1, \boldsymbol{\lambda}_2, \cdots, \boldsymbol{\lambda}_N$ 均位于超平面 $\sum_{i=1}^{m} f_i = 1$ 上，且 H 是沿着每个目标

轴的分割数。注意,如果 $H < m$,这种方法只能产生边界点而不能产生中间点。然而,当 m 相对较大时,如 $m=8$,在 $H \geqslant m$ 情形下将会产生大量的参考点,因此会导致一个巨大的种群。为了解决这个问题,在本章所提的 θ-DEA 中,采用了文献[45]中建议的两层参考点机制,这样可以避免使用较大的 H 值。

假设边界层和内部层的分割数分别是 H_1 和 H_2,那么种群大小为

$$N = \binom{H_1 + m - 1}{m - 1} + \binom{H_2 + m - 1}{m - 1} \tag{4.4}$$

图 4.1 阐释了 $H_1 = 2$ 和 $H_2 = 1$ 时,三维目标空间中两层参考点的分布情况。

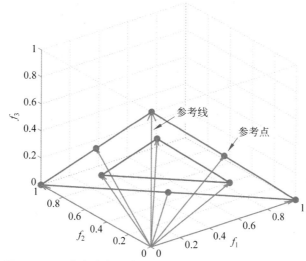

图 4.1　两层参考点在三维目标空间中的分布(其中 6 个点在边界层($H_1 = 2$),3 个点在内层($H_2 = 1$))

4.2.3　重组算子

重组算子在高维多目标优化中可能会失效。这是因为在高维多目标空间中,有较大的可能性,相互距离很远的两个解被选择进行重组从而导致产生性能比较差的子代解[26,44]。解决这个问题一般有两种方法:第一种是采用交配限制的方式[130],其中,重组操作只对两个邻域解进行;第二种是使用特殊的重组方式,如使用具有较大分布指数的 SBX 算子以强调靠近父代个体的解,如 NSGA-Ⅲ。

θ-DEA 采用后者,是因为它与 NSGA-Ⅲ 有相似的算法结构。当执行重组算子时,从当前种群 P_t 中随机选择两个父代个体,然后通过使用具有较大分布指数的 SBX 算子和多项式变异生成子代个体。

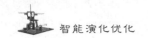

4.2.4　自适应归一化

归一化过程的目的是使 θ-DEA 可以有效地解决非归一化问题。

在归一化中,目标 $f_i(\boldsymbol{x})$,$i=1,2,\cdots,m$ 被替代为

$$\widetilde{f}_i(\boldsymbol{x})=\frac{f_i(\boldsymbol{x})-z_i^*}{z_i^{\mathrm{nad}}-z_i^*} \tag{4.5}$$

正如上述所提及的,z_i^* 可以用目前所找到的最小的 f_i 值来估计,然而 z_i^{nad} 的估计是一个困难得多的任务,因为它需要整个 Pareto 前沿面的信息[122,123]。

θ-DEA 中使用的估计 z_i^{nad} 的方法与 NSGA-Ⅲ 中的类似,不同之处在于识别极限点的方式不同。首先,在待归一化的种群即 S_t 中,确定在目标轴 f_j 方向上的极限点 $\boldsymbol{e}_j$,是通过找到一个解 $\boldsymbol{x}\in S_t$,它最小化为

$$\mathrm{ASF}(\boldsymbol{x},\boldsymbol{w}_j)=\max_{i=1}^{m}\left\{\frac{1}{w_{j,i}}\left|\frac{f_i(\boldsymbol{x})-z_i^*}{z_i^{\mathrm{nad}}-z_i^*}\right|\right\} \tag{4.6}$$

在公式(4.6)中,$\boldsymbol{w}_j=(w_{j,1},w_{j,2},\cdots,w_{j,m})^{\mathrm{T}}$ 是目标轴 f_j 的轴方向,且满足如果 $i\neq j$,那么 $w_{j,i}=0$,否则 $w_{j,i}=1$;对于 $w_{j,i}=0$,则用一个很小的值 10^{-6} 来替代它;z_i^{nad} 是上一代所估计的最差点的第 i 维的值。极限点 $\boldsymbol{e}_j$ 最终被赋予所找到解 $\boldsymbol{x}$ 的目标向量,即 $\boldsymbol{e}_j=\boldsymbol{f}(\boldsymbol{x})$。

在所有 m 个目标轴被考虑后,可以得到 m 个极限点 $\boldsymbol{e}_1,\boldsymbol{e}_2,\cdots,\boldsymbol{e}_m$。然后这 m 个极限点被用来构建一个 m 维的线性超平面。设 $a_1,a_2,\cdots,a_m$ 分别表示超平面在方向 $(1,z_2^*,\cdots,z_m^*)^{\mathrm{T}}$,$(z_1^*,1,\cdots,z_m^*)^{\mathrm{T}}$,$\cdots$,$(z_1^*,\cdots,z_{m-1}^*,1)^{\mathrm{T}}$ 上的截距,假设矩阵 $\boldsymbol{E}=(\boldsymbol{e}_1-\boldsymbol{z}^*,\boldsymbol{e}_2-\boldsymbol{z}^*,\cdots,\boldsymbol{e}_m-\boldsymbol{z}^*)^{\mathrm{T}}$,向量 $\boldsymbol{u}=(1,1,\cdots,1)^{\mathrm{T}}$,那么截距可以由式(4.7)计算:

$$\begin{bmatrix}(a_1-z_1^*)^{-1}\\(a_1-z_2^*)^{-1}\\\vdots\\(a_1-z_m^*)^{-1}\end{bmatrix}=\boldsymbol{E}^{-1}\boldsymbol{u} \tag{4.7}$$

之后,z_i^{nad} 的值被更新为 a_i,其中,$i=1,2,\cdots,m$,种群 S_t 可以由公式(4.5)进行归一化。图 4.2 阐释了在三维目标空间中超平面的建立和截距的形成。

注意,如果矩阵 $\boldsymbol{E}$ 的秩小于 m,那么这 m 个极限点就不能构成一个 m 维的超平面。甚至即使超平面能够建立,也可能在某些方向上得不到截距或某些截距 a_i 不满足 $a_i>z_i^*$。在所有上述情形下,对每个 $i\in\{1,2,\cdots,m\}$,z_i^{nad} 设置为 S_t 中的非支配解在目标 f_i 上的最大值。

4.2.5　聚类算子

在 θ-DEA 中的每一代中都会执行聚类算子,它是对种群 S_t 进行操作的。聚类是在

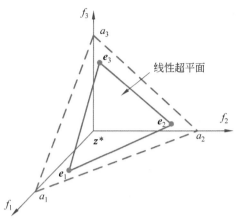

图 4.2　通过计算极限点和截距的方式在三维目标空间中构建线性超平面

归一化后的目标空间中进行的,理想点是原点。设 $\widetilde{\boldsymbol{f}}(\boldsymbol{x}) = (\widetilde{f}_1(\boldsymbol{x}), \widetilde{f}_2(\boldsymbol{x}), \cdots, \widetilde{f}_m(\boldsymbol{x}))^{\mathrm{T}}$ 是解 $\boldsymbol{x}$ 归一化后的目标向量,L 是通过原点方向为 $\boldsymbol{\lambda}_j$ 的直线,$\boldsymbol{u}$ 是 $\widetilde{\boldsymbol{f}}(\boldsymbol{x})$ 在直线 L 上的投影。设 $d_{j,1}(\boldsymbol{x})$ 是原点和 $\boldsymbol{u}$ 之间的距离,$d_{j,2}(\boldsymbol{x})$ 是 $\widetilde{\boldsymbol{f}}(\boldsymbol{x})$ 到直线 L 的垂直距离。它们分别计算如下:

$$d_{j,1}(\boldsymbol{x}) = \| \widetilde{\boldsymbol{f}}(\boldsymbol{x})^{\mathrm{T}} \boldsymbol{\lambda}_j \| / \| \boldsymbol{\lambda}_j \| \tag{4.8}$$

$$d_{j,2}(\boldsymbol{x}) = \| \widetilde{\boldsymbol{f}}(\boldsymbol{x}) - d_{j,1}(\boldsymbol{x})(\boldsymbol{\lambda}_j / \| \boldsymbol{\lambda}_j \|) \| \tag{4.9}$$

图 4.3 在二维归一化目标空间中描述了 $d_{j,1}(\boldsymbol{x})$ 和 $d_{j,2}(\boldsymbol{x})$。

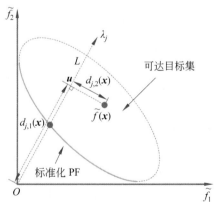

图 4.3　二维目标空间中距离 $d_{j,1}(\boldsymbol{x})$ 和 $d_{j,2}(\boldsymbol{x})$ 的示意图

对于聚类算子,只有 $d_{j,2}$ 会被涉及,$d_{j,2}$ 将在之后 θ-支配的定义中被使用。解 $\boldsymbol{x}$ 将被分配到具有最小 $d_{j,2}(\boldsymbol{x})$ 值的那个簇 C_j 中。具体的聚类过程如算法 4-2 所述。

算法 4-2　Clustering(S_t, Λ, C)

1：　$\{C_1, C_2, \cdots, C_N\} \leftarrow \{\varnothing, \varnothing, \cdots, \varnothing\}$
2：　**for** 每个在 S_t 中的解 $\boldsymbol{x}$ **do**
3：　　　$n \leftarrow 1$
4：　　　$\min \leftarrow d_{1,2}(\boldsymbol{x})$
5：　　　**for** $j \leftarrow 2$ to N **do**
6：　　　　**if** $d_{1,2}(\boldsymbol{x}) < \min$ **then**
7：　　　　　$\min \leftarrow d_{1,2}(\boldsymbol{x})$
8：　　　　　$n \leftarrow j$
9：　　　　**end if**
10：　　　**end for**
11：　　　$C_n \leftarrow C_n \bigcup \{\boldsymbol{x}\}$
12：　**end for**

4.2.6　θ-支配

本章所提出的 θ-支配定义在具有一组参考点 $\boldsymbol{\Lambda}$ 的种群 S_t 上,且在 S_t 中的每个解都已通过聚类算子关联到集合 C 的某个簇中。设 $F_j(\boldsymbol{x}) = d_{j,1}(\boldsymbol{x}) + \theta d_{j,2}(\boldsymbol{x})$,$j \in \{1, 2, \cdots, N\}$,其中,$\theta$ 是事先定义的惩罚参数。$F_j(\boldsymbol{x})$ 的形式与 PBI 函数[7]相同,但是这里距离 $d_{j,1}$ 和 $d_{j,2}$ 均是在归一化后的目标空间中计算的。

一般来说,$d_{j,2}(\boldsymbol{x}) = 0$ 确保了 $\boldsymbol{f}(\boldsymbol{x})$ 总是在直线 L 上,可以形成最理想的多样性分布;在 $d_{j,2}(\boldsymbol{x}) = 0$ 的条件下,较小的 $d_{j,1}(\boldsymbol{x})$ 值意味着更好的收敛性。在定义了 F_j 和 C 后,相关的 θ-支配的概念可以定义如下。

定义 4.1:给定两个解 $\boldsymbol{x}, \boldsymbol{y} \in S_t$,$\boldsymbol{x}$ θ-支配 $\boldsymbol{y}$,记作 $\boldsymbol{x} \prec_\theta \boldsymbol{y}$,当且仅当 $\boldsymbol{x} \in C_j, \boldsymbol{y} \in C_j$,且 $F_j(\boldsymbol{x}) < F_j(\boldsymbol{y})$,其中,$j \in \{1, 2, \cdots, N\}$。

定义 4.2:某个解 $\boldsymbol{x}^* \in S_t$ 称作 θ-最优,当且仅当不存在其他解 $\boldsymbol{x} \in S_t$ 满足 $\boldsymbol{x} \prec_\theta \boldsymbol{x}^*$。

定义 4.3:S_t 中所有 θ-最优的解形成了 θ-最优集(θ-OS),θ-OS 在目标空间中相应地映射形成 θ-最优前沿面(θ-OF)。

基于上述 θ-支配的定义,可以得到如下三个性质,分别阐释了 θ-支配关系是非自反的、非对称的和传递的。

性质 4.1:如果一个解 $\boldsymbol{x} \in S_t$,那么 $\boldsymbol{x} \nprec_\theta \boldsymbol{x}$。

证明:假设 $\boldsymbol{x} \prec_\theta \boldsymbol{x}$,那么 $\exists j \in \{1, 2, \cdots, N\}, \boldsymbol{x} \in C_j$,且 $F_j(\boldsymbol{x}) < F_j(\boldsymbol{x})$。然而,$F_j(\boldsymbol{x}) = F_j(\boldsymbol{x})$。因此,$\boldsymbol{x} \nprec_\theta \boldsymbol{x}$。

性质 4.2:如果有两个解 $\boldsymbol{x}, \boldsymbol{y} \in S_t$ 满足 $\boldsymbol{x} \prec_\theta \boldsymbol{y}$,那么 $\boldsymbol{y} \nprec_\theta \boldsymbol{x}$。

证明:假设 $\boldsymbol{y} \prec_\theta \boldsymbol{x}$,那么 $\exists j \in \{1, 2, \cdots, N\}, \boldsymbol{y} \in C_j, \boldsymbol{x} \in C_j$,且 $F_j(\boldsymbol{y}) < F_j(\boldsymbol{x})$。然

而，根据 $x \prec_\theta y$，$F_j(x) < F_j(y)$。所以假设不成立，命题得证。

性质 4.3：如果三个解 $x, y, z \in S_t$ 满足 $x \prec_\theta y$ 且 $y \prec_\theta z$，那么 $x \prec_\theta z$。

证明：由 $x \prec_\theta y$，可得 $\exists j \in \{1, 2, \cdots, N\}$，$y \in C_j$ 且 $F_j(x) < F_j(y)$。然后根据 $y \prec_\theta z$，可得 $z \in C_j$ 且 $F_j(y) < F_j(z)$。综合起来，$x \in C_j$，$z \in C_j$ 且 $F_j(x) < F_j(z)$。因此，$x \prec_\theta z$。

鉴于上述三个性质，θ-支配在种群 S_t 上定义了一个严格的偏序关系。因此快速非支配排序方法[5]可以立即应用到 θ-支配的层面上，种群 S_t 将被分成若干不同的 θ-非支配层。

值得注意的是，在 θ-支配中属于不同簇的解不存在竞争关系，所以实际上可以对不同的簇使用不同的 θ 值。为了利用这个性质，进一步做了如下的工作。在归一化的目标空间中，如果 λ_i 正好是目标轴方向，那么在 λ_i 所对应的簇 C_i 中设置一个大的 θ 值（本章中使用 $\theta = 10^6$），否则设置一个正常的 θ 值。这样做只是为了更好地配合 4.2.4 节中的归一化过程，如果不使用归一化，也许就没有必要进行这样的设置。在由目标轴方向表征的簇中，使用大的 θ 值，可以使 θ-DEA 更容易捕获高维多目标空间中的最差点，从而能够进行更加稳定的归一化过程。

4.2.7　θ-DEA 的计算复杂度

在一般情形下，θ-DEA 每代的计算复杂度是由算法 4-2 中的聚类算子所主导的。在算法 4-2 中，对于 S_t 中的每个解 x 需要计算 N 个距离 $d_{1,2}(x), d_{2,2}(x), \cdots, d_{N,2}(x)$，且每个距离的计算所需要的计算代价是 $O(m)$。因此总共需要的计算代价是 $O(mN|S_t|)$。因为 $|S_t| \leqslant 2N$，所以总体上，θ-DEA 每代最差的计算复杂度近似为 $O(mN^2)$。

4.3　实　验　设　计

本节进行实验设计方面的工作，为后续研究 θ-DEA 的性能奠定基础。首先，给出本章所使用的测试问题和性能指标。然后，简要介绍进行对比的算法。最后，给出本章所采用的实验设置。

4.3.1　测试问题

本章实验仍然使用 DTLZ[105] 和 WFG[106] 测试集。为了可靠地计算性能指标，这里不考虑 DTLZ5 和 DTLZ6 问题，因为它们的 Pareto 前沿面在目标数大于 3 的情形下很难通过解析方式得到[106]。另外，实验中还使用非归一化 DTLZ1 和 DTLZ2 问题[45]，这两个问题已在 3.5.1 节中介绍，为了方便阐述，将它们分别简写为 SDTLZ1 和 SDTLZ2。本章

考虑目标数目 $m \in \{3,5,8,10,15\}$，问题变量的设置与 3.5.1 节相同。SDTLZ1 和 SDTLZ2 在不同目标问题上使用的比例因子如表 4.1 所示。

表 4.1　SDTLZ1 和 SDTLZ2 问题的比例因子

目标数目(m)	比例因子	
	SDTLZ1	SDTLZ2
3	10^i	10^i
5	10^i	10^i
8	3^i	3^i
10	2^i	3^i
15	1.2^i	2^i

这些测试问题有许多不同的特征，如线性、混合(凹/凸)、多峰、非连通、退化等，挑战算法在不同方面的能力。问题的具体特征参见表 3.1。

4.3.2　性能指标

如 2.5 节所述，IGD 是 EMO 领域最广泛使用的性能指标之一，但是其在高维目标空间中很难应用。最近，Deb 等[45]提出了一种在高维多目标优化中计算 IGD 的方法，但是该方法只适用于基于参考点或参考方向的 MOEAs，如 MOEA/D-PBI[7]和 NSGA-Ⅲ。该计算方法如下所述：对每个参考方向 $\lambda_j, j=1,2,\cdots,N$，可以精确计算其在归一化的目标空间中与已知 Pareto 前沿面的交点 v_j。所有这 N 个交点构成了一个集合 $V = \{v_1, v_2, \cdots, v_N\}$。对某个算法，设 A 是其在目标空间中得到的最终非支配点集，那么 IGD 计算如下。

$$\text{IGD}(A,V) = \frac{1}{|V|} \sum_{i=1}^{|V|} \min_{f \in A} d(v_i, f) \tag{4.10}$$

其中，$d(v_i, f)$ 是点 v_i 到 f 的欧几里得距离。注意，对于非归一化问题，在计算 IGD 之前，A 中的目标值需要使用真实 Pareto 前沿面的理想点和最差点进行归一化。

对基于参考点或参考方向的 MOEAs，以上述方式计算 IGD 是比较合理的。这主要是因为，对这些算法而言，高维多目标搜索任务可以在一定程度上看作找到与所提供参考点相近的 Pareto 最优点。因为所提出的 θ-DEA 也是基于参考点的，所以在实验中也将使用式(4.10)所定义的 IGD 来比较和评价算法性能。

然而，这种 IGD 计算方式并不适用于其他类型的 MOEAs，如 HypE[50]和 SDE[46]。对于这些算法，高维多目标优化任务是在整个 Pareto 前沿面上搜索稀疏分布的 Pareto 最优点。在这种场景下使用 HV 指标,具体计算方式参见 2.5 节和 3.5.2 节。

4.3.3　比较算法

为了验证本章所提出的 θ-DEA 算法,它将其与如下 8 种先进的算法进行比较。

(1) **GrEA**[37]:GrEA 旨在开发网格的潜力以加强朝向 Pareto 前沿面的选择压力,同时保持解分布的广度和均匀性。为此,GrEA 中结合了两种新的概念(格支配和格差异),三种基于格的指标(格排序、格拥挤距离和格坐标点距离),以及一种适应度调整的策略。

(2) **POGA**[34]:POGA 在 NSGA-II 的框架中执行基于某种偏好关系的排序过程,该偏好关系是基于目标子集的序关系,旨在目标空间中施加比传统 Pareto 支配更强的选择压力。

(3) **NSGA-III**[45]:参见 2.1.3 节。

(4) **SDE**[46]:SDE 是对基于 Pareto 支配的 MOEAs 中密度估计策略的一般性改进,以使这类 MOEAs 适合于求解高维多目标优化问题。它的基本思想是鉴于密度估计方法一般都偏好稀疏区域的解,收敛性较差的解将会被 SDE 放入拥挤的区域,所以它们将会被赋予一个很高的密度值,从而在进化过程中很容易被淘汰。SDE 实现很简单且能够应用在任何指定的密度估计方法上,并且不引入额外的参数,且额外的计算开销可以忽略不计。本章使用将 SDE 嵌入 SPEA2 中的版本(SPEA2+SDE),因为它在文献[46]中所研究的三个版本(NSGA-II+SDE、SPEA2+SDE 和 PESA-II+SDE)中,具有最好的整体性能。

(5) **MOEA/D**[7]:参见 2.1.1 节。本章中,MOEA/D 使用 PBI 函数。

(6) **dMOPSO**[66]:dMOPSO 结合了 PSO 技术与 MOEA/D 的分解思想。根据基于分解的方法,dMOPSO 使用一组被认为是全局最优的解来更新每个粒子的位置。它的主要特征之一是使用了记忆库重新初始化的过程以提供粒子群的多样性。与 MOEA/D 相同,本章中 dMOPSO 也使用 PBI 函数。

(7) **HypE**[50]:HypE 是针对高维多目标优化的基于超体积的演化算法,它使用蒙特卡罗模拟来近似超体积值。核心思想是真正的超体积值并不重要,重要的是由超体积指标所确定的解的序关系。HypE 需要在估计的精确度和可用的计算资源之间做出权衡,以使基于超体积的搜索能够很容易地应用到高维多目标优化中。

(8) **MOMBI**[55]:MOMBI 是一个基于 R_2 指标的高维多目标演化算法。为了在选择机制中使用 R_2,MOMBI 中设计了基于效用函数的非支配模式。

这 8 种算法基本包括高维多目标演化优化中所有类型的技术,表 4.2 列出了比较的算法。所有这些算法包括所提出的 θ-DEA 均在 jMetal[127] 框架下实现,并运行在带有 15.9Gb 内存的 Intel2.83GHz Xeon 处理器上。除了 SDE 之外的所有算法均使用最终种群计算

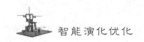

性能指标,而 SDE 则使用最终外部存档。

表 4.2　比较算法列表

算 法 名 称	算 法 类 别	参 考 文 献
GrEA	C1	Yang,et al.(2013)[37]
POGA	C1	Pierro,et al.(2007)[34]
NSGA-Ⅲ	C2,C3	Deb and Himanshu(2014)[45]
SDE	C2	Li,et al.(2014)[46]
MOEA/D	C3	Zhang and Li(2007)[7]
dMOPSO	C3	Martínez and Coello(2011)[66]
HypE	C4	Bader and Zitzler(2011)[50]
MOMBI	C4	Gómez and Coello(2013)[55]

注：C1 表示采用新型的支配关系；

　　C2 表示采用新的多样性保持策略；

　　C3 表示基于分解的方法；

　　C4 表示基于指标的方法。

4.3.4　实验设置

因为本章的主要研究基础是 NSGA-Ⅲ,所以在实验设置方面尽可能与原始 NSGA-Ⅲ[45]保持一致,便于某些结果的直接比较。实验设置仍包括一般设置和参数设置,一般设置如下。

(1) 运行次数：每个算法在每个测试实例上独立运行 20 次。

(2) 终止条件：算法每次运行的终止条件以最大代数(MaxGen)的形式给出。因为不同测试问题的计算复杂度不同,所以对不同问题使用不同的 MaxGen。

(3) 显著性检验：对两个比较算法的结果进行置信度为 95% 的 Wilcoxon 秩和检验。

对参数设置,首先列出一些公共的设置。

(1) 种群大小：NSGA-Ⅲ、MOEA/D 和 θ-DEA 的种群大小受限于 H,设置如表 4.3 所示。为公平比较,其他算法也使用相同的种群大小。注意 POGA、HypE、MOMBI 和 θ-DEA 使用了与 NSGA-Ⅲ类似的框架,因此按照原始 NSGA-Ⅲ[45],将它们的种群大小微调为 4 的倍数,即 3、5、8、10 和 15 目标问题的种群大小分别是 91、210、156、275 和 135。

表 4.3　种群大小设置

目标数目（m）	分割数（H）	种群大小（N）
3	12	91
5	6	210
8	3,2	156
10	3,2	275
15	2,1	135

（2）惩罚参数 θ：MOEA/D、dMOPSO 和 θ-DEA 都会涉及 PBI 函数，所以均需设置该参数。根据文献[7]，MOEA/D 和 dMOPSO 中的 θ 设置为 5。对于所提 θ-DEA，θ 也设置为 5，但是将在 4.4.3 节中研究 θ 对 θ-DEA 性能的影响。

（3）交叉变异参数：参见表 3.5。对于 NSGA-Ⅲ 和 θ-DEA，根据文献[45]使用较大的交叉分布指数（$\eta_c=30$）。

除了上述所提及参数，GrEA、SDE、MOEA/D、dMOPSO 和 HypE 有它们各自的参数，这些参数的设置主要根据原始文献。

（1）GrEA 中的参数设置：网格分割数（div）根据问题按照文献[37]中的建议进行调整，旨在平衡收敛性和多样性，GrEA 中网格分割数的设置如表 4.4 所示。

表 4.4　GrEA 中网格分割数的设置

问　　题	目标数目（m）	网格分割数（div）
DTLZ1	3,5,8,10,15	14,17,12,17,28
DTLZ2	3,5,8,10,15	15,12,12,12,12
DTLZ3	3,5,8,10,15	17,19,19,19,33
DTLZ4	3,5,8,10,15	16,11,12,17,18
DTLZ7	3,5,8,10,15	16,12,9,11,10
SDTLZ1	3,5,8,10,15	16,16,11,17,29
SDTLZ2	3,5,8,10,15	16,10,12,15,12
WFG1	3,5,8,10,15	6,14,13,13,13
WFG2	3,5,8,10,15	18,16,15,19,17
WFG3	3,5,8,10,15	16,14,12,14,16
WFG4	3,5,8,10,15	10,13,10,11,11

问　　题	目标数目(m)	网格分割数(div)
WFG5	3,5,8,10,15	10,11,12,14,14
WFG6	3,5,8,10,15	10,12,12,14,15
WFG7	3,5,8,10,15	10,11,12,14,14
WFG8	3,5,8,10,15	10,12,10,14,11
WFG9	3,5,8,10,15	9,12,12,15,13

（2）SDE 中参数设置：外部存档大小与种群大小相同。

（3）MOEA/D 中参数设置：邻域大小 T 设置为 20。

（4）dMOPSO 中参数设置：年龄阈值 T_a 设置为 2。

（5）HypE 中参数设置：参考点的边界值设为 200，采样点的数目设置为 10 000。

4.4　实　验　结　果

本节将根据 4.3 节中的实验设计来验证 θ-DEA 的性能。实验结果分为 3 部分。在第一部分，θ-DEA 将与其他两种基于参考点或参考线的 MOEAs(NSGA-Ⅲ和 MOEA/D-PBI)进行比较，目的是诠释 θ-DEA 作为一个基于参考点的算法在实现理想的收敛性和多样性方面的优越性。在第二部分，θ-DEA 将与各种类型的高维多目标优化技术进行比较，目的是显示其作为一般性的高维多目标演化算法，在搜索整个 Pareto 前沿面上稀疏分布的非支配点方面的优越性。第三部分将研究参数 θ 对所提算法性能的影响。另外，也将在 4.4.4 节对实验研究进行进一步的讨论。

4.4.1　与 NSGA-Ⅲ和 MOEA/D 的比较

本节使用 IGD 评价算法。因为所有的实验设置以及计算 IGD 的方法均与原始的 NSGA-Ⅲ研究[45]一致，所以将 θ-DEA 所得 IGD 结果与文献[45]中给出的 NSGA-Ⅱ和 MOEA/D-PBI 的 IGD 结果进行直接比较。

首先，在归一化的测试问题 DTLZ1～4 上进行比较，这些问题在 Pareto 前沿面的每个目标维度上均有相同的范围。DTLZ1 问题有一个简单和线性的 Pareto 前沿面 $\left(\sum_{i=1}^{m} f_i = 0.5\right)$，但是在搜索空间中有 $11^5 - 1$ 个局部最优值。该问题的困难之处在于如何使解很好地收敛到超平面上。DTLZ2～4 问题的 Pareto 前沿面有着相同的几何形状

$\left(\sum\limits_{i=1}^{m} f_i^2 = 1\right)$，但是它们挑战了算法不同方面的能力。DTLZ2 问题是一个具有球形 Pareto 前沿面的相对简单的问题。DTLZ3 问题在 DTLZ2 问题的基础上引入了大量平行于全局 Pareto 前沿面的局部 Pareto 前沿面，从而对算法成功收敛到全局 Pareto 前沿面提出了巨大的挑战。DTLZ4 问题中，解的密度沿着 Pareto 前沿面是变化的，这对算法在目标空间上的多样性保持提出了挑战。

表 4.5 中给出了 θ-DEA 和 NSGA-Ⅲ 在这 4 个问题上的结果，包括所得 IGD 的最好值、中值和最差值。从这两个表中可以看出，除了 3 目标和 15 目标 DTLZ1 实例以及 3 目标 DTLZ2 实例，θ-DEA 始终优于 NSGA-Ⅲ。对于 15 目标 DTLZ1 和 DTLZ3 实例，θ-DEA 在某些时候不能很好地逼近 PF，这可以从它所得的较大的最差 IGD 值看出。我们认为主要原因是，在非常高维度的目标空间中，θ-DEA 有时不能成功捕获 Pareto 前沿面的最差点，从而做了错误的归一化。但是，对于 15 目标 DTLZ4 实例，θ-DEA 却在所有的运行次数中均表现优异；而 NSGA-Ⅲ 在目标数大于 5 的 DTLZ4 实例上，很难保持好的收敛性和多样性。有趣的是，对于 3 目标 DTLZ4 实例，θ-DEA 和 NSGA-Ⅲ 均不能一直取得好的性能，表现出了一定的不稳定性。

表 4.5　θ-DEA 和 NSGA-Ⅲ 在 m 目标 DTLZ1～4 问题上所得 IGD 的最好值、中值和最差值（最优的结果以粗体标记）

问题	m	MaxGen	θ-DEA	NSGA-Ⅲ
DTLZ1	3	400	5.655E-04	**4.880E-04**
			1.307E-03	1.308E-03
			9.449E-03	**4.880E-03**
	5	600	**4.432E-04**	5.116E-04
			7.328E-04	9.799E-04
			2.138E-03	**1.979E-03**
	8	750	**1.982E-03**	2.044E-03
			2.704E-03	3.979E-03
			4.620E-03	8.721E-03
	10	1000	**2.099E-03**	2.215E-03
			2.448E-03	3.462E-03
			3.935E-03	6.869E-03

问题	m	MaxGen	θ-DEA	NSGA-Ⅲ
DTLZ1	15	1500	**2.442E-03**	2.649E-03
			8.152E-03	**5.063E-03**
			2.236E-01	**1.123E-02**
DTLZ2	3	250	**1.042E-03**	1.262E-03
			1.569E-03	**1.357E-03**
			5.497E-03	**2.114E-03**
	5	350	**2.720E-03**	4.254E-03
			3.252E-03	4.982E-03
			5.333E-03	5.862E-03
	8	500	**7.786E-03**	1.371E-02
			8.990E-03	1.571E-02
			1.140E-02	1.811E-02
	10	750	**7.558E-03**	1.350E-02
			8.809E-03	1.528E-02
			1.020E-02	1.697E-02
	15	1000	**8.819E-03**	1.360E-02
			1.133E-02	1.726E-02
			1.484E-02	2.114E-02
DTLZ3	3	1000	1.343E-03	**9.751E-04**
			3.541E-03	4.007E-03
			5.528E-03	6.665E-03
	5	1000	**1.982E-03**	3.086E-03
			4.272E-03	5.960E-03
			1.911E-02	**1.196E-02**
	8	1000	**8.769E-03**	1.244E-02
			1.535E-02	2.375E-02

续表

问题	m	MaxGen	θ-DEA	NSGA-Ⅲ
DTLZ3	8	1000	**3.826E-02**	9.649E-02
	10	1500	**5.970E-03**	8.849E-03
			7.244E-03	1.188E-02
			2.323E-02	**2.083E-02**
	15	2000	**9.834E-03**	1.401E-02
			1.917E-02	2.145E-02
			6.210E-01	**4.195E-02**
DTLZ4	3	600	**1.866E-04**	2.915E-04
			2.506E-04	5.970E-04
			5.320E-01	**4.286E-01**
	5	1000	**2.616E-04**	9.849E-04
			3.790E-04	1.255E-03
			4.114E-04	1.721E-03
	8	1250	**2.780E-03**	5.079E-03
			3.098E-03	7.054E-03
			3.569E-03	6.051E-01
	10	2000	**2.746E-03**	5.694E-03
			3.341E-03	6.337E-03
			3.914E-03	1.076E-01
	15	3000	**4.143E-03**	7.110E-03
			5.904E-03	3.431E-01
			7.680E-03	1.073E+00

　　MOEA/D-PBI 并没有嵌入归一化过程,所以为了与 MOEA/D-PBI 进行更加合理的比较,这里移除了 θ-DEA 中的归一化,并将这个版本称作 θ-DEA*。表 4.6 给出了 θ-DEA 和 MOEA/D-PBI 之间的比较结果。可以看出,在 DTLZ1、DTLZ3 和 DTLZ4 问题上,θ-DEA* 的性能优于 MOEA/D-PBI,而 MOEA/D-PBI 在 DTLZ2 问题上表现出了一定优势。在 DTLZ4 问题上,θ-DEA* 的优势特别明显。我们也注意到,表 4.5 中

θ-DEA* 的结果一般优于表 4.5 中给出的 θ-DEA 的结果,这显示归一化过程对算法求解归一化问题并不是非常必要的。另外,不同于 θ-DEA,对于 15 目标 DTLZ1 和 DTLZ3 实例,θ-DEA* 在所有运行次数中均表现出良好的性能。这说明了一定程度上,归一化过程是 θ-DEA 在求解这两个问题实例时的性能瓶颈。

表 4.6 θ-DEA* 和 MOEAD-PBI 在 m 目标 DTLZ1~4 问题上所得
IGD 的最好值、中值和最差值(最优的结果以粗体标记)

问题	m	MaxGen	θ-DEA*	MOEA/D-PBI
DTLZ1	3	400	**3.006E-04**	4.095E-04
			9.511E-04	1.495E-03
			2.718E-03	4.743E-03
	5	600	3.612E-04	**3.179E-04**
			4.259E-04	6.372E-04
			5.797E-04	1.635E-03
	8	750	**1.869E-03**	3.914E-03
			2.061E-03	6.106E-03
			2.337E-03	8.537E-03
	10	1000	**1.999E-03**	3.872E-03
			2.268E-03	5.073E-03
			2.425E-03	6.130E-03
	15	1500	**2.884E-03**	1.236E-02
			3.504E-03	1.431E-02
			3.992E-03	1.692E-02
DTLZ2	3	250	7.567E-04	**5.432E-04**
			9.736E-04	**6.406E-04**
			1.130E-03	**8.006E-04**
	5	350	1.863E-03	**1.219E-03**
			2.146E-03	**1.437E-03**
			2.288E-03	**1.727E-03**

续表

问题	m	MaxGen	θ-DEA^{+}	MOEA/D-PBI
DTLZ2	8	500	6.120E-03	**3.097E-03**
			6.750E-03	**3.763E-03**
			7.781E-03	**5.198E-03**
	10	750	6.111E-03	**2.474E-03**
			6.546E-03	**2.778E-03**
			7.069E-03	**3.235E-03**
	15	1000	7.269E-03	**5.254E-03**
			8.264E-03	**6.005E-03**
			9.137E-03	9.409E-03
DTLZ3	3	1000	**8.575E-04**	9.773E-04
			3.077E-03	3.426E-03
			5.603E-03	9.113E-03
	5	1000	**8.738E-04**	1.129E-03
			1.971E-03	2.213E-03
			4.340E-03	6.147E-03
	8	1000	6.493E-03	**6.459E-03**
			1.036E-02	1.948E-02
			1.549E-02	1.123E+00
	10	1500	5.074E-03	**2.791E-03**
			6.121E-03	**4.319E-03**
			7.243E-03	1.010E+00
	15	2000	7.892E-03	**4.360E-03**
			9.924E-03	1.664E-02
			1.434E-02	1.260E+00
DTLZ4	3	600	**1.408E-04**	2.929E-01
			1.918E-04	4.280E-01

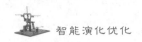
问题	m	MaxGen	θ-DEA	MOEA/D-PBI
DTLZ4	3	600	5.321E-01	**5.234E-01**
	5	1000	**2.780E-04**	1.080E-01
			3.142E-04	5.787E-01
			3.586E-04	7.348E-01
	8	1250	**2.323E-03**	5.298E-01
			3.172E-03	8.816E-01
			3.635E-03	9.723E-01
	10	2000	**2.715E-03**	3.966E-01
			3.216E-03	9.203E-01
			3.711E-03	1.077E+00
	15	3000	**4.182E-03**	5.890E-01
			5.633E-03	1.133E+00
			6.562E-03	1.249E+00

接下来,使用两个 WFG 问题 WFG6 和 WFG7,来测试 θ-DEA、NSGA-Ⅲ 和 MOEA/D-PBI 的性能。这两个问题的 Pareto 前沿面的几何形状相同,是超椭球的一部分,半径是 $r_i = 2i$,$i = 1, 2, \cdots, m$。WFG6 问题是不可分解的,WFG7 问题是有偏的。表 4.7 中给出了在这两个问题上的比较结果。可以看出,NSGA-Ⅲ 在 WFG6 问题和 3 目标 WFG7 实例上,综合表现最优,而 θ-DEA 在目标数大于 3 的 WFG 实例上表现最优。在 WFG6 和 WFG7 问题的所有实例上,MOEA/D-PBI 的性能均劣于 θ-DEA。

表 4.7 θ-DEA、NSGA-Ⅲ 和 MOEA/D-PBI 在 m 目标 WFG6 和 WFG7 问题上所得 IGD 的最好值、中值和最差值(最优的结果以粗体标记)

问题	m	MaxGen	θ-DEA	MOEA/D-PBI
WFG6	3	400	2.187E-02	1.015E-02
			2.906E-02	3.522E-02
			3.355E-02	1.066E-01
	5	750	2.430E-02	8.335E-03

续表

问题	m	MaxGen	θ-DEA	MOEA/D-PBI
WFG6	5	750	3.270E-02	4.230E-02
			3.661E-02	1.058E-01
	8	1500	2.528E-02	1.757E-02
			3.140E-02	5.551E-02
			3.727E-02	1.156E-01
	10	2000	2.098E-02	**9.924E-03**
			3.442E-02	4.179E-02
			4.183E-02	1.195E-01
	15	3000	3.759E-02	1.513E-02
			4.892E-02	6.782E-02
			6.380E-02	1.637E-01
WFG7	3	400	5.524E-03	1.033E-02
			6.951E-03	1.358E-02
			8.923E-03	1.926E-02
	5	750	**5.770E-03**	8.780E-03
			6.854E-03	1.101E-02
			8.100E-03	1.313E-02
	8	1500	**4.405E-03**	1.355E-02
			5.603E-03	1.573E-02
			8.527E-03	2.626E-02
	10	2000	**7.069E-03**	1.041E-02
			8.322E-03	1.218E-02
			9.664E-03	1.490E-02
	15	3000	8.915E-03	**7.552E-03**
			1.059E-02	1.063E-02
			1.236E-02	2.065E-02

为了进一步研究 θ-DEA 在非归一化问题上的性能,考虑问题 SDTLZ1 和 SDTLZ2。表 4.8 给出了在这两个问题上的比较结果。对于 SDTLZ1 问题,情形类似于 DTLZ1 问题,即 NSGA-Ⅲ 在 3 目标和 15 目标实例上有一定优势,而 θ-DEA 在其余的实例上表现更优。对于 SDTLZ2 问题,θ-DEA 明显优于 NSGA-Ⅲ。

表 4.8 θ-DEA 和 NSGA-Ⅲ 在非归一化 m 目标 DTLZ1 和 DTLZ2 问题上
所得 IGD 的最好值、中值和最差值(最优的结果以粗体标记)

问题	m	MaxGen	θ-DEA	NSGA-Ⅲ
SDTLZ1	3	400	8.153E-04	**3.853E-04**
			3.039E-03	**1.214E-03**
			1.413E-02	**1.103E-02**
	5	600	**8.507E-04**	1.099E-03
			1.225E-03	2.500E-03
			6.320E-03	3.921E-02
	8	750	**4.043E-03**	4.659E-03
			4.938E-03	1.051E-02
			8.734E-03	1.167E-01
	10	1000	4.100E-03	**3.403E-03**
			4.821E-03	5.577E-03
			6.676E-03	3.617E-02
	15	1500	5.037E-03	**3.450E-03**
			1.078E-02	**6.183E-03**
			4.774E-01	**1.367E-02**
SDTLZ2	3	250	**9.709E-04**	1.347E-03
			1.926E-03	2.069E-03
			7.585E-03	**5.284E-03**
	5	350	**2.755E-03**	1.005E-02
			3.521E-03	2.564E-02
			6.258E-03	8.430E-02

续表

问题	m	MaxGen	θ-DEA	NSGA-Ⅲ
SDTLZ2	8	500	**7.790E-03**	1.582E-02
			9.015E-03	1.788E-02
			1.091E-02	2.089E-02
	10	750	**7.576E-03**	2.113E-02
			8.680E-03	3.334E-02
			1.068E-02	2.095E-01
	15	1000	**9.373E-03**	2.165E-02
			1.133E-02	2.531E-02
			1.401E-02	4.450E-02

基于上述比较,可以认为 θ-DEA 一般能够在一组参考点的辅助下很好地维持收敛性和多样性之间的平衡。实际上,根据在具有不同特征问题上的测试情况,θ-DEA 所得 IGD 值在大多数实例上均优于 NSGA-Ⅲ 和 MOEA/D-PBI。

4.4.2　与先进算法的比较

本节将所提出的 θ-DEA 算法与 4.3.3 节所提到的所有 8 个算法进行性能上的比较。不包含归一化过程的 θ-DEA 版本,即 θ-DEA*,也将参与到比较之中。这里 HV 指标被用来评价所涉及的算法。

表 4.9 给出了所有算法在 DTLZ1～4、DTLZ7、SDTLZ1 和 SDTLZ2 问题上所得到的平均 HV 值,而表 4.10 给出了在 WFG 问题上的结果。表 4.11 概括了 θ-DEA(θ-DEA*)与其他算法在 HV 指标上的显著性测试情况。在该表中,"B""W"和"E"的含义与表 3.10 相同。

为了描述所得解在高维多目标空间中的分布,以 15 目标 WFG7 实例为例,在图 4.4 中通过平行坐标绘出了 4 个具有竞争力的算法,即 θ-DEA、GrEA、NSGA-Ⅲ 和 SDE,在一次运行中所得到的最终解的分布。所选取的那次运行是所得 HV 值最接近平均 HV 的那一次。从图 4.4 中可以清晰地看出,θ-DEA 和 NSGA-Ⅲ 所得解非常接近 Pareto 前沿面且有着较均匀的分布,然而 GrEA 和 SDE 所得解只能收敛到 Pareto 前沿面的部分区域上。

图 4.5 中分别给出了在不同目标维数和不同测试问题下的平均表现分。图 4.6 给出了所考虑的 10 个算法在所有 80 个问题实例上的平均表现分。同时图中也在相应的括号里给出了根据这个表现分所得到的每个算法的最终排名。

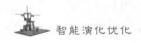

表 4.9　θ-DEA 与其他算法在 DTLZ1～4、DTLZ7、SDTLZ1 和 SDTLZ2 问题上所得平均 HV 值的比较情况（每个实例最优的平均 HV 值以粗体标记）

问题	m	MaxGen	θ-DEA	θ-DEA*	GrEA	POGA	NSGA-Ⅲ	SDE	MOEA/D	dMOPSO	HypE	MOMBI
DTLZ1	3	400	1.116 137	**1.118 329**	1.072 987‡	1.083 131‡	1.117 600	1.097 010‡	1.116 679*	1.074 976‡	1.117 483*	1.072 413‡
	5	600	1.576 983	**1.577 892**	1.509 905‡	0.000 000‡	1.577 027‡	1.545 051‡	1.577 632*	1.482 412‡	1.466 936‡	1.509 007‡
	8	750	2.137 924	**2.137 998**	2.105 894‡	0.000 000‡	2.137 837*	2.089 314‡	2.136 337‡	1.824 428‡	1.999 087‡	2.018 629‡
	10	1000	2.592 719	2.592 696	2.566 547‡	0.000 000‡	**2.592 792**	2.562 563‡	2.592 233‡	2.317 805‡	2.520 526‡	2.470 400‡
	15	1500	4.131 873	4.175 713	3.914 267‡	0.169 237‡	**4.176 773**	4.083 228‡	4.169 859*	3.394 256‡	3.702 937‡	3.623 057‡
DTLZ2	3	250	0.743 778	0.744 320	0.740 172‡	0.698 084‡	0.743 523*	0.742 896‡	0.744 137*	0.712 523‡	**0.753 191**	0.703 623‡
	5	350	1.306 928	**1.307 368**	1.304 274‡	0.853 065‡	1.303 638‡	1.299 877‡	1.307 343	1.239 853‡	0.756 079‡	1.142 958‡
	8	500	1.977 904	1.978 469	**1.989 406**	0.181 198‡	1.969 096‡	1.980 826	1.978 216*	1.816 420‡	0.892 917‡	1.373 654‡
	10	750	2.514 259	2.514 485	**2.515 566**	0.368 282‡	2.508 717‡	2.505 222‡	2.515 040	2.428 399‡	1.174 930‡	1.623 827‡
	15	1000	4.137 225	4.137 766	4.070 080‡	0.600 316‡	4.133 743‡	4.105 103‡	**4.137 792**	3.931 332‡	1.407 601‡	1.891 898‡
DTLZ3	3	1000	0.736 938	0.738 977	0.678 608‡	0.699 556‡	0.737 407*	0.739 591	0.736 044	0.665 529	**0.750 325**	0.702 072‡
	5	1000	1.303 987	**1.305 846**	1.135 837‡	0.000 000‡	1.301 481‡	1.300 661‡	1.303 168	1.252 229‡	0.740 621‡	1.138 243‡
	8	1000	1.968 943	**1.970 805**	1.622 438‡	0.000 000‡	1.954 336‡	1.968 342	1.251 873‡	1.428 208‡	0.881 516‡	1.325 053‡
	10	1500	2.512 662	**2.514 027**	2.306 975‡	0.000 000‡	2.508 879‡	2.507 127‡	2.406 221	2.107 556‡	1.175 350‡	1.643 232‡
	15	2000	3.788 788	**4.136 332**	3.215 646‡	0.311 735‡	4.123 622*	4.072 396*	2.722 371*	2.269 634‡	1.553 939‡	1.901 460‡

续表

问题	m	MaxGen	θ-DEA	θ-DEA*	GrEA	POGA	NSGA-Ⅲ	SDE	MOEA/D	dMOPSO	HypE	MOMBI
DTLZ4	3	600	0.729 265	0.602 951	0.573 359‡	0.702 980†	**0.744 634**	0.630 875†	0.406 020‡	0.677 459‡	0.549 999†	0.691 034‡
	5	1000	**1.308 945**	1.308 934	1.307 539‡	0.996 996‡	1.308 698‡	1.289 331‡	1.205 512‡	1.203 429‡	1.014 145‡	1.128 597‡
	8	1250	1.980 779	1.977 231	**1.981 321**	0.058 851‡	1.980 236‡	1.966 667‡	1.826 489‡	1.829 561‡	0.925 370‡	1.326 579‡
	10	2000	2.515 436	**2.515 468**	2.514 960‡	0.080 187‡	2.515 172‡	2.500 043‡	2.423 727‡	2.438 748‡	1.235 517‡	1.453 693‡
	15	3000	4.138 203	**4.138 225**	4.132 426‡	1.482 621‡	4.138 154*	4.109 571‡	3.978 200‡	3.936 754‡	2.056 801‡	1.263 883‡
WFG1	3	400	0.704 526	0.697 356	0.846 287	0.766 621	0.669 729‡	0.803 966	0.657 143‡	0.403 170‡	**0.976 181**	0.885 760
	5	750	1.138 794	1.236 030	1.268 898	1.109 501‡	0.859 552‡	1.354 217	1.349 888	0.461 233‡	0.511 020‡	**1.528 811**
	8	1500	1.875 997	1.905 395	1.769 013‡	1.745 597‡	1.424 963‡	1.883 743	1.755 326‡	0.484 046‡	1.536 599‡	**2.042 375**
	10	2000	2.364 268	2.386 742	2.365 107	2.355 532	2.249 535‡	2.375 338	1.799 354‡	0.536 340‡	2.268 813‡	**2.465 608**
	15	3000	4.003 682	3.867 407	3.811 128‡	3.528 350‡	4.085 931	3.903 864‡	1.772 444‡	0.750 153‡	4.028 462	**4.122 918**
SDTLZ1	3	400	**1.117 365**	0.724 709	1.096 990‡	1.084 446‡	1.116 023	1.086 490‡	0.332 926‡	0.470 223‡	1.100 216‡	1.075 055‡
	5	600	**1.577 751**	0.722 800	1.501 184‡	0.000 000‡	1.575 525‡	1.491 374‡	0.556 767‡	0.233 560‡	0.753 613‡	1.508 512‡
	8	750	**2.137 936**	1.413 738	2.112 299‡	0.000 000‡	2.126 815‡	1.712 786‡	1.319 874‡	0.810 944‡	1.072 366‡	2.021 830‡
	10	1000	**2.592 726**	2.158 027	2.558 992‡	0.000 000‡	2.587 997‡	2.285 257‡	2.068 330‡	1.378 952‡	1.490 181‡	2.465 309‡
	15	1500	4.164 391	4.056 134	3.960 558‡	0.033 188‡	**4.176 670**	4.084 369‡	3.972 655‡	3.218 729‡	2.988 263‡	3.590 185‡

续表

问题	m	MaxGen	θ-DEA	θ-DEA*	GrEA	POGA	NSGA-Ⅲ	SDE	MOEA/D	dMOPSO	HypE	MOMBI
WFG3	3	400	0.814 962	0.798 550	0.834 432	0.829 395	0.819 758	0.834 035	0.757 034‡	0.774 135‡	**0.847 567**	0.835 361
	5	750	1.028 412	0.999 933	1.013 341‡	**1.064 772**	1.013 941‡	0.956 846‡	0.906 075‡	0.957 250‡	0.977 617‡	0.959 638‡
	8	1500	1.147 203	1.174 530	1.263 233	**1.427 165**	1.221 543	1.127 832	0.770 754‡	1.093 482‡	1.351 959	1.352 012
	10	2000	1.573 09	1.359 598	1.577 058	**1.770 022**	1.567 908	1.370 175‡	0.524 917‡	1.004 506‡	1.720 463	1.699 805
	15	3000	2.510 031	0.904 082	2.711 461	2.534 502	2.510 223	2.458 935	0.579 003‡	0.535 783‡	**2.793 994**	2.702 406
WFG4	3	400	0.729 664	0.720 486	0.717 433‡	0.679 313‡	0.728 892	0.720 904‡	0.685 079‡	0.643 591‡	**0.750 714**	0.687 819‡
	5	750	**1.286 861**	1.259 362	1.271 279†	1.096 965‡	1.285 072†	1.220 702‡	1.161 435‡	1.074 986‡	0.855 942‡	1.146 019‡
	8	1500	**1.964 648**	1.858 132	1.933 492†	1.448 769†	1.962 156	1.784 107‡	1.188 847‡	1.078 243‡	1.137 827‡	1.373 071‡
	10	2000	**2.504 065**	2.232 877	2.481 299†	1.696 742†	2.502 319†	2.292 594‡	1.432 285‡	1.330 296‡	1.557 451‡	1.683 372‡
	15	3000	**4.136 892**	2.990 774	3.893 931†	2.748 079†	4.136 393	3.683 401†	1.694 794‡	0.991 603‡	2.551 034‡	1.872 957‡
WFG5	3	400	0.687 005	0.676 813	0.669 193‡	0.655 342‡	0.687 220	0.683 408‡	0.656 189‡	0.633 971‡	**0.698 642**	0.646 584‡
	5	750	**1.222 746**	1.190 345	1.219 312†	1.080 845‡	1.222 480†	1.173 486‡	1.120 619‡	1.049 378‡	0.893 813‡	1.061 277‡
	8	1500	1.850 361	1.727 167	**1.862 278**	0.936 887‡	1.850 281	1.711 954‡	1.279 934‡	0.671 722‡	1.183 477‡	1.286 271‡
	10	2000	2.346 521	2.092 514	2.335 886†	1.138 726‡	**2.346 581**	2.204 977‡	1.541 144‡	0.303 028‡	1.659 310‡	1.428 448‡
	15	3000	3.833 116	2.719 208	3.400 492‡	3.455 143‡	**3.833 242**	3.184 516‡	1.864 379‡	0.089 205‡	2.764 870‡	1.455 641‡

注：† 表示该结果显著劣于 θ-DEA；
* 表示该结果显著劣于 θ-DEA*；
‡ 表示该结果显著劣于 θ-DEA 和 θ-DEA*。

表 4.10　θ-DEA 与其他算法在 WFG 问题上所得平均 HV 值的比较情况（每个实例最优的平均 HV 值以粗体标记）

问题	m	MaxGen	θ-DEA	θ-DEA*	GrEA	POGA	NSGA-Ⅲ	SDE	MOEA/D	dMOPSO	HypE	MOMBI
WFG1	3	400	0.704 526	0.697 356	0.846 287	0.766 621	0.669 729‡	0.803 966	0.657 143‡	0.403 170‡	**0.976 181**	0.885 760
	5	750	1.138 794	1.236 03	1.268 898	1.109 501‡	0.859 552‡	1.354 217	1.349 883	0.461 233‡	0.911 020‡	**1.528 811**
	8	1500	1.875 997	1.905 395	1.769 013‡	1.745 597‡	1.424 963‡	1.883 743	1.755 326‡	0.484 046‡	1.536 599‡	**2.042 375**
	10	2000	2.364 268	2.386 742	2.365 107	2.355 532	2.249 535‡	2.375 338	1.799 394‡	0.536 340‡	2.268 813‡	**2.465 608**
	15	3000	4.003 682	3.867 407	3.811 128‡	3.528 350‡	4.085 931	3.903 864‡	1.772 444‡	0.750 153‡	4.028 462	**4.122 918**
WFG2	3	400	1.227 226	1.221 941	1.226 099	1.208 077‡	1.226 956	1.224 626‡	1.111 085‡	1.125 810‡	**1.244 737**	1.192 808‡
	5	750	1.597 188	1.564 818	1.570 086‡	1.591 412‡	**1.598 410**	1.579 667‡	1.520 168‡	1.478 517‡	1.535 704‡	1.596 152‡
	8	1500	2.124 411	2.055 014	2.102 930‡	2.136 409	2.136 525	2.107 484‡	2.016 854‡	1.971 067‡	2.084 336‡	**2.136 910**
	10	2000	2.578 311	2.491 268	2.570 389‡	**2.591 798**	2.588 104	2.573 254‡	2.459 026‡	2.406 484‡	2.556 327‡	2.589 607
	15	3000	3.467 983	3.961 793	4.094 032	4.163 488	**4.173 427**	4.143 102	3.921 513*	3.822 155*	4.126 212	4.157 740
WFG3	3	400	0.814 962	0.798 550	0.834 432	0.829 395	0.819 758	0.834 035	0.757 034‡	0.774 135‡	**0.847 567**	0.835 361
	5	750	1.028 412	0.999 933	1.013 341‡	**1.064 772**	1.013 941‡	0.956 846‡	0.906 075‡	0.957 250‡	0.977 617‡	0.959 638‡
	8	1500	1.147 203	1.174 53	1.263 233	**1.427 165**	1.221 543	1.127 832	0.770 754‡	1.093 482‡	1.351 959	1.352 012
	10	2000	1.573 090	1.359 598	1.577 058	**1.770 022**	1.567 908	1.370 175‡	0.524 917‡	1.004 506‡	1.720 463	1.699 805
	15	3000	2.510 031	0.904 082	2.711 461	2.534 502	2.510 223	2.458 935	0.579 003‡	0.535 783‡	**2.793 994**	2.702 406
WFG4	3	400	0.729 664	0.720 486	0.717 433‡	0.679 313‡	0.728 892‡	0.720 904‡	0.685 079‡	0.643 591‡	**0.750 714**	0.687 819‡
	5	750	**1.286 861**	1.259 362	1.271 279‡	1.096 965‡	1.285 072‡	1.220 702‡	1.161 435‡	1.074 986‡	0.855 942‡	1.146 019‡
	8	1500	**1.964 648**	1.858 132	1.933 492‡	1.448 769‡	1.962 156	1.784 107‡	1.188 847‡	1.078 243‡	1.137 827‡	1.373 071‡
	10	2000	**2.504 065**	2.232 877	2.481 299‡	1.696 742‡	2.502 319‡	2.292 594‡	1.432 285‡	1.330 296‡	1.557 451‡	1.683 372‡
	15	3000	**4.136 892**	2.990 774	3.893 931‡	2.748 079‡	4.136 393	3.683 401‡	1.694 794‡	0.991 603‡	2.551 034‡	1.872 957‡

续表

问题	m	MaxGen	θ-DEA	θ-DEA*	GrEA	POGA	NSGA-Ⅲ	SDE	MOEA/D	dMOPSO	HypE	MOMBI
WFG5	3	400	0.687 005	0.676 813	0.669 193‡	0.655 342‡	0.687 220	0.683 408‡	0.656 189‡	0.633 971‡	**0.698 642**	0.646 584‡
	5	750	**1.222 746**	1.190 345	1.219 312‡	1.080 845‡	1.222 480†	1.173 486‡	1.120 619‡	1.049 378‡	0.893 813‡	1.061 277‡
	8	1500	1.850 361	1.727 167	**1.862 278**	0.936 887‡	1.850 281	1.711 954‡	1.279 934‡	0.671 722‡	1.183 477‡	1.286 271‡
	10	2000	2.346 521	2.092 514	2.335 886‡	1.138 726‡	**2.346 581**	2.204 977‡	1.541 144‡	0.303 028‡	1.659 310‡	1.428 448‡
	15	3000	3.833 116	2.719 208	3.400 492‡	3.455 143‡	**3.833 242**	3.184 516‡	1.864 379‡	0.089 205‡	2.764 870‡	1.455 641‡
WFG6	3	400	0.690 060	0.679 787	0.677 130‡	0.640 068‡	0.685 939	0.685 988‡	0.654 956‡	0.657 493‡	**0.708 633**	0.646 929‡
	5	750	1.223 099	1.189 960	**1.224 094**	1.026 995‡	1.219 001	1.176 927‡	1.041 593‡	1.116 645‡	0.441 287‡	1.071 505‡
	8	1500	1.841 974	1.727 171	**1.858 232**	1.266 641‡	1.843 340	1.695 095‡	0.698 152‡	1.087 488‡	0.475 371‡	1.285 725‡
	10	2000	**2.333 417**	2.011 900	2.331 650	1.610 767‡	2.326 666	2.175 824‡	0.811 370‡	1.189 267‡	0.627 106‡	1.482 006‡
	15	3000	**3.723 823**	2.338 636	3.571 653‡	2.063 536‡	3.717 982	3.164 650†	0.594 620‡	1.134 651‡	1.123 090‡	1.550 496‡
WFG7	3	400	0.731 157	0.722 678	0.721 095‡	0.688 454‡	0.729 030†	0.732 513	0.619 351‡	0.589 746‡	**0.752 768**	0.693 879‡
	5	750	1.295 864	1.263 840	**1.298 471**	0.997 043‡	1.291 999†	1.249 762‡	1.073 783‡	0.992 021‡	0.525 322‡	1.143 173‡
	8	1500	1.973 601	1.843 617	**1.992 683**	1.233 529‡	1.971 529‡	1.786 518‡	0.813 288‡	0.986 483‡	0.521 515‡	1.391 605‡
	10	2000	**2.508 710**	2.280 858	2.503 361	1.663 976‡	2.507 511	2.337 352‡	0.950 840‡	1.154 313‡	1.234 357‡	1.666 138‡
	15	3000	**4.136 189**	3.174 241	3.829 786‡	2.538 966‡	4.134 418†	3.898 443‡	0.772 304‡	1.134 836‡	2.267 561‡	1.847 512‡
WFG8	3	400	0.666 959	0.655 503	0.656 139‡	0.613 089‡	0.665 932	0.662 973‡	0.633 207‡	0.491 854‡	**0.686 264**	0.631 815‡
	5	750	**1.183 904**	1.147 459	1.173 895‡	0.973 151‡	1.182 260†	1.136 938‡	0.968 246‡	0.836 739‡	0.340 591‡	0.623 923‡
	8	1500	**1.768 213**	1.714 995	1.733 031‡	1.295 632‡	1.759 882‡	1.666 713‡	0.326 124‡	0.195 763‡	0.693 903‡	1.313 675‡
	10	2000	**2.297 054**	2.198 196	2.252 147‡	1.684 519‡	2.280 276†	2.168 904‡	0.255 629‡	0.237 683‡	1.014 398‡	1.636 747‡
	15	3000	**3.854 067**	2.756 205	3.667 292‡	2.734 447‡	3.815 520	3.717 599‡	0.706 627‡	0.265 396‡	1.596 445‡	1.961 387‡

续表

问题	m	MaxGen	θ-DEA	θ-DEA*	GrEA	POGA	NSGA-Ⅲ	SDE	MOEA/D	dMOPSO	HypE	MOMBI
WFG9	3	400	0.680 306	0.671 742	0.688 081	0.626 639‡	0.670 081	0.695 933	0.564 636‡	0.652 229‡	**0.733 841**	0.663 962‡
	5	750	1.224 104	1.159 929	**1.238 784**	0.318 624‡	1.212 266†	1.186 947†	1.028 928‡	1.031 762‡	1.053 354‡	0.949 513‡
	8	1500	1.842 840	1.627 886	**1.860 060**	0.842 951‡	1.803 989†	1.694 549†	0.882 226‡	1.017 887†	1.526 635‡	1.343 829‡
	10	2000	**2.364 149**	1.956 897	2.343 906†	1.641 153‡	2.326 700†	2.204 423†	1.095 231‡	1.125 591‡	2.044 502‡	1.688 538‡
	15	3000	**3.862 664**	2.472 073	3.687 303†	0.976 440‡	3.801 860	3.466 938†	1.002 115†	0.804 192‡	2.591 612†	2.188 369‡

注：†表示该结果显著劣于 θ-DEA；

表示该结果显著劣于 θ-DEA；

‡表示该结果显著劣于 θ-DEA 和 θ-DEA*。

表 4.11　θ-DEA(θ-DEA*)和其他算法之间的显著性检验情况总结

		θ-DEA	θ-DEA*	GrEA	POGA	NSGA-Ⅲ	SDE	MOEA/D	dMOPSO	HypE	MOMBI
θ-DEA 与	B	—	55	52	69	39	64	66	78	62	67
	W	—	17	22	9	14	10	8	2	17	13
	E	—	8	6	2	27	6	6	0	1	0
θ-DEA* 与	B	17	—	22	57	20	27	72	76	51	52
	W	55	—	53	19	58	41	3	1	26	27
	E	8	—	5	4	2	12	5	3	3	1

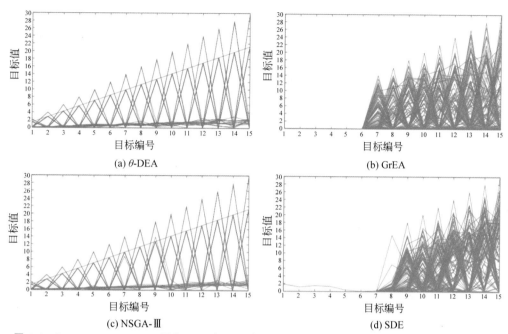

图 4.4 θ-DEA、GrEA、NSGA-Ⅲ 和 SDE 在 15 目标 WFG7 实例上所得最终解的目标值的平行坐标

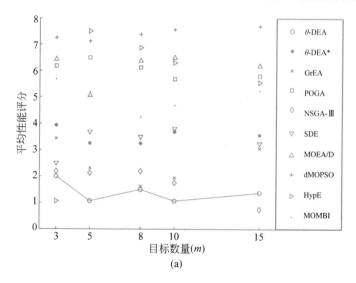

图 4.5 不同目标维数和不同测试问题下的平均表现分

(a)表示在每个目标维度的所有测试问题上所得平均表现分；(b)表示在每个测试问题的所有目标维度上所得平均表现分。测试问题名称简写为 DTLZ(Dx)、SDTLZ(Sx) 和 WFG(Wx)。分数越小，表示依据 HV 整体性能越优。图中以直线连接 θ-DEA 所得分数值

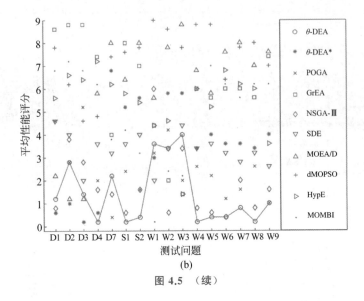

(b)

图 4.5 （续）

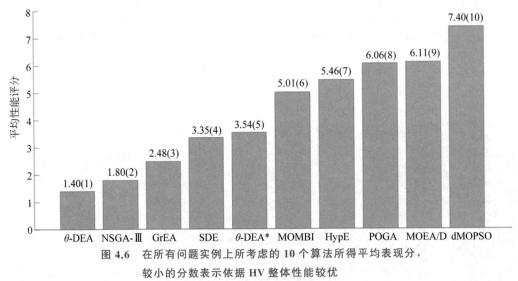

图 4.6　在所有问题实例上所考虑的 10 个算法所得平均表现分，

较小的分数表示依据 HV 整体性能较优

　　基于上述实验结果，可以得到每个算法的一些重要的性能特征。本章所提出的 θ-DEA 在大多数的测试问题上都取得了很好的性能。特别地，它在 DTLZ4、SDTLZ1、SDTLZ2 和 WFG4~9 问题上取得了最优的整体性能。相对而言，在 WFG1~3 问题上，θ-DEA 的性能并没有如此突出。另外，θ-DEA 在 WFG2 问题上展现了一种有趣的搜索行为，它在 3、5、8 和 10 目标的实例上仍然比较有竞争力，但是在 15 目标问题上却表现最差。

θ-DEA* 在归一化问题,即 DTLZ1～4 问题上,显示了一定的优势。但是在处理非归一化问题方面,它的性能无法与 θ-DEA 相比较。实际上,在总共 60 个非归一化实例中,θ-DEA* 在其中的 53 个实例上显著劣于 θ-DEA,这也验证了 θ-DEA 中归一化过程的有效性。

GrEA 一般能够有效地处理非归一化的问题,它在 DTLZ7、SDTLZ1、SDTLZ2 和大多数 WFG 问题上都取得了有竞争力的结果。这主要是因为 GrEA 将目标空间的每一维都分割成相同数目的段数。所以,GrEA 实际上在进化过程中隐式地进行了目标归一化过程,另外,值得提及的是,GrEA 的性能对于参数 div 较为敏感,它在实验中所表现出的整体的优越性能,是以每个实例都设置了合适的 div 值为前提的。从这个角度来说,GrEA 在参数设置方面占了其他比较算法的便宜。

POGA 在 WFG2 和 WFG3 问题上总体表现较优,它甚至在 10 目标的 WFG2 实例和 5、8、10 目标的 WFG3 实例上都取得最好的性能。但是它在其他问题上一般不能得到非常满意的结果。有趣的是,对于 DTLZ1、DTLZ3 和 SDTLZ1 问题,POGA 在 5、8 和 10 目标的实例上所得到的 HV 值为 0,却在 15 目标的实例上得到了非零的 HV 值。因为这三个问题均有大量的局部 Pareto 前沿面,所以 POGA 所得的零值 HV 并不令人意外,POGA 可能在这些问题上总是不能很好地收敛到 Pareto 前沿面上。但是对于在 15 目标实例上所得到的很小的非零 HV 值,有待进一步解释。

在所考虑的算法中,NSGA-Ⅲ 的性能与 θ-DEA 最为接近,它在较广范围的测试问题上都取得了非常好的效果。在总共 80 个实例的 27 个实例上,NSGA-Ⅲ 的所得结果与 θ-DEA 没有显著性区别。十分有趣的是,对于 WFG1 问题,NSGA-Ⅲ 在 3、5、8 和 10 目标实例上表现很差,然而在 15 目标实例上的性能却居第二位。

在比较算法中,SDE 在大多数问题上都表现出了中等偏上的性能,从而如图 4.6 所示,它在所有实例上的平均表现分排在第四。值得注意的是,对于 DTLZ7 问题,SDE 在 3 和 5 目标实例上表现最优,但是在更高维数目标的实例上,性能扩展性较差。

MOEA/D 在除了 DTLZ4 之外的归一化问题上取得了较好的性能,但是几乎在所有非归一化问题上均不能得到满意的结果。这也是为什么它在图 4.6 中排名较差。然而,就从这一点上,并不能认为 MOEA/D 是一个性能比较差的高维多目标优化算法,因为即使利用一个朴素的归一化过程也可以显著增强 MOEA/D 处理非归一化问题的能力。dMOPSO 是一个性能相对较差的算法,即使在归一化问题上也表现较差。

HypE 在所有的 3 目标实例上均有非常强的竞争力,这可以从图 4.5(a)中看出。实际上,它在所有 16 个 3 目标实例中的 12 个上取得了最优的性能。然而,除 WFG3 之外,HypE 较其他算法在目标数大于 3 的实例上并没有优势。在 WFG3 问题上,HypE 在 8、10 和 15 目标实例上表现非常好。值得注意的是,在 $m \leqslant 3$ 时,HypE 精确计算基于超体积的适应度值,否则将使用蒙特卡罗模拟估计适应度值。因此我们认为 HypE 在较高目标维度的问题上表现较差的原因主要是由于其在适应度估计上精确度欠缺。增加采样点数目会对该种情形有所改善,但是计算代价往往很难接受。尽管 HypE 是一个非常流行的高维多目标优化算法,但是本章的实验结果显示,HypE 的性能很难与一些最新提出的高维多目标优化算法相媲美。一些最近的相关研究[37,46,64]也有类似的发现。

MOMBI 在 WFG1~3 问题的大多数实例上性能表现很好,尤其是在 WFG1 问题上,在该问题的 5、8、10 和 15 目标的实例上,它得到了最好的结果。但是它在其他问题上表现平平。

因为本章对于具有较高目标维度的问题,分配了更多的计算量,所以很难分析某个算法的性能可扩展性。实际上根据实验结果,随着目标维数的增加,算法性能的衰减并不明显。对于 θ-DEA,即使在 15 目标问题上,依然表现优异,这可以从它在那些具有规则几何形状 Pareto 前沿面的问题(DTLZ1~4、SDTLZ1、SDTLZ2 和 WFG4~9 问题)上所得到的结果看出。θ-DEA 在这些问题实例上所得到的平均 HV 值接近 $1.1^{15} \approx 4.177$,这意味着即使在高维目标空间中,θ-DEA 所得解也能很好地近似 Pareto 前沿面。

接下来,将简要研究决策变量数目的扩展问题,即如果对测试问题设置较大的变量数目(n),会对算法性能产生什么样的影响,尽管这并不是本章的焦点。作为示例,这里选择一个归一化的问题 DTLZ2 和一个非归一化问题 WFG7。对于 DTLZ2,k 重新设置为 98,因此 $n=m+97$。对于 WFG7,n 重新设置为 100,且位置相关参数仍然设置为 $m-1$。我们在这两个问题上运行三个综合表现优异的算法,即 θ-DEA、NSGA-Ⅲ 和 SDE,它们的算法参数和终止条件保持不变。表 4.12 列出了三个算法所得平均 HV 值。可以看出,较原来的实例,所有的三个算法所得到的 HV 值都有所降低,这显示了较大的 n 值将对算法的求解造成更大的难度。然而,算法相互之间的比较情况也在一定程度上发生了改变。例如,在原先的 3、5 和 10 目标 DTLZ2 实例上,θ-DEA 显著优于 SDE,但是在新的这些具有较大 n 值的实例上,情形却完全相反,θ-DEA 显著劣于 SDE。这可能意味着,在 DTLZ2 问题上,与 θ-DEA 相比,SDE 受 n 增长的影响较小。

表 4.12　θ-DEA、NSGA-Ⅲ 和 SDE 在大规模 DTLZ2 和 WFG7 问题上所得平均 HV 值
(每个实例最好的平均 HV 值以粗体标记)

问题	m	MaxGen	θ-DEA	NSGA-Ⅲ	SDE
DTLZ2	3	250	0.605 706	0.576 772[†]	**0.681 272**
	5	350	1.194 953	1.033 459[†]	**1.270 122**
	8	500	1.819 000	1.193 003[†]	**1.955 069**

续表

问题	m	MaxGen	θ-DEA	NSGA-Ⅲ	SDE
DTLZ2	10	750	2.474 082	2.228 702[†]	**2.492 587**
	15	1000	**4.100 986**	3.382 835[†]	4.070 196[†]
WFG7	3	400	0.664 099	0.656 173[†]	**0.711 816**
	5	750	**1.240 632**	1.225 887[†]	1.224 485[†]
	8	1500	**1.916 811**	1.903 908[†]	1.716 448[†]
	10	2000	**2.472 800**	2.462 653[†]	2.232 295[†]
	15	3000	**4.107 807**	4.105 074[†]	3.574 938[†]

注：† 表示该结果显著劣于 θ-DEA。

另外值得一提的是，文献[131]提出了一种合作式协同进化技术，专门用于求解含有大量决策变量的多目标优化问题。

最后，基于大量的实验分析，可以获得对算法行为更深层的理解。首先，应当指出的是一个算法的性能不仅取决于它处理特定问题特征的能力，也取决于它处理目标维数的能力（如 θ-DEA 在 WFG2 上及 SDE 在 DTLZ7 上）。第二，对某些问题，目标数目的增长将会对不同算法产生不同程度的影响（如 NSGA-Ⅲ 在 WFG1 上）。第三，θ-DEA、NSGA-Ⅲ 和 GrEA 在大多数所考虑的实例上显示了很强的竞争力。θ-DEA 可能不太擅长处理较高维度的凸的分离的 Pareto 前沿面（如 15 目标 WFG2）；NSGA-Ⅲ 可能不太容易处理具有混合 Pareto 前沿面的较低维度的有偏问题（如 3、5、8 和 10 目标 WFG1）；GrEA 不太擅长解决具有大量局部 Pareto 前沿面的问题（如 DTLZ1 和 DTLZ3）。其他所涉及的算法一般在某些特定的问题上具有一定的优势，它们的主要特征概括如下：

（1）θ-DEA* 在归一化测试问题上（如 DTLZ1～4）表现非常优异；

（2）POGA 在具有分离或者退化 Pareto 前沿面的较高目标维度问题（如 8、10 和 15 目标 WFG2，以及 5、8 和 10 目标 WFG3）上更加有效；

（3）SDE 在绝大多数问题上性能表现还可以，它在具有分离且混合 Pareto 前沿面的较低目标维度问题（如 3 和 5 目标 DTLZ7）上有着出众的性能；

（4）MOEA/D 一般在归一化测试问题（如 DTLZ1～3）上性能较好，但是它不能有效处理带有强烈有偏性的问题（如 DTLZ4）；

（5）HypE 在求解 3 目标问题上表现了突出的性能，它在具有线性退化 Pareto 前沿面的较高目标维度问题（如 8、10 和 15 目标 WFG3）上也表现优异；

（6）MOMBI 擅长于处理具有不规则几何形状的 Pareto 前沿面（如 WFG1～3），且它在具有混合 Pareto 前沿面的有偏问题（如 WFG1）上表现特别突出。

4.4.3 参数 θ 的影响

本节将研究参数 θ 对所提出算法的性能影响。因为 θ 的变化会影响 4.2.4 节中的归一化过程,从而影响 θ-DEA 的搜索行为。为了单纯观察 θ 的效果,假设理想点和最差点是事先知道的,从而可以做精确的归一化。鉴于此,这里通过在归一化测试问题(DTLZ1~4)上运行 θ-DEA*,以说明 θ 的影响。在其他测试问题上其实也可以得到类似的结论。

图 4.7 给出了在 DTLZ1~4 问题上,θ-DEA* 所得平均 IGD 值随参数 θ 的变化情况。类似地,图 4.8 显示了平均 HV 值的情况。图中以步长 5 从 0 至 50 变化 θ,另外也考虑 $\theta=0.1$。

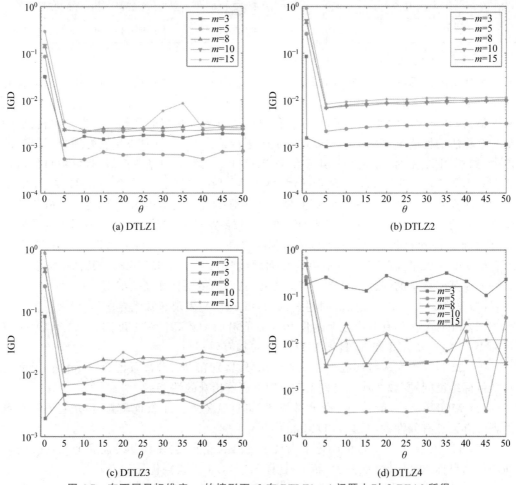

(a) DTLZ1

(b) DTLZ2

(c) DTLZ3

(d) DTLZ4

图 4.7　在不同目标维度 m 的情形下,θ 在 DTLZ1~4 问题上对 θ-DEA* 所得
IGD 值的影响。图中显示了 20 次独立运行所得平均 IGD 值

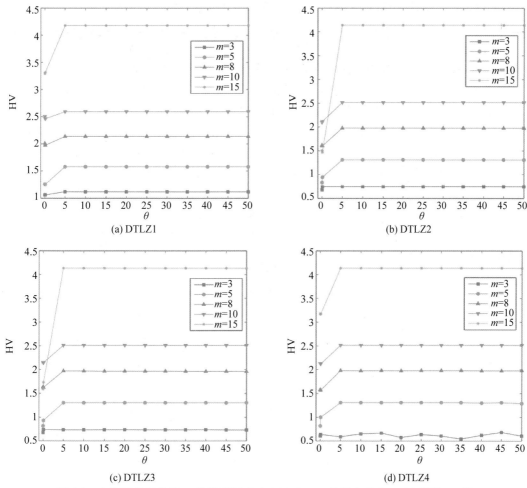

图 4.8　在不同目标维度 m 的情形下，θ 在 DTLZ1～4 问题上对 θ-DEA* 所得 HV 值的影响。图中显示了 20 次独立运行所得平均 HV 值

基于图 4.7 和图 4.8，可以得到如下结论：

（1）$\theta=0$ 几乎总是导致最差的性能；

（2）$\theta=0.1$ 通常也是一个坏的选择，但是这个设置对于 3 目标的 DTLZ3 似乎是最合适的；

（3）最合适的 θ 设置取决于所要解决的实例；

（4）对于大多数实例，θ-DEA* 在较大范围的 θ 值内，性能是稳定的，这有利于所提算法的实际应用。

注意,对于 8 目标 DTLZ4,IGD 的值随着 θ 的增大有着较大的波动,但是相应的 HV 值却保持稳定。这是由于实验中采用的计算 IGD 的方式使 IGD 这一指标对解的质量相当敏感。例如,即便只有一个参考点没有很好地与所得解中的某个解相关联,也可能导致大得多的 IGD 值,但是相应的 HV 值在这种情形下可能只是稍微变小。

理解 θ 趋向于正无穷时 θ-DEA* 的性能情况也是非常有意义的。在该种情形下,对每个解,环境选择中只强调它与参考点的接近程度,这时 θ-DEA* 的搜索行为更接近于 NSGA-III。为了研究这一极限情形,给 θ 设置一个很大的值,即 10^6。表 4.13 比较了 θ-DEA*$(\theta=5)$ 和 θ-DEA*$(\theta=10^6)$ 的平均 IGD 值和平均 HV 值。可以明显看出,较 $\theta=10^6$,$\theta=5$ 一般可以通过参考点实现收敛性与多样性之间更好的平衡。

表 4.13　θ-DEA*$(\theta=5)$ 与 θ-DEA*$(\theta=10^6)$ 所得平均 IGD 值和平均 HV 值的比较情况(每个实例显著优的结果以粗体标记)

问题	m	MaxGen	IGD		HV	
			θ-DEA*$(\theta=5)$	θ-DEA*$(\theta=10^6)$	θ-DEA*$(\theta=5)$	θ-DEA*$(\theta=10^6)$
DTLZ1	3	400	**1.250E-03**	1.876E-03	1.118 329	1.117 384
	5	600	**5.163E-04**	9.613E-04	**1.577 892**	1.577 693
	8	750	**2.172E-03**	3.422E-03	2.137 998	**2.138 139**
	10	1000	**2.235E-03**	3.282E-03	2.592 696	**2.592 832**
	15	1500	**3.626E-03**	6.688E-03	4.175 713	**4.176 786**
DTLZ2	3	250	**9.735E-04**	1.573E-03	**0.744 320**	0.743 924
	5	350	**2.135E-03**	4.461E-03	**1.307 368**	1.304 332
	8	500	**6.902E-03**	1.549E-02	**1.978 469**	1.969 621
	10	750	**6.725E-03**	1.576E-02	**2.514 485**	2.508 654
	15	1000	**8.670E-03**	1.993E-02	**4.137 766**	4.132 136
DTLZ3	3	1000	3.519E-03	5.202E-03	0.738 977	0.736 557
	5	1000	**2.565E-03**	4.723E-03	**1.305 846**	1.302 989
	8	1000	**1.290E-02**	3.094E-02	**1.970 805**	1.954 208
	10	1500	**6.361E-03**	1.541E-02	**2.514 027**	2.508 178
	15	2000	**1.102E-02**	9.510E-02	**4.136 332**	3.989 831

续表

问题	m	MaxGen	IGD		HV	
			θ-DEA*($\theta=5$)	θ-DEA*($\theta=10^6$)	θ-DEA*($\theta=5$)	θ-DEA*($\theta=10^6$)
DTLZ4	3	600	2.396E-01	2.282E-01	0.602 951	0.603 710
	5	1000	**3.134E-04**	1.809E-02	**1.308 934**	1.299 265
	8	1250	**1.443E-02**	1.527E-02	**1.977 231**	1.976 809
	10	2000	**3.375E-03**	4.251E-03	**2.515 468**	2.515 248
	15	3000	**5.729E-03**	2.206E-02	**4.138 225**	4.135 672

4.4.4　进一步讨论

本节将进一步讨论如下三个问题。第一个问题是本章实验中所采用的性能指标;第二个问题是所涉及算法的计算开销;第三个问题是关于与已有文献中相关实验发现的对比情况。

本章实验中采用了两种性能指标,即 IGD 和 HV,对算法进行比较,这两种指标均能综合地体现一个解集的收敛性和多样性。本章中所使用的 IGD 只能应用于评价基于参考点或参考方向的 MOEAs,而 HV 可以应用于所有的 MOEAs。我们发现,IGD 和 HV 通常情况下能得出一致的结论,但是也有一些例外。例如,在表 4.13 中,依据 IGD,θ-DEA*($\theta=5$)在 8、10 和 15 目标 DTLZ1 实例上显著优于 θ-DEA*($\theta=10^6$),但是 HV 结果却显示 θ-DEA*($\theta=10^6$)显著优。主要原因是,找到与所提供参考点接近的 Pareto-最优点并不完全等同于最大化超体积,这很大程度上取决于参考点的分布情况。但是,使用这种 IGD 指标评价基于参考点或参考方向的 MOEAs 是非常可取的,因为 IGD 这时候能够很好地衡量算法输出与算法目标之间的接近程度。另外,IGD 还可以在用户只对一部分 Pareto 前沿面感兴趣的场景下使用,这时只会采用几个代表性的参考点。值得指出的是,如果在 θ-DEA 中采用更加均匀分布的参考点,将更加有利于在整个 Pareto 前沿面上搜索稀疏分布的 Pareto-最优点,从而可以使 θ-DEA 得到更好的 HV 结果。

在所涉及的算法中,我们发现 MOEA/D 和 dMOPSO 需要最少的计算开销。θ-DEA、MOMBI 和 NSGA-Ⅲ 在本章的参数设置下,也可以高效地处理所考虑的问题实例。

GrEA、POGA 和 SDE 比上述所提及的算法需要多得多的计算开销,它们的计算时间随目标数目增多而显著增长。这里特别提及 HypE。在原始的 HypE 研究中,作者使用了一个较小的种群大小,即 50,并认为 HypE 是一个快速的算法。然而,我们发现不仅是目标数目的增多,种群大小的增大也会造成 HypE 计算时间的急剧增长。因此,在本章

实验设置下,HypE实际上是最耗时的算法。类似的观测可参见文献[78],其中列出了HypE的具体计算时间。需要提及的是,不仅是HypE,其他算法的效率也会多少受到种群大小的影响。然而,基于本章的实验观测,HypE似乎所受影响最大。

尽管已有许多关于高维多目标优化算法的实验比较研究,但是它们所使用的参数设置、算法变体(如MOEA/D有若干变体)、问题设置(如目标数目和决策变量数目)往往是不相同的,这使在实验发现方面做比较严格的对比是不切实际的。然而,仍然可以发现一些比较类似的实验观测。例如,与文献[64]相比,下面两个关于MOEA/D和HypE的发现是一致的。

(1) 在高维多目标优化中,MOEA/D在DTLZ2和DTLZ3问题上的性能优于DTLZ2和DTLZ3,而HypE在DTLZ7问题上表现更优。

(2) 对于WFG1和WFG8这两个问题,MOEA/D在5目标实例上优于HypE,但是它在10目标实例上却劣于HypE。

4.5 本章小结

本章提出了一个新的高维多目标演化算法,称作θ-DEA,它的环境选择机制是基于θ-支配的。考虑到NSGA-Ⅲ和MOEA/D的优势互补性,θ-DEA期望可以通过MOEA/D中基于聚合函数的适应度评价机制来增强NSGA-Ⅲ在高维多目标空间中的收敛能力,从而在高维多目标优化中更好地权衡收敛性和多样性之间的关系。为了实现这一目的,一种新型的支配关系——θ-支配,被引入所提出的算法中,设法强调收敛性和多样性二者的平衡。

针对θ-DEA的实验研究显示了该算法关于一个关键参数θ的性能鲁棒性;实验结果也验证了θ-DEA作为一个基于参考点的算法,性能优于两个同类型算法,即NSGA-Ⅲ和MOEA/D-PBI,θ-DEA一般能更好地搜索那些接近所提供参考点的Pareto-最优点;另外,也发现嵌入的归一化过程能够使θ-DEA更加有效地处理非归一化问题。

为了显示所提出算法的竞争力,本章将θ-DEA与8种属于不同类别的先进算法进行了大量的实验比较,并使用了许多具有不同性质的著名的标准测试问题来验证算法不同方面的能力。比较结果显示,θ-DEA在所考虑的几乎所有实例上都表现出了很好的性能,且可以与先进的高维多目标优化算法相媲美。然而,我们也观察到,没有算法能够在所有实例上都优于其他任何一个算法。这意味着就目前而言,当要解决一个具体的高维多目标优化问题时,需要对所使用算法进行精心地挑选。

第 5 章　基于分解的多目标演化算法中的变化算子

5.1　前　　言

本章将实验研究基于分解的 MOEAs 中的变化算子在高维多目标优化中对算法性能的影响。动机来源于两方面：第一，基于分解的 MOEAs 在高维多目标优化方面的最新进展[39,45]表明这类技术在高维多目标优化中应该引起足够的重视。然而，绝大部分与这方面相关的研究均采用传统的遗传算子来产生子代解，这为在其中探究其他可用的变化算子，如 DE[22]，留下了研究空间。第二，若干最近的研究[87,90,91]已经表明，当处理高维目标时，应该更加仔细地解决如何在决策空间执行有效搜索的问题。可是，众所周知，对于一些复杂的问题，单纯的遗传算子一般很难在决策空间中实现开发和探索的平衡。鉴于上述两个方面，探究其他变化算子如何和以何种程度影响基于分解的高维多目标算法在 MaOPs 上的性能，是非常有意义和有必要的。为了这个目的，本章关注这类技术中的一个代表性算法，即 NSGA-Ⅲ[45]，研究若干种变化算子对其搜索性能的影响。本章的主要贡献反映在如下几方面。

（1）据我们所知，这是首次将 DE 算子引入最近提出的 NSGA-Ⅲ 中，并形成了一个新的 NSGA-Ⅲ 变体，即 NSGA-Ⅲ-DE。另外，本章也探究了两个主要控制参数对 NSGA-Ⅲ-DE 性能的影响。

（2）基于对 NSGA-Ⅲ 和 NSGA-Ⅲ-DE 搜索行为的实验分析，本章提出了带有新的再生机制的其他两种 NSGA-Ⅲ 变体，即 NSGA-Ⅲ-2S 和 NSGA-Ⅲ-HVO，二者较 NSGA-Ⅲ 和 NSGA-Ⅲ-DE 均有显著的性能提升。

（3）因为 NSGA-Ⅲ 的作者并没有公开他们的源代码，原始的 NSGA-Ⅲ 文献[49]也并没有完全给出其归一化过程的细节，所以要实现 NSGA-Ⅲ 且得到与原文献中相似的结果并不简单。Chiang[132]提供了 NSGA-Ⅲ 的一个 C++ 实现，但是该程序在目标数目为 8 或者更高的问题上表现非常差。作为本章的辅助材料，作者公开了自研的 NSGA-Ⅲ 实现源码，该程序似乎在大多数情形下与原作者的实现有着相似的性能。

本章后续由如下部分组成：5.2 节描述了本章实验中将要研究的目标算法；5.3 节给

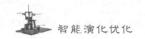

出了大量的实验结果以及相关讨论；最后，5.4 节对本章工作进行了小结。

5.2 目标算法

原始的 NSGA-Ⅲ 使用模拟两点交叉（SBX）和多项式变异[92]来产生子代个体。本章之后称它为 NSGA-Ⅲ-SBX 以显著区分于本章中所考虑的其他 NSGA-Ⅲ 变体，即 NSGA-Ⅲ-DE、NSGA-Ⅲ-2S 和 NSGA-Ⅲ-HVO。

NSGA-Ⅲ-DE 使用 DE 算子替换 NSGA-Ⅲ-SBX 中的 SBX 算子，这也是二者唯一的不同之处，DE 算子的细节参见 2.2 节。算法 5-1 描述了 NSGA-Ⅲ-DE 如何通过当前种群 P 生成子代种群 Q。

算法 5-1 NSGA-Ⅲ-DE 中的再生机制

1： $P \leftarrow \{X_{1,G}, X_{2,G}, \cdots, X_{N,G}\}$
2： $Q \leftarrow \varnothing$
3： **for** $i \leftarrow 1$ **to** N **do**
4： $U_{i,G} \leftarrow \text{DEOperator}(X_{i,G})$
5： $Y_{i,G} \leftarrow \text{PolynomialMutation}(U_{i,G})$
6： $Q \leftarrow Q \cup Y_{i,G}$
7： **end for**
8： **return** Q

NSGA-Ⅲ-2S 是一个两步的算法，它简单地结合了 NSGA-Ⅲ-SBX 和 NSGA-Ⅲ-DE。在 NSGA-Ⅲ-2S 中，NSGA-Ⅲ-DE 首先运行，在运行至最大代数的一半时，转而运行 NSGA-Ⅲ-SBX。NSGA-Ⅲ-HVO 使用了一种随机策略混合了三种不同的变化算子，即 SBX、DE 和多项式变异。当要生成一个子代解时，它从三个算子中随机选择一个算子。算法 5-2 描述了 NSGA-Ⅲ-HVO 如何利用当前种群 P 生成子代种群 Q。需要进一步解释的是，在步骤 6 中，首先需要随机选择一个整数 $r^i \in [1, N]$ 且 $r^i \neq i$，然后再对 $X_{i,G}$ 和 $X_{r^i,G}$ 执行 SBX。

算法 5-2 NSGA-Ⅲ-HVO 中的再生机制

1： $P \leftarrow \{X_{1,G}, X_{2,G}, \cdots, X_{N,G}\}$
2： $Q \leftarrow \varnothing$
3： **for** $i \leftarrow 1$ **to** N **do**
4：   随机选择一个整数 $k \in [1, 3]$
5：   **if** $k = 1$ **then**
6： $Y_{i,G} \leftarrow \text{SBXCrossover}(X_{i,G})$
7：   **else if** $k = 2$ **then**

8：　　　$Y_{i,G} \leftarrow \mathrm{DEOperator}(X_{i,G})$
9：　　**else**
10：　　　$Y_{i,G} \leftarrow \mathrm{PolynomialMutation}(X_{i,G})$
11：　**end if**
12：　$Q \leftarrow Q \bigcup Y_{i,G}$
13：**end for**
14：**return** Q

注意，鉴于篇幅原因，本章中只关注 NSGA-Ⅲ和它的变体，但是类似的实验发现和结论也可以基于 NSGA-Ⅲ的改进算法 θ-DEA 得到。

5.3　实 验 研 究

5.3.1　实验设置

为了测试所考虑的算法，本章实验中采用两组测试问题。第一组问题均是归一化问题，包括 DTLZ1~4[105]。第二组问题包含三个非归一化问题，它们是 SDTLZ1~2[45] 和 WFG6[106]。所有这些问题的目标数目设置、决策变量数目设置、SDTLZ1~2 的比例因子设置完全与 4.3.1 节相同。注意，除了 WFG6 问题，其他问题的设置与原始 NSGA-Ⅲ研究[45] 也是一致的。

为了评价目标算法，我们采用反转世代距离（IGD）作为性能指标，并使用文献[45]中建议的方法计算 IGD 值。IGD 能够同时衡量一个解集的收敛性和多样性，且较小的值意味着越佳的性能。

对于参数设置，针对不同的实例，每个所考虑的算法采用与原始 NSGA-Ⅲ研究[45] 中相同的种群大小和最大迭代次数（MaxGen）设置。三种变化算子所使用的参数如表 5.1 所示。5.3.2 节也将研究参数 F 和 Cr 对 NSGA-Ⅲ-DE 性能的影响。

表 5.1　变化算子的参数设置

变 化 算 子	参 数 名 称	参 数 值
SBX	交叉概率（p_c）	1.0
	交叉中的分布指数（η_c）	30
DE	缩放因子（F）	0.5
	交叉概率（Cr）	0.1

续表

变 化 算 子	参 数 名 称	参 数 值
多项式变异	变异概率(p_m)	$1/n$
	变异中的分布指数(η_m)	20

所有的算法都实现在 jMeta[127] 框架下,且每个算法对每个测试实例均独立运行 20 次。

5.3.2　NSGA-Ⅲ-DE 中参数的影响

在 NSGA-Ⅲ-DE 中,有两个典型的控制参数 F 和 Cr。本节主要研究这两个参数对 NSGA-Ⅲ-DE 性能的影响。为了说明问题,使用具有 5、8、10 和 15 目标的 DTLZ1、DTLZ3、SDTLZ2 和 WFG6 问题。

为了检验 F 的影响,将 Cr 固定为 0.1,且以步长 0.1 在区间[0.4,1.0]中变化 F。图 5.1 显示了 NSGA-Ⅲ-DE 随参数 F 的性能变化,这里的性能用所得 IGD 的中值来体现。由图 5.1 可见,在 DTLZ1、DTLZ3 和 SDTLZ2 问题上,F 对 NSGA-Ⅲ-DE 的性能施加了类似的影响。具体来说,在这三个问题上,IGD 值随着 F 的变化而波动,但是除了在 5 目标 DTLZ1 实例上,波动幅度均很小。对于 WFG6 问题,在 5、8 和 10 目标实例上,IGD 随着 F 的增大而缓慢增长,但是在 15 目标实例上,IGD 值却呈现波动的趋势。

至于 Cr,进一步研究步长为 0.1 且 Cr∈[0,1]的情形,其中,F 被固定为 0.5。图 5.2 显示了 Cr 对 NSGA-Ⅲ-DE 所得 IGD 中值的影响。由图 5.2 可见,在 DTLZ1、DTLZ3 和 SDTLZ2 问题上,Cr 对 NSGA-Ⅲ-DE 的性能影响很大,且从整体上来看,随着 Cr 的增加,IGD 值剧烈增长。对于 WFG6 问题,IGD 的变化趋势基本上与其他三个问题一致,但是变化范围小很多。

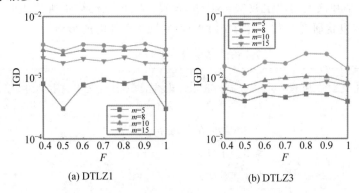

(a) DTLZ1　　　　　　　　　　(b) DTLZ3

图 5.1　在不同目标数 m 的情形下,参数 F(Cr=0.1)对 NSGA-Ⅲ-DE 所得 IGD 值(20 次独立运行所得结果的中值)的影响

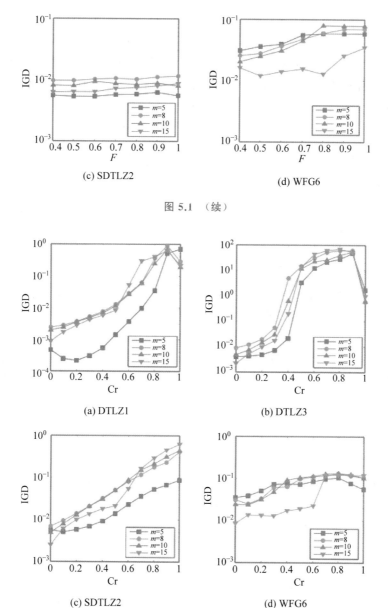

(c) SDTLZ2　　　　　　　　　　　(d) WFG6

图 5.1　（续）

(a) DTLZ1　　　　　　　　　　　(b) DTLZ3

(c) SDTLZ2　　　　　　　　　　　(d) WFG6

图 5.2　在不同目标数 m 的情形下，参数 $Cr(F=0.5)$ 对 NSGA-Ⅲ-DE
所得 IGD 值（20 次独立运行所得结果的中值）的影响

　　总之，对 F 和 Cr 的影响，我们能得到如下一些有意义的见解。在大多数所考虑的实例上，NSGA-Ⅲ-DE 一般能在 F 的较大变化范围内取得相对稳定的性能，且 $F=0.5$ 在大多数情况下是一个很好的选择。相对于 F，NSGA-Ⅲ-DE 的性能对于 Cr 的变化会更加敏感。根据实验结果，推荐使用较小的 Cr 值，即 Cr$\in[0,0.1]$，较大的 Cr 值经常会导致特别差的性能。回顾前文可知，Cr 其实控制了期望个体中平均有多少变量发生改变。因此，这意味着当子代个体继承父代个体大多数信息时，NSGA-Ⅲ-DE 能够获得较好的性能。有趣的是，文献[90]中也有类似的实验发现：对于高维多目标 0/1 背包问题，当产生子代解时，在两个父代解之间只交换少量的基因可以提高算法性能。

5.3.3　NSGA-Ⅲ-DE、NSGA-Ⅲ-SBX：探索与开发

本节将在高维多目标问题上比较 NSGA-Ⅲ-DE 和 NSGA-Ⅲ-SBX 的搜索行为。具体来说，我们想了解在搜索空间中，哪个算法更擅长于探索，哪个算法更擅长于开发。理解了这一点将有助于我们设计更加有效的变化算子。注意，这里并不将这两个算法在不同问题实例上做一个详细的性能比较，这将在 5.3.4 节中进行。为了检测 NSGA-Ⅲ-DE 和 NSGA-Ⅲ-SBX 的探索能力，这里以 5 目标 DTLZ2 为例。首先，为该实例随机产生一个种群。然后，NSGA-Ⅲ-DE 和 NSGA-Ⅲ-SBX 均将该种群作为初始种群，并执行一定数目的代数。图 5.3 绘出了 NSGA-Ⅲ-DE 和 NSGA-Ⅲ-SBX 所得 IGD 值随着代数增长的变化轨迹。从图 5.3 中可以看出，在初始的进化过程中，这两个算法以类似的方式减小 IGD 值，但是 NSGA-Ⅲ-DE 在大约 40 代后，成功找到了更好的 IGD 值。这个现象诠释了，通过在决策空间中随机分布的解，NSGA-Ⅲ-DE 能够比 NSGA-Ⅲ-SBX 更快地确定有希望的搜索区域。图 5.4 进一步分别绘出了 NSGA-Ⅲ-DE 和 NSGA-Ⅲ-SBX 在 MaxGen/2=135 代之后所得种群的决策变量值的平行坐标。因为 5 目标 DTLZ2 的 Pareto 最优解集是：

$$x_j = \begin{cases} [0,1], & j=1,2,3,4 \\ 0.5 & j=5,6,\cdots,14 \end{cases} \tag{5.1}$$

可以从图 5.4 中清晰地看出，在进化过程早期，NSGA-Ⅲ-DE 可以更快地收敛到 Pareto 最优解集上。上述实验发现表明，相比于 NSGA-Ⅲ-SBX，NSGA-Ⅲ-DE 可以对搜索空间进行更加有效的探索。

为了研究算法的开发能力，进一步再做一个类似的实验，但是初始种群是一个已经比较接近 Pareto 前沿面的种群，该种群可以通过任何一个高维多目标演化算法得到。在这个初始种群上，分别执行 NSGA-Ⅲ-DE 和 NSGA-Ⅲ-SBX，图 5.5 中描述了 IGD 随代数变化的进化轨迹。可以看出，图 5.5 中的情形与图 5.3 有着很大的不同。在该情形下，从开始阶段起，NSGA-Ⅲ-SBX 就能够比 NSGA-Ⅲ-DE 更快地随代数推移而降低 IGD 值。因为初始种群本身是一个精英种群，所以 NSGA-Ⅲ-SBX 相比于 NSGA-Ⅲ-DE 能够更好地进一步精练质量较高的解，从而显示了 NSGA-Ⅲ-DE 在搜索空间进行开发方面的优越性。

许多研究显示，采用先开发再探索的策略可以在开发之前从搜索空间中抽取必要的

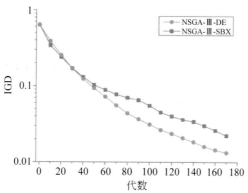

图 5.3　当初始种群为随机产生的种群时，NSGA-Ⅲ-DE（NSGA-Ⅲ-SBX）在 5 目标 DTLZ2 实例上所得 IGD 值随代数的进化轨迹

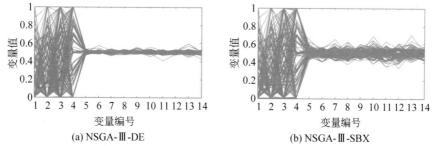

　　　　(a) NSGA-Ⅲ-DE　　　　　　　　　　　(b) NSGA-Ⅲ-SBX

图 5.4　对于 5 目标 DTLZ2，在相同的随机产生的初始种群上，NSGA-Ⅲ-DE 和 NSGA-Ⅲ-SBX 运行 135 代后所得种群的决策变量值的平行坐标

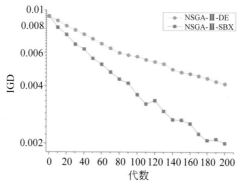

图 5.5　当初始种群为目标空间中接近 Pareto 前沿面的种群时，NSGA-Ⅲ-DE（NSGA-Ⅲ-SBX）在 5 目标 DTLZ2 实例上所得 IGD 值随代数的进化轨迹

信息,从而如果首先执行 NSGA-Ⅲ-DE 然后执行 NSGA-Ⅲ-SBX,可以期望获得更好的性能,这也正是开发 NSGA-Ⅲ-2S 的动机。另外,既然 NSGA-SBX 和 NSGA-Ⅲ-DE 显示了互补的优势,很自然地可以综合三种不同算子的效果从而增强搜索的性能,这是 NSGA-Ⅲ-HVO 的主要目的。之后,将进一步验证 NSGA-Ⅲ-2S 和 NSGA-Ⅲ-HVO 的有效性。

5.3.4 NSGA-Ⅲ 变体之间的比较

本节将在全部两组问题上测试所有的目标算法。表 5.2 显示了在归一化问题上的比较结果,而表 5.3 则显示了在非归一化问题上的比较结果。正如前面所提及的,本章中的 NSGA-Ⅲ-SBX 是 NSGA-Ⅲ 的一个"非官方"的实现,所以也列出了原始 NSGA-Ⅲ 论文[45]中的结果作为比较。注意,在文献[45]中,尽管 NSGA-Ⅲ 也在 WFG6 问题上进行了测试,但是作者并没有指明该问题所采用的变量的数目。因此,这里并不使用原始 NSGA-Ⅲ 在 WFG6 上的结果。下面将详细描述本节所得比较结果。

表 5.2　NSGA-Ⅲ 变体在归一化测试问题上所得 IGD 的最好值、中值和最差值
（最优的结果以粗体标记）

问题	m	NSGA-Ⅲ†	NSGA-Ⅲ-SBX	NSGA-Ⅲ-DE	NSGA-Ⅲ-2S	NSGA-Ⅲ-HVO
DTLZ1	3	4.880E-04	8.901E-04	5.639E-04	2.091E-04	**8.715E-05**
		1.308E-03	2.186E-03	6.893E-04	2.822E-04	**1.406E-04**
		4.880E-03	2.070E-02	9.174E-04	**5.693E-04**	8.024E-04
	5	5.116E-04	7.601E-04	2.513E-04	2.843E-04	**5.560E-05**
		9.799E-04	1.991E-03	3.767E-04	3.416E-04	**8.053E-05**
		1.979E-03	4.493E-02	4.630E-04	9.292E-04	**1.047E-04**
	8	2.044E-03	3.386E-03	2.478E-03	1.730E-03	**9.321E-04**
		3.979E-03	4.704E-03	2.985E-03	2.150E-03	**1.314E-03**
		8.721E-03	1.175E-02	3.395E-03	3.098E-03	**2.557E-03**
	10	2.215E-03	2.867E-03	2.245E-03	1.733E-03	**1.023E-03**
		3.462E-03	4.488E-03	2.623E-03	2.158E-03	**1.137E-03**
		6.869E-03	2.343E-02	4.027E-03	3.742E-03	**3.394E-03**
	15	2.649E-03	2.849E-03	1.667E-03	1.246E-03	**5.448E-04**
		5.063E-03	5.769E-03	1.972E-03	2.019E-03	**8.728E-04**
		1.123E-02	3.275E-02	2.063E-02	3.645E-02	3.733E-02

续表

问题	m	NSGA-Ⅲ†	NSGA-Ⅲ-SBX	NSGA-Ⅲ-DE	NSGA-Ⅲ-2S	NSGA-Ⅲ-HVO
DTLZ2	3	1.262E-03	1.213E-03	3.756E-03	**1.099E-03**	1.304E-03
		1.357E-03	2.043E-03	4.354E-03	1.401E-03	1.632E-03
		2.114E-03	8.355E-03	4.782E-03	**1.892E-03**	2.065E-03
	5	4.254E-03	4.752E-03	5.137E-03	**2.275E-03**	2.601E-03
		4.982E-03	6.415E-03	5.750E-03	**2.825E-03**	3.209E-03
		5.862E-03	9.040E-03	6.608E-03	**3.030E-03**	4.117E-03
	8	1.371E-02	1.486E-02	8.245E-03	6.592E-03	**5.680E-03**
		1.571E-02	1.737E-02	1.009E-02	8.155E-03	**7.197E-03**
		1.811E-02	2.105E-02	1.222E-02	9.850E-03	**9.038E-03**
	10	1.350E-02	1.558E-02	7.727E-03	6.125E-03	**4.502E-03**
		1.528E-02	1.745E-02	8.527E-03	7.005E-03	**5.361E-03**
		1.697E-02	2.545E-02	9.491E-03	8.248E-03	**6.549E-03**
	15	1.360E-02	1.591E-02	5.457E-03	5.745E-03	**3.585E-03**
		1.726E-02	1.984E-02	6.587E-03	6.875E-03	**4.792E-03**
		2.114E-02	2.358E-02	8.683E-03	8.403E-03	**6.080E-03**
DTLZ3	3	9.751E-04	1.203E-03	1.947E-03	2.475E-04	**1.207E-04**
		4.007E-03	4.809E-03	2.540E-03	2.977E-04	**2.511E-04**
		6.665E-03	1.714E-02	3.189E-03	**3.307E-04**	1.696E-03
	5	3.086E-03	4.175E-03	4.150E-03	8.566E-04	**4.658E-04**
		5.960E-03	8.056E-03	4.702E-03	1.086E-03	**5.585E-04**
		1.196E-02	2.390E-02	5.715E-03	1.281E-03	**7.871E-04**
	8	1.244E-02	1.530E-02	1.075E-02	8.474E-03	**4.304E-03**
		2.375E-02	3.219E-02	1.317E-02	1.115E-02	**5.154E-03**
		9.649E-02	1.130E-01	1.497E-02	1.607E-02	**1.284E-02**
	10	8.849E-03	9.217E-03	7.426E-03	4.892E-03	**2.541E-03**
		1.188E-02	1.516E-02	8.426E-03	6.140E-03	**2.975E-03**
		2.083E-02	2.825E-02	9.466E-03	7.790E-03	**4.615E-03**

问题	m	NSGA-Ⅲ†	NSGA-Ⅲ-SBX	NSGA-Ⅲ-DE	NSGA-Ⅲ-2S	NSGA-Ⅲ-HVO
DTLZ3	15	1.401E-02	1.689E-02	4.767E-03	4.844E-03	**1.993E-03**
		2.145E-02	4.019E-02	5.799E-03	6.312E-03	**3.506E-03**
		4.195E-02	8.801E-02	1.048E-02	8.108E-03	**7.010E-03**
DTLZ4	3	2.915E-04	3.815E-04	3.084E-03	3.471E-04	**2.716E-04**
		5.970E-04	9.040E-04	3.697E-03	4.156E-04	**3.470E-04**
		4.286E-01	3.704E-03	4.223E-03	6.204E-04	**4.414E-04**
	5	9.849E-04	**6.464E-04**	5.076E-03	6.947E-04	6.624E-04
		1.255E-03	1.099E-03	6.298E-03	9.227E-04	**8.746E-04**
		1.721E-03	1.972E-03	7.422E-03	1.375E-03	**1.151E-03**
	8	5.079E-03	**3.581E-03**	1.663E-02	5.026E-03	4.500E-03
		7.054E-03	**4.844E-03**	1.941E-02	6.426E-03	5.315E-03
		6.051E-01	**5.698E-03**	2.128E-02	7.750E-03	6.367E-03
	10	5.694E-03	**3.834E-03**	1.148E-02	5.639E-03	3.925E-03
		6.337E-03	4.703E-03	1.434E-02	6.553E-03	**4.361E-03**
		1.076E-01	5.656E-03	1.525E-02	7.492E-03	**5.054E-03**
	15	7.110E-03	5.514E-03	8.543E-03	5.830E-03	**3.093E-03**
		3.431E-01	7.312E-03	1.014E-02	7.367E-03	**4.936E-03**
		1.073E+00	1.053E-02	1.151E-02	1.015E-02	**6.651E-03**

注：†结果摘自原始的 NSGA-Ⅲ 论文[45]。

表 5.3　NSGA-Ⅲ变体在非归一化测试问题上所得 IGD 的最好值、中值和最差值
（最优的结果以粗体标记）

问题	m	NSGA-Ⅲ†	NSGA-Ⅲ-SBX	NSGA-Ⅲ-DE	NSGA-Ⅲ-2S	NSGA-Ⅲ-HVO
SDTLZ1	3	3.853E-04	1.342E-03	9.805E-04	4.629E-04	**1.559E-04**
		1.214E-03	5.843E-03	1.465E-03	5.899E-04	**2.329E-04**
		1.103E-02	4.925E-02	1.748E-03	8.159E-04	**6.576E-04**
	5	1.099E-03	2.580E-03	3.156E-04	5.353E-04	**1.197E-04**

续表

问题	m	NSGA-Ⅲ†	NSGA-Ⅲ-SBX	NSGA-Ⅲ-DE	NSGA-Ⅲ-2S	NSGA-Ⅲ-HVO
SDTLZ1	5	2.500E-03	1.914E-02	7.398E-04	6.748E-04	**1.771E-04**
		3.921E-02	9.925E-02	8.775E-04	1.327E-03	**2.458E-04**
	8	4.659E-03	1.545E-02	4.706E-03	3.753E-03	**2.220E-03**
		1.051E-02	1.564E-01	5.590E-03	4.763E-03	**3.099E-03**
		1.167E-01	2.213E-01	7.022E-03	7.559E-03	**5.614E-03**
	10	3.403E-03	2.143E-02	4.423E-03	3.756E-03	**2.045E-03**
		5.577E-03	1.911E-01	5.104E-03	4.228E-03	**2.792E-03**
		3.617E-02	2.369E-01	5.809E-03	**5.236E-03**	6.893E-03
	15	3.450E-03	8.456E-03	2.910E-03	2.919E-03	**8.961E-04**
		6.183E-03	1.493E-02	4.000E-03	4.110E-03	**2.098E-03**
		1.367E-02	9.362E-02	**4.777E-03**	7.548E-02	7.987E-02
SDTLZ2	3	1.347E-03	1.368E-03	3.629E-03	**1.078E-03**	1.471E-03
		2.069E-03	2.304E-03	4.188E-03	**1.392E-03**	1.764E-03
		5.284E-03	6.520E-03	4.779E-03	2.346E-03	**1.999E-03**
	5	1.005E-02	1.163E-02	5.029E-03	**2.465E-03**	2.499E-03
		2.564E-02	4.682E-02	5.871E-03	**2.744E-03**	3.259E-03
		8.430E-02	1.200E-01	6.242E-03	**3.317E-03**	4.306E-03
	8	1.582E-02	2.212E-02	9.162E-03	**6.053E-03**	6.649E-03
		1.788E-02	4.128E-02	1.022E-02	8.473E-03	**8.330E-03**
		2.089E-02	2.273E-01	1.117E-02	**9.417E-03**	1.333E-02
	10	2.113E-02	2.335E-02	7.653E-03	6.499E-03	**4.460E-03**
		3.334E-02	5.988E-02	8.314E-03	7.171E-03	**6.617E-03**
		2.095E-01	1.511E-01	8.646E-03	**7.573E-03**	1.010E-02
	15	2.165E-02	2.243E-02	5.279E-03	5.523E-03	**3.407E-03**
		2.531E-02	3.526E-02	6.703E-03	6.848E-03	**5.112E-03**
		4.450E-02	1.209E-01	**7.568E-03**	8.447E-03	8.424E-03

续表

问题	m	NSGA-Ⅲ[†]	NSGA-Ⅲ-SBX	NSGA-Ⅲ-DE	NSGA-Ⅲ-2S	NSGA-Ⅲ-HVO
		—	2.531E-02	2.944E-02	**1.932E-02**	2.269E-02
	3	—	2.989E-02	4.688E-02	2.943E-02	**2.919E-02**
		—	3.913E-02	6.458E-02	4.107E-02	**3.561E-02**
		—	2.696E-02	3.375E-02	2.669E-02	**2.296E-02**
	5	—	3.409E-02	4.512E-02	**3.127E-02**	3.201E-02
		—	4.030E-02	6.201E-02	3.884E-02	**3.821E-02**
		—	2.682E-02	**1.789E-02**	2.142E-02	1.999E-02
WFG6	8	—	3.531E-02	3.322E-02	3.167E-02	**3.159E-02**
		—	3.987E-02	5.299E-02	**3.824E-02**	4.033E-02
		—	3.004E-02	**2.102E-02**	2.262E-02	2.785E-02
	10	—	3.785E-02	3.249E-02	**3.106E-02**	3.158E-02
		—	4.453E-02	4.719E-02	4.067E-02	**3.954E-02**
		—	3.882E-02	8.346E-03	**7.599E-03**	2.109E-02
	15	—	5.479E-02	**1.572E-02**	2.129E-02	4.297E-02
		—	3.057E-01	**3.723E-02**	4.552E-02	7.829E-02

注：†结果摘自原始的 NSGA-Ⅲ 论文[45]。

对于 DTLZ1～3 问题和 SDTLZ1～2 问题,比较情形是类似的。除了少数例外(在 3 目标 DTLZ2 和 SDTLZ2 上),NSGA-Ⅲ-DE 一般在性能上优于 NSGA-Ⅲ-SBX。与 NSGA-Ⅲ-SBX 和 NSGA-Ⅲ-DE 相比,无论 NSGA-Ⅲ-2S 或 NSGA-Ⅲ-HVO 都有着明显的优势。具体来说,NSGA-Ⅲ-2S 在所有实例上均优于 NSGA-Ⅲ-SBX;除了在 15 目标实例和 5 目标 DTLZ1(SDTLZ1)上,NSGA-Ⅲ-2S 和 NSGA-Ⅲ-DE 的性能比较接近外,NSGA-Ⅲ-2S 在绝大多数情况下都明显优于 NSGA-Ⅲ-DE。在几乎所有实例上,NSGA-Ⅲ-HVO 的性能要比 NSGA-Ⅲ-SBX 和 NSGA-Ⅲ-DE 好很多,甚至在某些实例上,如 5 目标 DTLZ3,它所得 IGD 值要小一两个数量级。另外,NSGA-Ⅲ-HVO 整体上也优于 NSGA-Ⅲ-2S;除了在 3 目标和 5 目标的 DTLZ2(SDTLZ2)上,NSGA-Ⅲ-HVO 通常可以得到更好的 IGD 结果。

对 DTLZ4 问题,NSGA-Ⅲ-DE 在所有实例上都表现最差。NSGA-Ⅲ-2S 在 3 目标和 5 目标实例上优于 NSGA-Ⅲ-SBX,但是在 8 目标和 10 目标实例上劣于 NSGA-Ⅲ-SBX。在 15 目标实例上,NSGA-Ⅲ-2S 和 NSGA-Ⅲ-SBX 之间的性能区别不大。在 8 目标实例上,NSGA-Ⅲ-SBX 性能最佳,但是在除此实例外的所有实例上,NSGA-Ⅲ-HVO 均取得了最好的性能。

对于 WFG6 问题,NSGA-Ⅲ-SBX 在其 3 目标和 5 目标实例上优于 NSGA-Ⅲ-DE,然而 NSGA-Ⅲ-DE 在余下的实例上却比 NSGA-Ⅲ-SBX 更有优势。NSGA-Ⅲ-HVO 和 NSGA-Ⅲ-2S 的性能不相上下,且除了 15 目标实例外,它们二者均优于 NSGA-Ⅲ-SBX 和 NSGA-Ⅲ-DE。在 15 目标实例上,NSGA-Ⅲ-DE 比其他算法更有优势。

值得注意的是,与原始 NSGA-Ⅲ 论文[45]中的结果相比,本章实现的 NSGA-Ⅲ-SBX 能够在除了 SDTLZ1 问题之外的所有问题上得到类似的 IGD 性能;所开发的 NSGA-Ⅲ-2S 和 NSGA-Ⅲ-HVO 一般能得到明显优的结果。

为了得到具有统计性的结论,对任意两个比较算法的 IGD 结果进行了置信度为 95% 的 Wilcoxon 秩和检验。表 5.4 概括了显著性检验的情况。在该表中,"B""W"和"E"的含义与表 3.10 中相同。从表 5.4 中可以看出,NSGA-Ⅲ-DE 在所考虑的实例上较 NSGA-Ⅲ-SBX 显示出了一定的优势;NSGA-Ⅲ-2S 的性能一般优于它的两个组成个体,即 NSGA-Ⅲ-SBX 和 NSGA-Ⅲ-DE;整体上,NSGA-Ⅲ-HVO 是所有目标算法中表现最优的算法。

表 5.4　任意两个算法之间的显著性检验情况总结

算法 1 与算法 2	B	W	E
NSGA-Ⅲ-DE 与 NSGA-Ⅲ-SBX	25	9	1
NSGA-Ⅲ-2S 与 NSGA-Ⅲ-SBX	30	3	2
NSGA-Ⅲ-2S 与 NSGA-Ⅲ-DE	27	1	7
NSGA-Ⅲ-HVO 与 NSGA-Ⅲ-SBX	34	1	0
NSGA-Ⅲ-HVO 与 NSGA-Ⅲ-DE	32	1	2
NSGA-Ⅲ-2S 与 NSGA-Ⅲ-HVO	7	23	5

5.4　本章小结

本章以一个典型的基于分解的多目标算法 NSGA-Ⅲ 为例,初步研究了在基于分解的高维多目标优化中变化算子的作用。本章提出了三个新的 NSGA-Ⅲ 变体,即 NSGA-Ⅲ-DE、NSGA-Ⅲ-2S 和 NSGA-Ⅲ-HVO。其中,NSGA-Ⅲ-2S 和 NSGA-Ⅲ-HVO 是依据 NSGA-Ⅲ 和 NSGA-Ⅲ-DE 在决策空间探索与开发方面的互补优势而开发的。大量的实验结果表明,在所考虑的实例上,所有这三个算法总体上均比原始的 NSGA-Ⅲ 更具优势,这意味着原始 NSGA-Ⅲ 所采用的变化算子是它的性能瓶颈所在。

第6章 多目标优化中的目标降维：演化多目标优化方法与综合分析

6.1 前　　言

在实践中,考虑尽可能多的目标以更好地满足各种性能要求是可取的[133-134]。因此,产生了存在多于三个目标的多目标优化问题,在许多现实世界的场景中通常被称为多目标优化问题(Many-objective Optimization Problems,MaOPs)[10,135-137]。最近,MaOPs 在演化多目标优化(Evolutionary Multi-objective Optimization,EMO)社区引起了越来越多的关注,因为它们对大多数现有类别的多目标演化算法(MOEAs)[9,138]提出了巨大挑战,包括 Pareto 支配的[5,15]、指标的[48,139]和分解基础[57,59]的 MOEAs。

在过去的十年中,针对许多目标优化中现有 MOEA 的限制,一些研究已经被提出。例如,针对 Pareto 支配的 MOEA,提出了替代支配关系[37,125,140]和新的多样性促进机制[44-46,141-142]。针对基于指标的 MOEA,研究了快速逼近超体积值[50,143]以及其他计算效率高的性能指标[55-56]。此外,针对分解型 MOEA,还提出了新的更新策略[75,144]和改进的权重向量生成方法[145-147]。然而,最近提出的多目标算法可能无法足够处理超过约 15 个目标的 MaOPs[45,140],它们的有效性需要在实际问题上进一步检验。此外,MOEA 的改进不能缓解可视化高维 Pareto 前沿的困难,这在选择优选解时对多目标优化构成了巨大挑战[45]。

与改进现有 MOEA 的可扩展性不同,目标降维试图通过在决策阶段和/或搜索过程中减少目标数量来降低问题难度[9,45,134,148]。这种方法背后的动机是,对于许多具有 m 个目标的问题,存在一个最小基数子集 $k(k<m)$ 的冲突目标,可以生成与原问题相同的 Pareto 前沿。这些 k 个目标通常被认为是必要的,而所有其他目标则被称为是冗余的[133]。目标降维的潜在优势已经在多项研究中得到了明确的突出展示[133,134,149],它们可以从两个主要角度理解。一方面,对于感兴趣的 MaOP,如果将目标数量减少到不超过三个,可以期望任何最先进的 MOEA 都能高效地解决它;另一方面,如果剩余的目标数量大于三个,目标降维仍然有助于使多目标或许多目标优化器的后续搜索更加有效和高效,并且还可以简化 Pareto 前沿的可视化和决策过程。

需要注意的是，本章中的目标降维，特指选择一个给定目标子集，以最好地描述原始MOP。这种方法有点类似于特征选择。然而，还值得注意的是，存在另一个相关的研究方向，旨在确定原始 MOP 的一小组任意目标，类似于特征变换，在许多目标解集的可视化中常被使用[150,151]。在这方面，类似的先前工作是 Köppen 和 Yoshida[152]，他们试图将高维空间中的一组非支配点映射到二维欧几里得空间进行可视化，同时尽可能地保留距离关系和 Pareto 支配关系。他们使用了 NSGA-Ⅱ算法来在两个关系之间取得平衡。

本章重点研究与特征选择相关的目标降维。特征选择在机器学习和统计学中得到了广泛研究，文献中提供了大量相关方法[153]。很遗憾，这些标准的特征选择技术不能直接应用于多目标优化中的目标降维，因为必须考虑 Pareto 支配结构[133,154,155]或目标之间的冲突关系[149]，在这种情况下，需要考虑到这些因素。然而，在数据分析中的基本思想仍然非常有用，已经启发了几项重要贡献[134,149,156]。进化计算方法因其在大规模搜索空间中的全局搜索潜力而备受关注[157]。据笔者所知，先前没有研究使用进化计算（EC）进行目标降维的特征选择。这是尽管由目标降维导致的 δ-MOSS 和 k-EMOSS 问题[133]已被证明是 NP 难问题，而精确算法不适用于实际大小更大的情况[133]。此外，大多数现有的目标降维算法[134,155,158,159]仅在单次模拟运行中返回一个唯一的降维目标集作为结果，而不考虑冲突要求，例如，误差容限和所需目标数量。因此，它们无法为用户提供必要的决策支持[160]的灵活性。借鉴这一线索，本章提出了首个针对目标降维的进化多目标方法研究，利用了进化计算（EC）的全局搜索能力和多目标优化的决策支持特性。具体而言，本章提出了三种不同的目标降维问题的多目标优化公式，使用三种不同的误差度量（δ、η 和 γ），其中，前两种度量考虑 Pareto 支配结构，而最后一种度量则侧重于相关结构。然后，使用 NSGA-Ⅱ作为三个构造的多目标问题（MOPs）的有效求解器，得到了三个进化多目标方法（NSGA-Ⅱ-δ、NSGA-Ⅱ-η 和 NSGA-Ⅱ-γ）来进行目标降维。

本章的另一个亮点在于对现有目标降维算法的全面分析，这些算法可以粗略地分类为基于支配结构的方法和基于相关性的方法[133,134,155]。这种分析的动机来自于一个事实，即尽管这两种方法各有优缺点，但过去的目标降维研究未能恰当地分析它们的行为。例如，Brockhoff 和 Zitzler[133]指出，基于相关性的方法不能保证 Pareto 支配关系的保留，但他们没有进一步说明在什么情况下基于相关性的方法会因此而失败。此外，他们也没有讨论基于支配结构的方法的潜在缺陷以及基于相关性的方法的原理。Saxena 等[134]暗示基于支配结构的方法极其敏感，但他们的推论仅基于论文[133]中提出的算法在 δ 误差固定为 0 的情况下的表现。此外，他们的结论主要是基于数值结果得出的，因此很难满意地揭示基于支配结构方法的真正优点和基于相关性方法的内在局限性。在本章中，通过对目标优化的理论处理，全面研究了这两类方法，清晰地突出了它们的一般优点和缺陷。本章研究的目标是使这些算法的用户更好地理解它们何时、如何工作。此外，进一步的分

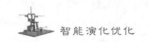
析将为未来设计更有效的目标降维算法提供更深入的洞见。

为了验证所提出的多目标方法的性能并全面分析这两种方法,本章进行了一系列基准问题的实验,并与当前最先进的算法进行了详细比较。实验结果不仅显示了本章所提出算法的优点,而且也与分析相符合。此外,将所提出的多目标方法应用于两个现实世界的应用,并展示了它们在优化、可视化和决策制定中的效果。

本章的研究工作受到了 Brockhoff 和 Zitzler[133]、Saxena 等[134]、Jaimes 等[149] 和 Singh 等[155] 工作的启发。基于已有的研究工作,对目标降维的贡献总结如下。

(1) 受文献[133]的启发,本章提出将目标降维问题转换为一个多目标优化问题,并使用 NSGA-Ⅱ 算法来权衡 δ 误差和目标子集大小之间的关系。与文献[133]中只能解决特定的 δ-MOSS 或 k-EMOSS 问题的贪心算法相比,所提出的方法实际上可以同时解决所有的 δ-MOSS 和 k-EMOSS 问题,从而提供更全面的分析和更好的决策支持。此外,演化多目标搜索已被证明优于文献[133]中使用的贪心和精确搜索算法。因此,本方法在目标降维问题上具有较高的实用性和有效性。

(2) 受文献[155]中的参数 R 的启发,本章引入了一种基于支配结构变化的新误差度量,称为 η,在决策支持角度上比 δ 误差更易于理解。

(3) 受文献[149]中介绍的算法启发,本章提出了一种新的误差度量,称为 γ,用于衡量相关结构的变化。γ 的推导特点是使用 Kendall 等级相关系数而不是 Pearson 系数,并采用以所选目标为聚类中心的聚类过程。

(4) 与文献[134]、[149]、[155]相比,所提出的方法不仅在决策支持特性上由多目标公式推导而来,而且在搜索机制上也存在差异。

(5) 受文献[133]、[134]中对支配结构和基于相关性方法的评论启发,本章根据理论和实验结果进一步分析它们的优势和局限性。为这两种目标降维方法提供了一些新的见解。

本章的其余部分组织如下。6.2 节介绍目标降维的基本知识和背景;6.3 节详细描述了所提出的进化多目标方法;6.4 节基于几个定理对基于支配结构和基于相关性的方法进行了严格的分析,以展示它们的一般优势和局限性;6.5 节对一些目标降维算法进行了基准问题的实验;6.6 节将所提出的多目标方法应用于两个现实世界的问题上;6.7 节阐述了所提出的方法在优化、可视化和决策制定中的效果;最后,6.8 节给出了结论和未来工作的方向。

6.2　基本知识和背景

6.2.1　多目标优化

一般 MOP 可以用数学公式表示为

$$
\min \boldsymbol{f}(\boldsymbol{x}) = (f_1(\boldsymbol{x}), f_2(\boldsymbol{x}), \cdots, f_m(\boldsymbol{x}))^{\mathrm{T}}
$$
$$
\text{subject to} \quad g_i(\boldsymbol{x}) \leqslant 0, i = 1, 2, \cdots, u
$$
$$
h_j(\boldsymbol{x}) = 0, j = 1, 2, \cdots, v \tag{6.1}
$$
$$
\boldsymbol{x} \in \Omega
$$

$\boldsymbol{x} = (x_1, x_2, \cdots, x_n)^{\mathrm{T}}$ 是决策空间 Ω 中的 n 维决策向量; $\boldsymbol{f}: \Omega \rightarrow \Theta \subseteq \mathbb{R}^m$ 是由 m 个目标函数组成的目标向量,将 n 维决策空间 Ω 映射到 m 维可实现的目标空间 Θ。对于多目标优化问题(MaOPs),$m > 3$。$g_i(\boldsymbol{x}) \leqslant 0$ 和 $h_j(\boldsymbol{x}) = 0$ 分别表示不等式和等式约束。在 MOP 中,通常不存在同时最小化所有目标函数的解。因此,关注的重点在于逼近 Pareto 前沿,它代表了优化目标之间的最佳权衡。以下提供了关于 MOP 的几个基本概念。

定义 6.1: 弱 Pareto 支配: 如果对于任意 $i \in \{1, 2, \cdots, k\}$,若有 $u_i \leqslant v_i$,则向量 $\boldsymbol{u} = (u_1, u_2, \cdots, u_k)^{\mathrm{T}}$ 弱支配另一个向量 $\boldsymbol{v} = (v_1, v_2, \cdots, v_k)^{\mathrm{T}}$,记作 $\boldsymbol{u} \preccurlyeq \boldsymbol{v}$。

定义 6.2: Pareto 支配: 如果对于任意 $i \in \{1, 2, \cdots, k\}$,若有 $u_i \leqslant v_i$,并且存在 $j \in \{1, 2, \cdots, k\}$,使得 $u_j \leqslant v_j$,则向量 $\boldsymbol{u} = (u_1, u_2, \cdots, u_k)^{\mathrm{T}}$ 支配另一个向量 $\boldsymbol{v} = (v_1, v_2, \cdots, v_k)^{\mathrm{T}}$,记作 $\boldsymbol{u} \prec \boldsymbol{v}$。

定义 6.3(Pareto 前沿): MOP 的 Pareto 前沿定义为 $\mathrm{PF} := \{\boldsymbol{f}(\boldsymbol{x}^*) \in \Theta \mid \nexists \boldsymbol{x} \in \Omega, \boldsymbol{f}(\boldsymbol{x}) \prec \boldsymbol{f}(\boldsymbol{x}^*)\}$。

定义 6.4(弱 ϵ 支配[161]): 如果对于任意 $i \in \{1, 2, \cdots, k\}$,若有 $u_i - \epsilon \leqslant v_i$,则向量 $\boldsymbol{u} = (u_1, u_2, \cdots, u_k)^{\mathrm{T}}$ 弱 ϵ 支配另一个向量 $\boldsymbol{v} = (v_1, v_2, \cdots, v_k)^{\mathrm{T}}$,记作 $\boldsymbol{u} \preccurlyeq^{\epsilon} \boldsymbol{v}$。

大致来说,MOEAs 的目标是找到最好的 Pareto 前沿逼近,即获得的非支配目标向量应该接近 Pareto 前沿(收敛性),并且沿着 Pareto 前沿分布良好(多样性)。

6.2.2　目标降维的基本概念

除非另有说明,否则目标优化中给定的 MOP 始终具有公式(6.1)定义的表述;原始(或全集)目标集称为 $F_0 = \{f_1, f_2, \cdots, f_m\}$;$\mathrm{PF}_0$ 是原始 MOP 的 Pareto 前沿。为了方便起见,符号 $\boldsymbol{u}^{(F)}$ 用于表示由非空目标子集 F 给出的子向量 $\boldsymbol{u}$。例如,如果 $\boldsymbol{u} = (f_1(\boldsymbol{x}), f_2(\boldsymbol{x}), f_3(\boldsymbol{x}))^{\mathrm{T}}$,$F := \{f_1, f_3\}$,则 $\boldsymbol{u}^{(F)} = (f_1(\boldsymbol{x}), f_3(\boldsymbol{x}))^{\mathrm{T}}$。

目标优化的基本目标之一是找到给定 MOP 的基本目标集[134],其定义和相关概念如下。

定义 6.5: 如果一个目标子集 $F \subset F_0$ 是冗余的,那么对应于 $F' := F_0 \setminus F$ 的 Pareto 前沿为 $\mathrm{PF}' = \{\boldsymbol{u}^{(F')} \mid \boldsymbol{u} \in \mathrm{PF}_0\}$。

定义 6.6: 如果 F 是一个基本目标集,则 $F_0 \setminus F$ 是一个具有最大基数的冗余目标子集。

定义 6.7: 给定 MOP 或 PF_0 的维数指的是基本目标集的基数。

为了说明上述定义,图 6.1 展示了 3 目标 WFG3 问题[106,162]的 Pareto 前沿,其是从 $(0,0,6)^T$ 到 $(1,2,0)^T$ 的直线。从图 6.1 中可以看出,目标集 $\{f_1\}$ 和 $\{f_2\}$ 都是冗余的;存在两个基本目标集 $\{f_1,f_3\}$ 和 $\{f_2,f_3\}$;因此,该问题的维数为 2。正如图中所示,对于给定的 MOP,可能存在不同的基本目标集;"冗余"的概念是相对于 F_0 的,两个冗余的目标集并不能总是同时被移除。

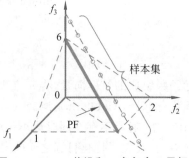

图 6.1 Pareto 前沿和一个包含 3 目标 WFG3 问题样本集的示例

"非冲突"是目标降维中的另一个常见概念,其定义如下。

定义 6.8:两个目标 f_i 和 f_j 在 F_0 中被认为是非冲突的,如果对于所有 u 和 v 属于 PF_0,都有 $u^{\{f_i\}} \leqslant v^{\{f_i\}}$,则 $u^{\{f_j\}} \leqslant v^{\{f_j\}}$。

"冗余"这个概念与此有关系,如果 f_i 和 f_j 不冲突,则 $\{f_i\}$ 和 $\{f_j\}$ 都是冗余的(例如图 6.1 中的 f_1 和 f_2)。冲突程度可以通过两个目标之间的相关性来估计。一般来说,两个目标之间的相关性越负面,它们之间的冲突越大,而相关性越正,它们越倾向于不冲突。

6.2.3 Pareto 前沿的表示和误导

目标降维方法通常基于从多目标演化算法(MOEA)得到的非支配目标向量集合,称为样本集。在目标降维中,样本集合不一定需要是良好的 Pareto 前沿近似,而是需要是一个良好的 Pareto 前沿表示,该表示需要与 Pareto 前沿的支配结构或相关结构相吻合。Saxena 等[134]详细解释了"近似"和"表示"的区别。

在图 6.1 中,所呈现的样本集提供了 3 目标 WFG3 问题的完美 Pareto 前沿表示,因为它的支配/相关结构与 Pareto 前沿完全一致,即 f_1 和 f_2 相互不冲突,而它们中的任何一个都与 f_3 完全冲突。在给定这个样本集的情况下,基于支配或相关性的目标降维算法可以可靠地识别出基本目标。但是值得注意的是,这个集合实际上不是一个很好的 Pareto 前沿逼近,因为它与真实的 Pareto 前沿相距甚远。

实际上,样本集通常不是一个完美的 Pareto 前沿表示,并且几乎总会存在一定程度的误导[134,160]。这里的误导是指 Pareto 前沿与样本集之间的支配结构或相关结构之间的差异[160]。为了进一步解释这一点,图 6.2 显示了一个投影在 f_2-f_3 和 f_1-f_2 目标子空间上的 3 目标 WFG3 的样本集。从图 6.2(a)可以看出,这个样本集的支配结构与 Pareto 前沿略有不同,因为一些解在 f_2-f_3 目标子空间中被支配;这些解对于可以被解释为误导的差异做出了贡献,而其余的解可以被解释为信号。同样,从图 6.2(b)可以看出,Pareto 前沿中的相关结构也稍微被这个样本集所违反,其中,f_1 和 f_2 并不是完全正相关的。一个设计良好的目标降维算法预计可以处理不同程度的误导[134]。

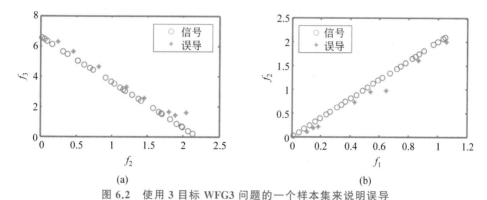

(a)　　　　　　　　　　　　　　　　(b)

图 6.2　使用 3 目标 WFG3 问题的一个样本集来说明误导

6.2.4　目标降维的现有方法

近年来，文献中提出了一些目标降维算法。正如之前提到的，这些算法本质上可以广泛地分为两类：基于支配结构的方法和基于相关性的方法。基于支配结构的方法旨在删除目标后尽可能地保留支配结构，而基于相关性的方法则利用目标对之间的相关性，并考虑保留最具冲突性的目标并消除与其他目标无冲突的目标。接下来，将重点介绍两项典型研究，分别属于基于支配结构的方法和基于相关性的方法。

（1）支配关系保持方法[134]：这种目标降维方法基于保留弱 Pareto 支配关系。对于特定的目标子集 $F \subseteq F_0$，该方法考虑满足 $u^{(F)} \preccurlyeq v^{(F)}$ 的每个解对 u、v 属于 N，并计算确保 $u \preccurlyeq_\epsilon v$ 的最小非负 ϵ。在检查 N 中所有可能的解对之后，误差等于记录的最大 ϵ。这个误差被表示为 δ，可以视为衡量 F 和 F_0 之间冲突程度的标准。基于这个标准，两个关于目标降维的问题被形式化如下。

定义 6.9（δ-MOSS 问题）：给定 $\delta_0 \geqslant 0$ 和样本集 N，问题是计算最小子集 $F \subseteq F_0$ 满足其关联 δ 值不大于 δ_0 的条件。

定义 6.10（k-EMOSS 问题）：给定一个 $k_0 \in \mathbb{N}^+$ 和一个样本集 N，该问题是在前提 $|F| \leqslant k_0$ 下，计算具有最小 δ 值的目标子集 F，其中，$F \subseteq F_0$。

在 Brockhoff 和 Zitzler[133] 的研究中，提出了一个针对 δ-MOSS 和 k-EMOSS 问题的精确算法。考虑到这两个问题都是 NP 难问题，分别针对大规模实例开发了三个贪心算法用于解决 δ-MOSS 和 k-EMOSS 问题。

（2）基于主成分分析（Principal Component Analysis，PCA）和最大方差展开（Maximum Variance Unfolding，MVU）[134]：基于两种著名的降维技术，即 PCA 和 MVU，该研究提出了两种算法，分别为线性目标降维的 L-PCA 和非线性目标降维的 NL-

MVU-PCA。其核心思想是在给定的样本集中找到保留相关结构的最小冲突目标集,通过删除沿相关矩阵(对于 L-PCA)或内核矩阵(对于 NL-MVU-PCA)的显著特征向量上不具有冲突的目标来实现。在实验中,L-PCA 和 NL-MVU-PCA 在确定关键目标集方面与文献[133]中的精确和贪心算法进行比较。

除上述研究外,目标降维领域还有其他值得关注的贡献。Jaimes 等[149]提出了一种基于无监督特征选择技术的方法,其中,目标集根据相关性强度被分成固定大小的邻域,围绕每个目标。Singh 等[155]提出了一种 Pareto 角落搜索演化算法(Pareto Corner Search Evolutionary Algorithm,PCSEA),它仅搜索 Pareto 前沿的角落,而不是完整的 Pareto 前沿。由 PCSEA 获得的种群用于目标降维,其基于一个前提,即忽略关键目标将显著影响非支配解的数量。Guo 等[158]提出采用 k-medoids 聚类算法,通过将更相关的目标合并到同一簇中来识别潜在冗余目标,其中,聚类基于结合互信息和相关系数的度量。Duro 等[160]将文献[134]中提出的框架扩展到包括类似于 δ-MOSS 和 k-EMOSS 的分析,这可以作为决策支持来为决策者服务。DeFreitas 等[163]引入聚合树的概念,用于可视化 MaOPs 的结果,并将其用作执行目标降维的手段。Guo 等[164]声称 PCSEA 中使用的角落不足以反映整个 Pareto 前沿,因此开发了一种使用代表性非支配解的算法。Wang 和 Yao[159]采用非线性相关信息熵来测量目标之间的线性和非线性相关性,然后使用简单的方法选择最具冲突性的目标。

此外,值得一提的是,一些研究[102,165-168]集中于将目标降维算法集成到多目标演化算法(MOEA)中,以简化搜索。这种范例通常被称为在线目标降维。然而,本章的关注点集中在目标降维算法本身上,因此主要考虑离线目标降维。在表 6.1 中,总结了每个类别中关于目标降维的研究。

表 6.1   本章综述研究的总结

多类别分类算法	参 考 文 献
基于支配结构的方法	[106],[133],[155],[164],[165]
基于相关性的方法	[102],[134],[149],[158],[159],[160],[166],[167],[168]

在这一节中,需要区分与目标降维算法相关的两个不同问题:δ-MOSS 和 k-EMOSS 分析;关键目标集的识别。一些现有的研究,如[133]、[149],致力于第一个问题,并没有明确考虑第二个问题,而其他一些研究,如[134]、[155],仅考虑了第二个问题。针对第一个问题的算法可以通过研究具有不同 δ 值的 δ-MOSS 问题和具有不同 k 值的 k-EMOSS 问题为用户提供决策支持。所选的目标子集可能不是关键目标集,但在特定应用场景下与用户的偏好一致。至于第二个问题,它只取决于当前的多目标优化问题(MaOP),与用

户的偏好无关。需要注意的是,第一个问题的算法可以通过解决一个足够小的 δ-MOSS 问题来轻松地用于第二个问题[134]。在本章中,所提出的多目标方法充分解决了第一个问题,即被认为更为实际的问题。然而,在这方面很难对目标降维的效果进行实验评估和比较。因此,在分析所提出的多目标方法在目标降维方面的优势和局限性时,将其应用于第二个问题。

6.3 多目标优化方法

本节详细介绍了所提出的多目标方法。首先,描述如何将目标降维问题构造为多目标优化问题。提供了三个多目标优化公式:前两个(在 6.3.1 节中介绍)基于支配结构,而第三个(在 6.3.2 节中介绍)基于目标之间的相关性。然后,6.3.3 节介绍如何使用多目标演化算法解决在 6.3.1 节和 6.3.2 节中构建的多目标问题。最后,6.3.4 节说明了所提出的多目标方法非常适合目标降维问题。

6.3.1 基于支配结构的多目标优化公式

目标降维问题以原始目标集合 F_0 和样本集合 N 作为输入,其候选解以目标子集 F 的形式表示。

第一个多目标降维的数学表达式是 δ-OR,其中有两个目标,分别是最小化选择的目标数 $k(k=|F|)$ 和在文献[133]中提出的 δ 误差。如 6.2.4 节所示,δ 的数学表达式如式(6.2)所示。

$$\delta = \max\{\{\min_{\substack{\epsilon>0 \\ u \preccurlyeq \epsilon_v}} \epsilon \mid \boldsymbol{u}, \boldsymbol{v} \in N, \boldsymbol{u}^{(F)} \preccurlyeq \boldsymbol{v}^{(F)}\} \bigcup \{0\}\} \tag{6.2}$$

δ 可以被看作衡量 F 和 F_0 之间支配结构改变程度的标准。k 和 δ 在一定程度上存在冲突。通常情况下,k 增加时,δ 会变小,在最大可能的 k 值即 $k=|F_0|$ 的极端情况下,最小可能的 δ 值即 $\delta=0$ 被实现。通过 δ-OR 公式,目标降维的目标是探索目标子集的 Pareto 前沿。

值得注意的是,当使用 δ 误差时,所有目标值必须具有相同的刻度,以便目标之间的 ϵ 值是可比较的[133]。此外,如果目标函数具有不同程度的非线性[160],δ 误差可能会误导。在此,受文献[155]中参数 R 的定义启发,本章提出了一种替代误差来衡量支配结构的变化,称为 η,它不受上述 δ 潜在缺点的影响。

要计算目标子集 $F \subseteq F_0$ 的 η 误差,样本集 N 被分成两个不相交的集合 N_{NS} 和 N_{DS},其中 $N_{NS} = \{\boldsymbol{u} \in N \mid \exists \boldsymbol{v} \in N : \boldsymbol{u}^{(F)} \prec \boldsymbol{v}^{(F)}\}$,$N_{DS} := N \backslash N_{NS}$。然后,$\eta$ 表示为

$$\eta = \frac{|N_{DS}|}{|N|} \tag{6.3}$$

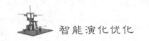
值得注意的是,与 δ 不同,η 自然地位于 $[0,1)$ 范围内,这与问题无关,实际上表示样本集 N 中相对于 F 被支配的目标向量的比例。

通过用 η 误差替换 δ-OR 中的 δ 误差,得到了目标降维的第二种多目标优化公式,即 η-OR。k 和 η 之间的冲突关系类似于 k 和 δ 之间的关系,最大 $k=|F_0|$ 也确保了 η 达到最小值 0,因为样本集 N 中的目标向量相互对于 F_0 不支配。

6.3.2 基于相关性的多目标优化公式

本节介绍了另一种多优化目标降维的形式,即 γ-OR。与 δ-OR 和 η-OR 不同,γ-OR 是基于相关性而不是支配结构。虽然存在几种基于相关性的目标降维算法,如 6.2.4 节所述,但没有现成的标准可以基于相关性分析评估任何给定的目标子集。本章定义了这样一个标准,称为 γ,它受到文献[149]中描述的目标降维方法的启发。

计算 γ 需要利用 F_0 中每一对目标之间的相关性。本章采用了 Kendall 秩相关系数[169],而不是像文献[134]、[149]中使用的 Pearson 相关系数。这是因为 Pearson 相关系数只对两个变量之间的线性关系敏感。另一方面,Kendall 秩相关系数衡量的是一个变量增加时,另一个变量趋向于增加的程度,而不考虑增加是否由线性或非线性关系表示,这与目标降维中相关性分析的目的相匹配,即确定一个目标的改进是否会恶化/改善另一个目标[154]。

定义 $r_T(i,j)$ 为两个目标函数 f_i 和 f_j 在样本集 N 上的 Kendall 等级相关系数。当 $r_T(i,j)$ 越接近 $1(-1)$ 时,f_i 和 f_j 之间的单调递增(递减)关系就越强。将 $d(i,j)$ 定义为 f_i 和 f_j 之间的距离,其中,$d(i,j)=(1-r_T(i,j))/2$。因此,$d(i,j)\in[0,1]$,0(1)表示 f_i 和 f_j 完全正(负)相关。请注意,$d(i,j)=d(j,i)$,因为 $r_T(i,j)$ 是对称的。

现在,计算目标子集 $F:=\{f_{i_1},f_{i_2},\cdots,f_{i_k}\}\subseteq F_0$ 的 γ 的过程如下。首先,将 F 分成 k 个不同的聚类 $C_1,C_2,\cdots,C_k$,其中,f_{i_j} 落在 C_j 中,并被设置为 C_j 的中心,$j=1:k$。然后,$F_0\backslash F$ 中的每个目标 f_l 都与其到聚类中心的距离最近的聚类相关联。聚类过程在算法 6-1 中详细描述。完成聚类后,F_0 中的每个目标都只属于 k 个聚类中的一个,并且用式(6.4)计算准则 γ:

$$\gamma = \max_{j=1:k} \max_{f_l \in C_j} d(i_j,l) \tag{6.4}$$

γ 可以被看作反映 F 和 F_0 之间相关性结构变化程度的度量,如果 F 没有选择必要的目标,那么通常在同一聚类中存在两个相对冲突的目标,导致 γ 值较差。

算法 6-1 Clustering(F,F_0)

Input:一个目标子集 $F:=\{f_{i_1},f_{i_2},\cdots,f_{i_k}\}\subseteq F_0$;原始目标集 $F_0=\{f_1,f_2,\cdots,f_m\}$

Output:k 个目标聚类 $C_1,C_2,\cdots,C_k$

```
1:   for j = 1 to k do
2:       C_j ← {f_{i_j}}
3:   for 在 F_0\F 中的每个目标 f_l do
4:       min ← d(l, i_1)
5:       c ← 1；
6:           for j = 2 to k do
7:               if d(l, i_1) < min then
8:                   min ← d(l, i_j)
9:                   c ← j
10:      C_c ← C_c ∪ f_l
```

γ-OR 的目标是最小化选择的目标数 k 和 γ 值，其中，$\gamma \in [0, 1]$，因为 $d(i, j) \in [0, 1]$。与 δ-OR 和 η-OR 类似，γ-OR 的两个目标在某种程度上是相互矛盾的。此外，如式(6.4)所示，最大 k 值，即 $k = |F_0|$，也对应着最小的 γ 值，即 $\gamma = 0$。

6.3.3 使用多目标演化优化算法

使用多目标演化算法(MOEA)解决公式化的 MOP(δ-OR、η-OR 或 γ-OR)时，必须选择一种表示候选解的方法，并将其编码为染色体。在本章中，染色体是一个二进制字符串，具有 m 个二进制位，如图 6.3 所示，其中，m 是原始目标集的大小，即 $|F_0|$。每个二进制位编码一个单独的目标，"1"或"0"位值分别表示选择或排除相应的目标。

图 6.3 用二进制字符串表示染色体

基于这种表示方法，任何多目标演化算法(MOEA)都可以用于进化出每个公式化 MOP 的 Pareto 最优目标子集。在本章中，采用了一种流行的 MOEA，即 NSGA-II[5]。NSGA-II算法基于目标降维的基本流程如下。给定原始目标集 F_0、样本集 N 和公式化的 MOP(δ-OR、η-OR 或 γ-OR)，算法首先随机生成一个具有 N 个染色体的初始种群。然后，在达到指定的最大迭代次数的终止准则之前，算法进入迭代过程。在每一代 g 中，对当前种群 P_g 进行二进制锦标赛选择[5]、单点交叉[170]和位翻转变异[170]，以产生后代种群 Q_g。然后，利用快速非支配排序和拥挤距离，从联合种群 U_g 中选择最佳的 N 个染色体作为下一个种群 $P_g + 1$。此外，值得注意的是，对于目标降维来说，$k = 0$ 是没有意义的。因此，一旦染色体的 $k = 0$，在所提出的多目标方法中，其两个目标值立即被设置为 +

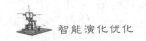

∞,这使得这种染色体在精英选择中容易被排除。

为了方便,根据使用的多目标公式化方法,将基于 NSGA-Ⅱ 的目标降维算法分别称为 NSGA-Ⅱ-δ、NSGA-Ⅱ-η 和 NSGA-Ⅱ-γ。

6.3.4　采用多目标优化方法的好处

使用多目标优化方法进行目标降维的好处主要来自两个方面。一方面,目标降维本质上是一个多目标优化任务。在进行目标降维时,通常希望将降维后的目标集保持尽可能小。然而,由于给定的样本集只是 Pareto 前沿的一个近似,更小的降维目标集通常意味着将面临更高的丢失问题信息的风险。因此,用户需要在最终确定降维后的目标集时在这两个相互冲突的方面之间做出妥协。这种应用场景可以自然地建模为一个多目标优化问题。在每个多目标优化公式中,第一个目标(k)对应于目标子集的大小,而第二个目标(δ、η 或 γ)以特定的方式度量风险程度。

另一方面,多目标方法能够获得一组估计的 Pareto 最优目标子集,从而使用户能够更深入地了解目标降维问题。这使得用户在选择最终降维的目标集时能够做出更好的决策。为了进一步说明这一点,通过以下定理揭示 NSGA-Ⅱ-δ 与文献[133]中工作之间的关系。

定理 6.1:给定一个样本集合 N,令 $\mathrm{PF}_\delta = \{(k_j, \delta_j)^\mathsf{T} \mid j = 1:\kappa\}$ 为 δ-OR 问题的 Pareto 前沿。

(1)对于给定的 δ_0,δ-MOSS 问题的解是对应于 $(k_\mu, \delta_\mu)^\mathsf{T}$ 的任何目标子集,当满足式(6.5)时:

$$\mu = \operatorname*{argmax}_{j}\{\delta_j \mid \delta_j \leqslant \delta_0, j = 1:\kappa\} \tag{6.5}$$

(2)给定 k-EMOSS 问题的解 k_0,对应于 $(k_\nu, \delta_\nu)^\mathsf{T}$ 的任何目标子集都是合法的,当满足式(6.6)时:

$$\nu = \operatorname*{argmax}_{j}\{k_j \mid k_j \leqslant k_0, j = 1:\kappa\} \tag{6.6}$$

定理 6.1 意味着,NSGA-Ⅱ-δ 可以在单个模拟运行中获得与 N 相关的所有可能的 δ-MOSS 和 k-EMOSS 问题的解决方案,即它可以一次提供决策支持所需的必要信息。而在文献[133]中,算法的一次模拟运行仅涉及一个特定的 δ-MOSS(由 δ_0 给定)或 k-EMOSS(由 k_0 给定)问题,而在使用启发式算法时,这两种问题必须通过不同的贪心算法来解决。

值得注意的是,定理 6.1 以及 δ-MOSS 和 k-EMOSS 的定义可以推广到其他类型的误差,例如 η 和 γ。但为了简单,仍然使用"δ-MOSS"和"k-EMOSS"这些术语,无论使用什么误差。

6.4　对基于支配结构的方法和基于相关性方法的分析

在本节中，首先提出了几个关于目标降维的定理。基于这些定理，分别分析了基于支配结构的方法和基于相关性的方法在识别关键目标集方面的优势和局限性。需要注意的是，本节中的分析也适用于提出的多目标方法，因为它们基本上是基于支配结构或相关性的方法。

6.4.1　理论基础

在目标降维中，理解原始 Pareto 前沿和与目标子集相对应的 Pareto 前沿非常重要。以下定理给出了两者之间的关系。

引理 6.1：设 PF' 是与目标子集 $F' \subseteq F_0$ 相对应的 Pareto 前沿，则 $PF' \subseteq \{u^{(F')} \mid u \in PF_0\}$。

基于定义 6.5 和引理 6.1，下面的定理提供了一个必要且充分的条件来决定目标子集是否冗余，可以视为基于支配结构的目标降维方法的原则。

定理 6.2：一个目标子集 $F \subset F_0$ 是冗余的，当且仅当存在 $u, v \in PF_0$，满足 $u^{(F')} \prec v^{(F')}$，其中，$F' := F_0 \backslash F$。

此外，定理 6.3 展示了一种利用目标子集之间的关系来判断其是否冗余的方法。需要强调的是，定理 6.3 中给出的条件是"冗余"的充分条件，但不是必要条件，这与定理 6.2 中的条件是不同的。换句话说，如果 F 是冗余的，则可能不存在这样的目标子集 F'，满足 $\forall u, v \in PF_0: u^{(F')} \preccurlyeq v^{(F')} \Rightarrow u^{(F)} \preccurlyeq v^{(F)}$。

定理 6.3：给定两个非空的目标子集 F 和 $F' \subset F_0$，满足 $F \bigcap F' = \varnothing$，如果 $\forall u, v \in PF_0: u^{(F')} \preccurlyeq v^{(F')} \Rightarrow u^{(F)} \preccurlyeq v^{(F)}$，则 F 是冗余的。

根据定理 6.3，有以下推论，它建立了"非冲突"和"冗余"的概念之间的关系。

推论 6.1：给定 F_0 中的两个目标函数 f_i 和 f_j，如果 f_i 和 f_j 是非冲突的，则 $\{f_i\}$ 和 $\{f_j\}$ 都是冗余的。

定理 6.3 和推论 6.1 将在后面的 6.4.3 节中用于说明基于相关性的方法的原理和局限性。

最后，本章提供了一个关于多目标公式 ηOR 的定理，它将在后面用于证明基于支配结构的方法的优势。

定理 6.4：假设给定样本集 $N := PF_0$ 且 $|PF_0| < +\infty$，其中，PF_η 表示 ηOR 问题的 Pareto 前沿。那么，存在 $k^* \in \mathbb{N}: (k^*, 0)^T \in PF_\eta$ 且与 $(k^*, 0)^T$ 相对应的任何目标子集都是给定 MOP 的关键目标集。

6.4.2　基于支配结构的方法的优缺点

从定理 6.2 可以推断出,揭示一个基本目标集可以转换为检查样本集在每个目标子集上的支配关系。支配结构方法通常利用这一特点来指导算法设计,其主要差异在于如何衡量定理 6.2 中条件的违反程度。因此,它们的算法机制可以很好地适应目标降维的本质。理论上,只要样本集 N 提供完美的 Pareto 前沿表示,基本支配结构算法就可以在足够的计算时间内准确地识别所有问题的基本目标集。以 $\eta\text{-OR}$ 为例,定理 6.4 表明,在最理想的情况下,即 $N:=\mathrm{PF}_0$,可以确保 PF_η 包括对应于基本目标集的向量 $(k^*,0)^{\mathrm{T}}$。

然而,通常期望 N 是一个完美的 Pareto 前沿表示是过高的。N 中的误导很可能会导致支配结构基础方法无法捕捉 PF_0 的真实维度。这主要是因为有时很难合理确定某些解可以通过仅利用相互支配关系来解释为误导。为了进一步解释这一点,更深入、仔细地看一下标准 δ 和标准 η。对于标准 δ,假设以下 $N=\{\boldsymbol{u}_0,\boldsymbol{u}_1,\cdots,\boldsymbol{u}_{2n-1},\boldsymbol{u}_{2n}\}$,其中:

$$\boldsymbol{u}_i=\begin{cases}(10^{-6},2n,0)^{\mathrm{T}}, & i=0\\(i,2n-i,i)^{\mathrm{T}}, & i=1:n\\(i,2n-i,3n-i)^{\mathrm{T}}, & i=n+1:2n-1\\(0,2n,+\infty)^{\mathrm{T}} & i=2n\end{cases} \tag{6.7}$$

如果忽略 $\boldsymbol{u}_{2n}$,$\{f_1,f_2\}$ 将被识别为一个唯一的关键目标集,因为支配结构在仅针对 f_1-f_2 目标子空间的情况下未发生变化。然而,计算 δ 不能自动忽略 $\boldsymbol{u}_{2n}$,并且实际上涉及 N 中的所有解,因此考虑 $\boldsymbol{u}_0$ 和 $\boldsymbol{u}_{2n}$ 之间的支配关系,$\{f_1,f_2\}$ 的 δ 误差将趋于正无穷大,使 $\{f_1,f_2\}$ 不符合成为关键目标集的条件。至于标准 η,再次以三目标 WFG3 为例。图 6.4 显示了样本集 N(包括 N_{NS} 和 N_{DS})在 $f_2\text{-}f_3$ 目标空间上的投影。在这种情况下,$\{f_2,f_3\}$ 的 $\eta=0.52$ 是一个相当大的比例。这意味着根据大的 η 误差来解释 N_{DS} 中的解决方案不是安全的,因此 $\{f_2,f_3\}$ 将不会被识别为一个基本目标集,这与图 6.4 的直觉不太符合。问题在于,尽管 N_{DS} 占 N 的很大一部分,但其大多数目标向量非常接近于 N_{NS}

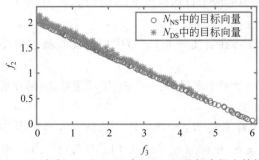

图 6.4　N(包括 N_{NS} 和 N_{DS})在 f_2-f_3 目标空间上的投影

中的目标向量，实际上可以解释为误导。总之，基于支配结构的方法的一个主要局限性是，它们可能难以有效处理样本集中不同程度的误导。

优势结构为基础的方法的另一个局限性是，如果 N 未能很好地覆盖 PF_0，它们可能会过度减少目标。当 PF_0 的维数更高时，这种现象更有可能发生，因为需要指数级更多的解来很好地表示 PF_0。例如，假设 PF_0 的维数为 15，而 N 的有限大小和多样性限制了其分布仅限于 PF_0 的一部分。由于 PF_0 的不充分表示，N 中的解也可能在低维（例如，10维）目标子空间中互相不支配，该子空间对应于一个目标子集 F。因此，相关的误差（例如，δ 或 η）已经达到最小值，即 0；由于 $|F| < 15$，优势结构为基础的方法会更喜欢选择 F 作为关键目标集，导致识别失败。

此外，支配结构方法的计算复杂度主要在于分析每两个解之间的支配关系，而相关性方法的计算复杂度主要在于利用目标对之间的相关性关系。考虑到解的数量通常比目标的数量大得多，即 $|N| \gg m$，支配结构方法通常比相关性方法计算复杂度更高。

6.4.3　基于相关性方法的优势和局限性

基于相关性的方法通常比基于支配结构的方法更自然、更有效地处理样本集中的误导。这主要是因为相关性只强调目标之间的整体增长或下降趋势，而不像基于支配结构的方法那样专注于特定解之间的关系。因此，基于相关性的方法通常可以轻松地抵消误导的影响。例如，基于图 6.4 中 N 所示的 Kendall 等级相关矩阵的计算方法如下。

$$
\boldsymbol{r}_\tau = \begin{pmatrix} 1 & 0.901 & -0.943 \\ 0.901 & 1 & -0.952 \\ -0.943 & -0.952 & 1 \end{pmatrix} \tag{6.8}
$$

从该矩阵可以观察到，虽然 f_1 和 f_2 之间存在很强的正相关性（非冲突），但它们各自与 f_3 之间存在很强的负相关性（冲突）。因此，可以得出结论：$\{f_1\}$ 和 $\{f_2\}$ 都是冗余的，$\{f_2, f_3\}$ 和 $\{f_1, f_3\}$ 都是必要的目标集，这与 3 目标 WFG3 的真实 Pareto 前沿一致。回想一下，使用 η 准则在这种情况下很难识别必要目标集，这突显了基于相关性的方法在处理误导时的优势。考虑到这种优势以及它们之前提到的更高的计算效率，当嵌入 MOEAs 的迭代中执行在线目标降维时，它们似乎是比基于支配结构的方法更好的选择。此外，与基于支配结构的方法不同，基于相关性的方法不仅提供必要的目标集，还可以确定哪些目标是冲突的，哪些是非冲突的，这对决策者来说将是有用的信息。

基于相关性的方法的主要局限性在于，通过相关性分析来降维目标并不完全符合目标降维的原始意图。试想一下，基于相关性的方法使用相关系数来衡量每对目标之间的冲突程度，旨在保留高度冲突的目标并去除与其他目标无冲突的目标。推论 6.1 证明了这方面相关性方法的合理性。然而，从定理 6.3 中可以看出，目标的冗余性可能是由于它

与一个目标子集的关系而不仅是一个单独的目标造成的。然而,冲突或相关性仅限于捕捉两个目标之间的关系。为了说明这一点,在众所周知的 2 目标 DTLZ2[105] 问题中添加了第三个目标 $f_3=f_1+f_2$,并通过 NSGA-Ⅱ 获得了一个几乎完美的样本集。图 6.5 分别显示了样本集在目标子空间 f_1-f_2、f_1-f_3 和 f_2-f_3 上的投影。

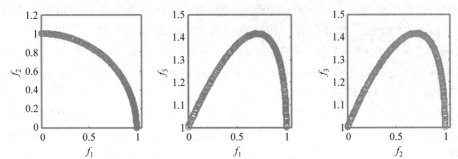

图 6.5 修改后的 DTLZ2 问题的样本集在目标子空间 f_1-f_2、f_1-f_3 和 f_2-f_3 上的投影

基于该样本集,计算出了基础 Kendall 等级相关矩阵,如下。

$$\boldsymbol{r}_\tau=\begin{pmatrix} 1 & -1 & -0.016 \\ -1 & 1 & 0.016 \\ -0.016 & 0.016 & 1 \end{pmatrix} \tag{6.9}$$

从式(6.9)可以得出结论,f_1 和 f_2 之间存在强烈的冲突,但它们各自与 f_3 既不冲突也不与之无冲突,因为 $r_\tau(1,3)$ 和 $r_\tau(2,3)$ 都非常接近于零。因此,无法通过相关性分析安全地移除 f_3。然而,根据 $f_3=f_1+f_2$ 和定理 6.3,可以确定 $\{f_3\}$ 是冗余的。事实上,根据图 6.5 和定理 6.2,可以进一步推断出 $\{f_3\}$ 是该问题唯一的冗余目标集合,而 $\{f_1,f_2\}$ 是唯一的基本目标集合。

请注意,Saxena 等[134]指出,在一些情况下,基于相关性的方法可能会导致不准确的结果,因为被解释为误导的信号实际上是信号本身。为了证明这一点,他们构建了一个人工问题,如图 6.6 所示,其中,f_1 和 f_3 在全局上是相关的,但在局部上是相互矛盾的,而后者的影响不够显著。然而,任何具有一定处理误导能力的算法都不可避免地会受到这种潜在副作用的影响,因此它可能不被视为基于相关性的方法固有的限制。为了确保更低的误差容忍度,可以缓解这个问题。例如,对于图 6.6 中 f_1 和 f_3 的目标,$r_\tau(1,3)=0.652$,如果假定只有在相关系数大于 0.7 时,两个目标才被视为非冲突,则仍然可以得到准确的结果,但代价是在一定程度上牺牲了处理误导的能力。

总之,基于相关性的方法并不能准确地找到所有问题的基本目标集,但上述它们的优点使它们在目标减少方面很受欢迎。事实上,如表 6.1 所示,现有的大多数研究都集中在基于相关性的方法上。

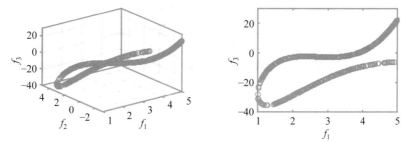

图 6.6　在样条问题中，成功获取了一个高质量的样本集，其中样本函数包括 $f_1 = x^2 + 1$，$f_2 = -x^2 + x + 3$ 和 $f_3 = -(f_1 + f_2^3)$，其中，$x \in [-2, 2]$，该样本集在 $f_1 - f_3$ 目标子空间上的投影也已经得到

6.5　基准实验

在本节中，首先描述几个实验设计条件，包括所使用的基准问题、样本集的生成以及用于比较目的的算法。然后，从三个方面对各种基准问题进行了广泛的实验和比较。

6.5.1　基准问题

为了研究目标降维算法的性能，在实验中采用了五个不同的测试问题，包括目标数量和维度不同的三个著名基准问题，即 DTLZ5(I, m)[134,156]，WFG3(m)[106,162] 和 DTLZ2(m)[105]，以及两个基于 DTLZ2(m) 构建的新问题，即 POW-DTLZ2(p, m) 和 SUM-DTLZ2(m)，它们均在下面进行描述。

（1）DTLZ5(I, m) 是从可扩展的 DTLZ5(m)[105] 导出的冗余问题，其中，$I \leqslant m$，I 表示 Pareto 前沿的维数，m 表示问题的原始目标数量。前 $m - I + 1$ 个目标在 Pareto 前沿上相互不冲突，必要目标集由 $F_T = \{f_l, f_{m-I+2}, \cdots, f_m\}$ 给出，其中，$l \in \{1, 2, \cdots, m-I+1\}$。

（2）WFG3(m) 是一个 m 维目标优化问题，其 Pareto 前沿的维度为 2。除了 f_m，Pareto 前沿上的其他目标之间互不冲突。因此，一个基本的目标集合由 $F_T = \{f_l, f_m\}$ 给出，其中，$l \in \{1, 2, \cdots, m-1\}$。

（3）DTLZ2(m) 是一个具有 m 个目标的非冗余问题，其基本目标集合包含所有 m 个目标，即 $F_T = \{f_1, f_2, \cdots, f_m\}$。

（4）POW-DTLZ2(p, m) 被用来测试目标降维算法处理强非线性问题的能力。这个问题是通过在 DTLZ2(m) 中添加 m 个新目标来构建的，因此总共有 $2m$ 个目标。前 m 个目标是 DTLZ2(m) 的原始目标，而剩余的 m 个目标的公式为 $f_{m+j} = f_j^p$，其中，$j = 1$：

m。一个基本的目标集合由 $F_T = \{f_{l_1}, f_{l_2}, \cdots, f_{l_m}\}$ 给出,其中,$l_j \in \{j, m+j\}$,$j = 1 : m$。

(5) SUM-DTLZ2(m)旨在揭示基于相关性的方法可能的局限性,同时展示支配结构的方法在某些方面的优势。与 POW-DTLZ2(p, m)类似,这个问题的前 m 个目标来自于 DTLZ2(m)。在 $\{f_1, f_2, \cdots, f_m\}$ 中,每两个不同目标的总和形成了其余的($m(m-1))/2$ 个目标。因此,SUM-DTLZ2(m)总共有($m(m+1))/2$ 个目标。一个基本的目标集合由 $F_T = \{f_1, f_2, \cdots, f_m\}$ 给出。

除了 WFG3(m)外,其他问题的决策变量数量取决于参数 p,即 $n = m + p - 1$。按照文献[105]的建议将 p 设置为 10。至于 WFG3(m),决策变量的数量设置为 28,位置相关参数设置为 $m - 1$。

6.5.2 样本集的生成

样本集的质量肯定会影响算法的行为。然而,在目标降维方面,很少有研究强调这个问题,除了 Saxena 等的工作[134],其中使用了四种不同质量的样本集来研究所提出算法的性能。在本章的实验中,对于每个测试实例,使用了两种类型的样本集,即 N_1 和 N_2,并且每个 N_1 和 N_2 都有 30 个不同的集合,这些集合是通过一个称为 SPEA2-SDE[46] 的 SPEA2 变体在 30 个独立迭代中生成的,且具有相同数量的代。N_2 需要更多的计算代数(在 2000 代之内),可以获得高质量的 Pareto 前沿表示,而 N_1 遭受的方向偏差比 N_2 多得多,因此对算法来说更具挑战性。请注意,与文献[134]不同,本章不考虑随机生成的样本集和均匀分布在真实 Pareto 前沿上的样本集,因为在这两种情况下结论是显而易见的。

按照文献[134]的做法,使用问题参数 g(收敛性,但不适用于 WFG3)和标准化最大展开指标 I_s(多样性)[44]来评估 N_1 和 N_2 的质量。g 越接近 0,I_s 越接近 1,意味着收敛性和多样性在某种程度上更好。对于 N_1 和 N_2,平均 g 和 I_s 如下。

(1) N_1:$g = 0.213$,$I_s = 1.636$。

(2) N_2:$g = 0.019$,$I_s = 1.044$。

可以看出,N_2 的平均 g 比 N_1 低近一个数量级,因此它们在质量上有明显的差异。

6.5.3 算法的比较

本章还涉及其他几种优化目标降维算法的比较。表 6.2 提供了它们在本章中使用的简称、类别和简要描述。所有这些算法都在 Java 中实现,并在具有 16GB RAM 的 Intel 3.20GHz Xeon 处理器上运行。

表 6.2　其他算法

算法简称	类别	描　述
ExactAlg[133]	C1	一种同时针对 δ-MOSS 和 k-EMOSS 的精确算法
Greedy-δ[133]	C1	一种针对 δ-MOSS 的贪心算法
Greedy-k[133]	C1	一种针对 k-EMOSS 的贪心算法
L-PCA[134]	C2	一种基于主成分分析的算法
NL-MVU-PCA[134]	C2	一种基于最大方差展开的算法

注：C1：基于支配结构的方法；

　　C2：基于相关性的方法。

ExactAlg 算法并不适用于大规模实例，因此在实验中有一些结果无法得到。文献[133]中提出了两种贪心算法来解决 k-EMOSS 问题，其中，Greedy-k 是基于目标省略的算法。所提出的多目标方法采用表 6.3 中给出的参数，其中，m 是要减少的问题中目标的数量。请注意，对于小规模实例，例如 $m \leqslant 10$，可以考虑穷举搜索，但为了保持一致性，仅使用进化多目标搜索解决所有实例。

表 6.3　所提出的多目标方法（NSGA-Ⅱ-δ、NSGA-Ⅱ-η 和 NSGA-Ⅱ-γ）采用的参数

参　数　名	数　值
种群大小	$5m$
最大迭代次数	$\lfloor 2.5m \rfloor$
交叉概率	0.9
变异概率	$1/m$

在执行 ExactAlg、Greedy-δ、Greedy-k 和 NSGA-Ⅱ-δ 之前，首先将样本集的目标值在每个维度上归一化为 $[0,1]$ 范围，因为 δ 误差的一个假设是所有目标值具有相同的尺度[133]。

6.5.4　多目标降维方法行为研究

多目标降维方法针对目标降维问题返回一些无支配目标子集及其相应的误差，可以为用户提供决策支持。作为示例，表 6.4 展示了 NSGA-Ⅱ-δ 在一个包含 DTLZ5$(3,20)$ 样本集的 N_1 上的结果。从表 6.4 可以清楚地看出，目标集较小会导致较大的误差。因此，用户在选择首选目标集时需要进行权衡。例如，当选择 $\{f_{13}, f_{19}, f_{20}\}$ 作为降维的目标集时，用户应考虑当前应用程序是否能够容忍误差 $\delta = 0.255$。

表 6.4　NSGA-Ⅱ-δ 在对应于 N_1 的 DTLZ5$(3,20)$ 样本集上的结果

k	δ	目 标 集
1	1	$\{f_i\}, i=6,13,15,16,19,20$
2	0.997	$\{f_{19},f_{20}\}$
3	0.255	$\{f_{13},f_{19},f_{20}\}$
4	0.133	$\{f_{11},f_{16},f_{19},f_{20}\}$
5	0.053	$\{f_{11},f_{15},f_{16},f_{19},f_{20}\}$
6	0	$\{f_9,f_{13},f_{15},f_{16},f_{19},f_{20}\}$
6	0	$\{f_{11},f_{15},f_{16},f_{18},f_{19},f_{20}\}$
6	0	$\{f_9,f_{13},f_{16},f_{17},f_{19},f_{20}\}$

　　图 6.7 清晰地展示了随着目标数量的增加，NSGA-Ⅱ-δ、NSGA-Ⅱ-η 和 NSGA-Ⅱ-γ 结果中误差如何降低。在这里，使用了四个 DTLZ5$(I,20)$ 实例来说明，并且结果分别展示了 N_1 和 N_2。在该图的每个图表中，横轴显示所选择的目标数(k)，纵轴显示相应的 k-EMOSS 问题的误差$(\delta$、η 或 $\gamma)$，该误差是在 30 个 N_1 或 N_2 的样本集中平均得到的，可以直接从多目标方法的结果中获得，如定理 6.1 所示。

　　基于图 6.7，以下观察有助于更好地理解多目标方法的行为。

　　(1) NSGA-Ⅱ-δ、NSGA-Ⅱ-η 和 NSGA-Ⅱ-γ 的误差变化趋势不同是很合理的，因为这三种类型的误差具有相当不同的含义。

　　(2) 在大多数情况下，这三种多目标方法在 $k=|F_T|$ 处实现了相对较小的误差，这在一定程度上验证了这三种误差的合理性。

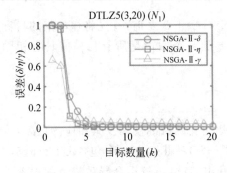
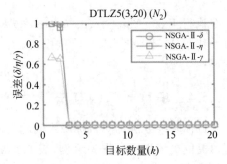

图 6.7　对于 N_1 和 N_2 中的 DTLZ5$(3,20)$、DTLZ5$(6,20)$、DTLZ5$(9,20)$ 和 DTLZ5$(12,20)$ 问题，NSGA-Ⅱ-δ、NSGA-Ⅱ-η 和 NSGA-Ⅱ-γ 的结果均值被计算，每个点的误差是在 30 个样本集上平均得出的

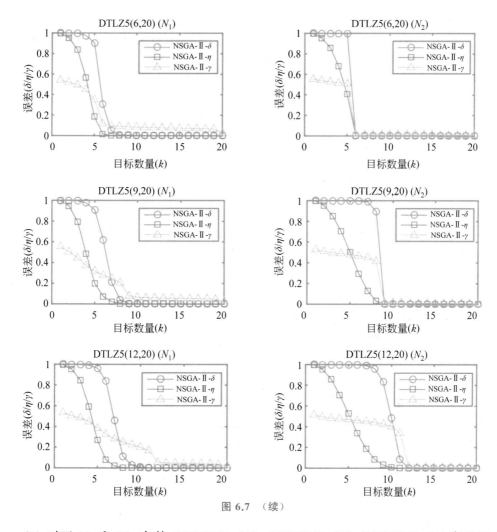

图 6.7　(续)

(3) 对于 N_1 和 N_2 中的 DTLZ5(3,20)、DTLZ5(6,20)、DTLZ5(9,20)和 DTLZ5 (12,20)问题,NSGA-Ⅱ-δ、NSGA-Ⅱ-η 和 NSGA-Ⅱ-γ 的结果均值被计算,每个点的误差是在 30 个样本集上平均得出的。

(4) 在 NSGA-Ⅱ-η 中,除了在 DTLZ5(3,20)上,误差 η 几乎呈指数下降趋势,当 k 增加到$|F_T|$之前通常已经达到了足够小的值,这与另外两种类型的误差有很大的不同。可能的原因是随着维度的增加,样本集中非支配解的数量呈指数级增长,而非支配解集合的基数会变得更不足以反映 Pareto 前沿支配结构的实际变化程度。鉴于此,建议与较大的 k 相对应的可容忍 η 误差应该变得更小,以减轻维度灾难的影响。

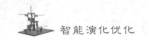

在表 6.5 中,分别展示了 NSGA-Ⅱ-δ、NSGA-Ⅱ-η 和 NSGA-Ⅱ-γ 每次运行所需的平均计算时间。从表 6.5 可以看出,基于支配结构的算法 NSGA-Ⅱ-δ 和 NSGA-Ⅱ-η 需要比基于相关性的算法 NSGA-Ⅱ-γ 更多的计算资源,这与 6.4.2 节中的分析一致。

表 6.5　在 4 个考虑的 DTLZ5(I, 20)实例上,每次运行的平均计算时间(单位:s)

NSGA-Ⅱ-δ	NSGA-Ⅱ-η	NSGA-Ⅱ-γ
4.45	4.59	0.12

6.5.5　演化多目标优化搜索的有效性

NSGA-Ⅱ-δ、ExactAlg 和 Greedy-δ(Greedy-k)都利用 δ 误差来衡量支配结构的变化,它们之间的差异主要在于搜索机制。在本节中,将 NSGA-Ⅱ-δ 与 ExactAlg 和 Greedy-δ(Greedy-k)进行比较,以解决 δ-MOSS 或 k-EMOSS 问题,以验证进化多目标搜索的有效性。

在这里,仍然使用 6.5.4 节中采用的四个测试实例。对于每个测试实例,从 N_1 中的 30 个样本集中选择一个与平均收敛度量最接近的结果。对于每个样本集,将 δ_0 从 0 变化到 0.6,间隔为 0.05,将 k_0 从 1 变化到 20,间隔为 1,从而得到 13 个 δ-MOSS 问题和所有相关的 k-EMOSS 问题。

图 6.8 展示了所考虑算法在 δ-MOSS 问题和 k-EMOSS 问题上的比较结果。从图 6.8 可以看出,NSGA-Ⅱ-δ 的所有结果与 ExactAlg 完全匹配,这意味着 NSGA-Ⅱ-δ 已经实现了所有考虑的 δ-MOSS 和 k-EMOSS 问题的最优解。贪心算法,包括 Greedy-δ 和 Greedy-k 的性能不能与 NSGA-Ⅱ-δ 相比。事实上,它们只能有时获得最优解,在其他情

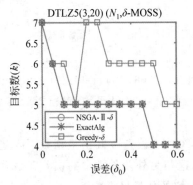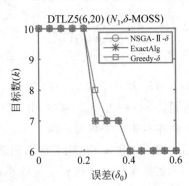

图 6.8　对于 δ-MOSS 或 k-EMOSS 问题,比较 NSGA-Ⅱ-δ、ExactAlg 和 Greedy-δ(Greedy-k)的结果

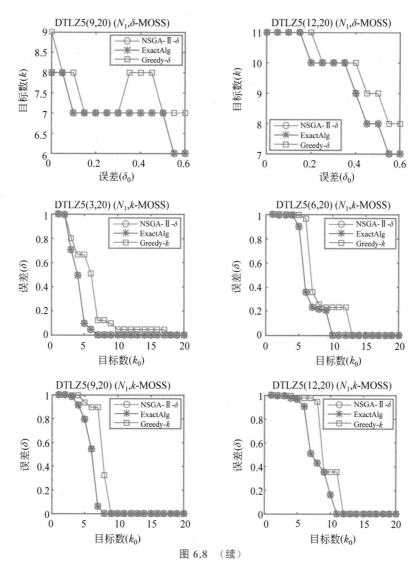

图 6.8　（续）

况下总是比 NSGA-Ⅱ-δ 表现差。例如，对于 DTLZ5（3，20）的样本集，Greedy-k 在 20 个 k-EMOSS 问题中有 15 个产生比 NSGA-Ⅱ-δ 更差的 δ 值，并且只有剩余 5 个得到相同的结果。此外，在解决 δ-MOSS 问题时，获得的目标数应该随着 δ_0 的增加而非递增，但是如图 6.8 所示，对于 Greedy-δ 并非总是如此。这是因为 Greedy-δ 中的贪心搜索可能只能达到取决于给定 δ_0 的局部最优解，这反映了 NSGA-Ⅱ-δ 中全局搜索的必要性。

　　表 6.6 显示了 NSGA-Ⅱ-δ、ExactAlg 和 Greedy-k 求解所有相关 k-EMOSS 问题的计

算时间,以及 Greedy-δ 求解特定 δ-MOSS 问题的平均计算时间。从表 6.6 可以看出,在所有四个考虑的测试实例的样本集上,NSGA-Ⅱ-δ 所需时间远远少于 ExactAlg。实际上,ExactAlg 所需的时间可能在实践中不可接受,甚至在 DTLZ5(12,20)的样本集上达到约 4h。与 Greedy-k 相比,NSGA-Ⅱ-δ 也使用相对较短的时间,通常快几秒钟,在所有测试案例中都是如此。虽然 Greedy-δ 所需时间比 NSGA-Ⅱ-δ 少,但是这里的 Greedy-δ 只解决一个特定的 δ-MOSS 问题,而 NSGA-Ⅱ-δ 确实在单次运行中提供了所有 δ-MOSS 问题(数量无限)的解决方案。

表 6.6 NSGA-Ⅱ-δ、ExactAlg、Greedy-k 和 Greedy-δ 的计算时间比较(单位:s)

测试实例	NSGA-Ⅱ-δ[a]	ExactAlg[a]	Greedy-k[a]	Greedy-δ[b]
DTLZ5(5,20)	3.19	5280.79	7.16	0.17
DTLZ5(6,20)	3.80	1533.35	7.55	0.21
DTLZ5(9,20)	4.71	11 588.49	7.59	0.20
DTLZ5(12,20)	5.15	14 491.03	7.12	0.26

注:a 所有相关的 k-EMOSS 问题的计算时间;

b 一个特定的 δ-MOSS 问题的平均计算时间。

由此可以看出,进化多目标搜索可以获得与全局精确搜索相当的结果,但在计算效率方面具有压倒性的优势,而且在有效性和效率方面都优于贪婪搜索。

6.5.6 在演化多目标搜索领域中确定关键目标集的比较

在本节中,将提出的多目标方法与 ExactAlg、Greedy-δ、L-PCA 和 NL-MVU-PCA 进行比较,以确定关键目标集,展示所提出的算法的有效性,并确认 6.4 节中进行的分析。多目标方法可以返回多个非支配的目标子集,这有助于决策支持,但在这里需要选择一个单一的目标子集进行比较。在实践中,通过可视化特定问题的 Pareto 前沿来找到最可能的目标子集。但是为了简单,只选择给定 δ-MOSS 问题的解决方案,其中,误差阈值(δ_0、η_0 或 γ_0)事先指定并在所有测试实例中保持不变。如 6.5.4 节所建议的那样,η_0 将从 $k=2$ 开始通过经验因子 $\sqrt{3}$ 递减,以抵消高维目标空间中非支配解数量的指数增长的影响。

确定阈值是一个重要问题。如果设置得太小,算法将没有处理误导的必要能力。在文献[134]中可以看到一个极端情况,ExactAlg 和 Greedy-δ 的 δ 被固定为 0,在由 Saxena 等[134]报告的带有误导的样本集上表现非常差。但是,如果设置得太大,通常会在许多情况下错误地省略关键目标。例如,如果将 γ_0 设置为 0.3,则意味着一旦它们之间的相关系数达到 0.4,便可以将这两个目标视为非冲突,这显然是不可靠的。根据在许多问题和具有不同质量的样本集上的经验,本章建议设定阈值在[0.1,0.2]范围内,这通常可以使算法不仅处理适度程度的误导，而且在各种情况下进行可靠的识别。在图 6.9 中，研究了 $\delta_0/\eta_0/\gamma_0 \in [0.1, 0.2]$ 对多目标方法的性能影响，从 30 次运行中成功识别关键目标集的频率。从图 6.9 可以看出，每个算法的性能总体上是稳定的，更重要的是，无论在考虑的范围内如何设置阈值，它们之间的相对优劣关系仍然相似。请注意，由于篇幅限制，本章只在图 6.9 中显示了四种情况，但在其他情况下是类似的情况，并且实验发现它们的性能在 N_2 上对阈值的敏感性将大大降低。在下面的实验中，只需为三个多目标算法 ExactAlg 和 Greedy-δ 设置相同的阈值，即 0.15，以确保公平比较。至于 L-PCA 和 NL-MVU-PCA，方差阈值 θ 设置为 0.997，并且相关阈值 T_{cor} 由文献[134]推荐的经验公式确定。

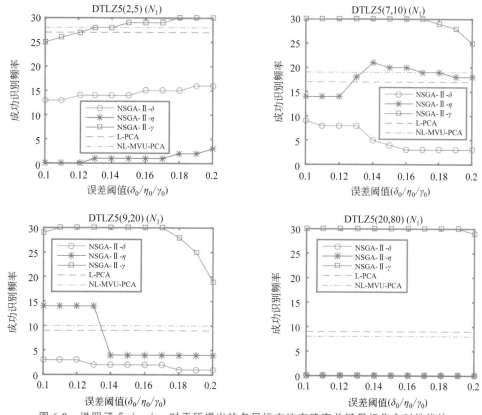

图 6.9　说明了 $\boldsymbol{\delta_0/\eta_0/\gamma_0}$ 对于所提出的多目标方法在确定关键目标集合时性能的影响，提供了 **L-PCA** 和 **NL-MVU-PCA** 的性能作为参考

表 6.7 展示了所有算法在 30 次实验中成功识别关键目标集合的频率。每次实验都基于 $N_1(N_2)$ 中的一个唯一的样本集。基于表 6.7，首先比较基于支配结构的方法，即 NSGA-II-δ、NSGA-II-η、ExactAlg 和 Greedy-δ 的结果。

表 6.7 在 30 次实验中，成功识别出由 N_1 和 N_2 所设定的基本目标集 F_T 的频率（最佳频率用粗体表示）

测试实例	N_1							N_2						
	NSGA-II-δ	NSGA-II-η	NSGA-II-γ	Exact Alg	Greedy-δ	L-PCA	NL-MVU-PCA	NSGA-II-δ	NSGA-II-η	NSGA-II-γ	Exact Alg	Greedy-δ	L-PCA	NL-MVU-PCA
D5(2,3)	23	0	**30**	23	23	**30**	**30**	**30**	**30**	**30**	**30**	**30**	**30**	**30**
D5(2,5)	14	1	**29**	14	14	27	28	**30**	**30**	**30**	**30**	**30**	**30**	**30**
D5(3,5)	7	6	**30**	7	3	29	**30**	**30**	**30**	**30**	**30**	**30**	**30**	**30**
D5(3,10)	10	19	**29**	10	5	28	28	29	**30**	**30**	29	28	**30**	**30**
D5(5,10)	0	4	28	0	0	28	**29**	**30**	**30**	**30**	**30**	29	**30**	28
D5(7,10)	4	20	**30**	4	6	17	19	**30**	**30**	**30**	**30**	27	**30**	22
D5(3,20)	10	16	25	10	2	**26**	**26**	**30**	**30**	**30**	**30**	28	**30**	**30**
D5(6,20)	3	13	**29**	3	0	4	5	**30**	**30**	**30**	**30**	27	**30**	29
D5(9,20)	2	4	**30**	2	4	9	10	29	29	**30**	29	29	20	16
D5(12,20)	0	0	**25**	—	0	3	6	5	5	**30**	—	7	19	14
D5(5,50)	0	9	**30**	—	0	28	28	**30**	**30**	**30**	—	**30**	**30**	**30**
D5(8,50)	14	4	**30**	—	6	1	0	**30**	**30**	**30**	—	29	27	26
D5(10,50)	0	0	**30**	—	3	0	2	29	29	**30**	—	29	28	28
D5(15,50)	0	0	**30**	—	1	13	13	12	12	**30**	—	16	26	23
D5(25,50)	0	0	**29**	—	0	9	9	0	0	**30**	—	0	23	22
D5(5,80)	2	25	**30**	—	0	29	29	**30**	**30**	**30**	—	25	**30**	29
D5(10,80)	1	1	**28**	—	4	0	0	**30**	29	**30**	—	29	24	23
D5(15,80)	0	0	**30**	—	0	2	3	11	11	**30**	—	16	25	22

续表

测试实例	N_1							N_2						
	NSGA-II-δ	NSGA-II-η	NSGA-II-γ	Exact Alg	Greedy-δ	L-PCA	NL-MVU-PCA	NSGA-II-δ	NSGA-II-η	NSGA-II-γ	Exact Alg	Greedy-δ	L-PCA	NL-MVU-PCA
D5(20,80)	0	0	30	—	0	9	8	2	2	30	—	5	25	22
D5(30,80)	0	0	30	—	0	16	16	0	0	30	—	0	27	27
W3(5)	0	0	29	0	0	30	30	30	30	30	30	22	30	30
W3(15)	0	0	30	—	0	30	30	30	30	30	—	23	30	30
W3(25)	0	0	30	—	0	30	30	30	30	30	—	30	30	30
D2(5)	30	30	30	30	30	30	30	30	30	30	30	30	30	30
D2(15)	0	0	30	—	0	30	28	4	4	30	—	6	30	28
D2(25)	0	0	30	—	0	30	29	0	0	30	30	0	30	28
P2(3,5)	30	30	30	30	30	3	29	30	30	30	30	30	0	30
P2(3,10)	10	10	30	—	13	0	0	23	23	30	—	23	0	21
P2(8,5)	30	30	30	30	30	0	0	30	30	30	30	30	0	1
P2(8,10)	6	6	30	—	9	0	0	27	27	30	—	28	0	1
S2(3)	30	30	0	30	0	0	0	30	30	30	30	0	0	0
S2(5)	30	30	0	30	0	0	0	30	0	0	30	0	0	0

注：为简洁起见，DTLZ5(I, m)，WFG3(m)，DTLZ2(m)，POW-DTLZ22(p, m)，SUM-DTLZ22(m)分别简称为 D5(I, m)，W3(m)，D2(m)，P2(p, m)，S2(m)；"—"表示无对应数据。

正如在 6.4.2 节中分析的,这些算法通常存在两个潜在的困难,使其无法识别关键目标集合:样本集中的误导;样本集不能充分覆盖高维 Pareto 前沿。在第一种困难存在时,基于支配结构的方法往往会选择过多的目标,而在第二种困难存在时,它们则会缩小目标的数量。在考虑这两个困难的情况下,可以对这些算法的结果进行合理解释,这将从以下三种情况进行说明。

(1) 当维度 $|F_T|$ 相对较低($|F_T| \leqslant 6$)时,它们主要受到 N_1 的第一个困难的影响。表 6.8 将其中一些实例分开显示,并报告了 NSGA-Ⅱ-δ、NSGA-Ⅱ-η 和 Greedy-δ 分别对应于 N_1 获得的平均目标数。由于 ExactAlg 的结果始终与 NSGA-Ⅱ-δ 的结果相同,因此在表 6.8 中省略了 ExactAlg 的结果。从表 6.7 和表 6.8 可以看出,考虑到 N_1,所述算法通常无法获得令人满意的性能,并且平均会选择超过 $|F_T|$ 个目标,这可以归因于它们在处理错误方向方面的限制。然而,当涉及 N_2 时,它们表现得更好,并在所有这些实例上实现最优或接近最优的结果。可以解释为,在 N_2 中存在比 N_1 更少的错误方向,从而显著缓解了这些算法的第一个困难。

表 6.8　NSGA-Ⅱ-δ、NSGA-Ⅱ-η 和 Greedy-δ 在维度 $|F_T| \leqslant 6$ 的测试实例
（对应于 N_1 问题）上每次运行所识别的平均目标数量

测试实例	NSGA-Ⅱ-δ	NSGA-Ⅱ-η	Greedy-δ
DTLZ5(2,3)	2.23	3.00	2.23
DTLZ5(2,5)	2.70	3.37	2.70
DTLZ5(3,5)	3.83	3.83	4.03
DTLZ5(3,10)	3.93	3.53	4.43
DTLZ5(5,10)	6.80	6.10	6.97
DTLZ5(3,20)	4.23	3.93	4.77
DTLZ5(6,20)	7.07	6.73	7.53
DTLZ5(5,50)	6.50	5.70	7.40
DTLZ5(5,80)	6.13	5.17	6.63
WFG3(5)	3.63	3.57	3.90
WFG3(15)	7.10	14.57	7.90
WFG3(25)	10.07	18.73	10.90

(2) 当维数 $|F_T|$ 适中($7 \leqslant |F_T| \leqslant 10$)时,算法在 N_1 问题上会遇到两个困难。表 6.9 进一步展示了 NSGA-Ⅱ-δ、NSGA-Ⅱ-η 和 Greedy-δ 在 N_1 问题上的实例中识别的目标

的平均数量。正如从表 6.7 中所看到的那样，它们通常在 N_1 问题对应的实例上表现不佳，这可能是由于这两个困难的综合影响。从表 6.9 中观察到，目标的数量可能比 $|F_T|$ 更大或更小，这可能取决于哪个困难对算法的影响更大。在 N_2 问题上，它们在所有这些实例上都取得了优秀的结果，其中大部分达到了最佳频率 30。可以推断，在这个维度范围内，N_2 问题的更高质量可以同时提供显著的减少误导和足够的改进 Pareto 前沿的覆盖，从而有效地缓解这两个困难。

表 6.9　NSGA-Ⅱ-δ、NSGA-Ⅱ-η 和 Greedy-δ 在维度为 $7 \leqslant |F_T| \leqslant 10$ 的测试实例
（对应 N_1 问题）上每次运行识别的平均目标数量

测试实例	NSGA-Ⅱ-δ	NSGA-Ⅱ-η	Greedy-δ
DTLZ5(7,10)	6.10	7.27	6.30
DTLZ5(9,20)	7.70	8.20	8.00
DTLZ5(8,50)	7.77	9.73	8.10
DTLZ5(10,50)	8.73	8.50	9.07
DTLZ5(10,80)	8.90	8.60	9.40
POW-DTLZ2(3,10)	9.30	9.23	9.43
POW-DTLZ2(3,10)	9.20	9.03	9.30

（3）随着维度 $|F_T|$ 的增加（$|F_T| \geqslant 12$），第二个困难将逐渐成为影响这些算法对应于 N_1 问题的行为的主要因素，这可能会导致目标的严重过度降维。值得注意的是，即使对于 N_2 问题，它们在这样的实例上表现仍然不佳，尽管通常存在一定的性能改进。为了进一步调查，在表 6.10 中单独列出这些实例，并显示对应于 N_1 和 N_2 每次运行获得的平均目标数量。正如从表 6.10 中所看到的，对于 N_1 和 N_2 的每个相关实例，目标的过度降维现象都会发生。因此可以推断出，尽管第一个困难在 N_2 问题上几乎可以消除，但第二个困难在这里并没有得到实质性的缓解，因为在这样高维度（即 $|F_T| \geqslant 12$）的目标空间中，一个样本集通常很难达到足够的 Pareto 前沿覆盖。

表 6.10　NSGA-Ⅱ-δ、NSGA-Ⅱ-η 和 Greedy-δ 在维度 $|F_T| \geqslant 12$ 的测试实例（分别
对应于 N_1 和 N_2 问题）上每次运行所识别的平均目标数量

测试实例	N_1			N_2		
	NSGA-Ⅱ-δ	NSGA-Ⅱ-η	Greedy-δ	NSGA-Ⅱ-δ	NSGA-Ⅱ-η	Greedy-δ
D5(12,20)	8.37	8.30	8.77	10.77	10.77	11.00

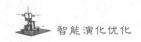

测试实例	N_1			N_2		
	NSGA-Ⅱ-δ	NSGA-Ⅱ-η	Greedy-δ	NSGA-Ⅱ-δ	NSGA-Ⅱ-η	Greedy-δ
D5(15,50)	12.67	12.60	12.97	14.23	14.23	14.53
D5(25,50)	14.03	14.03	14.93	15.63	15.67	16.23
D5(15,80)	12.50	12.43	13.00	14.23	14.23	14.43
D5(20,80)	13.23	13.27	14.07	17.90	17.90	18.47
D5(20,80)	15.67	15.50	16.57	15.70	15.67	16.50
D2(3,10)	11.50	11.50	12.13	13.33	13.33	13.73
D2(3,10)	11.87	11.83	12.73	13.80	13.80	14.77

注：为简洁起见，DTLZ5(I,m)和 DTLZ2(m)分别缩写为 D5(I,m)和 D2(m)。

除了上述共同特征外，通过对比四种基于支配结构的算法的表 6.7，可以得出以下观察结果。

（1）对于 N_1，NSGA-Ⅱ-η 和 NSGA-Ⅱ-δ 在 32 个实例中有 21 个实例的结果相同。对于 N_2，NSGA-Ⅱ-η 的表现与 NSGA-Ⅱ-δ 在所有实例上都相同，除了 DTLZ5(3,5)实例，其中只存在轻微差异。总体来说，可以得出如下结论：NSGA-Ⅱ-η 通常可以提供与 NSGA-Ⅱ-δ 相当的性能。

（2）NSGA-Ⅱ-δ 总是能够获得与 ExactAlg（如果可用）相同的结果，无论是 N_1 还是 N_2。这是因为 NSGA-Ⅱ-δ 具有强大的能力，能够实现 δ-MOSS 问题的最优解，这已经在以前的详细验证中得到确认。

（3）在确定基本目标集方面，NSGA-Ⅱ-δ 和 ExactAlg 并不总是绝对优于 Greedy-δ，尽管它们通常可以通过之前展示的方式获得更好的 δ-MOSS 问题的解决方案。通过进一步观察，发现在维度相对较高的实例中，Greedy-δ 可能略优于 NSGA-Ⅱ-δ 和 ExactAlg。这也可以归因于给定样本集对 Pareto 前沿的覆盖不足。在这种情况下，NSGA-Ⅱ-δ 和 ExactAlg 往往会过度减少目标，如前所述，换句话说，它们通常会返回一个大小为 $k_1 < |F_T|$ 的目标子集，针对给定的 δ_0。但由于搜索能力较弱，Greedy-δ 可能通过解决相同的 δ-MOSS 问题获得大小为 $k_2 > k_1$ 的目标子集，从而更有可能命中 $|F_T|$。尽管将无意识的成功视为 Greedy-δ 的优势似乎不合理。事实上，NSGA-Ⅱ-δ 和 ExactAlg 的性能仍然总体上优于 Greedy-δ，尤其是在 SUM-DTLZ2(m)实例中，这一点非常明显。

基于表 6.7，考虑基于相关性的方法，即 NSGA-Ⅱ-γ、L-PCA 和 NL-MVU-PCA 的比较。总体而言，可以得出以下关于它们的发现。

（1）NSGA-Ⅱ-γ 在除了 SUM-DTLZ2(m) 的所有测试实例上都取得了出色的性能，包括 N_1 和 N_2。它甚至在所有这样的实例上都获得了最优结果，针对 N_2。这些结果清楚地表明，NSGA-Ⅱ-γ 在处理样本集中不同程度的误导时具有巨大而稳定的优势。为了直观地反映 NSGA-Ⅱ-γ 的这种强大能力，在图 6.10 中分别展示了对应于 N_1 和 N_2 的 DTLZ5(2,5) 的样本集；并使用平行坐标图在图 6.11 中分别展示了一个高维实例 DTLZ5(6,20) 的 N_1 和 N_2 的样本集。从这两个图中，N_1 显示出受误导影响的特征，与 N_2 形成对比：对于 DTLZ5(2,5)，N_1 中的一部分解远离真实的 Pareto 前沿；对于 DTLZ5(6,20)，N_1 中的一些解显示出 f_i 和 f_j 之间的冲突，其中，$i,j \in [1,15]$。

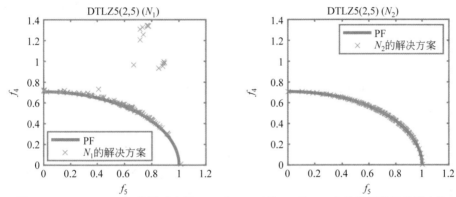

图 6.10　**DTLZ5(2,5)：分别对应于 $F_T = \{f_4, f_5\}$ 的 N_1 和 N_2 中的随机选择的样本集**

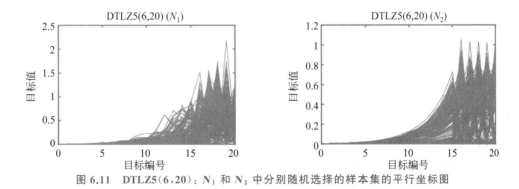

图 6.11　**DTLZ5(6,20)：N_1 和 N_2 中分别随机选择的样本集的平行坐标图**

（2）L-PCA 和 NL-MVU-PCA 在维度相对较低的 DTLZ5(I,m) 和所有 WFG3(m) 实例上表现得相当好，例如，对于 N_1 和 N_2 的 DTLZ5(5,50) 和 WFG3(25)。这意味着它们具有一定的能力有效地处理方向误导。然而，它们的能力在更高维度的冗余问题上严

重恶化,例如,DTLZ5(10,50)和 DTLZ5(20,80)。这个推断是基于 L-PCA 和 NL-MVU-PCA 在 N_1 上产生较差结果,但在 N_2 上仍然表现出不错的性能。此外值得注意的是,这两个算法可以充分解决非冗余问题,即 DTLZ2(m),在所有条件考虑的情况下。

(3) NSGA-Ⅱ-γ 的表现通常比 L-PCA 和 NL-MVU-PCA 更好,或至少相当。值得注意的是,在冗余目标之间存在非常强的非线性相关的情况下,即 POW-DTLZ2(8,5)和 POW-DTLZ2(8,10)的情况下,NSGA-Ⅱ-γ 比 L-PCA 和 NL-MVU-PCA 都表现出很大的优势。因此,可以可信地得出结论,与 L-PCA 和 NL-MVU-PCA 相比,NSGA-Ⅱ-γ 在处理这些问题时不仅能够更好地应对误导,而且在处理非线性方面的能力也更强。

(4) 总体而言,NL-MVU-PCA 比 L-PCA 表现更好,这意味着 NL-MVU-PCA 可能更擅长应对误导。然而,在对应于 N_2 的 DTLZ5(I,m)实例中,L-PCA 总体上略优于 NL-MVU-PCA,这是有道理的,因为 DTLZ5(I,m)的 Pareto 前沿上仅存在冗余目标之间的线性关系,并且 N_2 中误导不太明显。此外值得注意的是,NL-MVU-PCA 可以很好地处理与 N_2 相应的 POW-DTLZ2(3,5)和 POW-DTLZ2(3,10),而 L-PCA 在所有尝试中都无法识别出关键的目标集。因此,可以推断出,NL-MVU-PCA 在处理非线性方面明显优于 L-PCA,尽管在这方面它不能与 NSGA-Ⅱ-γ 相比。

根据表 6.7,通过比较考虑支配结构的方法和基于相关性的方法,可以得出以下的结论。

(1) 所有三种基于相关性的算法在所有情况下都不能很好地处理 SUM-DTLZ2(m),这是由于它们在 6.4.3 节中所述的固有限制。而 NSGA-Ⅱ-δ、NSGA-Ⅱ-η 和 ExactAlg 可以完美地处理两个关注的 SUM-DTLZ2(m)实例。

(2) 除了 SUM-DTLZ2(m)外,NSGA-Ⅱ-γ 在 N_1 和 N_2 对应的四种支配结构算法中表现更好或竞争力更强,这是由于它在处理误导方面的优势。

(3) 当比较 L-PCA(NL-MVU-PCA)和支配结构算法时,情况变得更加复杂,这主要是因为更高的维度会降低 L-PCA(NL-MVU-PCA)处理误导的能力,如前所述。但总体而言,在不考虑 SUM-DTLZ2(m)的情况下,对于维度非常低或非常高的问题,L-PCA 和 NL-MVU-PCA 通常表现更好;而对于中等维度的问题,四种支配结构算法会展现出一定的优势。

(4) 总之,当有高质量的样本集并且知道真实维度可能不是很高时,支配结构方法会成为更好的选择,因为它们通常适用于这种条件下的所有问题;否则,建议使用基于相关性的方法进行目标降维。

最后,值得指出的是,虽然 NSGA-Ⅱ-δ 和 NSGA-Ⅱ-η 在实验中表现相当,但 NSGA-Ⅱ-δ 需要在规范化的样本集上执行。由于在存在异常值的情况下规范化是一个非常棘手的任务,因此从这个角度来看,NSGA-Ⅱ-η 似乎是比 NSGA-Ⅱ-δ 更好的选择。

6.6　应用于现实问题

在本节中,进一步研究了在两个现实问题上所提出的多目标优化方法的性能:水资源问题[171]和汽车侧面碰撞问题[167,172]。

6.6.1　应用于水资源问题

水资源问题包括 5 个目标和 7 个约束条件,这与暴雨排水系统[171]的最优规划有关。作为分析的基础,首先通过运行种群规模分别为 200 代和 2000 代的 SPEA2-SDE 来生成一个样本集。

在表 6.11 中,展示了所提出的多目标方法的详细结果。从这个表中,可以合理地确定减少目标集为 $\{f_2, f_3, f_5\}$ 对于 NSGA-Ⅱ-δ 和 NSGA-Ⅱ-η 都是可行的选择。对于 NSGA-Ⅱ-γ,两个目标集 $\{f_1, f_2, f_4, f_5\}$ 和 $\{f_2, f_3, f_4, f_5\}$ 产生相同的误差 0.109,看起来是减少目标集的最佳选择。

表 6.11　NSGA-Ⅱ-δ、NSGA-Ⅱ-η 和 NSGA-Ⅱ-γ 对水资源问题的研究结果

算　　法	k	$\delta/\eta/r$	目　标　集
NSGA-Ⅱ-δ	1	1	$\{f_i\}, i=1,2,3,4,5$
	2	0.789	$\{f_3, f_4\}$
	3	0.078	$\{f_2, f_3, f_5\}$
	4	0	$\{f_2, f_3, f_4, f_5\}$
NSGA-Ⅱ-η	1	0.995	$\{f_i\}, i=1,2,3,4,5$
	2	0.51	$\{f_3, f_4\}$
	3	0.03	$\{f_2, f_3, f_5\}$
	4	0	$\{f_2, f_3, f_4, f_5\}$
NSGA-Ⅱ-γ	1	0.7	$\{f_i\}, i=2,5$
	2	0.388	$\{f_i, f_4\}, i=1,3$
	3	0.313	$\{f_2, f_3, f_4\}$
	3	0.313	$\{f_1, f_2, f_4\}$
	3	0.313	$\{f_2, f_3, f_5\}$

续表

算　　法	k	$\delta/\eta/r$	目　标　集
	4	0.109	$\{f_1, f_2, f_5\}$
NSGA-Ⅱ-γ	4	0.109	$\{f_2, f_3, f_4, f_5\}$
	5	0	$\{f_1, f_2, f_3, f_4, f_5\}$

为了验证结果,图 6.12 使用平行坐标图来可视化在原始目标集和三个减少目标集上运行 SPEA2-SDE 获得的非支配解,其中,目标值被缩放常数建议在文献[173]中用于辅助可视化。从图 6.12 可以看出,与原始目标集获得的平行坐标图相比,对应于三个减少目标集的平行坐标图都非常相似,这证实了三个减少目标集中的任何一个都足以生成该问题的 Pareto 前沿的良好估计。

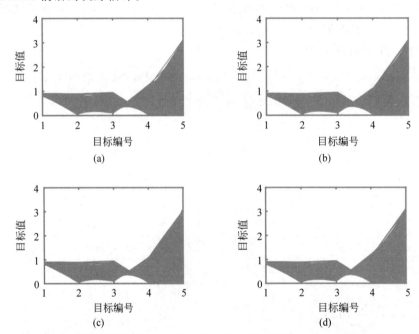

图 6.12　水资源问题:通过运行 SPEA2-SDE 得到的非支配解的平行坐标图
(a)在原始目标集上;(b)在简化的目标集$\{f_2, f_3, f_5\}$上;(c)在简化目标集$\{f_1, f_2, f_4, f_5\}$上;
(d)在简化目标集$\{f_2, f_3, f_4, f_5\}$上。

6.6.2　应用于汽车侧面碰撞问题

汽车侧面碰撞问题被转换为具有 11 个目标和 10 个约束条件的多目标问题[167]。样本集仍由具有 200 个种群大小和 2000 代的 SPEA2-SDE 生成。

图 6.13 展示了三种多目标方法在汽车侧面碰撞问题的结果中，随着目标数量增加而误差减少的情况。从图 6.13 可以看出，NSGA-II-δ 的最佳权衡显然在 $k=6$ 时实现，而 NSGA-II-η 或 NSGA-II-γ 的最佳权衡则不那么明显，这取决于用户的偏好。在这里，设置与 6.5.6 节中相同的阈值，以选择一个单一的目标集。最终，NSGA-II-δ 和 NSGA-II-η 都返回 $\{f_1, f_4, f_5, f_9, f_{10}, f_{11}\}$ 或 $\{f_1, f_4, f_5, f_8, f_9, f_{11}\}$ 作为减少的目标集，而 NSGA-II-γ 选择 $\{f_1, f_2, f_5, f_6, f_8, f_9, f_{11}\}$。

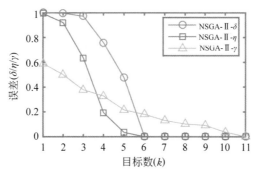

图 6.13　针对汽车侧面碰撞问题使用 NSGA-II-δ、
NSGA-II-η 和 NSGA-II-γ 方法得到的结果

在图 6.14 中，分别展示了运行 SPEA2-SDE 在原始目标集和三个减少的目标集上获得的非支配解所对应的平行坐标图。从图 6.14 可以看出，这四个平行坐标图非常相似，验证了所有三个减少的目标集足以获得该问题 Pareto 前沿的良好估计。

6.6.3　讨论

从以上结果可以看出，三种多目标算法对于两个真实世界问题都有效地减少了目标数量。由 NSGA-II-δ 和 NSGA-II-η 产生的减少的目标集相同，但与 NSGA-II-γ 产生的不同。这两个真实世界问题的真实 Pareto 前沿是未知的，因此很难得出确定的结论哪个结果更好。但是，由 NSGA-II-δ（NSGA-II-η）获得的目标集更小，并且已经验证足以代表原始目标集，因此它们更可能是真正的基本目标集。导致这种差异的可能原因是，基于相关性的方法（例如 NSGA-II-γ）中的相关性分析不足以捕捉这两个真实世界问题中目标之间的复杂关系，尽管它通常在现有的基准问题上表现良好。关于这一点的进一步解释可以在 6.4.3 节中找到。

此外，值得注意的是，针对这两个实际问题，不同研究中确定的关键目标集通常会有所不同。表 6.12 显示了从五个现有研究中获得的针对水资源问题的结果。考虑到

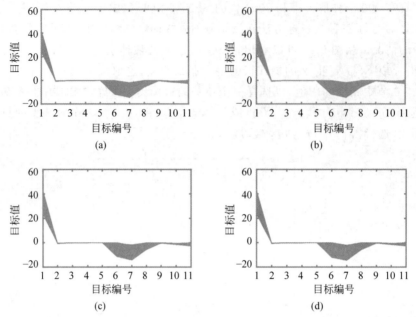

图 6.14　汽车侧面碰撞问题中,使用 SPEA2-SDE 方法得到的非支配解的平行坐标图
(a)在原始目标集上;(b)在减少的目标集$\{f_1,f_4,f_5,f_9,f_{10},f_{11}\}$上;(c)在减少的目标集$\{f_1,f_4,f_5,f_8,f_9,f_{11}\}$上;(d)在减少的目标集$\{f_1,f_2,f_5,f_6,f_8,f_9,f_{11}\}$上。

这些算法通常可以准确地识别出大量基准问题的关键目标集,可以推断出这里考虑的两个实际问题对现有的目标减少算法,特别是基于相关性的方法,可能提出了更大的挑战。

表 6.12　不同研究中水资源问题的基本目标集

参 考 文 献	基本目标集
[134]	$\{f_2,f_3,f_4,f_5\}$或$\{f_1,f_2,f_4,f_5\}$
[155]	$\{f_1,f_2,f_5\}$或$\{f_2,f_3,f_5\}$
[164]	$\{f_3,f_4\}$
[148],[158]	$\{f_2,f_3,f_4,f_5\}$

最后值得注意的是,本节中用于验证所得到的简化目标集的定性方法遵循文献[134,155,164]中的做法。考虑到实际问题的 Pareto 前沿通常是未知的,这种验证方法是合理的。然而,它的局限性在于它依赖于一种进化多目标优化器,这是一种随机算法,可能没有足够的优化能力。为了减轻这种限制,本章确实运行了一种高性能算法(即 SPEA2-

SDE)进行了大量迭代,直到收敛以获得平行坐标图的非支配解集。图 6.12 和图 6.14 只显示了一次模拟运行的结果,但实践中进行了多次重复,观察到几乎不变的平行坐标图。

6.7　方法的优势

本节旨在讨论所提出的目标降维算法在优化、可视化和决策制定方面的好处,并给出一些示例。

6.7.1　关于辅助优化的目标降维

一般来说,目标降维方法可以通过两种方式帮助优化。第一种方法称为后续优化,即在通过目标降维算法获取了一个降维的目标集之后,多目标优化算法继续在降维集上运行一定数量的代数,然后返回所得到的无支配解。第二种更常用的方法是所谓的在线目标降维,即将目标降维算法嵌入多目标优化算法的迭代过程中。接下来,使用基于 NSGA-Ⅱ-γ 的这两种技术来展示所提出的目标降维方法在优化中的好处。

对于后续优化,首先运行多目标算法(即 SPEA2-SDE)100 代,然后将得到的无支配解集输入 NSGA-Ⅱ-γ 进行目标降维,最后在降维的目标集上再运行 SPEA2-SDE300 代。为方便起见,我们将这种优化模式称为 SDE_{so}。对于在线目标降维,仍然采用 SPEA2-SDE 作为底层优化器,并使用文献 [133] 中的集成方案将 NSGA-Ⅱ-γ 嵌入 SPEA2-SDE 中。得到的在线目标降维算法称为 SDE_{online}。为了展示有效性,将 SDE_{so} 和 SDE_{online} 与没有任何目标降维的 SPEA2-SDE 进行比较,简称 SDE_{ref}。包括与 A-NSGA-Ⅲ[141] 进行比较,它是一种具有参考向量适应性的分解算法,旨在更好地解决具有非均匀分布的 Pareto 前沿的 MaOPs。为了公平比较,SDE_{online}、SDE_{ref} 和 A-NSGA-Ⅲ 均使用 400 代进行优化,所有算法的种群大小相同。SPEA2-SDE 和 A-NSGA-Ⅲ 的其他参数遵循原始研究[46,141]。NSGA-Ⅱ-γ 使用与 6.5.6 节中相同的参数设置。

首先,使用一个基准问题,即 15 目标 WFG3,用于说明目的。反世代距离(IGD)[174] 被用作性能指标,其中,参考集是通过在真实 Pareto 前沿上均匀采样 1000 个点产生的。A-NSGA-Ⅲ 最初使用两层参考向量,边界和内部层各两个分割,导致种群大小为 240。表 6.13 报告了四种算法在 30 次运行中的平均 IGD(包括标准差)和平均计算时间的比较。从表格中可以看出,SDE_{so} 和 SDE_{online} 在有效性和效率方面明显优于 SDE_{ref},这表明了 NSGA-Ⅱ-γ 在促进多目标优化效果方面的实用性。A-NSGA-Ⅲ 在这里表现相当差,大的 IGD 表明它未能接近 Pareto 前沿。A-NSGA-Ⅲ 的观察还意味着参考向量适应可能不足以从高维目标空间中定位到低维前沿。

表 6.13   在 15 目标 WFG3 问题上进行 30 次运行，计算平均 IGD（包括
方括号中的标准差）和平均计算时间（单位：s）

	SDE_{ref}	SDE_{so}	SDE_{online}	A-NSGA-Ⅲ
IGD	0.2820	0.1466	0.1098	7.3570
	(0.1044)	(0.0662)	(0.0475)	(2.6868)
时间	52.32	27.50	22.99	44.39

图 6.15 进一步比较了平均 IGD 随代数变化的收敛曲线。可以看出，SDE_{so} 和 SDE_{online} 中提出的目标降维算法促进了多目标优化器的收敛。

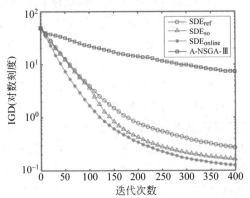

图 6.15   对于 15 目标 WFG3 问题，SDE_{ref}、SDE_{so}、SDE_{online} 和 A-NSGA-Ⅲ 算法在不同的
迭代次数下得到的平均 IGD 收敛曲线（每个算法运行 30 次）

其次，针对一个实际的问题，即水资源问题。由于其 Pareto 前沿未知，因此使用超体积（HV）[48] 作为性能度量，并以与文献[140]中相同的方式计算。表 6.14 显示了平均 HV 以及标准偏差和平均计算时间。从这个表可以看出，两种目标降维辅助优化算法，即 SDE_{so} 和 SDE_{online}，在 HV 方面取得了相当大的性能改进，超过了 SDE_{ref}。与在 15 目标 WFG3 上表现良好不同，A-NSGA-Ⅲ 在这个问题上表现良好，甚至比 SDE_{so} 和 SDE_{online} 更好。考虑到水资源问题可能只有一个或两个冗余目标，如 6.6.1 节所示，可能的原因是 A-NSGA-Ⅲ 中的参考向量自适应能够有效地处理 Pareto 前沿的轻微退化。

根据表 6.13 和表 6.14，虽然所提出的目标降维算法需要额外的计算成本，但它可以减少优化的总时间。当底层优化器是基于超体积的多目标演化算法或 MaOP 的目标计算较昂贵时，这种好处将更加明显。前者的研究可以参考 Brockhoff 和 Zitzler 的研究[165]，而后者则可以在 Carreras 等最近的一项工作[175]中看到。

表 6.14　在水资源问题上的 30 次运行中，HV（包括括号中的标准偏差）和平均计算时间的平均值

	SDE_{ref}	SDE_{so}	SDE_{online}	A-NSGA-Ⅲ
HV	0.4200	1.0030	1.0377	1.0537
	(0.0376)	(0.0435)	(0.0157)	(0.0036)
时间/s	35.41	31.25	31.87	30.64

　　尽管实验表明，目标降维辅助优化的有效性，但也应该意识到它的限制。也就是说，如果目标降维算法不能正常工作，在优化过程中删除基本目标可能会使搜索过程发生偏差。后续优化的方式更容易面临这种风险，因为被删除的目标没有再次被考虑的机会。然而，基于实验结果和文献中的结果（例如文献[102]、[156]、[176]），在实际的多目标优化中，将目标降维与 MOEAs 相结合仍然是一种很好的选择，特别是对于具有冗余目标的 MaOPs。基于分解的算法和参考向量适应性[119,141,177,178]可能是冗余 MaOPs 的一种有竞争力的替代方法，但对 A-NSGA-Ⅲ上的实验研究而言，这种技术并没有显示出明显优于基于目标降维辅助优化算法的优势。未来，还需要进行更多的实验比较这两类技术，以进一步了解它们的优缺点。

6.7.2　关于可视化和决策制定

　　在多目标优化中，可视化 Pareto 前沿逼近非常重要，这可以帮助用户更好地理解所得到的非支配解，并从中进行最终选择。文献中存在许多多目标可视化方法，例如，平行坐标图、热力图、气泡图等。对于更多详情，感兴趣的读者可以参考文献[150,151]。这些方法通常可以提供有用的可视化，但当目标数或非支配解数量增加时，它们的表示方式可能变得非常混乱。目标降维方法可以消除一些冗余目标，在某些情况下获得一个较低维的问题。如果目标数量可以减少到两个或三个，例如 WFG3 问题，那么可可视化将非常直观。否则，在目标降维的帮助下，所使用的可视化方法仍然可以通过考虑较少的目标和较少的非支配解为用户产生更简单的可视化。

　　在这里使用所提出的 NSGA-Ⅱ-γ 以及流行的多目标可视化方法（即平行坐标图）对 DTLZ5(6,20) 问题进行说明。由于目标数量较多，用户通常使用相对较大的种群大小，例如 500，以覆盖高维 Pareto 前沿，并保持一定的多样性。在运行优化器（例如 SPEA2-SDE）之后，用户将获得一组非支配解，如图 6.16(a) 所示。然而，图 6.16(a) 对用户进行可视分析实际上非常不清晰，并且由于误导，目标之间的非冲突关系在该图中并不明显。在对图 6.16(a) 中显示的非支配解运行 NSGA-Ⅱ-γ 之后，鉴别出一个关键的目标集 $\{f_{15}, f_{16}, f_{17}, f_{18}, f_{19}, f_{20}\}$，并且估计误差 γ 为 0.11，其余目标被视为以非冲突方式行动。因

此,用户可以通过 NSGA-Ⅱ-γ 推断出 DTLZ5(6,20)的真实维度远低于 20,用户将倾向于使用一个较小的非支配解集(例如 50)进行适当的覆盖。为了实现这一点,用户可以首先使用 SPEA2-SDE 中的环境选择来从图 6.16(a)中的非支配解中挑选出 50 个具有多样性的分布,然后通过优化 NSGA-Ⅱ-γ 确定的关键目标来对其进行细化。得到的最终非支配解集如图 6.16(b)所示。显然,相对于图 6.16(a),图 6.16(b)更易于用户理解并揭示良好的权衡。

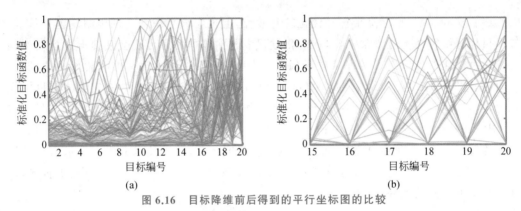

(a) (b)

图 6.16　目标降维前后得到的平行坐标图的比较

　　由于可视化相同的原因,目标降维方法也可以缓解用户选择冗余 MaOPs 最终解决方案的决策过程。请注意,所提出的 NSGA-Ⅱ-η 和 NSGA-Ⅱ-γ 不要求非支配解集的每个目标都归一化到相同的范围内。但是,在使用 NSGA-Ⅱ-η 和 NSGA-Ⅱ-γ 识别出基本目标后,强烈建议进行决策,以避免比较不同缩放目标值时的不便。此外,在使用基于支配结构的目标降维算法时,决策过程中可能会出现这样一种情况:虽然两个解在降维后的目标空间中互不支配,但它们在某些删除的目标维度上存在很大的差异。此时,用户可能会对仅舍弃这些目标感到不舒服,因为他/她认为这样的差异对他/她的决策很重要。这种情况的一种可能解决方案:使用首选的聚合函数将删除的目标聚合成一个单一的目标,将此目标与识别出的基本目标一起呈现给用户进行考虑。这种方法可以期望在目标降维效果与用户对删除的目标差异的关注之间做出妥协。

6.8　本章小结

　　本章对进化多目标优化中的目标降维方法进行了研究。具体而言,将目标降维视为一个多目标搜索问题,并引入了三种不同的多目标优化问题形式,旨在保留给定样本集的支配结构或相关性结构。对于每个多目标问题形式,同时考虑最小化两个相互冲突的目标:第一个是所选目标的数量(k),另一个是删除未选目标所带来的误差(δ,η 或 γ)。然后,通过采用 NSGA-Ⅱ 来形成一个多目标降维算法(NSGA-Ⅱ-δ,NSGA-Ⅱ-η 或 NSGA-Ⅱ-γ),以在两个目标之间达到良好的权衡,并返回一组非支配目标子集,为用户提供决策支持。此外,还提供了基于几个定理的支配结构和相关性方法的详细分析,旨在清楚地揭示两种主要的目标降维技术的一般优势和局限性。广泛的实验结果和在各种问题上的比较表明,所提出的多目标方法具有很好的效果,并揭示了所研究算法的特性,这与本书的理论分析相一致。未来研究的可能方向如下。

(1)由于支配结构和相关性方法具有互补优势,因此有可能研究混合方法,能够同时结合两者的优点,并在一定程度上克服它们的缺点。

(2)之后有必要进一步研究基于所提出算法的在线目标降维。一方面,需要开发更先进的集成方案。一种可能的方式是使用进化多任务范式[179-181]同时执行目标降维和多目标优化。另一方面,有必要通过与参考向量适应的分解算法[119,141,177,178]的广泛比较来进一步探讨在线目标降维的好处。

(3)本章中只有少数几种多目标退化基准问题可供目标降维使用。设计具有适合于全面评估目标降维算法特征的新基准问题非常有必要。

第7章　利用支配预测辅助的高成本多目标演化优化

7.1　前　　言

多目标优化问题(MOPs)在大多数科学和工程领域中自然产生。由于种群的本质,演化算法(Evolutionary Algorithms,EAs)非常适合解决 MOPs,可以在单次运行中生成 Pareto 前沿(Pareto Front,PF)的近似解。此外,多目标演化算法(MOEAs)可以处理具有复杂特征的 MOPs(例如非凸性、混合整数和黑盒),传统的多目标优化技术难以适用。MOEAs 已得到广泛研究[182],最近的研究[9,138]主要集中在使 MOEAs 可扩展到具有超过三个目标的 MOPs 上,通常称为多目标优化问题(MaOPs)。在许多实际 MOPs 中,目标函数的评估涉及计算昂贵的模拟或实验程序[183],可能需要数小时甚至数天。这对于使用多目标优化器,尤其是 MOEAs 来说,构成了严重的障碍,因为它们通常需要数千甚至数万次函数评估才能获得令人满意的结果。解决此问题的常见方法是开发昂贵目标函数的廉价近似。在这些近似(也称为代理或元模型[183,184])的指导下,优化器可以仅使用非常少的函数评估来实现良好的性能。

针对高成本 MOPs 的一种流行的代理辅助算法类别是基于单目标有效全局优化(Efficient Global Optimization,EGO)[185]的思想。这种优化范式也被称为贝叶斯优化[186]。EGO 使用 Kriging(也称为高斯过程回归)模型来近似真实的目标函数,并通过优化称为期望改进(Expected Improvement,EI)的填充准则来选择下一个样本点进行评估。因为 EI 通常是非凸函数,所以其优化通常采用 EA。为了将 EGO 扩展到 MOPs,关键问题是如何将多个目标函数转换为标量函数。这样做的典型方式是使用一组预定义的标量化权重向量(例如 ParEGO[187]和 MOEA/D-EGO[188])。然而,这种方法的一个主要问题是使用均匀分布的权重向量不一定会在目标空间中产生良好的无支配解分布[144,187],因此相关算法可能会失去多样性。将 EGO 扩展到 MOPs 的另一种方法是使用称为超体积(HV)[11]的集合性能指标(例如 SMS-EGO[189]和 SUR[190])。然而,HV 的计算成本高,并且随着目标数量的增加,其时间复杂度呈指数增长,限制了这种算法在 MaOPs 中的适用性。关于 EGO 基础的多目标优化器的概述和分类法,请参见文献[191]和[192]。最近的一项研究[193]讨论了 EGO 框架内 MOPs 的几种替代标量化策略。

另一种显著的用于代理辅助昂贵多目标问题的算法类别是基于现有多目标优化演化算法（MOEAs）。这些算法通常会为每个目标构建一个代理模型。各种机器学习模型，如 Kriging、神经网络和支持向量机（Support Vector Machine，SVM），已被用于 MOEAs 中构建这些代理模型。在使用这些代理方法时，主要有两种策略：适应度替换和预选择。在适应度替换中，通常像传统的 MOEA 一样运行，但大多数解决方案使用代理模型预测的目标值，只有偶尔几个从当前种群中选择真实目标值的解才进行函数评估。因此，生存选择可能基于真实和预测的目标值。使用适应度替换的典型代理辅助 MOEAs 可以在文献[194-198]中找到。另一方面，在替代的预选择方法中，代理模型作为过滤器，在每一代中仅选取少数后代解进行函数评估，并且丢弃其余的解。然后，在 MOEA 中对已评估的后代进行生存选择。因此，与适应度替换不同，在预选择中，生存选择总是基于真实的目标值。可以在文献[199-201]中找到几个值得注意的代理辅助 MOEAs，这些方法无论使用哪种，新评估的解决方案通常都会用于更新代理模型。目前，在代理辅助 MOEAs 的设计中一个重要的趋势是利用进化多目标优化的最新进展，以更好地平衡收敛性和多样性（例如 K-RVEA[198] 和 HSMEA[201]）。现有代理辅助 MOEAs 的综述可以在文献[202-205]中找到。

虽然为每个目标构建一个代理模型是构建代理辅助 MOEAs 的直接方法，但来自每个元模型的累积逼近误差可能对优化过程的整体准确性产生不利影响[206,207]。此外，按照这种方式构建代理模型将随着目标数的增加而产生更高的计算成本。为了克服这些限制，代理辅助 MOEAs 的另一个研究方向是形成一个结合所有目标的单一代理模型。Loshchilov 等[208]提出了一种单一代理模型，结合了 SVM 回归和一类 SVM 的思想，其中，所有当前非支配解都映射到单个值（具有某些容差范围），所有支配解都被视为在该值的一侧。相关工作之后使用基于排名的 SVM 改进了映射机制[206]。Seah 等[209] 利用非支配排序获得的非支配级别，从而构建了一个序数回归代理，可以预测新解的级别。Yu 等[210]也提出了一种基于序数回归的代理，其中，解的序数级别是根据其与已存档 PF 之间的距离进行分配的。Zhang 等[211]引入了一种基于双分类的代理，其中，评估的解形成两个类别：非支配和支配解。Pan 等[212]采用了不同的方法构建了一个基于分类的代理：使用一组参考解将评估的解划分为两个类别。请注意，由于单一代理 MOEAs 不直接模拟目标函数，它们通常采用预选择策略实现。这些算法的一个潜在缺点是，由于所有目标的结合可能导致要建模的函数更加复杂，因此需要更强大的计算模型。

由于支配比较构成了许多多目标优化演化算法的核心过程，能够预测两个解之间的支配关系的机器学习模型将与基于分类的单一代理方法相结合。然而，令人惊讶的是，文献中对于支配预测的研究还很少。Guo 等[213]首次尝试通过高斯朴素贝叶斯分类器进行

Pareto 支配预测。但是这项工作仅是探索性的,所采用的简单模型需要强假设,可能不足以学习非线性支配关系。Bandaru 等[214]进行了一项更全面的研究,调查了十种不同的用于 Pareto 支配预测的分类算法。他们的工作与本章高度相关,因为它涉及一个前馈神经网络(Feedforward Neural Network,FNN)模型。但是,他们采用了仅具有一个隐藏层的 FNN 仍然是一个较浅的模型,使用传统技术进行训练,可能限制了其对复杂非线性关系的建模能力。鉴于近年来深度学习[215]取得的显著进展,使用深度学习模型来进行此预测目的是可行和理想的。在单目标贝叶斯优化中,深度 FNN 已被用作一种替代高斯过程模型以模拟函数分布[216]。

其一个非常重要的限制是[214](正如 Guo 等[213]的初步工作一样),它没有研究如何有效地将基于支配预测的代理模型与昂贵多目标优化的 MOEA 相结合。甚至有可能仅通过 Pareto 支配预测构建的代理辅助 MOEA 并不足够好。一方面,Pareto 支配比较可以促进收敛到 PF,但它们无法调节解的多样性。另一方面,如果目标数量很高,Pareto 支配可能不能提供足够的选择压力朝向 PF[9,45],导致收敛性差。鉴于当前支配预测研究中的以上限制,本章做出了以下贡献。

(1) 将支配预测定义为一个不平衡的分类问题,并在现代深度学习方法的背景下解决这个问题,预计能更好地捕捉复杂的非线性支配关系。使用深度神经网络作为代理的另一个好处是,模型可以使用小批量梯度下降进行在线更新。这与评估解按顺序可用的昂贵优化场景非常契合。

(2) 首次考虑支配预测的额外支配关系称为 θ-支配[39,140]。θ-支配明确地保留多样性,即使在高维目标空间中也能施加适度的选择压力,弥补 Pareto 支配的局限性。

(3) 提出了一种新的代理辅助 MOEA,称为 θ-DEA-DP,用于昂贵 MOPs,它将 θ-DEA[140]与基于支配预测的代理相结合。θ-DEA-DP 具有由 Pareto 支配和 θ-支配预测辅助的两阶段预选择策略,以便在目标空间中仔细地维护收敛和多样性之间的平衡。

本章的剩余部分组织如下:7.2 节介绍了本章的背景知识;7.3 节详细描述了所提出的 θ-DEA-DP 方法;7.4 节提供了实验结果和讨论;最后,7.5 节得出本章结论。

7.2　背　景　知　识

7.2.1　多目标优化

MOP 可以如下表示:①

---

①　本章中,假设目标是最小化目标函数。

$$\min \boldsymbol{f}(\boldsymbol{x}) = (f_1(\boldsymbol{x}), f_2(\boldsymbol{x}), \cdots, f_m(\boldsymbol{x}))^{\mathrm{T}}$$

$$\text{subject to } \boldsymbol{x} \in \Omega \subseteq \mathbb{R}^n \tag{7.1}$$

其中，$\boldsymbol{x}$ 是决策空间 Ω 中的一个 n 维决策向量，$\boldsymbol{f}: \Omega \to \Theta \subseteq \mathbb{R}^m$ 是由 m 个目标函数构成的目标向量，将决策空间映射到可达目标空间。在文献中，当 $m > 3$ 时，MOP 被称为 MaOP[9,138]。

定义 7.1（Pareto 支配）：一个解 $\boldsymbol{u} \in \Omega$ 被认为支配另一个解 $\boldsymbol{v} \in \Omega$，表示为 $\boldsymbol{u} \prec \boldsymbol{v}$，当且仅当 $\forall i \in \{1, 2, \cdots, m\}: f_i(\boldsymbol{u}) \leqslant f_i(\boldsymbol{v})$ 且 $\exists j \in \{1, 2, \cdots, m\}: f_j(\boldsymbol{u}) < f_j(\boldsymbol{v})$。

通常，MOP 的目标互相冲突，因此不存在单个解支配所有其他解。相反，存在一组在 Pareto 支配意义下同等优秀的解集，称为 Pareto 集（Pareto Set，PS）。

定义 7.2（Pareto 集）：对于给定的 MOP，PS 定义为 PS：$= \{\boldsymbol{x}^* \in \Omega \mid \nexists \boldsymbol{x} \in \Omega, \boldsymbol{x} \prec \boldsymbol{x}^*\}$。将 PS 映射到目标空间的过程称为 PF，其定义如下。

定义 7.3（Pareto 前沿）：对于给定的 MOP，PF 被定义为 PF：$= \{\boldsymbol{f}(\boldsymbol{x}^*) \mid \boldsymbol{x}^* \in \text{PS}\}$。

通常，多目标优化的目标是尽可能地逼近 PF。也就是说，获得的目标向量应该尽可能接近 PF（即收敛），并且在 PF 上尽可能均匀地分布（即多样性）。

7.2.2　θ-支配

θ-支配[39,140] 是一种结合了分解思想的新的支配关系。在 θ-支配中，需要预先确定一组在归一化目标空间中均匀分布的权重向量（也称为参考向量）①，记为 $\boldsymbol{w}_1, \boldsymbol{w}_2, \cdots, \boldsymbol{w}_N$。对于任何解 $\boldsymbol{x} \in \Omega$，假设点 P 是其在归一化目标空间中的映射，点 H 是 P 在方向 $\boldsymbol{w}_i$ 上的投影，则可以计算对应于 $\boldsymbol{w}_i$ 的两个距离，即 $d_{i,1}(\boldsymbol{x}) = |OH|$ 和 $d_{i,2}(\boldsymbol{x}) = |PH|$，其中，$O$ 是原点。此外，定义罚函数边界交（Penalty Boundary Intersection，PBI）函数[7] 为 $F_i(\boldsymbol{x}) = d_{i,1}(\boldsymbol{x}) + \theta d_{i,2}(\boldsymbol{x})$，其中，$\theta$ 是惩罚参数。在某种程度上，$F_i(\boldsymbol{x})$ 测量解 $\boldsymbol{x}$ 沿方向 $\boldsymbol{w}_i$ 接近 PF 的程度。图 7.1(a) 说明了 2-D 目标空间中的 $d_{i,1}$ 和 $d_{i,2}$。

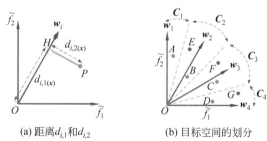

(a) 距离 $d_{i,1}$ 和 $d_{i,2}$　　　(b) 目标空间的划分

图 7.1　规范化目标空间中 θ-支配的示意图

---

① 为了不失一般性，我们假设所有标准化的目标值都大于或等于 0。

在θ-支配中,N个权重向量的作用是将目标空间分成N个簇$C_1,C_2,\cdots,C_N$。每个解根据到权重向量(即$d_{i,2}$)的垂直距离被专门分配给一个簇。形式化地说,如果$j=\underset{i=1}{\overset{N}{\arg\min}}d_{i,2}(\boldsymbol{x})$,则$\boldsymbol{x}\in C_j$。图7.1(b)说明了在$N=4$个权重向量下的目标空间划分。例如,点$E$属于$C_2$,因为它在垂直距离上最接近$\boldsymbol{w}_2$。

引入了PBI函数和聚类运算符后,θ-支配定义如下。

定义7.4(θ-支配): 对于任何$\boldsymbol{u}\in\Omega$和$\boldsymbol{v}\in\Omega$,如果存在一个簇C_j使得$\boldsymbol{u}$和$\boldsymbol{v}$都属于该簇,且$F_j(\boldsymbol{u})<F_j(\boldsymbol{v})$,则称$\boldsymbol{u}$在$\theta$-支配下支配$\boldsymbol{v}$,记为$\boldsymbol{u}\prec_\theta\boldsymbol{v}$。

本质上,θ-支配仅区分同一簇内的解。在图7.1(b)中,B和F互为θ-非支配,因为它们属于不同的簇;B在θ-支配意义下支配E,因为它们都在簇C_2中,并且B相对于$\boldsymbol{w}_2$获得更好的PBI函数值。

与Pareto支配类似,θ-支配定义了解之间的严格部分顺序[140]。对于基于θ-支配的非支配排序,可以先根据F_j在每个簇C_j中对解进行排序。然后,每个簇中最好的解构成第一级θ-非支配解,次优解构成第二级,以此类推。请注意,与Pareto支配不同,θ-支配强调收敛性和多样性。因此,在进行生存选择时,可以随机选择最后一个θ-非支配级别中包含的解,而不必使用诸如拥挤距离等辅助准则[5]。在图7.1(b)中,A、B、C和D构成第一级θ-非支配解,而E、F和G构成第二级θ-非支配解。

需要注意的是,θ-支配并不符合Pareto支配,这支持了本章预测Pareto支配和θ-支配的方法。此外,由于使用PBI函数,与Pareto支配相比[140],θ-支配通常在多目标优化中对PF保持更高的选择压力。

7.2.3　深度前馈神经网络

深度前馈神经网络(Feedforward Neural Network,FNN)是最典型的深度学习模型之一。给定一个输入输出的样本集$\mathbb{T}=\{(\boldsymbol{x}^{(1)},\boldsymbol{y}^{(1)}),(\boldsymbol{x}^{(2)},\boldsymbol{y}^{(2)}),\cdots,(\boldsymbol{x}^{(M)},\boldsymbol{y}^{(M)})\}$,称为训练集,FNN的目标是近似将输入$\boldsymbol{x}$映射到输出$\boldsymbol{y}$的函数。为此,FNN定义了一个参数化的函数,其体系结构如图7.2所示。在深度为D的FNN中①,有一个输入层(即第0层)只接收输入数据$\boldsymbol{x}$和一个输出层(即第D层)给出输出$\boldsymbol{y}$。在输入和输出层之间,有$D-1$个隐藏层。在第l层($1\leqslant l\leqslant D$)中,它接受第$(l-1)$层$\boldsymbol{a}^{[l-1]}$的输出作为输入,并通过非线性变换产生其输出$\boldsymbol{a}^{[l]}=h(\boldsymbol{W}^{[l]}\boldsymbol{a}^{[l-1]}+\boldsymbol{b}^{[l]})$,其中,$\boldsymbol{a}^{[0]}=\boldsymbol{x}$;$\boldsymbol{W}^{[l]}$和$\boldsymbol{b}^{[l]}$分别是第$l$层的权重和偏置参数;$h(\cdot)$是一个非线性激活函数。学习任务是基于训练集$\mathbb{T}$确定参数$\boldsymbol{W}^{[l]}$和$\boldsymbol{b}^{[l]}$,$l=1,2,\cdots,D$。

---

① 通常情况下,如果深度$D>2$,则可以将FNN视为"深度"模型。

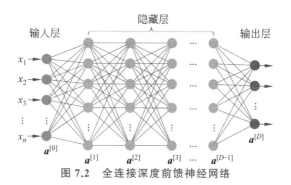

图 7.2　全连接深度前馈神经网络

FNN 常用于多分类问题。在这种情况下,输出层中的单元数等于类别数 K,并进一步使用 softmax() 函数将 $\boldsymbol{a}^{[D]}=(a_1^{[D]},a_2^{[D]},\cdots,a_K^{[D]})^{\mathrm{T}}$ 转换为离散概率分布:$p_k(\boldsymbol{x})=\exp(a_k^{[D]})/\sum_{k=1}^{K}\exp(a_K^{[D]})$,其中,$k=1,2,\cdots,K$。在多类分类问题中,训练集 $\mathbb{T}$ 中的目标 $\boldsymbol{y}^{(i)},i=1,2,\cdots,M$ 通常表示为 one-hot 向量 $\boldsymbol{y}^{(i)}=(y_1^{(i)},y_2^{(i)},\cdots,y_K^{(i)})$,其中,$y_k^{(i)}=1$ 当且仅当 $\boldsymbol{x}^{(i)}$ 属于类别 k 时;否则,$y_k^{(i)}=0,k=1,2,\cdots,K$。为学习参数 $\boldsymbol{W}=(\boldsymbol{W}^{[1]},\boldsymbol{W}^{[2]},\cdots,\boldsymbol{W}^{[D]})$ 和 $\boldsymbol{b}=(\boldsymbol{b}^{[1]},\boldsymbol{b}^{[2]},\cdots,\boldsymbol{b}^{[D]})$,利用反向传播最小化以下损失函数 $J(\boldsymbol{W},\boldsymbol{b})$,称为交叉熵损失[217]:

$$J(\boldsymbol{W},\boldsymbol{b})=-\frac{1}{M}\sum_{i=1}^{M}\sum_{k=1}^{K}y_k^{(i)}\log(p_k(\boldsymbol{x}^{(i)})) \tag{7.2}$$

使用学习到的参数,对于一个新的输入 $\boldsymbol{x}$ 的预测类别由 $t(\boldsymbol{x})=\underset{k=1}{\overset{K}{\arg\max}}\,p_k(\boldsymbol{x})$ 给出。此外,FNN 还可以指示输入 $\boldsymbol{x}$ 属于预测类别的概率(或置信度),该概率由 $p(\boldsymbol{x})=\underset{k=1}{\overset{K}{\max}}\,p_k(\boldsymbol{x})$ 给出。

在深度学习时代,修正线性单元(Rectified Linear Unit,ReLU)是最流行的非线性激活函数,与 tanh() 或 sigmoid() 函数相比,通常可以使学习速度更快。此外,还发明了许多更先进的技术,如参数初始化(例如,Kaiming 初始化[218])、正则化(例如,dropout[219])和基于梯度的优化(例如,Adam 优化器[220]),用于高效训练深度神经网络。

7.3　$\boldsymbol{\theta}$-DEA-DP 算法

7.3.1　概述

所提出的 θ-DEA-DP 的框架在算法 7-1 中描述。

算法 7-1　θ-DEA-DP 的框架算法

1：　$\{w_1, w_2, \cdots, w_N\} \leftarrow$初始化权重向量$(m)$

2：　$\mathbb{P} \leftarrow$ LatinHypercube(n)

3：　evals$\leftarrow 0$

4：　$\mathbb{A} \leftarrow \varnothing$

5：　**for** $x \in \mathbb{P}$ **do**

6：　　　　计算(x)

7：　　　　evals$\leftarrow$evals$+1$

8：　　　　$\mathbb{A} \leftarrow \mathbb{A} \cup x$

9：　**end for**

10：　p-net$\leftarrow$Initiate-Pareto-Net$(\mathbb{A})$

11：　θ-net$\leftarrow$Initiate-θ-Net$(\mathbb{A})$

12：　$\{x_1^*, x_2^*, \cdots, x_N^*\} \leftarrow$Get-$\theta$-Reps$(\mathbb{A})$

13：　$\{y_1^*, y_2^*, \cdots, y_N^*\} \leftarrow$Get-Pareto-Reps$(\mathbb{A})$

14：　$\mathbb{P} \leftarrow$TruncatePopulation$(\mathbb{P}, N)$

15：　**while** evals$<$MaxEval **do**

16：　　　$j \leftarrow$ChooseTargetClusterIndex(N)

17：　　　$\mathbb{Q} \leftarrow$GenerateOffsprings$(\mathbb{P}, N^*)$

18：　　　$z^* \leftarrow$TwoStagePreSelection$(\mathbb{Q}, x_j^*, y_j^*, \text{p-net}, \theta\text{-net})$

19：　　　计算(z^*)

20：　　　evals$\leftarrow$evals$+1$

21：　　　$\mathbb{A} \leftarrow \mathbb{A} \cup z^*$

22：　　　Update-Pareto-Net$(\text{p-net}, \mathbb{A})$

23：　　　Update-θ-Net$(\theta\text{-net}, \mathbb{A}))$

24：　　　Update-θ-Reps$(\{x_1^*, x_2^*, \cdots, x_N^*\}, \mathbb{A})$

25：　　　Update-Pareto-Reps$(\{y_1^*, y_2^*, \cdots, y_N^*\}, \mathbb{A})$

26：　　　$\mathbb{P} \leftarrow$TruncatePopulation$(\mathbb{P} \cup z^*, N)$

27：　**end while**

首先，使用与θ-DEA[140]相同的方法生成一组 N 个结构化权重向量。在第 2 步中，使用拉丁超立方采样(Latin Hypercube Sampling，LNS)生成一组初始解$\mathbb{P}$，该方法与 ParEGO[187]中描述的方法相同。$\mathbb{P}$中的解的数量设置为$11n-1$，其中 n 是决策变量的数量。在第 3～9步中，评估并添加$\mathbb{P}$中的所有解到外部存档$\mathbb{A}$中，该存档用于保存迄今为止评估的所有解。

在第 10 步中，使用$\mathbb{A}$中的解来训练 ParetoNet，用于 Pareto 支配预测的神经网络。一旦训练好 ParetoNet，其功能就是当给定任何两个解 u 和 v 时，它可以输出 u 和 v 之间的预测 Pareto 支配关系(例如，$u \prec v$，$v \prec u$ 或 $u \simeq v$)[①]，以及属于预测支配关系的概率，而不

---

① 为方便起见，$u \simeq v$(或 $u \simeq_\theta v$)表示 u 和 v 在 Pareto(或 θ)意义下彼此之间没有支配关系。也就是说，它们之间不存在一方优于另一方。

知道它们的目标值。同样,在第 11 步中,训练一个名为 θ-Net 的神经网络来进行 θ 支配预测。

如 7.2.2 节所述,N 个权重向量将目标空间分成 N 个簇 $C_1, C_2, \cdots, C_N$。在第 12 步和第 13 步中,为每个簇 C_j 确定 θ 代表解 $\boldsymbol{x}_j^*$ 和 Pareto 代表解 $\boldsymbol{y}_j^*$,其中,$\boldsymbol{x}_j^*$ 和 $\boldsymbol{y}_j^*$ 都从 $\mathbb{A}$ 中选择。θ 和 Pareto 代表解的含义稍后将解释。

在 θ-DEA-DP 中,种群大小设置为 N,与权重向量数量相同。但是,种群 $\mathbb{P}$ 的初始大小为 $11n-1$,可能大于 N。因此,在第 14 步中,如果 $11n-1 > N$,则使用基于 θ 支配的非支配排序选择 N 个优秀解。

第 15～27 步重复迭代,直到达到最大评估数(Maximum Number of Evaluations, MaxEvals)。在每次迭代中,首先选择要考虑的簇 C_j(即第 16 步)。为确保在优化过程中大致平等地考虑每个簇,所有簇都一个接一个地进行轮换,但它们的顺序会每轮打乱。

在第 17 步中,通过使用模拟两点交叉(Simulated Binary Crossover, SBX)和多项式变异[92],从当前种群 $\mathbb{P}$ 创建一个子代种群 $\mathbb{Q}$(大小为 N^*)。与 θ-DEA 一样,采用随机交配选择。请注意,$N^* \gg N$,因此好的候选解很可能包含在 $\mathbb{Q}$ 中。现在,有一个已选择的簇 C_j 和一组候选解 $\mathbb{Q}$。在第 18 步中,使用两阶段预选策略从 $\mathbb{Q}$ 中选择一个单一的解 $\boldsymbol{z}^*$ 进行评估,并辅以训练好的 Pareto-Net 和 θ-Net。期望解 $\boldsymbol{z}^*$ 能够比 θ-representative 解 $\boldsymbol{x}_j^*$ 和 Pareto-representative 解 $\boldsymbol{y}_j^*$ 有显著的改进。

由于有了新评估的解 $\boldsymbol{z}^*$,可以为 Pareto-Net 和 θ-Net 创建一些新的训练示例。通过结合先前和新的训练示例,在第 22 和 23 步中更新 Pareto-Net 和 θ-Net。此外,由于有了 $\boldsymbol{z}^*$,需要在第 24 和 25 步中更新 θ 和 Pareto-representative 解。在第 26 步中,使用 θ 非支配排序将种群大小缩减回 N。

请注意,θ-DEA-DP 没有集成特殊的归一化过程。目前,θ-DEA-DP 使用与 ParEGO[187] 相同的方法,在优化开始时对目标函数进行归一化。

接下来,7.3.2 节介绍了 θ 和 Pareto-representative 解的概念;7.3.3 节描述了如何初始化和更新 Pareto-Net 和 θ-Net;7.3.4 节详细介绍了两阶段预选策略;7.3.5 节讨论了 θ-DEA-DP 的几个设计原则。

7.3.2　Representative 解

对于簇 C_j,它的 θ-representative 解 $\boldsymbol{x}_j^*$ 满足 $\boldsymbol{x}_j^* \in \mathbb{A} \bigcap C_j$,且对于所有的 $\boldsymbol{x} \in \mathbb{A}$,$\boldsymbol{x} \prec_\theta \boldsymbol{x}_j^*$。根据定义 7.4,$\boldsymbol{x}_j^*$ 确实是在 $\mathbb{A} \bigcap C_j$ 中所有解中 F_j 最小的解。请注意,如果在 $\mathbb{A}$ 中没有解落入 C_j(即 $\mathbb{A} \bigcap C_j = \varnothing$),则 $\boldsymbol{x}_j^*$ 可能为空。假设已经获得了所有的 θ 代表性解 $\{\boldsymbol{x}_1^*, \boldsymbol{x}_2^*, \cdots, \boldsymbol{x}_N^*\}$。在其中(忽略空解),可以找到 Pareto 非支配解,并将它们的索引集合表示

为 $\mathbb{I}=\{i_1,i_2,\cdots,i_N\}$。对于簇 C_j，如果 $j\in\mathbb{I}$，则它的 Pareto-representative 解 $\boldsymbol{y}_j^*$ 与其 θ-representative 解 $\boldsymbol{x}_j^*$ 相同。如果 $j\notin\mathbb{I}$ 且 $\boldsymbol{x}_j^*$ 不为空，可以肯定地找到一个指数 $i\in\mathbb{I}$，使得 $\boldsymbol{x}_i^*\prec\boldsymbol{x}_j^*$，然后将 $\boldsymbol{y}_j^*$ 设置为 $\boldsymbol{x}_i^*$。请注意，如果在 $\mathbb{I}$ 中有多个这样的指数 i，则选择导致 $\boldsymbol{w}_i$ 和 $\boldsymbol{w}_j$ 之间欧几里得距离最短的那个。最后，如果 $\boldsymbol{x}_j^*$ 为空，则 Pareto-representative 解 $\boldsymbol{y}_j^*$ 必为空。

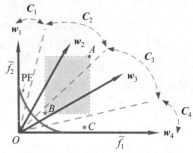

图 7.3 进一步说明了代表性解。在这个图中，C_1 没有代表性解；A,B 和 C 分别是 C_2,C_3 和 C_4 的 θ-representative 解。由于 B 和 C 是三个 θ-representative 解中的 Pareto 非支配解，因此 B 和 C 也分别是 C_3 和 C_4 的 Pareto-representative 解。对于 C_2，B 被设置为其 Pareto-representative 解。这是因为 B Pareto 支配 A，并且 $\boldsymbol{w}_2$ 距离 $\boldsymbol{w}_3$ 比 $\boldsymbol{w}_4$ 更近。

图 7.3 $\boldsymbol{\theta}$ 和 Pareto-representative 解的示意图

7.3.3 基于支配预测的代理模型

由于本节所介绍的程序类似地适用于 Pareto-Net 和 θ-Net，因此本章以 Pareto-Net 为例进行说明。将支配预测制定为一个三分类问题（A 支配 B，B 支配 A，或者两者都不支配彼此）。

（1）初始化代理：在算法 7-1 的第 10 步中初始化 Pareto-Net 时，需要使用存档 $\mathbb{A}$ 中的已评估解构造一个训练集 $\mathbb{T}$。假设 $\mathbb{A}=\{\boldsymbol{x}_1,\boldsymbol{x}_2,\cdots,\boldsymbol{x}_S\}$，其中，$S$ 是 $\mathbb{A}$ 中当前解的数量。每个训练示例的输入是来自 $\mathbb{A}$ 中的任意两个解 $\boldsymbol{x}_i$ 和 $\boldsymbol{x}_j(i\neq j)$ 连接在一起的向量，表示为 $\boldsymbol{x}_{i,j}=[\boldsymbol{x}_i,\boldsymbol{x}_j]$，相应的输出 $\boldsymbol{y}_{i,j}$ 是一个独热向量，指示 $\boldsymbol{x}_{i,j}$ 属于的类别。在本章中，我们说 $\boldsymbol{x}_{i,j}$ 属于类 1，当且仅当 $\boldsymbol{x}_i\prec\boldsymbol{x}_j$；属于类 2，当且仅当 $\boldsymbol{x}_j\prec\boldsymbol{x}_i$；属于类 3，当且仅当 $\boldsymbol{x}_i$ 和 $\boldsymbol{x}_j$ 没有支配关系。这样，创建了一个包含 $S(S-1)$ 个输入-输出示例的训练集 $\mathbb{T}$。

通过此训练集，训练分类器（即 Pareto-Net），它是如图 7.2 所示的全连接 FNN。在训练过程中，使用 Kaiming 初始化[218] 来初始化 FNN 参数，使用权重衰减作为正则化器来减少过拟合，并使用 Adam 优化器[220] 以固定的小批量大小来优化 FNN 参数。这些是训练深度 FNN 的标准技巧，并已实现在 PyTorch[221] 中。

对支配预测的关键观察规律是，它通常是一个不平衡分类问题[222]，这将在 7.3.5 节中进一步讨论。为了缓解类别不平衡，采用常见的策略，在交叉熵损失中为每个类引入加权因子。相应于式（7.2），加权交叉熵损失定义为

$$J(\boldsymbol{W},\boldsymbol{b})=-\frac{1}{M}\sum_{i=1}^{M}\sum_{k=1}^{K}\alpha_k y_k^{(i)}\log(p_k(\boldsymbol{x}^{(i)})) \tag{7.3}$$

其中，$\alpha_k(k=1,2,\cdots,K)$ 是训练集中类别 k 的反频率。

给定由两个解构成的连接向量$[\boldsymbol{u},\boldsymbol{v}]$，经过训练的 Pareto-Net 可以预测$[\boldsymbol{u},\boldsymbol{v}]$所属的类别$t(\boldsymbol{u},\boldsymbol{v})$，并提供该预测类别的估计概率$p(\boldsymbol{u},\boldsymbol{v})$。这个预测函数的缺点是，当 Pareto-Net 不能完美地捕捉 Pareto 支配的特征时，$\boldsymbol{u}$ 和 $\boldsymbol{v}$ 之间的预测支配关系可能取决于输入向量是$[\boldsymbol{u},\boldsymbol{v}]$还是$[\boldsymbol{v},\boldsymbol{u}]$。例如，Pareto-Net 可能会输出 $t(\boldsymbol{u},\boldsymbol{v})=1$ 表示 $\boldsymbol{u}\prec\boldsymbol{v}$，同时输出 $t(\boldsymbol{u},\boldsymbol{v})=3$ 表示 $\boldsymbol{u}\simeq\boldsymbol{v}$，这导致不一致性。为了解决这个问题，使用具有更大预测概率/置信度的输入向量来确定支配关系，因此将$[\boldsymbol{u},\boldsymbol{v}]$的预测类别和相应的预测概率进行修正，如式(7.4)所示。

$$\hat{t}(\boldsymbol{u},\boldsymbol{v})=\begin{cases} t(\boldsymbol{u},\boldsymbol{v}), & p(\boldsymbol{u},\boldsymbol{v})\geqslant p(\boldsymbol{v},\boldsymbol{u}) \\ 3-t(\boldsymbol{u},\boldsymbol{v}), & p(\boldsymbol{u},\boldsymbol{v})<p(\boldsymbol{v},\boldsymbol{u})\ 且\ t(\boldsymbol{v},\boldsymbol{u})\neq 3 \\ 3, & p(\boldsymbol{u},\boldsymbol{v})<p(\boldsymbol{v},\boldsymbol{u})\ 且\ t(\boldsymbol{v},\boldsymbol{u})=3 \end{cases} \tag{7.4}$$

同时，$\hat{p}(\boldsymbol{u},\boldsymbol{v})=\max\{p(\boldsymbol{u},\boldsymbol{v}),p(\boldsymbol{v},\boldsymbol{u})\}$。为方便起见，如果 $\boldsymbol{u}$ 或 $\boldsymbol{v}$ 为空，则指定 $\hat{t}(\boldsymbol{u},\boldsymbol{v})=\hat{p}(\boldsymbol{u},\boldsymbol{v})=0$。

类似地，对于 θ-Net，也有预测函数 $\hat{t}_\theta(\boldsymbol{u},\boldsymbol{v})$，以及相应的预测概率 $\hat{p}_\theta(\boldsymbol{u},\boldsymbol{v})$。其中，$\hat{t}_\theta(\boldsymbol{u},\boldsymbol{v})=1$，$\hat{t}_\theta(\boldsymbol{u},\boldsymbol{v})=2$ 和 $\hat{t}_\theta(\boldsymbol{u},\boldsymbol{v})=3$ 分别表示预测的 θ-支配关系为 $\boldsymbol{u}\prec_\theta\boldsymbol{v}$，$\boldsymbol{v}\prec_\theta\boldsymbol{u}$ 和 $\boldsymbol{u}\simeq_\theta\boldsymbol{v}$。

(2) 更新代理：在每次迭代中，需要更新 Pareto-Net(即算法 7-1 的第 22 步)。如果 $|\mathbb{A}|<T_{\max}$，则使用 $\mathbb{A}$ 中的所有解来更新 Pareto-Net；否则，仅考虑 $\mathbb{A}$ 中最近评估的 $T_{\max}$ 个解，以减少计算成本，其中，$T_{\max}$ 是一个预定义的参数。

假设 $\boldsymbol{z}^*$ 是一个新评估的解，刚刚被添加到 $\mathbb{A}$ 中(参见算法 7-1 的第 21 步)，因此它一定会被考虑在更新中。考虑到 $\boldsymbol{z}^*$ 以外的其他解构成了集合 $\mathbb{A}'=\{\boldsymbol{x}_{i_1},\boldsymbol{x}_{i_2},\cdots,\boldsymbol{x}_{i_{T'}}\}$，其中，$T'=\max\{|\mathbb{A}|,T_{\max}\}-1$。可以构建 $2T'$ 个新示例，这些示例尚未被 Pareto-Net 观察到，它们的输入是 $[\boldsymbol{x}_{i_1},\boldsymbol{z}^*],[\boldsymbol{x}_{i_2},\boldsymbol{z}^*],\cdots,[\boldsymbol{x}_{i_{T'}},\boldsymbol{z}^*],[\boldsymbol{z}^*,\boldsymbol{x}_{i_1}],[\boldsymbol{z}^*,\boldsymbol{x}_{i_2}],\cdots,[\boldsymbol{z}^*,\boldsymbol{x}_{i_{T'}}]$。为了估计 Pareto-Net 的当前性能，在这 $2T'$ 个示例上测试它。请注意，由于类别不平衡，总体准确度通常不是一个有意义的性能指标。因此，分别记录每个类别的准确度，表示为 acc_1、acc_2 和 acc_3 并获得 $\mathrm{acc}_{\min}=\min\limits_{k=1}^{3}\mathrm{acc}_k$。

根据 $\mathrm{acc}_{\min}$，首先确定是否进行更新。如果 $\mathrm{acc}_{\min}>\gamma$($\gamma$ 是准确度阈值)，则 Pareto-Net 可能目前工作得很好，因此只需保持其不变。否则，继续训练 Pareto-Net 来更新其模型参数。这里的目标训练集是通过将 $\mathbb{A}'\cup\boldsymbol{z}^*$ 中的任意两个解结对构成的。由于基于梯度的训练机制，无须从头开始训练 Pareto-Net。相反，使用 Pareto-Net 的当前参数作为 Adam 优化器的起点。

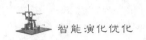

最后一个更新问题是确定由 E_{upd} 表示的训练的迭代次数（Epoch）[①]。假设 E_{init} 是用于启动 Pareto-Net 的训练时期数，则根据 acc_{min} 和 E_{init} 指定 E_{upd}，如下。

$$E_{upd} = \left(1 - \frac{acc_{min}}{\gamma}\right) E_{init} \tag{7.5}$$

这个方程包含两个考虑因素：第一，一般来说，E_{upd} 应该比 E_{init} 小，因为在更新之前 Pareto-Net 已经进行了一段时间的训练；第二，较高的估计准确度 acc_{min} 可能需要更小的模型参数调整。

7.3.4　两阶段预选策略

在每次迭代中，首先选择一个目标聚类 C_j，并从中采样一个候选解集合 $\mathbb{Q}$（参见算法 7-1 的第 16 步和第 17 步）。目标是通过 Pareto-Net 和 θ-Net 选择一个单独的解来进行评估。为此，采用了一个两阶段的预选策略。

（1）与代表解进行比较：第一阶段负责选择 $\mathbb{Q}$ 中的一个子集，其中解可能会对当前代表解进行改进。根据 θ-代表解 $\boldsymbol{x}_j^*$ 是否为空，第一阶段需要分别处理两种情况。

如果 $\boldsymbol{x}_j^*$ 不为空，则比较 $\mathbb{Q}$ 中的每个解与 $\boldsymbol{x}_j^*$ 的 θ-支配关系，以及与 $\boldsymbol{y}_j^*$ 的 Pareto 支配关系进行比较。更具体地说，对于 $\mathbb{Q}$ 中的每个解 $\boldsymbol{z}$，使用 θ-Net 和 Pareto-Net 分别获得 $\hat{t}_\theta(\boldsymbol{z}, \boldsymbol{x}_j^*)$ 和 $\hat{t}(\boldsymbol{z}, \boldsymbol{y}_j^*)$。根据这些值，可以将 $\mathbb{Q}$ 中的解划分为以下四类。

① $\mathbb{Q}_1 = \{\boldsymbol{z} \in \mathbb{Q} \mid \hat{t}_\theta(\boldsymbol{z}, \boldsymbol{x}_j^*) = 1 \wedge \hat{t}(\boldsymbol{z}, \boldsymbol{y}_j^*) = 1\}$

② $\mathbb{Q}_2 = \{\boldsymbol{z} \in \mathbb{Q} \mid \hat{t}_\theta(\boldsymbol{z}, \boldsymbol{x}_j^*) = 1 \wedge \hat{t}(\boldsymbol{z}, \boldsymbol{y}_j^*) = 3\}$

③ $\mathbb{Q}_3 = \{\boldsymbol{z} \in \mathbb{Q} \mid \hat{t}_\theta(\boldsymbol{z}, \boldsymbol{x}_j^*) = 3 \wedge \hat{t}(\boldsymbol{z}, \boldsymbol{y}_j^*) = 1\}$

④ $\mathbb{Q}_4 = \{\boldsymbol{z} \in \mathbb{Q} \mid \hat{t}_\theta(\boldsymbol{z}, \boldsymbol{x}_j^*) = 2 \vee \hat{t}(\boldsymbol{z}, \boldsymbol{y}_j^*) = 2\}$

忽略 $\mathbb{Q}_4$ 中的解，因为所有解都被预测为被 $\boldsymbol{x}_j^*$ θ 支配或被 $\boldsymbol{y}_j^*$ Pareto 支配。在 $\mathbb{Q}_1$、$\mathbb{Q}_2$ 和 $\mathbb{Q}_3$ 中，只选择一种类别进行进一步考虑，并忽略其他类别的解。在所提出的算法中，$\mathbb{Q}_1$ 被赋予最高优先级，其次是 $\mathbb{Q}_2$ 和 $\mathbb{Q}_3$。如果 $\mathbb{Q}_1 \neq \varnothing$，就选择 $\mathbb{Q}_1$。只有当高优先级的类别为空时，才会选择 $\mathbb{Q}_2$ 或 $\mathbb{Q}_3$。

如果 $\boldsymbol{x}_j^*$ 为空，则意味着至少一个聚类中没有经过评估的解决方案。在这种情况下，希望找到属于未探索聚类的解决方案以增强多样性。因此，只考虑 $\mathbb{Q}$ 中对所有当前非空 θ-representative 解决方案都是 θ-非支配的解决方案。将这个集合称为 $\mathbb{Q}_5$ 类别，形式上定义为 $\mathbb{Q}_5 = \{\boldsymbol{z} \in \mathbb{Q} \mid \forall i \in \{1, 2, \cdots, N\}, \hat{t}_\theta(\boldsymbol{z}, \boldsymbol{x}_i^*) = 3\}$。

请注意，在这两种情况下，如果所选类别中的解决方案数量大于参数 Q_{max}，则最多保

留 $Q_{\max}$ 个解决方案。为此,计算与所选类别中每个解决方案 z 相关的预测概率之和,用 $p_{\mathrm{sum}}(z)$ 表示。对于第一种情况,它可以表示为 $p_{\mathrm{sum}}(z) = p_\theta(z, x_j^*) + p(z, y_j^*)$;而对于第二种情况,有 $p_{\mathrm{sum}}(z) = \sum_{i=1}^{N} p_\theta(z, x_i^*)$。然后,可以选择具有最大 $p_{\mathrm{sum}}(z)$ 值的 $Q_{\max}$ 个解决方案。[①]

（2）在第一阶段中,假设选择了一个要考虑的类别 $\mathbb{Q}_k$,其中,$k \in \{1,2,3,5\}$,表示为 $\mathbb{Q}_k = \{z_1, z_2, \cdots, z_Q\}$。第二个预选择阶段现在负责从 $\mathbb{Q}_k$ 中选择一个解决方案,该解决方案可能会产生对代表性解决方案的最大改进。为此,首先使用 Pareto-Net（θ-Net）来预测 $\mathbb{Q}_k$ 中任意两个解决方案之间的 Pareto 支配（θ-支配）关系。然后,对于 $\mathbb{Q}_k$ 中的每个解决方案 z_i,定义以下指标,称为期望支配数（Expected Dominance Number,EDN）。

$$e(z_i) = \sum_{j \neq i} I(\hat{t}(z_i, z_j) = 1)\hat{p}(z_i, z_j) \tag{7.6}$$

其中,$I(\cdot)$ 是指示函数。这个指标基本上计算 $\mathbb{Q}_k$ 中被预测为 Pareto 被 z_i 支配的解决方案数量,加权 z_i Pareto 支配的概率。同样,可以根据 z_i 的 θ-支配定义一个 EDN,如下。

$$e_\theta(z_i) = \sum_{j \neq i} I(\hat{t}_\theta(z_i, z_j) = 1)\hat{p}_\theta(z_i, z_j) \tag{7.7}$$

最后,根据 $e_{\mathrm{sum}}(z_i) = e(z_i) + e_\theta(z_i)$ 对 $\mathbb{Q}_k$ 中的解决方案进行排名。具有最大值 $e_{\mathrm{sum}}(z_i)$ 的解决方案被选定进行函数评估。

7.3.5　讨论

在 θ-DEA-DP 中,结合了 Pareto 和 θ 支配预测。正如 7.1 节所解释的那样,仅使用 Pareto 支配预测是不理想的。另一方面,仅使用 θ 支配预测也不是一个好的实践,因为这可能导致收敛速度缓慢。以图 7.3 为例,假设要寻找一种解决方案,该方案通过 θ-Net 协助,θ 支配当前 C_2 群集中的 θ-representative 解 A。选择进行评估的解决方案很可能会落入图 7.3 中阴影区域,并因此被 Pareto 支配另一个 C_3 群集中的解决方案 B。因此,许多新评估的解决方案可能无法帮助改进当前解决方案集的整体质量,从而阻碍快速收敛到 PF。出于类似的原因,区分一个群集中的 Pareto 和 θ-representative 解决方案。例如,如果使用 A 作为 C_2 的 Pareto-representative 解决方案而不是 B,则许多被 Pareto-Net 识别为有前途的解决方案将位于阴影区域,这确实无法对整体质量改进做出贡献。同时使用 Pareto-Net 和 θ-Net 的另一个潜在好处是,即使其中一个代理表现不佳,优化过程仍然可以得到良好的指导,从而提高优化的鲁棒性。

---

① 尽管很少发生,在第一种情况下,如果 $\mathbb{Q}_1 = \mathbb{Q}_2 = \mathbb{Q}_3 = \varnothing$,在第二种情况下,如果 $\mathbb{Q}_5 = \varnothing$,可能无法选择任何解决方案。此时,只需使用遗传算子重新对候选解集合 $\mathbb{Q}$ 进行重新采样即可。

在 θ-DEA-DP 中,后代数 N^* 应足够大,以便采样更多、更好的候选解决方案。然而,如果 N^* 太大,则代理将被过于频繁地用于比较解决方案。由于代理通常不完美,这可能会在选择过程中引入过多的近似噪声,从而很难找出一个非常好的解决方案。一个大的 N^* 也可能会产生无法承受的计算成本。因此,在两阶段预选择中,必须设置最大类别大小 $Q_{\max}$。

正如 7.3.3 节所述,将支配预测视为一个不平衡分类问题是很重要的。对于 Pareto 支配,众所周知的是随着目标数量的增加,绝大多数解决方案将变得相互不支配。对于 θ-支配,一个极端情况是训练集中涉及的所有解决方案都在同一个聚类中。在这种情况下,将没有属于第 3 类的训练示例。相反,如果所有解决方案均匀分布在 N 个聚类中,并且每个聚类有 L 个解决方案,则可以推断出在第 1 类和第 2 类中都有 $L(L-1)N/2$ 个训练示例,在第 3 类中则有 $N(N-1)L^2$ 个训练示例。因此,第 3 类和第 1 类(或第 2 类)之间的比例大于 $2(N-1):1$。由于 N 的值通常在十到百之间,类分布将高度不平衡。

在 Pareto-Net 和 θ-Net 的训练中,不应使用 dropout[219]。尽管 dropout 在深度学习中通常用作正则化策略,但研究发现它通常会在实验中恶化最终优化性能,并且非常适度的权重衰减而没有 dropout 通常是更好的配置。有趣的是,Snoek 等[216] 在单目标贝叶斯优化的背景下也有类似的观察结果。对其根本原因的分析将在未来的工作中进行。

在两阶段预选择中,显然 $\mathbb{Q}_1$ 中的解决方案具有最高优先级,因为 $\mathbb{Q}_1$ 中的每个解决方案都可以根据代理改进 Pareto 和 θ-representative 解决方案。进一步倾向于促进收敛而不干扰多样性保护机制,因此 $\mathbb{Q}_2$ 的优先级高于 $\mathbb{Q}_3$。

θ-DEA-DP 和 θ-DEA 之间的主要区别在于评估哪些后代解决方案,然后参与生存选择过程。在 θ-DEA 中,所有后代解决方案都被评估,而在 θ-DEA-DP 中,只选择一个后代解决方案进行评估,通过支配预测辅助的两阶段预选择。

7.4 实　　验

本节首先提供实验的基本设置。然后,分别评估和验证 θ-DEA-DP 在多目标问题和 MaOPs 上的性能。最后,研究 θ-DEA-DP 的不同组成部分的影响。

7.4.1　实验设计

(1) 测试问题:从三个广泛使用的多目标基准套件中选择测试问题。

第一个基准套件 ZDT[117] 包含六个 2 目标测试问题,使用 Deb[223] 建议的方案为演化优化引入不同的问题难度。选择四个无约束问题,分别称为 ZDT1~ZDT4。

第二个基准套件 DTLZ[224] 定义了一组可扩展到任意数量目标的问题。根据文献

[187]的做法,考虑称为 DTLZ1、DTLZ2、DTLZ4 和 DTLZ7 的四个问题。此外,对于 DTLZ1,将余弦项中的 20π 替换为 2π,以减少函数的崎岖程度,如文献[187]中所建议的那样。

第三个基准套件 WFG[106]是通过逐步应用于决策变量的一系列转换来构建的。每个转换可以将期望特征(例如非可分离性)引入问题中。与 DTLZ 类似,每个 WFG 问题也可以在目标数量上扩展。这里,选择两个问题 WFG6 和 WFG7 进行研究,如文献[45]中所示。

在补充材料中,报告了在另外四个 WFG 问题(即 WFG4、WFG5、WFG8 和 WFG9)和四个现实世界问题上进行的额外实验,包括一个压力容器设计问题,一个双杆桁架设计问题,一个焊接梁设计问题和一个概念性海洋设计问题。

在表 7.1 中,总结了实验中使用的 MOPs(具有两个或三个目标),并具有各种特征。此外,对于 DTLZ1、DTLZ2、DTLZ4、DTLZ7、WFG6 和 WFG7,还考虑了它们的 5 目标和 8 目标版本,以评估在 MaOPs 上的性能。所有 5 个和 8 个目标问题的决策变量数量均设置为 10 个。

表 7.1 本章研究中使用的多目标测试问题

问 题 名 称	目标数量(m)	变量数量(n)	特 征
ZDT1	2	10	Convex
ZDT2	2	10	Concave
ZDT3	2	10	Convex,Disconnected
ZDT4	2	10	Concave,Multi-modal
DTLZ1	2	6	Linear,Multi-modal
DTLZ2	3	8	Concave
DTLZ4	3	8	Concave,Biased
DTLZ7	3	8	Mixed,Disconnected
WFG6	3	10	Concave,Non-separable
WFG7	3	10	Concave,Biased

请注意,WFG6 和 WFG7 需要指定与位置相关的参数。在实验中,该参数始终根据文献[55]和[140]设置为 $m-1$,其中,m 是目标数量。

(2) 性能指标:使用反世代距离(IGD)评估算法的性能。设 $\mathbb{P}^*$ 是 PF 上均匀分布的点集,$\mathbb{S}$ 是算法在目标空间中获得的点集。则可以计算出 IGD 如下。

$$IGD(\mathbb{S}, \mathbb{P}^*) = \sum_{v \in \mathbb{P}^*} \frac{d(v, \mathbb{S})}{|\mathbb{P}^*|} \tag{7.8}$$

其中,$d(v, \mathbb{S})$ 是 v 与 $\mathbb{P}^*$ 中点之间的最小欧几里得距离。IGD 可以提供关于解集收敛性和多样性的综合信息,较小的 IGD 值意味着更好的性能。为了可靠地计算 IGD,$|\mathbb{P}^*|$ 应足够大以很好地表示 PF。在实验中,对于 2、3、5 和 8 目标问题,$|\mathbb{P}^*|$ 大约为 500、10^3、10^5 和 10^6。

请注意,文献[225]中另一个常用的性能指标是 HV。当真正的 PF 事先不知道时,HV 提供了与 IGD 相对应的替代方案。因此,在补充材料中,在四个实际问题上使用 HV 进行性能评估。

(3) 比较算法:将提出的 θ-DEA-DP 与以下相关算法进行比较。

① θ-DEA[140]:该算法将 Pareto 排序和 θ-非支配排序结合起来,在生存选择中对解进行排名。虽然 θ-DEA 本身不是代理辅助的 MOEA,但考虑到它与 θ-DEA-DP 的密切关系,因此将其作为比较基线。

② ParEGO[187]:该算法通过参数化权重向量将一个解的多个目标值聚合成一个单一的函数值。然后,类似于 EGO[185],通过最大化 EI 准则相对于当前聚合函数选择一个解进行评估。通过在每次迭代中选择不同的权重向量,ParEGO 预计会隐式地维护已评估解的多样性。

③ DomRank[193]:这种算法也是针对像 ParEGO 这样的 MOP 扩展的 EGO。但它使用了基于 Pareto 支配的不同标量化方案。在 DomRank 中,一个解的聚合函数值与支配它的已评估解的数量成正比。

④ MOEA/D-EGO[188]:该算法采用与 ParEGO 类似的标量化方案。但与 ParEGO 不同,MOEA/D-EGO 在每次迭代中考虑所有聚合函数而不是单个函数,并同时使用 MOEA/D-DE[58]最大化它们对应的 EI 值,以生成几个点进行函数评估。

⑤ CSEA[212]:该算法从已评估解中选择一组参考解来构建分类边界。基于此,构建了一个分类器将候选解划分为好和坏,以引导有希望的解的选择进行函数评估。

与 ParEGO 和 MOEA/D-EGO 类似,θ-DEA-DP 使用多个权重向量来聚合目标,并通过 θ-支配进行反映。在预选的第二阶段,θ-DEA-DP 通过支配比较对候选解进行排名,这在某种程度上类似于 DomRank。像 CSEA 一样,θ-DEA-DP 也是基于分类的代理。使用 Python 实现了 θ-DEA-DP 和 θ-DEA。在 θ-DEA-DP 中,使用 PyTorch[221]构建深度学习模型,为了实现可重复性研究,θ-DEA-DP 的源代码已在线提供。对于 ParEGO 和 DomRank,使用 Rahat 等[193]提供的 Python 实现。至于 MOEA/D-EGO 和 CSEA,使用 PlatEMO[226]平台中提供的 MATLAB 实现。

在每个测试问题上独立地运行每个算法 21 次。对于每次运行,使用所有评估解的

Pareto 非支配集计算 IGD。为了测试统计学意义,在 IGD 结果上进行 Wilcoxon 秩和检验,显著性水平为 5%。此外,使用 Holm-Bonferroni 方法来对抗多重比较问题。

(4) 参数设置:在所有比较的算法中,拉丁超立方采样(Latin Hypercube Sampling, LNS)用于生成 $11n-1$ 个初始化点进行函数评估,其中,n 是决策变量的数量。为了公平比较,它们运行时都使用相同的终止准则。也就是说,对于 2 目标和 3 目标问题,最大函数评估次数设置为 250[187],对于 5 目标问题为 300,对于 8 目标问题为 400。

在 θ-DEA-DP、θ-DEA、ParEGO 和 MOEA/D-EGO 中,需要一组预定义的权重向量。使用与文献[140]相同的方法生成结构化的权重向量。表 7.2 列出了具有不同目标数问题的权重向量设置,其中,H 是控制权重向量生成的参数。为了避免仅生成边界权重向量,对于 5 目标和 8 目标问题,采用二层权重向量[45]。

表 7.2　权重向量设置

目标数量(m)	分区(H)	权向量(N)
3	10	11
3	4	15
5	2,2	30
8	2,1	44

对于 θ-DEA-DP 和 θ-DEA,PBI 函数中的罚项参数 θ 设置为 5,并将种群大小设置为权重向量的数量。CSEA 采用相同的种群大小。

对于 θ-DEA-DP,其他参数值显示在表 7.3 中,分组显示不同模块。Pareto-Net 和 θ-Net 共享相同的超参数设置。请注意,这些参数值只是为了使 θ-DEA-DP 表现良好而设置的,但可能并不是最佳值。详细的参数研究留给未来研究。

表 7.3　θ-DEA-DP 的参数设置

模　　块	参　　数	值
进化模块	交叉概率(p_c)	1.0
	突变概率(p_m)	$1/n$
	交叉分布指数(η_c)	30
	突变分布指数(η_m)	20
	采样后代数量(N^*)	7000
代理模块	FNN 深度(D)	3

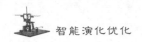

续表

模　块	参　数	值
	每个隐藏层中的单元数量(U)	200
	权重衰减系数(λ)	0.000 01
	初始化 FFN 所需的训练迭代次数(E_{init})	20
代理模块	批大小(B)	32
	学习率(ϵ)	0.001
	更新的最大大小(T_{max})	$11n+24$
	准确度阈值(γ)	0.9
	最大类别大小(Q_{max})	300

至于 θ-DEA、ParEGO、DomRank、MOEA/D-EGO 和 CSEA 中的其他参数,按原始研究[140,187,188,193,212]的参数设置建议进行简单的设置。

7.4.2　多目标优化问题的性能

表 7.4 显示了在表 7.1 中描述的多目标问题上的结果,报告了最佳、中位和最差 IGD 值。对于每个问题,＋、－和≈符号表示与 θ-DEA-DP 相比,相应的算法表现显著更差、显著更好或可比。从表 7.4 可以看出,θ-DEA-DP 在十个问题中有八个问题明显优于其他所有算法。对于剩下的两个问题,次佳算法仅在统计意义上与 θ-DEA-DP 可比(即 DTLZ4 上的 CSEA 和 DTLZ7 上的 MOEA/D-EGO)。θ-DEA 通常比 θ-DEA-DP 表现差很多,证明了基于支配预测的代理模型的有效性。此外,值得强调的是,θ-DEA-DP 通常在 ZDT1-ZDT3、DTLZ1 和 DTLZ7 上以很大的优势胜过其他比较算法。特别是在 ZDT2 和 DTLZ1 上,θ-DEA-DP 实现的中位 IGD 值约比最佳对手(即 ZDT2 上的 MOEA/D-EGO 和 DTLZ1 上的 ParEGO)低一个数量级。

表 7.4　2 目标和 3 目标测试问题上最佳、中位和最差 IGD 值(最佳性能用粗体显示)

问题名称	θ-DEA-DP	θ-DEA	ParEGO	DomRank	MOEA/D-EGO	CSEA
	1.16E-02	3.46E-01	1.00E-01	1.18E-01	3.52E-02	1.61E-01
	1.61E-02	5.94E-01	1.37E-01	2.47E-01	6.30-02	3.86E-01
ZDT1	**2.28E-02**	9.74E-01	2.65E-01	4.37E-01	2.50E-01	7.91E-01
		＋	＋	＋	＋	＋

问题名称	θ-DEA-DP	θ-DEA	ParEGO	DomRank	MOEA/D-EGO	CSEA
ZDT2	**1.49E-02**	7.25E-01	1.61E-01	1.30E-01	3.02E-02	4.09E-01
	1.85E-02	1.30E+00	2.71E-01	1.80E-01	1.36E-01	1.06E+00
	2.84E-02	2.04E+00	4.32E-01	2.81E-01	3.74E-01	1.70E+00
		+	+	+	+	+
ZDT3	**3.82E-01**	2.77E-01	7.04E-02	4.21E-02	1.57E-01	1.66E-01
	6.05E-02	4.38E-01	1.03E-01	1.04E-01	2.85E-01	4.12E-01
	1.35E-01	5.91E-01	1.75E-01	1.81E-01	5.85E-01	7.43E-01
		+	+	+	+	+
ZDT4	**1.05E+01**	2.41E+01	3.40E+01	4.38E+01	6.16E+01	2.34E+01
	2.80E+01	3.53E+01	5.70E+01	6.80E+01	8.46E+01	4.78E+01
	3.68E+01	4.97E+01	7.54E+01	8.51E+01	9.49E+01	6.66E+01
		+	+	+	+	+
DTLZ1	**2.15E-02**	4.74E-01	1.93E-01	1.05E+00	1.55E+00	2.64E+00
	5.38E-01	6.26E+00	4.12E-01	4.61E+00	4.55E+00	1.22E+01
	1.14E-01	1.00E+01	1.75E+00	1.66E+01	1.14E+01	4.39E+01
		+	+	+	+	+
DTLZ2	**1.10E-01**	1.46E-01	1.47E-01	1.59E-01	2.24E-01	1.69E-01
	1.23E-01	1.77E-01	1.58E-01	1.82E-01	2.58E-01	2.20E-01
	1.44E-01	2.11E-01	1.70E-01	2.43E-01	2.83E-01	2.85E-01
		+	+	+	+	+
DTLZ4	**1.21E-01**	1.99E-01	3.99E-01	3.92E-01	4.54E-01	1.45E-01
	2.12E-01	3.23E-01	4.78E-01	4.80E-01	5.32E-01	2.25E-01
	3.13E-01	6.01E-01	5.44E-01	5.68E-01	6.31E-01	6.03E-01
		+	+	+	+	$\approx$
DTLZ7	**7.26E-02**	5.93E-01	2.30E-01	1.93E-01	8.09E-02	2.59E-01
	9.43E-02	8.80E-01	2.95E-01	5.02E-01	1.07E-01	8.77E-01

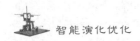

续表

问题名称	θ-DEA-DP	θ-DEA	ParEGO	DomRank	MOEA/D-EGO	CSEA
DTLZ7	1.72E-01	1.59E+00	4.42E-01	1.01E+00	**1.33E-01**	1.51E+00
	+	+	+	≈	+
WFG6	**1.51E-01**	1.91E-01	2.31E-01	2.00E-01	2.07E-01	2.01E-01
	2.04E-01	2.19E-01	2.41E-01	2.26E-01	2.22E-01	2.10E-01
	2.30E-01	2.46E-01	2.65E-01	2.57E-01	2.37E-01	2.33E-01
	+	+	+	+	+
WFG7	**1.28E-01**	1.46E-01	1.82E-01	1.64E-01	1.73E-01	1.55E-01
	1.46E-01	1.61E-01	1.94E-01	1.77E-01	1.94E-01	1.77E-01
	1.70E-01	1.86E-01	2.09E-01	1.89E-01	2.01E-01	1.85E-01
	+	+	+	+	+
$+/-/\approx$		10/0/0	10/0/0	10/0/0	9/0/1	9/0/1

为了说明目标空间中解的分布情况,图 7.4 展示了 ZDT2、ZDT3、DTLZ1 和 DTLZ2 的每个代理辅助算法的中位 IGD 值运行中获得的最终非支配解。

从图 7.4 中,可以得出以下观察结果。

(1) 在 ZDT2 上,θ-DEA-DP 实现了近似 PF 的很好近似;ParEGO、DomRank 和 MOEA/D-EGO 错过了很大一部分 PF,遭受多样性问题;CSEA 难以收敛到 PF。

(2) ZDT3 的 PF 有五个不相连的部分。所有考虑的算法都难以覆盖它们所有,但是 θ-DEA-DP 可以在收敛和多样性方面获得最佳的近似。

(3) DTLZ1 使用多模式 g 函数[187,224] 构建,这对于收敛到 PF 来说是一个很大的困难。令人惊讶的是,θ-DEA-DP 仍然可以很好地收敛到 DTLZ1 的 PF,同时保持良好的解

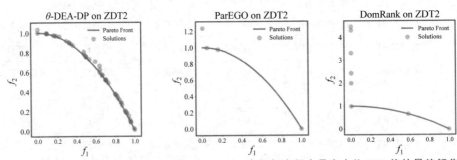

图 7.4 在 ZDT2、ZDT3、DTLZ1 和 DTLZ2 上,在目标空间中具有中位 IGD 值的最终解集

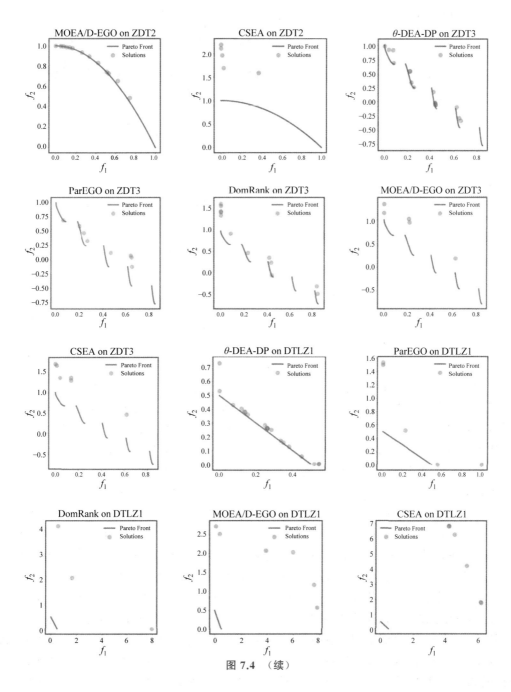

图 7.4 （续）

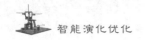

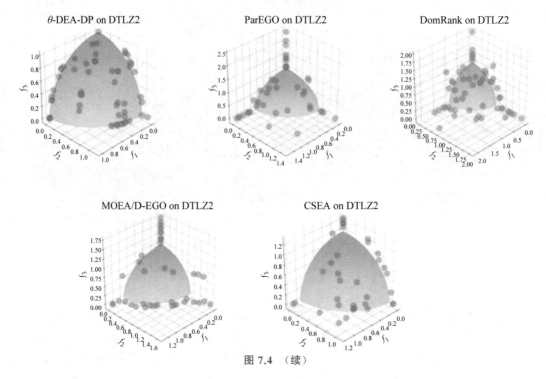

图 7.4 （续）

扩展性。ParEGO 只能获得很少的接近 PF 的解。至于 DomRank、MOEA/D-EGO 和 CSEA，它们的解远离 PF。请注意，ZDT4 是另一个具有多模态特征的问题，但其适应度景观太崎岖，包含 219 个局部 PF。因此，在 ZDT4 上，尽管 θ-DEA-DP 获得了比所有其他算法更高的解质量，但实际上它未能接近 PF，如表 7.4 中的大 IGD 值所示。

（4）在 DTLZ2 上，θ-DEA-DP 获得的所有解都接近于 PF，而其他四个算法的一些解则远离 PF。

图 7.5 描绘了 ZDT 和 DTLZ 问题上每个算法的 21 次运行中，随着函数评估次数的增加，中位 IGD 值的进化轨迹。从图 7.5 中可以看到，θ-DEA-DP 始终能够以更快的收敛速度达到更低的 IGD 值，比 θ-DEA 表现更好，这表明 θ-DEA-DP 中的代理模型非常强大。此外，从这些轨迹中观察到，θ-DEA-DP 在优化过程任何时候都能够在所有考虑的算法中实现非常有竞争力的性能。这意味着 θ-DEA-DP 可以成功地应用于许多不同的优化场景，其中允许的函数评估数量不同。另一个发现是，ParEGO 在优化早期通常收敛非常快（有时甚至比 θ-DEA-DP 更快），但然后几乎停滞不前。这种现象在 ZDT2、ZDT3 和 DTLZ1 上尤为明显，在那里 ParEGO 在早期阶段表现优于 θ-DEA-DP，但后来被 θ-DEA-DP 超越。据此推测，ParEGO 可能更适合具有更少函数评估次数（例如 120）的优化

场景。

7.4.3　众多目标优化问题的性能

表 7.5 显示了 5 目标测试问题上的最佳、中位和最差 IGD 结果。从表 7.5 可以看出，θ-DEA-DP 仍然比所有其他算法具有压倒性优势。

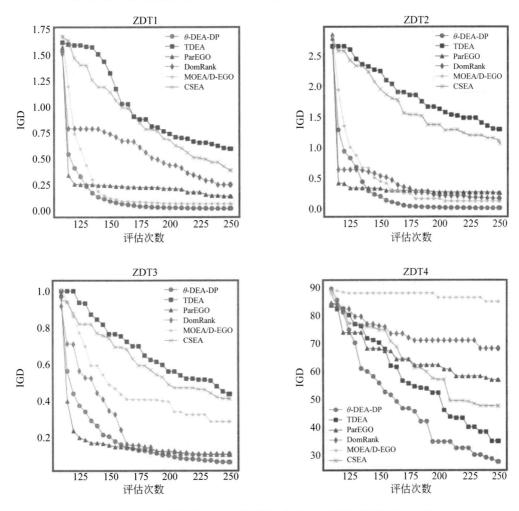

图 7.5　在 ZDT 问题和 DTLZ 问题上，中位 IGD 值（21 次运行平均值）随函数评估次数的进化过程

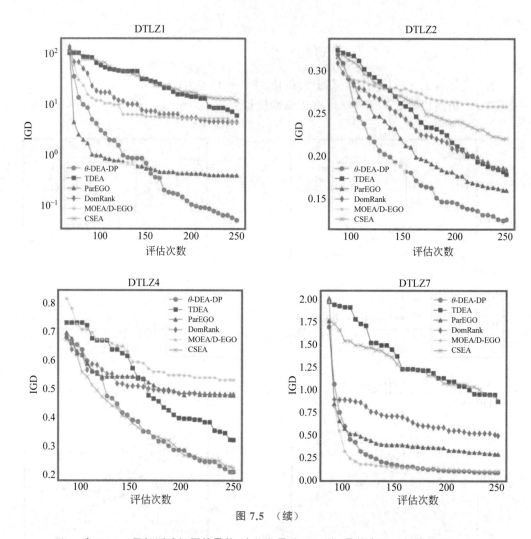

图 7.5 （续）

表 7.5　5 目标测试问题的最佳、中位和最差 IGD 值（最佳表现以粗体显示）

问题名称	θ-DEA-DP	θ-DEA	ParEGO	DomRank	MOEA/D-EGO	CSEA
DTLZ1	**5.38E-01**	1.30E+01	2.57E+00	3.57E+00	1.01E+01	3.01E+00
	1.29E+00	3.78E+01	4.02E+00	4.02E+01	5.43E+01	1.54E+01
	6.09E+00	8.02E+01	1.85E+01	1.11E+02	9.93E+01	3.34E+01
		+	+	+	+	+

续表

问题名称	θ-DEA-DP	θ-DEA	ParEGO	DomRank	MOEA/D-EGO	CSEA
	2.46E-01	3.05E-01	3.59E-01	3.62E-01	3.89E-01	3.45E-01
DTLZ2	**2.65E-01**	3.41E-01	3.77E-01	4.07E-01	4.41E-01	4.10E-01
	3.01E-01	3.96E-01	4.07E-01	4.48E-01	5.07E-01	4.73E-01
		+	+	+	+	+
	3.42E-01	4.43E-01	5.68E-01	6.10E-01	6.32E-01	3.72E-01
DTLZ4	**4.45E-01**	6.30E-01	6.23E-01	6.64E-01	7.12E-01	**4.10E-01**
	5.57E-01	8.82E-01	7.01E-01	7.62E-01	7.70E-01	**5.48E-01**
		+	+	+	+	≈
	3.52E-01	1.05E+00	4.81E-01	5.63E-01	5.19E-01	1.03E+00
DTLZ7	6.88E-01	1.18E+00	**5.37E-01**	8.36E-01	6.47E-01	1.44E+00
	1.01E+00	1.76E+00	**5.73E-01**	1.06E+00	7.65E-01	1.83E+00
		+	−	≈	≈	+
	2.63E-01	2.94E-01	3.13E-01	3.33E-01	2.96E-01	2.83E-01
WFG6	**2.91E-01**	3.11E-01	3.28E-01	3.60E-01	3.13E-01	3.18E-01
	3.15E-01	3.46E-01	3.49E-01	3.80E-01	3.23E-01	3.61E-01
		+	+	+	+	+
	2.56E-01	2.64E-01	2.95E-01	2.82E-01	2.93E-01	2.67E-01
WFG7	**2.69E-01**	2.82E-01	3.37E-01	2.97E-01	3.13E-01	2.96E-01
	3.01E-01	3.17E-01	3.54E-01	3.11E-01	3.57E-01	3.47E-01
		+	+	+	+	+
$+/-/\approx$		6/0/0	5/1/0	5/0/1	5/0/1	5/0/1

在 5 目标 DTLZ4 上，CSEA 的中位 IGD 值较小，但 IGD 值比 θ-DEA-DP 差，尽管结果之间没有统计学差异。回想一下，CSEA 在 3 目标 DTLZ4 上的表现也与 θ-DEA-DP 相当。这说明 CSEA 可能擅长处理偏斜的搜索空间。

在 5 目标 DTLZ7 上，θ-DEA-DP 被 ParEGO 显著超越，并且在统计意义上与 DomRank 和 MOEA/D-EGO 可比。在这里，θ-DEA-DP 的不良表现可能归因于 5 目标 DTLZ7 具有高达 16 个不相连的 PF 区域。因此，θ-DEA-DP 中的多样性保护机制，假设 PF 形状是规则的，

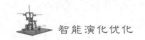
可能效果不佳。一种可能的解决方案是动态调整权重向量的分布[227]。

表 7.6 报告了 8 目标测试问题的 IGD 结果。总体而言,θ-DEA-DP 在这些问题上与任何其他算法相比都表现得更好。

表 7.6　8 目标测试问题的最佳、中位和最差 IGD 值(最佳表现以粗体显示)

问题名称	θ-DEA-DP	θ-DEA	ParEGO	DomRank	MOEA/D-EGO	CSEA
DTLZ1	3.21E-01	5.67E-01	6.89E-01	5.95E-01	8.23E-01	4.32E-01
	4.99E-01	2.38E+00	1.37E+00	1.31E+00	6.89E+00	7.52E-01
	1.28E+00	7.43E+00	3.46E+00	3.79E+00	2.56E+01	2.22E+00
		+	+	+	+	+
DTLZ2	3.90E-01	4.09E-01	5.15E-01	4.75E-01	4.75E-01	5.20E-01
	4.41E-01	4.51E-01	5.48E-01	5.13E-01	5.12E-01	5.82E-01
	4.91E-01	4.97E+01	5.85E-01	5.52E-01	5.70E-01	6.49E-01
		+	+	+	+	+
DTLZ4	4.95E-01	5.80E-01	6.14E-01	6.38E-01	6.47E-01	4.98E-01
	5.35E-01	6.23E-01	6.30E-01	6.55E-01	6.65E-01	5.63E-01
	6.08E-01	6.98E-01	6.57E-01	6.85E-01	7.12E-01	6.59E-01
		+	+	+	+	+
DTLZ7	1.00E+00	9.64E-01	6.79E-01	7.14E-01	7.27E-01	1.15E+00
	1.24E+00	1.10E+00	7.18E-01	8.77E-01	8.01E-01	1.33E+00
	1.38E+00	1.39E+00	7.67E-01	1.23E+00	9.00E-01	1.51E+00
		≈	−	−	−	≈
WFG6	3.71E-01	4.05E-01	4.60E-01	4.55E-01	4.22E-01	4.56E-01
	4.14E-01	4.46E-01	4.97E-01	4.83E-01	4.37E-01	5.00E-01
	4.75E-01	4.78E-01	5.30E-01	5.29E-01	4.77E-01	5.41E-01
		+	+	+	+	+
WFG7	**4.47E-01**	4.50E-01	5.31E-01	4.50E-01	4.57E-01	4.72E-01
	4.81E-01	**4.71E-01**	5.56E-01	4.82E-01	5.19E-01	5.54E-01
	5.44E-01	5.21E-01	5.84E-01	**5.16E-01**	5.76E-01	6.18E-01
		≈	+	≈	+	+
+/−/≈		4/0/2	5/1/0	4/1/1	5/1/0	5/0/1

以下是一些更详细的观察结果。

（1）在 8 目标情况下，θ-DEA 与所有代理辅助算法（包括 θ-DEA-DP）相比变得具有竞争力。与 θ-DEA-DP 相比，在 DTLZ7 和 WFG7 上表现相当。一个可能的原因是，更多的目标使得构建准确性好的代理模型变得非常困难，因此代理模型提供的指导可能会变得非常有限。

（2）在 8 目标 DTLZ7 上，θ-DEA-DP 的竞争力不如 5 目标 DTLZ7，在这个问题上被其他三个算法显著超越。考虑到 DTLZ7 的不相连 PF 区域的数量随着目标数的增加而呈指数级增长，这并不令人惊讶。

（3）目标数量可以极大地影响算法之间的竞争关系。例如，θ-DEA-DP 在 8 目标 DTLZ4 上比 CSEA 表现显著更好，但在 3 目标和 5 目标情况下与 CSEA 在统计意义上相当。另一个更明显的例子是与 CSEA 在 DTLZ1 上的比较，在 2 目标实例中表现最差，但在 8 目标实例中仅次于 θ-DEA-DP。

图 7.6 显示了在一些 5 目标和 8 目标问题上，以函数评估次数为横坐标的中位 IGD 收敛曲线，以便更好地理解每个算法的优化过程。很明显，θ-DEA-DP 通常比其他算法更快地降低 IGD 值。

在实验中，θ-DEA-DP、ParEGO 和 DomRank 都是使用 Python 实现，在相同的计算环境中运行。因此，可以公平地比较这三种算法在管理代理模型方面消耗的所有运行平均 CPU 时间。从表 7.7 中可以看出，与 ParEGO 和 DomRank 相比，θ-DEA-DP 对于代理模型的消耗时间是合理的。需要注意的是，这个指标在实践中并不是非常重要，因为在昂贵的优化中，函数评估通常占据整体计算时间的主导地位。

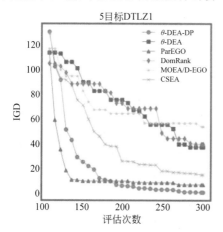
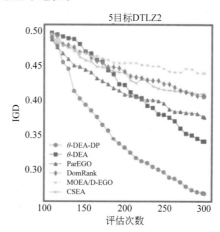

图 7.6　在 5 目标和 8 目标测试问题中，通过 21 次运行得到的 IGD 值的中位数随着函数评估数量的演变的变化趋势

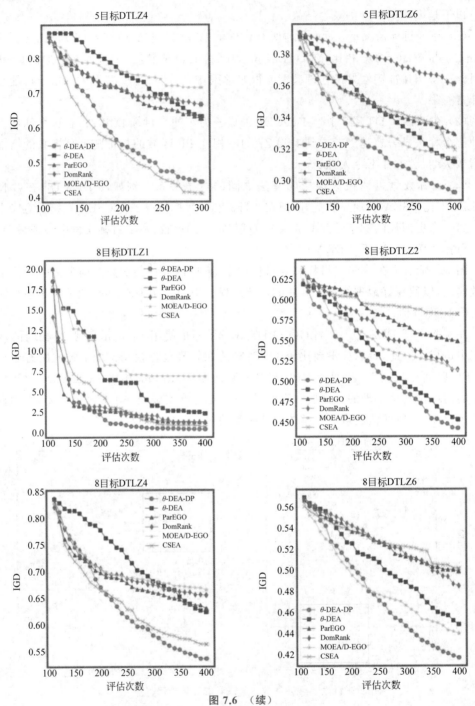

图 7.6 （续）

表 7.7　管理代理模型方面消耗的所有运行平均 CPU 时间

	θ-DEA-DP	ParEGO	DomRank
平均 CPU 时间/min	37.74	31.36	41.45

7.4.4　θ-DEA-DP 组成部分的研究

首先,与传统机器学习方法相比,希望进一步研究深度学习在支配预测方面的性能如何。为此,需要有训练集和测试集。对于多目标问题,使用拉丁超立方采样生成 $11n-1$ 个解,并构建一个训练集,如 7.3.3 节所述。然后,随机生成 1000 个例子用于每个类别,构成了一个大小为 3000 的测试集。选择 SVM[228]、随机森林(Random Forest,RF)[229] 和完备朴素贝叶斯(Complement Naive Bayes,CNBs)[230] 进行比较。CNB 专门设计用于不平衡分类。在 SVM 和 RF 中,使用与 Pareto-Net 和 θ-Net 相同的方法缓解类别不平衡。为了说明处理不平衡的必要性,还考虑了 Pareto-Net 和 θ-Net 的变体,分别称为 Pareto-Net* 和 θ-Net*,它们使用传统的交叉熵损失而不是加权版本。对于所有比较的学习算法,不进行超参数优化,因为这本身就是一种昂贵的过程,并且在实践中通常不适合代理模型。因此,对于深度学习算法,只使用表 7.3 中给定的超参数设置。至于其他学习算法,使用 scikit-learn[231] 提供的默认超参数值。

表 7.8 显示了不同算法的中位预测准确率(在 21 次运行中)和标准差。需要注意的是,在每次运行中,训练都是在一组不同的拉丁超立方采样上进行的。可以看出,Pareto-Net(θ-Net)通常比 SVM、RF 和 CNB 在 Pareto(θ)支配预测上实现更高的准确率,表明深度学习算法的优越性。与 Pareto-Net*(θ-Net*)相比,Pareto-Net(θ-Net)通常表现更好,说明在支配预测中考虑不平衡问题是必要的。此外,所有算法在 θ 支配预测上的准确率通常比在 Pareto 支配预测上低,这表明 θ 支配关系可能更难学习。

尽管代理模型的准确性不是影响代理辅助 MOEAs[184] 性能的唯一因素,但研究发现一些有趣的相关性。例如,Pareto-Net 和 θ-Net 在 ZDT2 上具有非常高的准确性,这在一定程度上可以解释为什么 θ-DEA-DP 在这个问题上实现了非常小的 IGD 值。

为了研究 θ-DEA-DP 中不同参数的影响,图 7.7 绘制了在不同参数设置下 2 目标 DTLZ1 问题 IGD 值的中位数演化轨迹。

图 7.7 提供了以下见解。

(1) U、N^* 和 Q_{max} 需要足够大。另一方面,较大的值并不总是有益的,因为它有时可能会损害最终性能。

(2) 更大的 D 和 γ 可能对最终性能有益。但应权衡考虑,因为代理模型的计算时间将增加。

表 7.8 在支配预测问题上不同机器学习模型的比较（最佳表现以粗体显示，标准差在括号中显示）

问题	m	n	Pareto 支配预测准确性					θ 支配预测准确性				
			Pareto-Net	Pareto-Net*	SVM	RF	CNB	θ-Net	θ-Net*	SVM	RF	CNB
ZDT1	2	10	**97.37**(0.54)	96.20(0.72)+	81.40(0.63)+	38.33(1.37)+	63.80(2.58)+	**67.77**(1.38)	65.70(1.73)+	66.50(1.65)+	34.23(1.48)+	49.10(2.04)+
ZDT2	2	10	**97.73**(0.37)	97.67(0.70)≈	85.30(0.87)+	59.73(3.83)+	67.03(1.22)+	79.60(2.23)	**79.90**(2.31)≈	63.63(1.27)+	64.93(3.99)+	51.43(1.53)+
ZDT3	2	10	**79.93**(1.57)	76.23(1.94)+	73.27(1.23)+	40.63(2.28)+	61.53(1.92)+	**61.53**(1.73)	57.87(1.44)+	59.73(1.26)+	33.37(0.06)+	44.50(1.08)+
DTLZ1	2	6	**76.33**(2.65)	70.90(3.57)+	71.23(2.78)+	38.50(2.36)+	34.57(1.61)+	**70.23**(1.57)	55.60(2.30)+	56.50(1.83)+	33.50(0.00)+	33.50(1.65)+
DTLZ2	3	8	**65.47**(3.88)	44.37(2.87)+	56.80(3.64)+	33.43(0.42)+	43.87(1.49)+	**58.03**(1.40)	46.03(1.34)+	50.13(1.65)+	33.33(0.02)+	36.80(0.81)+
DTLZ4	3	8	**78.87**(2.42)	68.10(2.82)+	75.63(1.67)+	41.83(2.64)+	58.77(2.85)+	53.67(2.29)	54.33(2.06)≈	54.53(2.40)−	**80.87**(4.33)−	37.30(1.99)+
DTLZ7	3	8	**94.00**(0.78)	89.87(1.79)+	85.30(0.80)+	40.10(2.52)+	63.53(3.88)+	**63.23**(1.54)	55.03(2.30)+	58.87(1.81)+	33.60(0.61)+	46.23(0.72)+
WFG6	3	10	49.10(3.06)	37.93(1.39)+	40.87(1.54)+	33.33(0.03)+	46.27(1.56)+	**52.17**(1.62)	46.93(1.53)+	48.20(1.04)+	34.77(3.28)+	40.90(1.58)+
WFG7	3	10	**62.43**(2.75)	55.53(2.62)+	59.00(3.29)+	34.00(0.56)+	51.53(1.70)+	**53.30**(2.06)	48.93(1.98)+	50.13(1.75)+	34.23(0.51)+	46.90(0.92)+

注：+/−/≈分别表示与 Pareto-Net（θ-Net）相比，结果显著更差、更好或相当。根据 5% 显著性水平的 Wilcoxon 秩和检验。

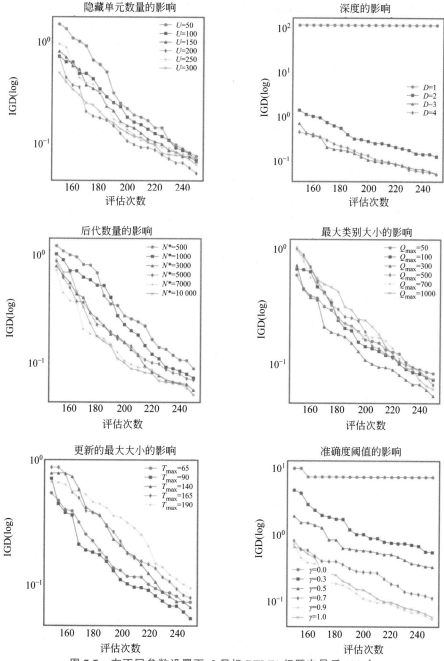

图 7.7　在不同参数设置下，2 目标 DTLZ1 问题在最后 100 个
函数评估中 IGD 值的中位数演化（在 21 次运行中）

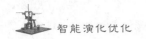

（3）通常更喜欢较小的 T_{max}，这意味着在更新代理模型时应更多地关注最近评估的解决方案。

（4）神经网络不能太复杂；否则，由于数据的限制，可能导致过度拟合。

7.5　本章小结

本章描述了 θ-DEA-DP，一种用于昂贵多目标优化的代理模型辅助 MOEA。θ-DEA-DP 维护两个深度神经网络作为代理模型，一个用于 Pareto 支配预测（即 Pareto-Net），另一个用于 θ 支配预测（即 θ-Net）。这两个代理模型通过两阶段预选策略与 θ-DEA 的演化优化过程相互作用。具体而言，在每次迭代中，将每个候选解与目标群组的 Pareto 和 θ 代表解进行比较，然后将幸存的候选解进一步相互比较，产生一个需要进行函数评估的优胜者。所有这些解之间的比较都是根据 Pareto-Net 或 θ-Net 预测的支配关系进行的，并考虑到这些预测的置信度。随着新评估的解，Pareto-Net 和 θ-Net 根据其当前估计的准确性以一种特定的方式进行更新。由于 θ 支配的特性，θ-DEA-DP 可以在高维目标空间中提供足够的选择压力，同时通过均匀分布的权重向量明确地保持所需的多样性。

在许多多目标基准问题上的实验结果表明，θ-DEA-DP 的性能比几种典型的代理模型辅助算法要好得多。值得注意的是，θ-DEA-DP 在解决多峰多目标问题（例如 DTLZ1）方面具有很大优势。此外，证明了在支配预测中深度学习通常优于传统的学习算法，并研究了 θ-DEA-DP 中一些关键参数的影响。目前，θ-DEA-DP 在目标数量非常高的问题（例如 10 个或更多）上的性能还不够令人满意，需要进一步研究来提高它的性能。之后，值得探讨 θ-DEA-DP 在昂贵的实际工程问题[232,233]中的应用。

上 篇 总 结

1975 年,自 Holland 提出以遗传算法为代表的启发式搜索方法以来,针对优化问题求解的启发式搜索方法得到了蓬勃发展。特别是近 20 年来,以 Deb 提出的针对快速低维多目标优化问题的 NSGA II(2002 年)和针对高维多目标优化的 NSGA Ⅲ(2014 年)等算法得到了业界的广泛关注和应用。在此基础上,2016 年本书作者所在的科研团队在 *IEEE Transactions on Evolutionary Computation*(*IEEE TEC*)发表了基于 θ-DEA 的多目标优化求解方法理论及其系列化研究成果(本书上篇中的相关内容),得到了国内外学术界的广泛关注和高度评价。其中 IEEE Fellow、IEEE CIS 副主席 Hisao Ishibuchi 教授认为,该方法是高维空间多目标演化优化领域继 NSGA Ⅲ 后又一里程碑性的最先进研究成果(*IEEE CEC 2019*、*ACM GECCO 2019*)。IEEE/ASME Fellow、NSGA 算法的提出人 Deb 教授认为我们提出的 θ-DEA 相比 NSGA Ⅲ 可以更好地维持收敛性与多样性的平衡。IEEE Fellow、*IEEE TEC* 主编 Carlos 教授认为我们的基于 θ-DEA 算法框架提出了一种新的选择策略,同时支持收敛性和多样性的平衡。相关算法也被集成进入国际知名的开源优化算法库 PlatEMO。

本书的研究成果也在不同领域得到了广泛应用。美国橡树岭国家实验室利用 θ-DEA、EFR-RR 进行生物催化相关的分子细胞的优化设计研究;普林斯顿大学化学系研究人员利用 θ-DEA 解决量子鲁棒控制的问题,并指出这是未来值得研究的方向之一;美国阿贡国家实验室使用 θ-DEA 解决电力负荷经济型调度的问题,单位时间内实现了成本降低 460 美元,碳排放量降低 1.3kg 的经济效益,同时应用于微电网的能源优化分配;日本宇航局也使用 θ-DEA 进行航空航天领域理想近地点的计算。

本书相关内容的成果性论文入选 *IEEE TEC 2017—2018* 贡献度最高的 5 篇论文之一。

尽管基于演化的多目标优化算法研究成果取得了一定的进展,但是对于真实场景下的超大规模的优化问题求解,仍然存在很大困难。近年来随着人工智能领域特别是深度学习和大模型技术的研究进展,基于深度神经网络或者大模型的优化求解算法逐步展示了其在问题降维、可行解预测方面的潜力,特别是近年来在机器学习三大知名国际会议(ICML、NIPS 和 ICLR)上出现了一系列相关的创新性研究成果,值得引起该领域研究学者的特别关注。笔者所在团队将持续开展这方面的研究工作,并及时将相关成果呈现给读者。

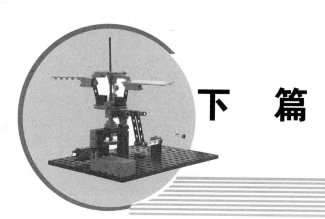

下 篇

柔性作业车间调度问题
及其优化求解

第8章 FJS 问题概述

8.1 多目标柔性作业车间调度问题

FJSP 的形式化表述如下。有一组 n 个独立的工作 $J=\{J_1,J_2,\cdots,J_n\}$ 和一组 m 个机器集合 $M=\{M_1,M_2,\cdots,M_m\}$。每项工作,有一个优先级受约束的操作序列 $O_{i,1}$,$O_{i,2},\cdots,O_{i,n_i}$。工作 J_i 只有当它的所有操作都按照给定的顺序执行时,它才完成,这可以表示为 $O_{i,1}\to O_{i,2}\to,\cdots,\to O_{i,n_i}$。每个操作 $O_{i,j}$,即作业 J_i 的第 j 个操作,可以在给定子集 $M_{i,j}\subseteq M$ 中选择的任意机器上执行。每个操作的处理时间取决于机器。令 $p_{i,j,k}$ 表示 $O_{i,j}$ 在机器 M_k 上的处理时间。调度包括两个子问题:将每个操作分配给适当机器的路由子问题和排序子问题确定所有机器上的操作序列的子问题。目标是找到一个最小化完工时间的时间表。完成时间是指完成所有作业所需的时间,可以定义为 $C_{\max}=\max\limits_{1\leqslant i\leqslant u}(C_i)$,其中,$C_i$ 为作业 J_i 的完成时间。

此外,本章还假设:在时间 0 时,所有机器都是可用的;所有的作业在时间 0 释放;每台机器一次只能进行一个操作;每次操作必须在启动后不中断地完成;每个作业的操作顺序是预定义的,不能修改;机器的设置时间和操作的转移时间是可忽略的。

为了明确说明,表 8.1 中显示了 FJSP 的一个示例,其中,行对应于操作,列对应于机器。输入表中的每一项都表示该操作在相应机器上的处理时间。在该表中,标签"—"表示机器不能执行相应的操作。

表 8.1　FJSP 实例的处理时间表

作　业	操　作	M_1	M_2	M_3
J_1	$O_{1,1}$	2	—	3
	$O_{1,2}$	4	1	3

作　业	操　作	M_1	M_2	M_3
J_2	$O_{2,1}$	—	2	3
	$O_{2,2}$	6	2	4
	$O_{2,3}$	3	—	—
J_3	$O_{3,1}$	1	5	2
	$O_{3,2}$	3	—	2

最后,在表 8.2 中总结了本章中常用的一些符号。

表 8.2　符号描述

符　号	描　述
J	所有作业的集合
M	所有机器的集合
n	作业总数
m	机器总数
J_i	第 i 个工作
n_i	作业 J_i 中的操作数量
M_k	第 k 个机器
$O_{i,j}$	作业 J_i 的第 j 次操作
$M_{i,j}$	操作 $O_{i,j}$ 的备选机器集合
$p_{i,j,k}$	在机器 M_k 上执行操作 $O_{i,j}$ 所需的加工时间
$C_{\max}$	完成所有作业所需的时间
d	操作总数
$L(j)$	操作 j 的可选机器数
$\sigma_{i,j}$	调度中操作 $O_{i,j}$ 的开始时间
$\mu_{i,j}$	调度中操作 $O_{i,j}$ 的选定机器
G	由析取图表示的调度
$\boldsymbol{X}_i$	和声记忆中的第 i 个和声向量
$\boldsymbol{X}_i(j)$	和声向量 $\boldsymbol{X}_i$ 的第 j 个决策变量

符　号	描　述
$x_{\min}(j)$	决策变量 $x_i(j)$ 的下界
$x_{\max}(j)$	决策变量 $x_i(j)$ 的上界
D	和声向量的维数
$\boldsymbol{X}_{i,1}$	和声向量 $\boldsymbol{X}_i$ 的前一半部分
$\boldsymbol{X}_{i,2}$	和声向量 $\boldsymbol{X}_i$ 的后一半部分
$\boldsymbol{X}_{\text{best}}$	和声记忆中最好的和声向量
$\boldsymbol{X}_{\text{worst}}$	和声记忆中最差的和声向量
$\boldsymbol{X}_{\text{new}}$	在和声搜索中通过即兴创作获得的新和声向量
$\boldsymbol{X}'_{\text{new}}$	局部搜索后获得的和声向量
δ	约束因子
$\boldsymbol{R}_i$	机器分配向量
$\boldsymbol{R}_i(j)$	机器分配向量 $\boldsymbol{R}_i$ 的第 j 个决策变量
$\boldsymbol{S}_i$	操作序列向量
$\boldsymbol{S}_i(j)$	操作序列向量 $\boldsymbol{S}_i$ 的第 j 个决策变量
Ω	选择在大邻域搜索中执行的放松操作集
γ	在原始机器上每个操作都固定的 Ω 的子集

8.2　多目标柔性作业车间调度的研究现状

在过去几十年里,单目标 FJSP 问题已经得到了广泛的研究[94,108,234-240],该问题一般考虑最小化完工时间,即完成所有作业所需要的时间。相比于单目标 FJSP,多目标柔性作业车间调度问题(Multi-Objective Flexible Job-shop Scheduling Problem,MO-FJSP)方面的研究相对较少。然而许多真实的调度问题往往涉及需要同时优化几个在一定程度上相互冲突的目标。因此,MO-FJSP 问题更加接近于真实的生产环境且应该引起足够的重视。在过去的十年中,MO-FJSP 问题引起了越来越多学者的关注,也提出了许多新的算法。这些解决 MO-FJSP 的算法大致可以分为两种类型:先验方法和后验方法。在先验方法中,两个或多个目标通常被线性加权而形成单个目标。例如,给定 n 个优化目

标 $f_1, f_2, \cdots, f_n$,通过线性权函数 $f = \sum_{i=1}^{n} w_i f_i$,其中 $0 \leqslant w_i \leqslant 1$, $\sum_{i=1}^{n} w_i = 1$,可以得到一个单目标优化问题。然而,线性的加权和并不是总能体现目标之间的折中关系。另外,如何恰当设置每个目标所关联的权重 w_i 也并非一项简单的工作。生产者可能需要运行先验方法很多次以得到一个较满意的解。根据已有文献,早期的 MO-FJSP 研究主要集中在先验方法上。Xia 和 Wu[241] 提出了一种分层的方法,该方法采用粒子群算法(PSO)将操作分配到机器上,并采用模拟退火(Simulated Annealing,SA)算法对每个机器上的操作进行排序。Liu 等[242]针对 MO-FJSP 提出了一种结合 PSO 和变邻域搜索(Variable Neighborhood Search,VNS)的元启发式方法。Zhang 等[243]结合 PSO 和禁忌搜索(TabuSearch,TS)技术来处理 MO-FJSP,其中,TS 作为局部搜索嵌入 PSO 中。Xing 等[244]为 MO-FJSP 设计了一个有效的搜索方法,该方法中对每个问题实例采用 10 组不同权重集合以收集一组折中的解。Li 等[245]针对 MO-FJSP 提出了一个混合的 TS 算法,其中分别为机器选择模式和操作排序模式设计了不同的邻域结构。

相比于先验方法,后验方法实际上更加可取。在该方法中,解之间是按照 Pareto 支配关系进行比较的,它旨在寻找一组 Pareto 最优解,而不像先验方法那样根据聚合的目标寻求唯一的最优解。后验方法的运行不需要先验信息,且能够通过一次运行所得解的分布来体现目标之间的折中关系。这也有助于生产者评价这些解并最终做出决策。近年来,研究者更加关注以 Pareto 方式解决 MO-FJSP。Kacem 等[107]提出了一种求解 MO-FJSP 的基于模糊逻辑和演化算法相混合的 Pareto 方法。Ho 和 Tay[246]将导引式局部搜索集成到演化算法中,并利用精英记忆库保存所找到的所有的非支配解。Frutos 等[247]提出了一种基于 NSGA-Ⅱ 的 MA,其中局部搜索过程利用了 SA 算法。Wang 等[248]针对 MO-FJSP 提出了基于免疫和熵原理的多目标 GA。Moslehi 和 Mahnam[249]提出了一种混合 PSO 和局部搜索的新方法。在文献[250]、[251]中,Li 等分别提出了混合的离散人工蜂群算法(Artificial Bee Colony,ABC)和混合的蛙跳算法(Shuffled Frog-Leaping Algorithm,SFLA),二者均采用了 NSGA-Ⅱ 中的个体评价机制。Li 等又针对同一问题提出了一种混合的基于 Pareto 的局部搜索算法,其中内嵌有基于 VNS 的自适应策略。Wang 等[252]提出了一种增强的基于 Pareto 的 ABC 算法,其中集成了多种策略以保证解的质量和多样性。Rahmati 等[253]改编了两种已有的 MOEAs 以求解 MO-FJSP,并且引入了若干种多目标下的性能指标以评价求解 MO-FJSP 的算法。Rabiee 等[254]进行了类似的研究,他们针对部分 MO-FJSP 改编了四种已有的 MOEAs。Xiong 等[255]开发了一种混合的 MOEA,其中结合了基于关键路径的局部搜索。Chiang 等[256]提出了一种新的 MOEA,其中利用了有效的遗传算子并切实地保持了种群的多样性。他们随后的研究[257]还提出了一种嵌有变邻域下降搜索(Variable Neighborhood Descent,VND)的多目标 MA。

除了文献[242]、[247]、[254],上述所提到的关于 MO-FJSP 的工作均考虑完工时间、总负载和关键负载三个目标。文献[242]研究了优化目标是完工时间和流经时间的 MO-FJSP 问题,而文献[247]、[254]中只涉及完工时间和总负载这两个目标。

多目标柔性作业车间调度和模因演算法是两个截然不同的算法,但它们之间存在一些相似之处。在多目标柔性作业车间调度中,算法的目标是在满足各种约束条件的前提下,使得调度结果最大化多个目标函数的值。而在模因演算法中,算法的目标是在给定一组模因的情况下,找到一个最优的适应度值,以确定最优的模因组合。尽管两个算法的目标不同,但它们都涉及对问题的求解和优化。因此,在实际应用中,可以将多目标柔性作业车间调度算法和模因演算法结合起来,以实现更优秀的解决方案。

8.3 模因演算法

大量研究表明,模因演算法在求解组合优化问题上具有独特的性能优势。本书针对 FJS 问题的研究主要基于该算法框架。

8.3.1 模因演算法简介

传统的 EAs 所利用的变化算子,如交叉和变异,往往缺乏指导信息,随机性很强,很可能无法有效利用问题解空间中的局部信息。为了进一步提高 EAs 的性能和效率,受到文化进化论的启发,试图在 EAs(或者 MOEAs)的迭代过程中引入局部搜索策略以实现个体在生命周期内的自身学习,该方法如今已经发展成为一个新的 EC 范式:模因演算法(Memetic Algorithms,MAs)[258]。图 8.1 给出了 MAs 执行的一般流程。可以看出,相比于传统 EAs,MAs 的特点在于其在变化算子之后,进一步利用了局部搜索对部分个体进行局部改良。MAs 期望利用这种混合的搜索机制,将基于 EAs 的全局搜索与局部搜索有机地结合起来,以更好地平衡搜索中探索与开发的关系,从而以更高的概率获得更优的解。然而,MAs 的设计并不简单,它一般涉及如下几个重要问题[259]。

(1) 对单个个体,局部搜索的概率是多少?

(2) 应该对哪些个体进行局部搜索?

(3) 对于每个个体的局部搜索应该维持多长时间?

(4) 应该使用何种局部搜索方法?

第一个和第二个问题涉及局部搜索初始解的选择问题,即确定种群中待执行局部搜索的个体的集合。第三个问题涉及算法计算开销的问题,因为局部搜索一般复杂度较高,所以为了不影响算法整体效率,通常在 MAs 中只执行部分的局部搜索过程或者以参数

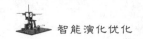

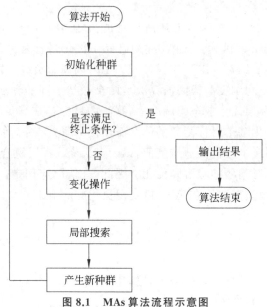

图 8.1　MAs 算法流程示意图

限定局部搜索的强度(如迭代次数)。第四个问题涉及局部搜索的邻域设计,这是 MAs 性能的关键,一般来说,邻域设计应该充分考虑到问题相关的知识,以使局部搜索有很强的导向性。目前,MAs 在组合优化问题上已经取得巨大的成功[260],主要原因是针对某个具体组合优化问题,如 JSP,往往可以针对问题特性设计很强的局部搜索策略。

8.3.2　求解多目标组合优化问题的模因演算法

MAs 在单目标组合优化问题(Single-Objective Combinatorial Optimization Problems,SO-COPs)中已经显示出了很强的搜索能力。许多文献[259,261,262]已经详尽讨论了如何为 SO-COPs 设计高性能的 MAs。然而,为多目标组合优化问题(Multi-Objective Combinatorial Optimization Problems,MO-COPs)设计高效的 MAs 将会变得更加困难,这方面也并没有被广泛地探讨。

在求解 MO-COPs 的 MAs 中,不但要考虑 8.3.1 节所提及的 4 个问题,而且要考虑多个目标所带来的额外问题,其中一个比较独特的问题是局部搜索中如何进行解的比较。一般来说,处理该问题有两种模式:一种是使用聚合函数,另一种是采用 Pareto 排序。文献[263]中的研究表明,基于聚合函数的方法比基于 Pareto 排序的方法能得到更好的效果。在聚合函数中,目标的加权和函数是最简单和常用的聚合函数之一,它在 MAs 中的应用可以追溯到著名的多目标遗传局部搜索(Multi-Objective Genetic Local Search,

MOGLS)[81,82]。最近 Sindhya 等[264]给出了一个较全面的文献综述,概述了在局部搜索中采用不同聚合函数的多目标 MAs。

如果能够很好地解决上述问题,所设计的 MA 就能够在搜索的开发(基于种群的)和探索(局部改进)之间实现好的平衡,从而获得良好的性能。目前已有一些工作致力于解决上述所提到的问题。例如,Ishibuchi 等[82]针对多目标置换流水车间调度问题(MO-PFSP)研究了如何在 MAs 中平衡遗传搜索和局部搜索的关系,他们的实验结果显示这种平衡尤其重要。当该平衡没有被恰当地指定时,多目标演化算法的性能反而经常会因为混合有局部搜索而严重降低。Ishibuchi 等[265]针对求解 MO-PFSP 和多目标 0/1 背包问题,探究了局部搜索概率的指定对 MAs 性能的影响,该工作显示动态地改变局部搜索概率优于指定一个恒定的概率。在文献[266]中,作者假设每个目标都有针对它的很强的启发式局部搜索过程,然后他们的想法是在 MOGLS 中针对单目标优化问题使用这样的启发式局部搜索,在多目标 0/1 背包问题上的结果表明该想法能够有效提高 MOGLS 的性能。Garrett 和 Dasgupta[267]针对多目标二次分配问题对 MAs 中的四种可用策略进行了实验比较,这四种策略大致对应于"对所有个体做短时间的局部搜索""对所有个体做长时间的局部搜索""对随机选择的个体做短时间的局部搜索"和"对随机选择个体做长时间的局部搜索"。

8.4　本 章 小 结

本章首先介绍了多目标柔性作业车间调度问题(MO-FJSP)的形式化表述,其中包括作业、机器、操作、处理时间等基本概念。接着,概述了 MO-FJSP 问题研究现状,指出相比于单目标 FJSP,MO-FJSP 问题的研究相对较少,但在过去的十年中已经引起了越来越多学者的关注,并提出了许多新的算法,这些算法大致可以分为先验方法和后验方法两种类型。其中,先验方法主要采用线性加权的方式将多个目标转换为单一目标进行求解,而后验方法则将多个目标同时考虑,采用不同的搜索策略进行求解。本章还介绍了模因演算法的基本原理和流程,并指出该算法在求解组合优化问题上具有独特的性能优势。最后,本章提出了一个新的研究方向,即将多目标柔性作业车间调度算法和模因演算法结合起来,以实现更优秀的解决方案。

第9章 基于混合和声搜索的柔性作业车间调度

9.1 前　言

　　作为一个决策过程,调度在大多数制造和生产系统以及大多数信息处理环境中发挥着重要作用[104]。经典的车间调度问题(Job-shop Scheduling Problem,JSP)是这一领域中比较重要和比较困难的问题之一,已经在研究文献中受到了极大的关注[268-271]。在 JSP 中,一组作业必须在一组机器上进行处理。每个作业包括一系列具有先后顺序的连续操作。每个操作需要在一个指定的机器上执行。这些机器在时间零点开始持续可用,可以在没有中断的情况下同时处理多个操作。决策涉及如何对每个机器上的操作进行排序,以优化给定的性能指标。完成所有作业所需的时间,即制造商标记,是 JSP 的典型性能指标。

　　柔性车间调度问题(Flexible Job-shop Scheduling Problem,FJSP)是经典车间调度问题(JSP)的一种推广,其中允许将操作由给定集合中的任何机器处理,而不是一个指定的机器。与经典 JSP 相比,FJSP 更接近真实的生产环境,并具有更多的实际应用性。但是,由于需要额外的决策来将每个操作分配到适当的机器上,因此比经典 JSP 更加困难。众所周知,JSP 是 NP 难问题[272]。因此,FJSP 也是 NP 难问题。

　　近年来,由于柔性车间调度问题(FJSP)的计算复杂性,各种元启发式方法被广泛应用于解决这个具有挑战性的问题。Geem 等开发的和声搜索(Harmony Search,HS)算法[273]是最新的基于种群进化的元启发式方法之一。与传统的遗传算法(Genetic Algorithm,GA)不同,HS 在考虑所有现有向量后生成新向量,而 GA 只考虑两个父向量。数值比较[274-276]表明,HS 算法中的演化速度比 GA 更快。由于其简单性、少量参数和易于实施,HS 算法已经吸引了广泛关注,并已成功应用于大量的实际问题[277-280]。然而,由于其连续性质,HS 算法在调度问题上的研究仍然相当有限。特别地,没有详细的工作描述便使用 HS 算法处理 FJSP 的情况。本章提出了一种混合和声搜索(Hybrid Harmony Search,HHS)算法,以解决具有制造商标记标准的 FJSP。与基本的 HS 不同,所提出的 HHS 融合了 HS 和局部搜索,以实现对搜索空间全局探索和局部开发之间的平衡,这对于元启发式方法的成功至关重要[24,82,281]。在所提出的 HHS 中,将和声表示为实向量,并使用转换技术将这些连续向量映射到 FJSP 的可行活动时间表。此外,提出了一种基于启发式和随机策略相结合的初始化方案,以生成具有一定质量和多样性的初始和声记忆(Harmony Memory,HM)。然后,通过全局搜索的 HS 和局部搜索的合作来执行优化过程。为了加速局部搜索过程,本章引入了共同关键操作的概念,以改善基于关键路径的邻域类型。计算结果和比较表明,所提出的算法对于解决具有制造商标记标准的 FJSP 具有有效性和效率。

本章的剩余部分结构安排如下:9.2 节介绍了与 FJSP 和 HS 相关的一些现有研究;9.3 节详细介绍了提出的算法;9.4 节对算法进行了大量的计算实验;9.5 节讨论了所提出算法的一些特点;最后,在 9.6 节中得出结论并提出未来研究的建议。

9.2　相关工作介绍

9.2.1　柔性车间调度

最初对柔性作业车间调度问题(FJSP)的研究可以追溯到 1990 年,Bruker 等[282]提出了一个多项式算法来解决具有两个工件的 FJSP。但是,在一般形式下,FJSP 是强 NP 难问题。由于 NP 难的性质,精确算法对于解决 FJSP 特别是大规模问题并不有效。因此,在过去的二十年中,元启发式方法在 FJSP 中变得非常流行,例如,模拟退火(Simulated Annealing,SA)[283]、禁忌搜索(Tabu Search,TS)[110,111,284]、遗传算法(GA)[285-287]、粒子群优化(Particle Swarm Optimization,PSO)[288]、基于生物地理学的优化(Biogeography-Based Optimization,BBO)[289]和混合技术[241,290-293]。这些方法被应用于在可接受的计算时间内找到满意的调度,并可分为两大类:分层方法和集成方法。

分层方法是通过将 FJSP 分解为两个子问题:路由子问题和序列子问题,然后分别处理它们来降低 FJSP 的难度。这个想法对于解决 FJSP 是自然的,因为当为每个操作分配机器后,剩下的序列子问题就变成了 JSP。Brandimarte[108]是第一个采用分层方法解决 FJSP 的人。他使用一些调度规则解决了路由子问题,然后使用 TS 启发式方法解决了产生的 JSP。Tung 等[294]为柔性制造系统的调度提出了类似的算法。Kacem 等[295]提出了一种基于局部化方法生成的分配模型控制的 GA 算法。Xia 等[241]提出了一种有效的混合方法来解决多目标 FJSP。他们利用粒子群优化(PSO)分配操作到机器,使用模拟退火(SA)算法对每个机器上的操作进行序列化。Fattahi 等[290]开发了基于 SA 和 TS 启发式方法的四种分层方法来解决 FJSP。

综合方法是同时考虑分配和排序的方法。过去的研究表明,一般情况下它通常比分层方法表现更好,但设计起来通常更困难。Hurink 等[111]提出了一种 TS 启发式方法,其中,重新分配和重新调度被视为两种不同类型的移动。Dauzère-Pérès 等[110]开发了一种基于新邻域结构的 TS 程序,该结构不区分重新分配和重新排序。Mastrolilli 等[284]进一步改进了他们的 TS 技术,并提出了两种适用于 FJSP 的邻域函数。Chen 等[285]宣称使用有效的 GA 来解决 FJSP。在他们的方法中,染色体表示被分成两部分,第一部分表示每个机器上操作的具体分配,第二部分描述每个机器上操作的顺序。Jia 等[237]提出了一种改进的 GA,能够解决分布式调度问题和 FJSP。Zhang 等[286]提出了一种多阶段基于操作的 GA,从动态编程的角度处理问题。Pezzella 等[238]提出了一种 GA,其中,将生成初始种群的不同策略、选择繁殖个体的策略和繁殖新个体的策略混合在一起。Gao 等[291]将 GA 与可变邻域下降(Variable Neighborhood Descent,VND)过程相结合,用于解决多目标 FJSP。最近,更多混合式的元启发式方法被研究并用于解决 FJSP。Bagheri 等[296]提出了一种使用一些有效规则的人工免疫算法(Artificial Immune Algorithm,AIA)。Yazdani 等[297]提出了一种并行可变邻域搜索(Parallel Variable Neighborhood Search,PVNS)算法,该算法基于多个独立搜索的应用。Xing 等[298]开发了一种基于知识的蚁群优化(Knowledge-Based Ant Colony Optimization,KBACO)算法,它在蚁群优化(Ant Colony Optimization,ACO)模型和知识模型之间提供了有效的集成。Li 等[292]为 FJSP 提出了一种混合 TS,具有高效的邻域结构。Wang 等[299,300]将人工蜂群算法和分布估计算法(Estimation of Distribution Algorithm,EDA)应用于 FJSP,这两种方法都强调全局探索和局部开发之间的平衡。

9.2.2　和声搜索算法(HS 算法)

和声搜索(HS)算法最初被设计用于优化各种连续非线性函数。它的基本思想启发于音乐即兴创作的过程,音乐家通过演奏乐器调整音高,寻找完美的和声状态。在和声搜索中,音乐即兴创作和工程优化之间存在着几个核心的类比关系:每个乐器对应一个决策变量,一个乐器的音高对应一个决策变量的值,所有乐器产生的和声对应于优化问题的一个解,一个和声的美感质量对应于一个解的目标函数值。基于这些类比,一个和声由一个 n 维实向量表示,和声搜索的工作机制可以简单地描述如下:首先,随机生成一个和声向量的初始种群,并将它们排序存储在和声记忆(HM)中。然后,通过记忆考虑、音高调整和随机选择等方式,从 HM 中生成一个新的候选和声。最后,通过将新的候选和声与当前 HM 中最差的和声向量进行比较,更新 HM。上述过程重复进行,直到满足终止准则。有关 HS 的更详细信息可参考文献[273][274]。

9.2.3　混合和声搜索(HHS)算法和混合 TS 算法(TSPCB)之间的差异

最近,Li 等[292]提出了一种名为 TSPCB 的混合 TS 算法来解决 FJSP 问题,其中,局部搜索也是基于关键操作的。在本节中,与该方法进行比较,以确定所提出的 HHS 的新颖性。该比较从两个向量编码表示、初始化和基于关键操作的局部搜索两个方面进行。

首先,对于两个向量编码表示,HHS 和 TSPCB 都采用文献[301]中提出的基于操作的经典表示方法来表示操作序列组成部分。但是,在机器分配向量 $\mathbf{MA}=\{u(1),u(2),\cdots,u(l)\}$ 中,HHS 中的 $u(j)$ 表示操作 j 选择其备选机器集合中的第 $u(j)$ 个操作,而在 TSPCB 中则表示操作 j 选择机器 $M_{u(j)}$。本章的表示方法显然更方便、更灵活,特别是对于具有部分灵活性(P-FJSP)的问题。因为 $u(j)$ 的可能值仅取决于操作 j 的备选机器数,它表示为 $s(j)$。而且,$u(j)\in\{1,2,\cdots,s(j)\}$ 是连续整数的集合。连续性还有助于在式(9.1)中将其转换为连续范围内的实数值。其次,在初始化阶段,为了确保具有一定质量和多样性的初始 HM,本章采用启发式方法生成一个和其余的都是随机生成的和声向量。启发式方法采用文献[295]中提出的局部化(Approach by Localization,AL)方法将每个操作分配到合适的机器上,而已知的调度规则"大部分工作剩余(Most Work Remaining,MWR)"用于确定如何在机器上对操作进行排序。TSPCB 更注重初始化。它将文献[238]中使用的许多规则结合起来,通过采用这些规则的混合来产生向量。尽管 HHS 和 TSPCB 中的局部搜索都基于关键操作,但它们的工作机制相当不同。其中最大的差异之一在于,TSPCB 将机器分配和操作顺序视为两个独立且连续的运算符。在 TSPCB 中生成相邻解时,它首先根据一些规则改变机器分配,而操作顺序保持不变。然后在操作顺序部分,它采用了几个类似于最初设计用于 JSP 的邻域,这些邻域不会改变机器分配。然而,在 FJSP 中,机器分配和操作序列密切相关,它们共同决定一个解。一个机器分配对于一个操作序列可能是好的,但对于另一个操作序列可能会很差。因此,通过固定另一个分量来调整一个分量不是非常合理。此外,在操作序列中,借用 JSP 的邻域不是具体问题定制的。因为这些操作符不能保证获得的邻域比当前解决方案更好。HHS 提出的局部搜索方法似乎更为合理和更适合问题。机器分配和操作序列并不在生成邻域的操作符中分离。首先,确定所有共同的关键操作,因为只有通过移动这些操作,解决方案才能得到改善。在生成邻域操作符时将机器分配和操作顺序结合在一起,首先确定所有共同的关键操作,因为只有通过移动这些操作才能改善解决方案。然后尝试逐个移动这些操作,直到成功移动一个操作。移动一个操作时,从当前计划中删除该操作,这可以看作一种松弛。将当前计划的完成时间作为所需完成时间,删除后可以获得所有机器的可用时间间隔。然后,逐个扫描机器,直到找到某个机器上的一个时间间隔来插入该操作。一旦插入,邻域立即得到。从上面可以看出,该移动可以同时改变机器分配和操作顺序。成功插入可以保证邻域不劣于当前解决方案。

总的来说,与 TSPCB 相比,HHS 使用的策略尤其在局部搜索阶段是新颖的。

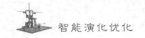

9.3　HHS算法

本节将详细介绍所提出的 HHS 算法,包括整个算法流程和关键过程。为了便于阐述,首先给出一些基本符号。设 $X_i = \{x_i(1), x_i(2), \cdots, x_i(n)\}$ 表示 HM 中的第 i 个和声向量,其中,$x_i(j) \in [x_{\min}(j), x_{\max}(j)]$,$x_{\min}(j)$ 和 $x_{\max}(j)$ 分别是每个维度 j 位置值的下限和上限。HM 由存储在记忆中的和声向量组成,可表示为 HM $= \{X_1, X_2, \cdots, X_{HMS}\}$,其中,HMS 表示和声记忆大小(Harmony Memory Size,HMS)。HM 中最佳和最差的和声向量分别标记为 X_{best} 和 X_{worst}。值得注意的是,在 HS 算法中,给定和声向量 X 的目标函数值 $f(X)$ 表示最大完工时间,因此较小的 $f(X)$ 表示更好的和声。

9.3.1　算法框架

所提出的 HHS 算法的框架基于 HS,其算法流程如图 9.1 所示。

在优化过程中,首先设置参数和停止准则。然后,通过启发式和随机化的方法初始化 HM。初始化后,通过映射到 FJSP 的可行活动调度来评估 HM 中的和声向量,同时标记最佳和最差的和声向量。随后,通过记忆考虑、音高调整和随机选择等手段从 HM 中生成新的和声存储器。此后,执行局部搜索算法来改善在即兴创作阶段生成的和声向量,这与基本 HS 不同。最后,通过将局部搜索改进的和声向量与 HM 中的最差和声向量进行比较来更新 HM。重复演化过程直到满足停止准则。

9.3.2　和声向量的表示

所提出的 HHS 算法中,和声向量 $X = \{x(1), x(2), \cdots, x(n)\}$ 仍然表示为 n 维实向量。但是,维数 n 必须根据问题满足某些约束条件。假设 l 是解决 FJSP 中所有操作的数量,则 $n = 2l$。和声向量的前半部分 $X^{(1)} = \{x(1), x(2), \cdots, x(l)\}$ 描述了每个操作的机器分配信息,而和声向量的后半部分 $X^{(2)} = \{x(l+1), x(l+2), \cdots, x(2l)\}$ 表示所有机器上操作的顺序信息。这种设计可以很好地对应于 FJSP 的双向量编码,在 9.3.3 节中将进行说明。此外,为了方便处理问题,在所提出的方法中,所有区间 $[x_{\min}(j), x_{\max}(j)]$,$j = 1, 2, \cdots, n$,都设置为 $[-\delta, \delta]$,其中,$\delta > 0$。

9.3.3　和声向量的评估

在这节中,将解决整个 HHS 算法的关键问题,即当给定一个和声向量 $X = \{x(1), x(2), \cdots, x(n)\}$ 时,如何评估目标函数值 $f(X)$。为了实现这个目标,首先将和声向量 X 表示为实数向量,然后将其转换为一种双向量编码。然后将这种双向量编码解码为可行

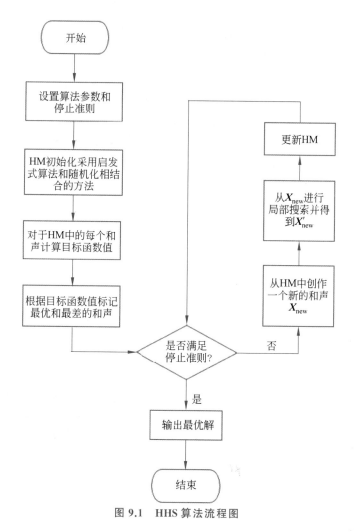

图 9.1　HHS 算法流程图

和活跃的 FJSP 调度,使 $f(X)$ 取决于与该调度对应的完工时间。

1. 双向量码

本章中的双向量码由两个向量组成:机器分配向量和操作序列向量,分别对应流水车间调度问题中的两个子问题。

在详细解释两个向量之前,首先根据作业编号和作业内操作顺序为每个操作分配一个固定的 ID。在如表 8.1 所示的实例中,这个编号方案在图 9.2 中有所说明。编号后,操作也可以用固定的 ID 进行引用。例如,操作 6 与如图 9.2 所示的操作 $O_{3,1}$ 具有相同的引用。

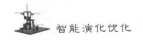

被指定的操作	$O_{1,1}$	$O_{1,2}$	$O_{2,1}$	$O_{2,2}$	$O_{2,3}$	$O_{3,1}$	$O_{3,2}$
固定编号	1	2	3	4	5	6	7

图 9.2　操作编号方案说明

机器分配向量 $\mathbf{MA}=\{u(1),u(2),\cdots,u(l)\}$ 是一个包含 l 个整数值的数组,其中,l 是 FJSP 中的操作总数。在向量中,$u(j),1\leqslant j\leqslant l$,表示操作 j 选择其备选机器集合中的 $u(j)$ 号机器。对于表 8.1 中的问题,图 9.3 显示了一个可能的机器分配向量,同时也揭示了其含义。例如,$u(1)=2$ 表示操作 $O_{1,1}$ 选择其备选机器集合中的第 2 台机器,即机器 M_3。

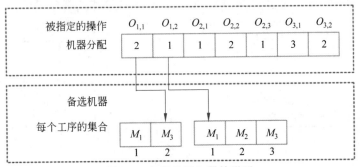

图 9.3　机器分配向量的说明

关于操作序列向量 $\mathbf{OS}=\{v(1),v(2),\cdots,v(l)\}$,操作的 ID 排列是最自然的表示方法。但由于操作之间存在的先决条件,这种表示并不总是定义 FJSP 的可行进度。因此,采用基于操作的表示法[301],将同一作业中的所有操作命名为相同的符号,然后根据它们在给定代码序列中出现的顺序进行解释。与置换表示法不同,这种代码始终可以解码为可行的进度。通过这种编码方法,作业 J_i 的索引 i 在操作序列向量中恰好出现 n_i 次,并依次表示 n_i 个操作 $O_{i,1},O_{i,2},\cdots,O_{i,n_i}$。对于表 8.1 中的示例,一个可能的操作序列向量如图 9.4 所示,并且可以转换为有序操作的唯一列表:$O_{2,1}\succ O_{1,1}\succ O_{2,2}\succ O_{1,2}\succ O_{3,1}\succ O_{2,3}\succ O_{3,2}$。操作 $O_{2,1}$ 优先级最高,首先被操作,然后是操作 $O_{1,1}$,以此类推。

操作程序	2	1	2	1	3	2	3
操作序列	J_2	J_1	J_2	J_1	J_3	J_2	J_3
被指定的操作	$O_{2,1}$	$O_{1,1}$	$O_{2,2}$	$O_{1,2}$	$O_{3,1}$	$O_{2,3}$	$O_{3,2}$

图 9.4　操作序列向量的说明

2. 将和声向量转换为双向量码

将给定的和声向量 $\boldsymbol{X} = \{x(1), x(2), \cdots, x(l), x(l+1), x(l+2), \cdots, x(2l)\}$，其中，$-\delta \leqslant x(j) \leqslant \delta, j = 1, 2, \cdots, 2l$，转换为两个独立的部分。在第一部分中，将 $\boldsymbol{X}^{(1)} = \{x(1), x(2), \cdots, x(l)\}$ 转换为机器分配向量 $\boldsymbol{MA} = \{u(1), u(2), \cdots, u(l)\}$。在第二部分中，将 $\boldsymbol{X}^{(2)} = \{x(l+1), x(l+2), \cdots, x(2l)\}$ 转换为操作顺序向量 $\boldsymbol{OS} = \{v(1), v(2), \cdots, v(l)\}$。

在第一部分的转换中，设 $s(j)$ 为作业 j 的备选机器集大小，其中，$1 \leqslant j \leqslant l$，需要做的是将实数 $x(j) \in [-\delta, \delta]$ 映射到整数 $u(j) \in [1, s(j)]$。具体的过程是：首先通过线性变换将 $x(j)$ 转换为属于 $[1, s(j)]$ 的实数，然后 $u(j)$ 被赋予最接近转换后实数的整数值，如式(9.1)所示。

$$u(j) = \text{round}\left(\frac{1}{2\delta}(s(j) - 1)(x(j) + \delta) + 1\right), 1 \leqslant j \leqslant l \qquad (9.1)$$

其中，$\text{round}(x)$ 是将数字 x 四舍五入到最近的整数的函数。在特殊情况下，如果 $s(j) = 1$，则无论 $x(j)$ 的值为何，$u(j)$ 始终等于 1。

在第二部分中，首先使用最大位置值规则[279]通过按其非递增位置值排序操作来构造操作的 ID 置换。然后，将每个操作 ID 替换为其所属的作业号。假设有一个问题的向量 $\boldsymbol{X}^{(2)} = \{0.6, 0.3, -0.2, 0.5, 0.7, -0.4, -0.3\}$，则转换示例如图 9.5 所示。

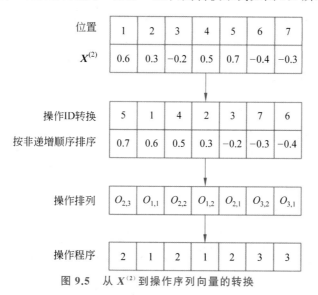

图 9.5 从 $\boldsymbol{X}^{(2)}$ 到操作序列向量的转换

3. 双向量码的主动解码

调度问题的计划通常分为三类：主动计划、半主动计划和无延迟计划[104]。当考虑最

大完工时间标准时,已经证明最优计划必定存在于主动计划中[302],因此,可以将双向量编码解码为主动计划,以减少搜索空间。

为了说明主动调度,首先需要介绍左移策略。该策略用于将操作向较早的开始时间移动,使得进度表尽可能紧凑。如果在每台机器上不改变操作顺序,那么称为局部左移。全局左移与局部左移类似,不同之处在于全局左移可能会改变每台机器上的操作顺序。如果没有局部左移,则进度表被称为半主动的。如果没有全局左移,则进度表被称为主动的。

为了确保一个双向量编码的解码调度是一个活动调度,当安排一个操作 $O_{i,j}$ 在机器 M_k 上执行,其处理时间为 $p_{i,j,k}$ 时,会搜索 M_k 上最早可用的空闲时间段进行分配。如果没有这样的时间段,该操作将被安排在 M_k 的末尾。设 $[S_x, E_x]$ 表示机器 M_k 的空闲时间段,$c_{i,j}$ 表示操作 $O_{i,j}$ 的完成时间,则当满足以下不等式时,时间段仅可用于 $O_{i,j}$。

$$\begin{cases}\max\{S_x, c_{i,j-1}\} + p_{i,j,k} \leqslant E_x, & j \geqslant 2 \\ S_x + p_{i,j,k} \leqslant E_x, & j = 1\end{cases} \tag{9.2}$$

如果找到了可用的时间间隔,那么操作 $O_{i,j}$ 的开始时间 $s_{i,j}$ 为

$$s_{i,j} = \begin{cases}\max\{S_x, c_{i,j-1}\}, & j \geqslant 2 \\ S_x, & j = 1\end{cases} \tag{9.3}$$

否则,设 ET_k 为机器 M_k 的当前结束时间,则起始时间 $s_{i,j}$ 设置如下。

$$s_{i,j} = \begin{cases}\max\{\mathrm{ET}_k, c_{i,j-1}\}, & j \geqslant 2 \\ \mathrm{ET}_k, & j = 1\end{cases} \tag{9.4}$$

所有的操作都被调度后,可以通过计算 $C_{\max} = \max\limits_{1 \leqslant k \leqslant r}(\mathrm{ET}_k)$ 来得出完工时间。**MA** 和 **OS** 的解码过程如算法 9-1 所示。

算法 9-1　双向量编码的解码调度

1：　通过读取向量 **MA**,为每个操作 $O_{i,j}$ 获取一个三元组$[O_{i,j}, M_k, p_{i,j,k}]$
2：　将操作序列 **OS** 转换为有序操作列表 $\{op_1, op_2, \cdots, op_l\}$
3：　**for** $j = 1$ **to** l **do**
4：　　　获取操作 op_j 对应的三元组
5：　　　搜索 op_j 在其选择的机器上的最早可用时间间隔
6：　　　**if** 找到可用的时间间隔 **then**
7：　　　　　这里分配 op_j 操作,根据式(9.3)设置 op_j 操作的开始时间
8：　　　**else**
9：　　　　　op_j 操作分配在其所选机器的末端,并根据式(9.4)设置其开始时间
10：　　**end if**
11：**end for**
12：**return** 解码后的活动时间表和相应的最晚完工时间

9.3.4 初始化和声记忆

初始化策略在演化算法中是很重要的,它会影响算法的收敛速度和最终解的质量。为了保证初始和声记忆(HM)有一定的质量和多样性,通过一种启发式方法生成一个和声向量,其余的向量都是随机生成的。

和声向量 $X=\{x(1),x(2),\cdots,x(n)\}$ 是根据以下公式简单地随机生成的。

$$x(j)=x_{\min}(j)+(x_{\max}(j)-x_{\min}(j))\times \mathrm{rand}(0,1),j=1,2,\cdots,n \qquad (9.5)$$

其中,对于每个维度 j,$x_{\min}(j)=-\delta$,$x_{\max}(j)=\delta$,$\mathrm{rand}(0,1)$ 是一个随机函数,返回一个 $0\sim1$ 中服从均匀分布的实数。

对于通过启发式方法生成的和声向量,首先预先使用启发式方法形成一个双向量编码,然后将双向量编码转换为和声向量 X。

1. 基于启发式算法生成双向量代码

首先,通过两个阶段为 FJSP 形成一个调度。在第一阶段中,采用局部化方法 (AL)[295] 启发式算法将每个操作分配到适当的机器上。AL 考虑了操作的处理时间和机器的工作负载。在 AL 过程中,按顺序遍历所有操作,对于每个操作,选择处理时间最短的机器,然后将所选机器上剩余操作的处理时间更新为加上这个最小时间。在第二阶段中,使用已知的调度规则,即大部分剩余工作(MWR),确定如何在机器上对操作进行排序。通过使用此规则,剩余工作最多的工作将具有最高的调度优先级。

在获得调度后,将其编码为两个向量编码。根据式(9.6),可以直接获得机器分配向量。然后,所有由固定 ID 表示的操作按照 MWR 规则以调度顺序排序,表示为 $\pi=\{\pi(1),\pi(2),\cdots,\pi(l)\}$。在这里,无须将 π 进一步转换为 **OS**,因为通过启发式获得的调度始终是可行的。

2. 将双向量代码转换为和声向量

转换也分为两个部分,就像 9.3.3 节中的示例一样。在与机器分配相关的第一部分中,转换实际上是式(9.1)的逆线性转换。但是,当 $s(j)=1$ 时应该单独考虑,$x(j)$ 在 $s(j)=1$ 时选择 $[-\delta,\delta]$ 中的随机值。可以按以下方式执行转换。

$$x(j)=\begin{cases} \dfrac{2\delta}{s(j)-1}(u(j)-1)-\delta, & s(j)\neq 1 \\ x(j)\in[-\delta,\delta], & s(j)=1 \end{cases} \qquad (9.6)$$

其中,$1\leqslant j\leqslant l$。

根据最大位置值(Largest Position Value,LPV)规则,和声向量的后半部分 $X^{(2)}=\{x(l+1),x(l+2),\cdots,x(2l)\}$ 可以根据向量 $\pi=\{\pi(1),\pi(2),\cdots,\pi(l)\}$ 来获取,具体如下。

$$x(\pi(j)+l)=\delta-\frac{2\delta}{l-1}(j-1), \quad 1 \leqslant j \leqslant l \tag{9.7}$$

假设 $\boldsymbol{\pi}=\{2,3,7,1,4,5,6\},\delta=0.6$，根据式(9.7)，得到 $x(9)=0.6,x(10)=0.4$ 等。最后，和声向量的后半部分 $\boldsymbol{X}^{(2)}=\{0,0.6,0.4,-0.2,-0.4,-0.6,0.2\}$。

9.3.5 新和声向量生成

生成一个新的和声向量 $\boldsymbol{X}_{\text{new}}=\{x_{\text{new}}(1),x_{\text{new}}(2),\cdots,x_{\text{new}}(n)\}$，该向量基于三条规则从历史记忆中生成：记忆考虑、音高调整和随机选择。在记忆考虑阶段，新和声向量的每个决策变量 $x_{\text{new}}(j)$ 可以从指定的历史记忆范围 $(x_1(j)-x_{\text{HMS}}(j))$ 中选择任何值。考虑和声记忆的比例（Harmony Memory Considering Rate，HMCR）是介于 $0\sim1$ 的概率，它是从历史值中选择一个值的概率（记忆考虑），而 $(1-\text{HMCR})$ 是从可能的值范围中随机选择的概率（随机选择），如式(9.8)所示。

$$x_{\text{new}}(j)=\begin{cases}x_{\text{new}}(j) \in \{x_1(j),x_2(j),\cdots,x_{\text{HMS}}(j)\}, & \text{概率 HMCR} \\ x_{\text{new}}(j) \in [x_{\min}(j),x_{\max}(j)], & \text{概率}(1-\text{HMCR})\end{cases} \tag{9.8}$$

如果 $x_{\text{new}}(j)$ 是从 **HM** 中选择的，那么进一步应用音高调整规则。该规则使用调整比率（Pitch Adjusting Rate，PAR）参数，它是音高调整的比率，可以表示为以下式子。

$$x_{\text{new}}(j)=\begin{cases}x_{\text{new}}(j) \pm \text{rand}(0,1) \times \text{bw}, & \text{概率 PAR} \\ x_{\text{new}}(j), & \text{概率}(1-\text{PAR})\end{cases} \tag{9.9}$$

其中，bw 是任意距离带宽。

为了使 HS 更加适应 FJSP，提出的 HHS 采用了修改后的音调调整规则，其表达式如下。

$$x_{\text{new}}(j)=\begin{cases}x_{\text{best}}(j), & \text{概率 PAR} \\ x_{\text{new}}(j), & \text{概率}(1-\text{PAR})\end{cases} \tag{9.10}$$

这种修改可以很好地继承 X_{best} 的良好解结构，使算法具有较少的参数。

总的来说，本章提出的方法中创作新的和声的主要步骤如算法 9-2 所示。

算法 9-2　HHS中创作新和声的程序

1：　**for** $j=1$ **to** n **do**
2：　　**if** $\text{rand}(0,1)<\text{HMCR}$ **then**
3：　　　$x_{\text{new}}(j)=x_i(j),i\in\{1,2,\cdots,\text{HMS}\}$
4：　　　**if** $\text{rand}(0,1)<\text{PAR}$ **then**
5：　　　　$x_{\text{new}}(j)=x_{\text{best}}(j)$
6：　　　**end if**
7：　　**else**

8：　　　　　　$x_{\text{new}}(j)=x_{\min}(j)+(x_{\max}(j)-x_{\min}(j))\times\text{rand}(0,1)$
9：　　　　**end if**
10：**end for**

9.3.6　依赖问题的局部搜索

为了增强搜索能力,本章提出的 HHS 算法中引入了局部搜索过程,用于改进在即兴演奏阶段生成的每个候选和声向量。在本章提出的 HHS 中,局部搜索应用于由分离图表示的调度,而不是直接应用于和声向量,这有助于引入问题特定的知识。因此,在要通过局部搜索改进和声向量时,首先应将其解码为由分离图表示的调度。

1. 不相交图模型

一个 FJSP 的调度可以用不相交图 $G=(V,C\cup D)$ 来表示。在这个图中,V 代表所有结点的集合,每个结点表示 FJSP 中的一个工序(包括虚拟的起始和终止工序);C 是所有连接弧的集合,这些弧连接同一个工件中相邻的两个工序,它们的方向表示两个相邻工序之间的处理顺序;D 是所有不相交弧的集合,这些弧连接同一台机器上相邻的两个工序,它们的方向也显示处理顺序。通常情况下,每个工序的加工时间标记在相应的结点上,被视为结点的权重。以表 8.1 中的问题为例,一个可能的由不相交图表示的调度如图 9.6 所示,在这个图中,$O_{1,1}$、$O_{3,1}$、$O_{2,3}$ 依次在机器 M_1 上加工,$O_{1,2}$、$O_{2,2}$ 依次在机器 M_2 上加工,$O_{2,1}$、$O_{3,2}$ 依次在机器 M_3 上加工。

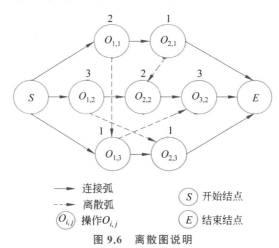

图 9.6　离散图说明

这个"离散图"具有以下两个基本而重要的特性。

性质 9.1：如果一个调度是可行的,那么对应的不相交图中不存在循环路径。

性质 9.2：如果一个不相交图是无环的，那么从起始结点 S 到结束结点 E 的最长路径（关键路径）表示相应调度的完成时间。

2. 基于共同关键操作的邻域

对于 FJSP 而言，大多数有效的局部搜索领域都基于离散图中的关键路径。这种类型的邻域是基于这样一个事实：移动当前离散图上关键路径上的一个操作可能会减少完工时间。操作 $O_{i,j}$ 的移动分为删除和插入两个步骤。

（1）将表示 $O_{i,j}$ 的结点 v 从当前机器序列中删除，即在不相交图中删除它的所有不相交弧。将节点 v 的权重设置为 0。

（2）将操作 $O_{i,j}$ 分配给机器 M_k，并选择结点 v 在 M_k 的处理顺序中的位置。然后，在离散图中添加结点 v 的离散弧，并将结点 v 的权重设置为 $p_{i,j,k}$。

将关键路径上的某个工序移动是有利的，因为有以下简单的理论支持。

引理 9.1：让 P 是当前关键路径在离散图上，则移动一个操作 $O_{i,j} \notin P$ 不能减少最大完工时间。

这个理论可以简单地理解为：在移动不属于最长路径 P 的操作时，当前调度的最长路径 P 仍然存在于离散图中，因此无法减少完工时间。

这种邻域的最大优点在于根据引理 9.1 避免了不必要的移动，并且与移动任意操作相比，邻域的大小得到了有效的缩小。但这似乎还不足够，因为对于当前由离散图表示的调度，关键路径上的操作数量通常仍然很多。因此，为了从当前调度生成一个更短的调度，可能需要尝试移动很多操作，这显然是非常耗时的。为了加快本章所提出的算法中的局部搜索过程，通过引入常见关键操作的概念来改进了这种邻域，这受到了离散图中通常存在多个关键路径的事实的启发。常见关键操作可以通过以下定义来解释。

定义 9.1：只有当一个操作的最早开始时间与最晚开始时间相等时，该操作才称为关键操作。

定义 9.2：离散中的一个关键路径是从起始结点 S 到结束结点 E 的路径，只由关键操作组成。

定义 9.3：只有当一个操作是一个关键操作并且位于离散图中的所有关键路径上时，它才被称为公共关键操作。特别地，当只存在一条关键路径时，所有的关键操作都是常见的关键操作。

每个工序的最早开始时间是其可以开始执行的最早时间，而最晚开始时间是该工序可以开始执行而不会延迟完成时间的最晚时间。针对公共关键工序，通过以下属性有助于在离散图中获取它们的全部信息。

性质 9.3：如果有两个关键操作 op_i 和 op_j，它们的处理持续时间分别为 $[s_i, c_i]$ 和

$[s_j, c_j]$，并且它们之间存在重叠部分，则 op_i 和 op_j 都不是公共关键操作。

验证：因为 op_j 是一个关键操作，它必须位于一个关键路径 P 上。假设 op_i 是一个常见的关键操作，那么它会出现在所有的关键路径上，当然也在路径 P 上。因此，op_i 和 op_j 在同一个关键路径 P 上。因此，它们的处理时间 $[s_i, c_i]$ 和 $[s_j, c_j]$ 不能重叠。这是矛盾的，因此假设无效，op_i 不是一个常见的关键操作。同样，op_j 也不是一个常见的关键操作。

改进后的邻域结构中的移动策略是移动共同的关键操作而不是在一个关键路径上的操作。其合理性可以表述如下。

推论 9.1：移动在离散图中不是公共关键操作的操作 $O_{i,j}$ 不能减少最晚完成时间。

验证：因为 $O_{i,j}$ 不是共同的关键操作，所以必须存在一个不包含操作 $O_{i,j}$ 的关键路径 P，即 $O_{i,j} \notin P$。根据引理 9.1，这个推论是正确的。

更多不必要的移动可以通过仅移动常见的关键操作来进一步避免，并且相应的邻域大小也变小了。因此，在局部搜索过程中减少了计算负荷，提高了效率。例如，在图 9.6 中存在两个关键路径，它们分别是 $S \to O_{1,1} \to O_{1,2} \to O_{2,2} \to O_{2,3} \to E$ 和 $S \to O_{2,1} \to O_{2,2} \to O_{2,3} \to E$，但只有操作 $O_{2,2}$ 是共同关键操作。如果移动关键路径上的操作，则至少有三个候选操作可以移动，而仅在移动共同关键操作时考虑操作 $O_{2,2}$。

如上所述，本章已经确定了要删除哪个操作是共同关键操作。接下来，采用文献 [299] 中提出的插入策略来插入已删除的操作，以便得到当前进度的可接受邻域。设 G' 是通过在 G 中删除共同关键操作 $O_{i,j}$ 而得到的不相交图，对于 G' 中的每个保留操作 $O_{x,y}$，分别用 $\mathrm{ES}'_{x,y}$ 和 $\mathrm{EC}'_{x,y}$ 表示最早开始时间和最早完成时间。为了不增加插入后的最长时间，将 G 的最长时间作为 G' 的"所需"最长时间，并根据这个最长时间计算每个操作 $O_{x,y}$ 的最晚开始时间 $\mathrm{LS}'_{x,y}$。然后，对于机器 M_k 上的任意两个相邻操作 $O_{\alpha,\beta}$ 和 $O_{\mu,\nu}$，形成最大空闲时间间隔 $[S_x, E_x]$，其中：

$$\begin{cases} S_x = \mathrm{EC}'_{\alpha,\beta} = \mathrm{ES}'_{\alpha,\beta} + p_{\alpha,\beta,k} \\ E_x = \mathrm{LS}'_{\mu,\nu} \end{cases} \tag{9.11}$$

由于操作之间存在先后顺序的约束，判断最大空闲时间区间 $[S_x, E_x]$ 是否可用于插入 $O_{i,j}$ 可以通过以下方式进行验证。

$$\begin{cases} \max\{S_x, \mathrm{EC}'_{i,j-1}\} + p_{i,j,k} < \min\{E_x, \mathrm{LS}'_{i,j+1}\}, & j \neq 1, j \neq n_i \\ S_x + p_{i,j,k} < \min\{E_x, \mathrm{LS}'_{i,j+1}\}, & j = 1 \\ \max\{S_x, \mathrm{EC}'_{i,j-1}\} + p_{i,j,k} < E_x, & j = n_i \end{cases} \tag{9.12}$$

当没有空闲时间间隔可以插入每个公共关键操作时，进一步删除任意一个操作，以形成更多和更大的空闲时间间隔，然后以与上述相同的方式插入它们。显然，这需要更多时间，因此只有在无法移动一个公共关键操作时才执行此过程。总之，在局部搜索中生成可

接受邻域的过程如算法 9-3 所示。

算法 9-3　生成可接受邻域的过程

1：　根据性质 9.1，获取当前不相交图 G 中的所有关键操作
2：　通过性质 9.3 从关键操作中挑选出所有共同关键操作 $\{\mathrm{cop}_1, \mathrm{cop}_2, \cdots, \mathrm{cop}_w\}$。
3：　**for** $i=1$ **to** w **do**
4：　　　　将 G 中的 cop_i 删除以得到 G'
5：　　　　将在 G' 中计算所有最大空闲时间间隔
6：　　　　**if** 找到了 cop_i 可用的时间间隔 **then**
7：　　　　　　将操作 cop_i 插入 G 中以得到 G''
8：　　　　　　**return** 离散图 G''
9：　　　　**end if**
10：**end for**
11：**for** $i=1$ **to** w **do**
12：　　将 G 中的 cop_i 删除以得到 G'
13：　　**for** G' 中的每个操作 op_j **do**
14：　　　　将 G' 中的 op_i 删除以得到 G''
15：　　　　将在 G'' 中计算所有最大空闲时间间隔
16：　　　　**if** 为 cop_i 和 op_j 找到了两个可用时间间隔 **then**
17：　　　　　　插入 cop_i 和 op_j，得到新的不交图 G'''
18：　　　　　　**return** 离散图 G'''
19：　　　　**end if**
20：　　**end for**
21：**end for**
22：**return** 一个空的离散图

---

3. 局部搜索过程

设 $\boldsymbol{X}=\{x(1), x(2), \cdots, x(l), x(l+1), x(l+2), \cdots, x(2l)\}$ 为待改进的和声向量。首先，通过双向量编码和解码将向量 $\boldsymbol{X}$ 转换为分离图的调度。然后，迭代过程会不断执行，以找到当前调度的可接受邻域，直到达到最大迭代次数或找不到可接受的邻域为止。最后，通过此过程获得的调度被转换为和声向量 $\boldsymbol{Y}=\{y(1), y(2), \cdots, y(l), y(l+1),$ $y(l+2), \cdots, y(2l)\}$。算法 9-4 详细描述了局部搜索的计算过程。

算法 9-4　在 HHS 中进行局部搜索

1：　将和声向量 $\boldsymbol{X}$ 转换为双向量编码
2：　将双向量编码解码为由不相交图 G 表示的可行调度
3：　**while** 当未达到最大迭代次数时 **do**
4：　　　执行算法 9-3 后得到 G'

5：　　　　**if** G' 不是空离散图 **then**

6：　　　　　$G \leftarrow G'$

7：　　　**else**

8：　　　　　退出 **while** 循环

9：　　　**end if**

10：**end while**

11：根据式(9.6),从图 G 的机器分配直接获取向量 $Y^{(1)} = \{y(1), y(2), \cdots, y(l)\}$

12：将所有操作按照最早开始时间的非递减顺序排序,得到操作 ID 排列 $\pi = \{\pi(1), \pi(2), \cdots, \pi(l)\}$

13：将 $X^{(2)} = \{x(l+1), x(l+2), \cdots, x(2l)\}$ 中的元素重新排列,采用组合规则和 LPV 规则得到 $Y^{(2)} = \{y(l+1), y(l+2), \cdots, y(2l)\}$

14：**return** 和声向量 Y

9.3.7　更新和声记忆

在提出的 HHS 中,当通过局部搜索生成一个新的和声向量 $X'_{new} = \{X'_{new}(1), X'_{new}(2), \cdots, X'_{new}(n)\}$ 后,HM 将进行更新。如果新的和声向量 X'_{new} 在目标函数值方面比现有的最差和声 X_{worst} 要好,则 X'_{new} 将替换 X_{worst} 并成为 HM 的新成员,否则不需要进行任何操作。如果 X'_{new} 包含在 HM 中,则必须进一步考虑最佳和最差和声向量的标签更新。

9.4　实　　验

9.4.1　实验设置

为了测试所提出的 HHS 算法在解决 FJSP 问题方面的性能,该算法使用 Java 语言实现并在具有 Intel 2.83GHz 处理器和 16GB 内存的个人计算机上运行。本部分报告了实验结果并将其与其他作者的结果进行比较。本章的实验考虑了以下几组问题实例。

(1) **Kacem Data 数据集**:该数据集是 Kacem 等[295]提供的三个问题集(8×8 问题,10×10 问题,15×10 问题)。8×8 问题是由 8 个作业组成的 P-FJSP 实例,其中有 27 个可以在 8 台机器上执行的操作。10×10 问题是由 10 个作业组成的 T-FJSP 实例,其中有 30 个可以在 10 台机器上处理的操作。15×10 问题是由 15 个作业组成的 T-FJSP 实例,其中有 56 个可以在 10 台机器上执行的操作。

(2) **Fdata 数据集**:数据集包含 20 个问题,来自 Fattahi 等的研究[290]。这些问题分为两类:小型柔性作业车间调度问题(SFJS01:10)和中大型柔性作业车间调度问题(MFJS01:10)。作业数量为 2~12,机器数量为 2~8,每个作业的操作数量为 2~4,所有作业的操作数量为 4~48。

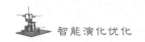

(3) **BRdata 数据集**：该数据集是来自 Brandimarte[108] 的 10 个问题集合。作业数为 10～20，机器数为 4～15，每个操作的灵活度为 1.43～4.10，所有作业的操作数为 55～240。

(4) **DPdata 数据集**：该数据集包含来自 Dauzère-Pérè 等[110] 的 18 个问题。作业数量为 10～20，机器数量为 5～10，每个操作的灵活性为 1.13～5.02，所有作业的操作数量为 196～387。

(5) **BCdata 数据集**：该数据集包含来自 Barnes 等[109] 的 21 个问题。作业数量为 10～15，机器数量为 4～15，每个操作的弹性为 1.07～1.30，所有作业的操作数量为 100～225。

(6) **HUdata 数据集**：该数据集是来自 Hurink 等[111] 的 129 个问题集合。这些问题被分为三个子集，即 Edata、Rdata 和 Vdata，具体取决于每个工序的可选机器数量（灵活性）的平均值。作业数量为 6～30，机器数量为 5～15，每个工序的灵活性为 1.15～7.5，所有作业的工序数量为 36～300。

由于所提出的算法具有不确定性的特性，本章对 Kacem 数据集、F 数据集和 BR 数据集的每个实例进行了 30 次独立运行，而对其他数据集的每个实例仅进行了 5 次独立运行，以便进行整体性能比较。记录了以下 4 个指标来描述计算结果。

(1) BC_{max}：多次运行中得到的最佳完成时间。

(2) $AV(C_{max})$：多次运行后得到的平均完工时间。

(3) SD：运行多次所得到的完工时间标准差。

(4) AV(CPU)：计算平均计算时间，以 s 为单位，在多次运行中实现解决方案。

在 FJSP 文献中，当比较两种算法时主要考虑 BC_{max}[238,285,296,297]。但为了展示本章所提出的 HHS 的高效性，还将 AV(CPU) 与几种算法在一些问题实例上进行比较，其中也报告了此指标。然而，每种算法使用的不同计算硬件、编程平台和编码技巧使得这种比较问题十分棘手[303]。因此，当涉及 AV(CPU) 时，本章会附上相应算法的原始 CPU 名称、编程语言和原始计算时间，以便对所涉及算法的效率有一个粗略而相对公正的理解。此外，在 9.4.3 节中，本章重新实现了分别在文献[238]、[287]中提出的两种高性能 GA 算法，并对本章的 HHS 与这两种 GA 算法进行详细的统计比较，以进一步验证 HHS 在解质量方面的算法优势。因此，9.4.3 节报告的两种 GA 算法的结果是由本章重新实现的算法得出的，而 9.4.2 节显示的比较算法的结果则直接来自文献。值得一提的是，9.4.3 节中的比较方式似乎有点超出了现有 FJSP 文献中的实验研究做法。

本章提出的 HHS 算法中的参数包括：和声记忆大小（HMS），考虑和声记忆的比例（HMCR），调整比例（PAR），边界因子（δ），即兴次数（NI）和局部搜索的最大迭代次数（$loop_{max}$）。在本章的实验中，设置 HMS＝5，HMCR＝0.95，PAR＝0.3，δ＝1。对于参数

NI 和 loop$_{max}$，根据不同的数据集进行调整，以在可接受的计算时间内获得满意的解。每个数据集的这两个参数设置如表 9.1 所示。

表 9.1 各数据集的 NI 和 loop$_{max}$ 参数设置

数据集	NI	loop$_{max}$
Kacem data	400	20
Fdata	3000	30
BRdata	5000	200
DPdata	3000	300
BCdata	3000	300
HUdata	3000	300

9.4.2 计算结果和比较

首先在三个 Kacem 数据问题上测试了提出的 HHS 算法。计算结果如表 9.2 所示。

表 9.2 HHS 在 Kacem 数据集上的结果

问题规模	提出的 HHS			
	BC$_{max}$	AV(C_{max})	SD	AV(CPU)
8×8	14	14	0	0.00
10×10	7	7	0	0.01
15×10	11	11	0	0.42

表 9.3 将本章所提出的算法与以下五个算法进行了比较：Kacem 等的 AL＋CGA[295]，Xia 和 Wu 的 PSO＋SA[241]，Yazdani 等的 PVNS[297]，Bagheri 等的 AIA[296]，Li 等的 TSPCB[292]。表 9.3 中的第 2～5 列表示来自 AL＋CGA、PSO＋SA、PVNS 的最佳完工时间。

表 9.3 在 Kacem 数据集上，本章提出的 HHS 算法与五个现有算法的比较

问题规模	AL＋CGA	PSO＋SA	PVNS	AIA[a]		TSPCB[b]		Proposed HHS[c]	
				BC$_{max}$	AV(CPU)	BC$_{max}$	AV(CPU)	BC$_{max}$	AV(CPU)
8×8	15	15	**14**	**14**	0.76	**14**	4.68	**14**	0.00

续表

问题规模	AL＋CGA	PSO＋SA	PVNS	AIA[a]		TSPCB[b]		Proposed HHS[c]	
				BC$_{max}$	AV(CPU)	BC$_{max}$	AV(CPU)	BC$_{max}$	AV(CPU)
10×10	**7**	**7**	**7**	**7**	8.97	**7**	1.72	**7**	0.01
15×10	24	12	12	**11**	109.22	**11**	9.82	**11**	0.42

注：每个问题的最佳 BC$_{max}$ 值用粗体标出。

[a] 指的是基于 Intel 2.0GHz 处理器上，在 C++ 语言下所消耗的计算机处理时间。

[b] 指的是基于 Intel 1.6GHz 的 Pentium IV 处理器上，在 C++ 语言下所消耗的计算机处理时间。

[c] 指的是基于 Intel 2.83GHzXeon 处理器上，在 Java 中语言下所消耗的计算机处理时间。

显然，对于所有三个问题，本章提出的 HHS 算法都获得了最好的结果。值得注意的是，在表 9.2 中，每个问题的 SD 都等于 0，因此本章的算法不仅表现出强大的能力，而且在 Kacem 数据上也表现出稳定性。与 HHS 相比，AIA 和 TSPCB 算法在最佳完工时间上具有相同的性能。但它们似乎需要比提出的 HHS 算法更长的平均 CPU 时间。图 9.7 显示了 HHS 获得的问题规模为 15×10 的一个解的甘特图。

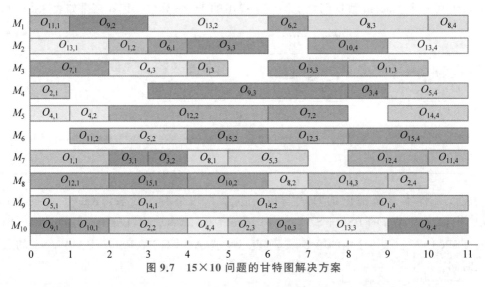

图 9.7　15×10 问题的甘特图解决方案

本章所研究的第二个数据集是 Fdata。表 9.4 显示了本章所提出的 HHS 算法在该数据集上的计算结果。在该表格中，问题名称列在第 1 列，第 2 列和第 3 列分别表示作业数和机器数，第 4 列是该问题的下界。在 FJSP 文献中，AIA 算法[296] 在 Fdata 上表现出最佳性能，优于文献[290]中提出的六种算法。

表 9.4　HHS 在 Fdata 数据集上的结果

问题	n	m	LB	提出的 HHS			
				BC_{max}	$AV(C_{max})$	SD	$AV(CPU)$
SFJS01	2	2	66	66	66	0	0.00
SFJS02	2	2	107	107	107	0	0.00
SFJS03	3	2	221	221	221	0	0.00
SFJS04	3	2	355	355	355	0	0.00
SFJS05	3	2	119	119	119	0	0.00
SFJS06	3	3	320	320	320	0	0.00
SFJS07	3	5	397	397	397	0	0.00
SFJS08	3	4	253	253	253	0	0.00
SFJS09	3	3	210	210	210	0	0.00
SFJS10	4	5	516	516	516	0	0.00
MFJS01	5	6	396	468	468	0	0.01
MFJS02	5	7	396	446	447.53	0.86	0.01
MFJS03	6	7	396	466	466.83	1.05	0.12
MFJS04	7	7	496	554	559.87	5.67	0.06
MFJS05	7	7	414	514	514	0	0.02
MFJS06	8	7	469	634	634.4	2.19	0.01
MFJS07	8	7	619	879	879.07	0.37	0.11
MFJS08	9	8	619	884	885.1	0.36	0.08
MFJS09	11	8	764	1055	1065.2	14.24	0.94
MFJS10	12	8	944	1196	1209.07	8.59	0.69

在表 9.5 中,本章提出的 HHS 算法与 AIA 算法进行了比较。

表 9.5　本章提出的 HHS 算法与 AIA 算法的比较

问题	n	m	LB	提出的 HHS[a]		AIA[b]		
				BC_{max}	$AV(CPU)$	BC_{max}	$AV(CPU)$	dev/%
SFJS01	2	2	66	**66**	0.00	**66**	0.03	0
SFJS02	2	2	107	**107**	0.00	**107**	0.03	0

问题	n	m	LB	提出的 HHS[a]		AIA[b]		
				BC_{max}	AV(CPU)	BC_{max}	AV(CPU)	dev/%
SFJS03	3	2	221	**221**	0.00	**221**	0.04	0
SFJS04	3	2	355	**355**	0.00	**355**	0.04	0
SFJS05	3	2	119	**119**	0.00	**119**	0.04	0
SFJS06	3	3	320	**320**	0.00	**320**	0.04	0
SFJS07	3	5	397	**397**	0.00	**397**	0.04	0
SFJS08	3	4	253	**253**	0.00	**253**	0.05	0
SFJS09	3	3	210	**210**	0.00	**210**	0.05	0
SFJS10	4	5	516	**516**	0.00	**516**	0.05	0
MFJS01	5	6	396	**468**	0.01	**468**	9.23	0
MFJS02	5	7	396	**446**	0.01	448	9.35	＋0.45
MFJS03	6	7	396	**466**	0.12	468	10.06	＋0.43
MFJS04	7	7	496	**554**	0.06	**554**	10.54	0
MFJS05	7	7	414	**514**	0.02	527	10.61	＋2.47
MFJS06	8	7	469	**634**	0.01	635	22.18	＋0.16
MFJS07	8	7	619	**879**	0.11	**879**	24.82	0
MFJS08	9	8	619	**884**	0.08	**884**	26.94	0
MFJS09	11	8	764	**1055**	0.94	1088	30.76	＋3.03
MFJS10	12	8	944	**1196**	0.69	1267	30.94	＋5.60

注：每个问题的最佳 BC_{max} 值用粗体标出。

[a]指的是基于 2.83GHz Xeon 处理器上，在 Java 语言下所消耗的计算机处理时间。

[b]指的是基于 2.0GHz 处理器上，在 C++ 语言下所消耗的计算机处理时间。

实验将采用相对偏差准则(dev)进行比较，其定义为

$$dev = \left[\frac{BC_{max}(comp) - BC_{max}(HHS)}{BC_{max}(comp)} \right] \times 100\% \tag{9.13}$$

其中，BC_{max}(HHS)是算法得到的最佳完工时间，BC_{max}(comp)是进行比较的算法得到的最佳完工时间。可以看出，所提出的 HHS 算法在 Fdata 的所有实例中都优于 AIA 算法，并找到了 6 个新的更好的解决方案，分别是 MFJS02、MFJS03、MFJS05、MFJS06、MFJS09 和 MFJS10。对于 MFJS05、MFJS09 和 MFJS10 实例，解决方案得到了显著的改进。图 9.8 展示了 HHS 获得的 MFJS05 实例的一个最优调度。

M_1: $(O_{4,1}: 0–87)(O_{2,1}: 87–301)$

M_2: $(O_{3,1}: 0–62)(O_{5,1}: 62–185)(O_{1,2}: 185–315)(O_{2,2}: 315–385)(O_{5,3}: 381–481)$

M_3: $(O_{1,1}: 0–100)(O_{7,1}: 100–245)(O_{7,2}: 245–369)$

M_4: $(O_{6,1}: 0–154)(O_{6,2}: 154–304)(O_{1,3}: 315–465)$

M_5: $(O_{4,2}: 87–260)(O_{3,3}: 260–360)(O_{7,3}: 369–514)$

M_6: $(O_{4,3}: 260–396)(O_{2,3}: 396–491)$

M_7: $(O_{3,2}: 62–207)(O_{5,2}: 207–293)(O_{6,3}: 304–484)$

图 9.8　为问题 MFJS05 获得的调度

在考虑效率时,对于小型实例(SFJS01:10),HHS 和 AIA 都足够高效,几乎没有时间消耗;但对于中大型实例(MFJS01:10),HHS 表现出明显的优越性,平均 CPU 时间比 AIA 少得多。因此,无论是在效果还是效率方面,所提出的 HHS 算法在 Fdata 数据集上都优于 AIA 算法。

另一个用于实验的数据集是 BRdata。在表 9.6 中,报告了 HHS 在该数据集上的表现。第 1 列和第 2 列分别包括问题的名称和规模。第 3 列显示每个问题每个操作的平均备选机器数量。第 4 列中,(LB,UB)表示问题的下限和上限。

表 9.6　HHS 在 BRdata 数据集上的结果

问题	$n \times m$	Flex	(LB,UB)	提出的 HHS			
				BC_{max}	$AV(C_{max})$	SD	AV(CPU)
MK01	10×6	2.09	(36,42)	40	40	0	0.07
MK02	10×6	4.10	(24,32)	26	26.63	0.49	0.74
MK03	15×8	3.01	(204,211)	204	204	0	0.01
MK04	15×8	1.91	(48,81)	60	60.03	0.18	1.04
MK05	15×4	1.71	(168,186)	172	172.8	0.41	7.47
MK06	10×15	3.27	(33,86)	58	59.13	0.63	60.73
MK07	20×5	2.83	(133,157)	139	139.57	0.50	10.59
MK08	20×10	1.43	523	523	523	0	0.02
MK09	20×10	2.53	(299,369)	307	307	0	0.39
MK10	20×15	2.98	(165,296)	205	211.13	2.37	373.01

在文献中,Chen 等的 GA[285],Pezzella 等的 GA[238],Bagheri 等的 AIA[296] 和 Yazdani 等的 PVNS[297],Li 等的 TSPCB[292],Raeesi 和 Kobti 的 MA[293] 以及 Zhang 等的 eGA[287] 都处理完全相同的问题。在表 9.7 中列出了所提出的 HHS 与这些算法之间的比较结果。

表 9.7　在 BRdata 数据集上 HHS 算法与现有算法的比较结果

问题	提出的 HHS[a]		GA Chen		GA Pezzella		AIA[b]			PVNS		TSPCB[c]			MA		eGA[d]		
	BC_{max}	AV(CPU)	BC_{max}	dev/%	BC_{max}	dev/%	BC_{max}	AV(CPU)	dev/%	BC_{max}	dev/%	BC_{max}	AV(CPU)	dev/%	BC_{max}	dev/%	BC_{max}	AV(CPU)	dev/%
MK01	**40**	0.07	**40**	0	**40**	0	**40**	97.21	0	**40**	0	**40**	2.80	0	**40**	0	**40**	1.60	0
MK02	**26**	0.74	29	+10.34	**26**	0	**26**	103.46	0	**26**	0	**26**	19.31	0	**26**	0	**26**	2.60	0
MK03	**204**	0.01	**204**	0	**204**	0	**204**	247.37	0	**204**	0	**204**	0.98	0	**204**	0	**204**	1.30	0
MK04	**60**	1.04	63	+4.76	**60**	0	**60**	152.07	0	**60**	0	62	40.82	+3.23	**60**	0	**60**	6.20	0
MK05	**172**	7.47	181	+4.97	173	+0.58	173	171.95	+0.58	173	+0.58	**172**	20.23	0	**172**	0	173	7.30	+0.58
MK06	**58**	60.73	60	+3.33	63	+7.94	63	245.62	+7.94	63	+3.33	65	27.18	+10.77	59	+1.69	**58**	15.70	0
MK07	**139**	10.59	148	+6.08	**139**	0	140	161.92	+0.71	141	+1.42	140	35.29	+0.71	**139**	0	144	17.30	+3.47
MK08	**523**	0.02	**523**	0	**523**	0	**523**	392.25	0	**523**	0	**523**	4.65	0	**523**	0	**523**	2.20	0
MK09	**307**	0.39	308	+0.32	311	+1.29	312	389.71	+1.60	**307**	0	310	70.38	+0.97	**307**	0	**307**	30.20	0
MK10	205	373.01	212	+3.30	212	+3.30	214	384.54	+4.21	208	+1.44	214	89.83	+4.21	216	+5.09	**198**	36.60	−3.54
平均提升		+3.31		+1.31		+1.50			+0.68		+1.99	+0.68		+0.05		+0.05			

注：每个问题的最佳 BC_{max} 值用粗体标出。

a 指的是基于 2.83GHz Xeon 处理器上，在 Java 语言下所消耗的计算机处理时间。

b 指的是基于 2.0GHz 处理器上，在 C++ 语言下消耗的计算机处理时间。

c 指的是基于 Pentium IV 1.6GHz 处理器上，在 C++ 语言下消耗的计算机处理时间。

d 指的是基于 Pentium IV 1.8GHz 处理器上，在 C++ 语言下消耗的计算机处理时间。

从表 9.7 可以看出,本章所提出的 HHS 在 BRdata 上表现出竞争性能。特别地,就 BC_{max} 而言,HHS 在 10 个实例中有 7 个超越了 GA_Chen,有 5 个超越了 AIA,有 4 个超越了 GA_Pezzella 和 PVNS,有 2 个超越了 MA 和 eGA;只有在实例 MK10 中,HHS 被 eGA 超越。总体而言,根据平均改进,HHS 在所有提到的算法中表现最好。就效率而言,AIA 比本章的 HHS 显然更耗时间。TSPCB 和 eGA 在一些实例上的 AV(CPU)值比 HHS 小。然而,总体而言,HHS 的效率至少与 TSPCB 和 eGA 相当。

在表 9.8 中,总结了三类实例的计算结果,涉及平均相对误差(Mean Relative Error,MRE)。第 1 列报告数据集,第 2 列显示每个类的实例数。接下来的 5 列分别报告了本章的 HHS、Chen 等的 GA[285]、Pezzella 等的 GA[238]、Bagheri 等的 AIA[296] 和 Yazdani 等的 PVNS[297] 所获得的最佳解的平均相对误差。相对误差(Relative Error,RE)的定义如下:其中,BC_{max} 是报告算法获得的最佳完工时间,LB 是已知的最佳下界。表 9.8 显示,本章所提出的方法在所有三个数据集上,在 MRE 标准下显示出最佳性能。只有在 Hurink Rdata 的情况下,PVNS 才能与我们提出的 HHS 获得相同的最佳结果。

表 9.8　平均相对误差(MRE)与最佳已知下界之间的比较

数据集	实例数	提出的 HHS/%	GA_Chen/%	GA_Pezzella/%	AIA/%	PVNS/%
DPdata	18	**3.76**	7.91	7.63	N/A	5.11
BCdata	21	**22.89**	38.64	29.56	N/A	26.66
Hurink Edata	43	**2.67**	5.59	6.00	6.83	3.86
Hurink Rdata	43	**1.88**	4.41	4.42	3.98	**1.88**
Hurink Vdata	43	**0.39**	2.59	2.04	1.29	0.42

注:N/A 意味着相应的数据不可用。每个数据集的最佳 MRE 值都用粗体标出。

9.4.3　HHS 与其他算法的进一步比较

在这一节中,将对 HHS 算法与 Pezzella 等的 GA 算法[238] 和 Zhang 等的 eGA 算法[287] 进行统计比较。本章重新实现了 GA_Pezzella 和 eGA 算法,遵循原始论文中作者给出的所有说明。重新实现的 GA_Pezzella 与文献[238]中报告的性能相似。然而,重新实现的 eGA 并不像作者在文献[287]中所声称的那样有效。如果按照文献[287]中的参数种群大小和迭代次数进行设置,重新实现的 eGA 无法获得令人满意的计算结果。由于这两个 GA 算法实际上基于相似的思想,都是混合初始化策略的 GA 算法,因此本章采用文献[238]中的两个参数设置方法来对 eGA 进行设置:种群大小设置为 5000,迭代次数设置为 1000。两种算法的所有其他参数值都与原始论文中推荐的相同。

在表 9.9 中,报告了 HHS、GA_Pezzella 和 eGA 在 BRdata 上进行 30 次独立运行的统计结果。

表 9.9 HHS、GA_Pezzella 和 eGA 在 Brdata 上进行 30 次独立运行的统计结果

问题	提出的 HHS				实施了 GA_Pezzella 算法				实施了 eGA 算法			
	BC_{max}	$AV(C_{max})$	SD	AV(CPU)	BC_{max}	$AV(C_{max})$	SD	AV(CPU)	BC_{max}	$AV(C_{max})$	SD	AV(CPU)
MK01	40	**40**	0	0.07	40	41.13	0.43	4.62	40	41.33	0.66	0.50
MK02	26	26.63	0.49	0.74	26	27.13	0.43	5.88	26	**26.53**	0.57	8.08
MK03	204	**204**	0	0.01	204	**204**	0	0.21	204	**204**	0	0.00
MK04	60	**60.03**	0.18	1.04	62	63.07	0.69	59.18	64	64.67	0.48	6.19
MK05	172	**172.8**	0.41	7.47	173	173.27	0.52	13.87	173	173	0	19.77
MK06	58	**59.13**	0.63	60.73	61	61.7	0.75	68.68	60	62	0.91	133.32
MK07	139	**139.57**	0.50	10.59	140	140.9	0.66	28.07	140	142	1.34	25.00
MK08	523	**523**	0	0.02	523	**523**	0	0.35	523	**523**	0	0.62
MK09	307	**307**	0	0.39	307	308.77	1.89	169.45	309	309.03	0.18	367.99
MK10	205	211.13	2.37	373.01	205	**209.3**	1.78	232.73	218	220.67	1.12	564.47

注：每个问题的最佳 $AV(C_{max})$ 值用粗体标出。

从表 9.9 中可以看出,在 10 个实例中,HHS 在 8 个实例中实现了最佳的 AV(C_{max}),而 GA_Pezzella 和 eGA 仅在两个实例中实现了最佳结果。对于 BC_{max},HHS 在任何实例中都没有被 GA_Pezzella 和 eGA 所优化。就效率而言,HHS 在大多数实例中都表现出优越性。然而,当处理 MK10 实例时,GA_Pezzella 比 HHS 更好,无论是在最晚完工时间还是计算时间方面。MK03 和 MK09 似乎是相对较简单的问题,三种算法都能够在很短的时间内将它们解决到最优解。

为了找出所提出的 HHS 算法和两种实现的 GA 算法之间结果的显著差异,进一步进行了显著性检验。由于得到的最晚完工时间值可能既不服从正态分布,也不具有方差齐性,因此根据文献[304]中的建议考虑使用非参数检验。具体而言,采用了 Wilcoxon 符号秩检验,一种成对的非参数统计检验,检查三种算法在每个问题实例上的优化效果是否存在显著差异。结果如表 9.10 所示,所有测试中均采用显著性水平 $\alpha = 0.05$。

表 9.10　对 Brdata 实例得到的最长完工时间进行显著性检验。p 值来自于
单侧 Wilcoxon 符号秩检验(显著性水平 $\alpha = 0.05$)

问题	HHS 与 GA_Pezzella			HHS 与 eGA		
	R^+	R^-	p-Value	R^+	R^-	p-Value
MK01	0	435	<0.0001	0	378	<0.0001
MK02	0	78	0.0012	63	42	0.2611
MK03	0	0	—	0	0	—
MK04	0	465	<0.0001	0	465	<0.0001
MK05	0	66	0.0018	0	21	—
MK06	0	465	<0.0001	0	435	<0.0001
MK07	0	276	<0.0001	0	351	<0.0001
MK08	0	0	—	0	0	—
MK09	0	120	0.0003	0	465	<0.0001
MK10	259.5	65.5	0.0047	0	465	<0.0001

从表 9.10 可以看出,除了 MK03、MK08 和 MK10 实例外,HHS 在其他实例中均显著优于 GA_Pezzella。在 MK03 和 MK08 实例中,HHS 和 GA_Pezzella 之间没有显著差异。至于 MK10 实例,GA_Pezzella 显著优于 HHS。与 eGA 相比,在 MK02、MK03、MK05 和 MK08 实例中,HHS 和 eGA 之间没有显著差异,在其他所有实例中,HHS 都显著优于 eGA。

图 9.9 展示了解决 MK06 实例时，eGA、GA_Pezzella 和 HHS 在 30 个独立运行中获得的平均完成时间的典型收敛曲线。

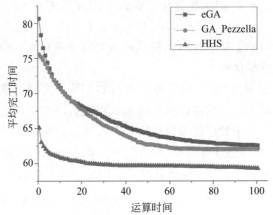

图 9.9　eGA、GA_Pezzella 和 HHS 在解决 MK06 实例时的收敛曲线

从图 9.9 中可以看出，本章所提出的 HHS 能够比 GA_Pezzella 和 eGA 更快地收敛到较低的完成时间值。

9.5　讨　　论

基于 9.4 节中的仿真测试和比较研究，可以得出结论，所提出的 HHS 算法对于解决以完成时间为标准的 FJSP 是有效、高效且具有鲁棒性的。其有效性可以归因于在设计 HHS 算法时平衡探索和开发的压力，而高效性可以解释为 HS 算法的简单改进机制和快速收敛、局部搜索加速策略，以及混合初始化方案的贡献。

与其他先进的 FJSP 元启发式算法相比，HHS 的主要优势之一在于其具有更简单的算法结构，似乎更容易实现，且在效率和搜索能力上表现出了比较强大的能力。此外，HHS 的参数较少，使其更易于控制，更适合实际使用。至于缺点，对于处理某些大规模问题，例如，在 BRdata 数据集中，HHS 在 MK10 实例中无法获得最佳结果。这个缺点可以通过寻找更好的策略来避免在搜索过程中陷入局部最优来加以改善。

此外，值得注意的是，本章所提出的 HHS 具有很大的灵活性和可扩展性。首先，HHS 中的 HS 和局部搜索组件耦合度低，对一个进行修改不会影响另一个。其次，HHS 中开发的转换技术也可以被其他连续演化算法用于解决 FJSP 问题。最后，通过问题相关的转换机制和局部搜索，HHS 框架可以容易地适应其他组合优化问题的求解。

9.6　本章小结

　　据调研所知,这是第一个将和声搜索算法应用于以最大完工时间为标准的柔性作业车间调度问题的研究工作。在本章所提出的方法中,开发了转换技术使连续的 HS 适应于解决离散的 FJSP。通过双向量编码和主动解码,将一个和声向量映射到一个可行的活动调度中,这可以大大减少搜索空间。引入了启发式和随机策略相结合的初始化方案来初始化 HM,使得 HM 具有一定的质量和多样性。为了平衡搜索空间的探索和开发能力,将 HS 的强大全局搜索能力与局部搜索的改进能力相结合。此外,基于常见的关键操作提出了一种改进的邻域结构,不仅带来问题特定的调度信息,还加速了局部搜索过程。

第 10 章 基于混合差分进化的柔性作业车间调度算法

10.1 前　言

作业车间调度问题(JSP)是生产调度领域中最重要、最困难的问题之一。柔性作业车间调度问题(FJSP)是一种扩展的 JSP 问题,操作可以由给定集合中的任何一台机器处理,而不是由指定的一台机器处理。通常,FJSP 更接近于真实的实际生产环境和具有较强的实用性。然而,FJSP 比 JSP 更复杂,因为除了对机器上的操作进行排序之外,FJSP 还决定将每个操作分配到适当的机器上(路由)。研究已经证明,FJSP 是很强的 NP 难问题,即使在问题中每项工作仅有三次操作和仅有两台机器[272]的情况下也是如此。

虽然已经开发了基于析取图表示问题的精确算法,但它们还没有适用于超过 20 个作业和 10 台机器的应用求解实例[104]。FJSP 的元启发式,目的是找到计算时间可接受的近似最优调度,在过去的几十年里得到了越来越多的关注。其中,禁忌搜索(TS)、遗传算法(GA)、粒子群优化(PSO)是求解 FJSP 问题最常用的方法。

对于 TS,Brandimarte[108]提出了一种混合 TS 启发式利用已知的调度规则来求解 FJSP。Hurink 等[111]提出了一个 TS 过程,其中,路由和排序被认为是两种不同类型的移动。Dauzère-Pérès 等[110]也开发了一种新的划分结构的 TS 算法,不区分路由和顺序。Mastrolilli 等[284]进一步改进了他们的 TS 技术,并提出了两个邻居功能的 FJSP。最近,Boejko 等239使用并行 TS 元启发式处理 FJSP 问题,将路径规划和排序分开处理。Li 等[292]针对 FJSP 问题开发了一种混合 TS 算法,并采用高效的邻域结构。

对于遗传算法,Chen 等[285]认为遗传算法是一种有效的求解 FJSP 的方法。在他们的方法中,染色体的表示被分为两部分,第一部分表示具体分配对每台机器的操作的顺序,第二部分描述了每台机器上的操作顺序。Kacem 等[295]开发了一个由指定模型控制的 FJSP 的遗传算法,由局部化的方法生成。Jia 等[237]提出改进的遗传算法能够解决分布式调度问题和 FJSP。Pezzella 等[238]提出了一种遗传算法不同策略的混合产生初始种群,选择繁殖的个体和繁殖新的个体是一体的。Gao 等[291]将遗传算法与可变邻域下降(VND)策略结合起来求解 FJSP。

对于粒子群算法,Xia 等[241]利用粒子群算法在机器上分配操作,并利用模拟退火(SA)算法在每台机器上排序操作。Zhang 等[243]将 PSO 算法与 TS 过程相结合求解FJSP。Moslehi 等[249]研究了基于粒子群算法和局部混合的多目标搜索。以上三类工作都是重点考虑的多目标 FJSP。他们的实验结果证明了 PSO 的有效性。

此外,近年来,对 FJSP 的越来越多的研究已经涉及其他元理论。Bagheri 等[296]提出了一种人工免疫算法(AIA)有结果的规则。Yazdani 等[297]提出了一个并行变量基于邻域搜索(PVNS)算法应用于多个独立的搜索。Xing 等[298]开发了一种基于知识的蚁群优化(KBACO)算法,即提供了蚁群优化(ACO)模型与知识模型之间的有效集成。Wang等[299,300]应用人工蜂群(ABC)算法和分布估计算法(EDA)结合对 FJSP 问题进行求解,两者都强调全局探索与局部开发之间的平衡。同样值得注意的是,基于约束编程(Constraint Programming,CP)技术的元启发式方法在解决 FJSP 方面已逐渐显示出巨大的潜力。这种差异搜索(Discrepancy Search,DS)、大邻域搜索(LNS)和迭代扁平化搜索(Iterative Flattening Search,IFS)已经在 FJSP 和一些标准基准测试中,取得了优异的表现[240,315,316]。

由 Storn 等[22]提出的不同差分进化(DE)算法是最新的基于种群的元启发式进化理论之一,最初是为解决连续优化问题而设计。作为一个随机实参数全局优化器,DE 使用简单的突变和交叉操作生成新的候选解决方案,并应用一对一竞争计划,贪婪地决定是否新的候选体或它的父母将在下一代中生存。由于该算法具有简单、易实现、收敛速度快、鲁棒性好等优点,受到了广泛关注和成功应用,如数字滤波器的设计[95]、前馈神经网络训练[96,97],电力系统内的经济负荷调度[98]和旅行商问题[317]。然而,因为它的连续性问题的本质,调度问题的 DE 研究仍然被认为是有局限性的[318-322]。而且,部分没有正式发表的研究工作描述了如何使用 DE 来处理 FJSP。在本章中,以最大完工时间最小为准则,将研究混合差分进化(Hybrid Differential Evolution,HDE)算法求解 FJSP 问题的方法。特别是,开发了一种新的转换机制,使连续型解析算法适用于求解离散型 FJSP。为了达到全局探索和局部开发之间的平衡,一个基于关键路径的局部搜索过程嵌入基于全局搜索的 DE 中。此外,在局部搜索阶段,给出了两个邻域结构同时提出了加速法来寻找可接受的更快的进度表。根据这两个邻域结构,形成了 HDE 算法的两种变体 HDE-N_1 和HDE-N_2。实验研究证明了该方法的有效性。

本章的其余部分组织结构如下:10.2 节介绍了 DE 的基本算法;10.3 节中详细说明了 FJSP 的 HDE 算法;10.4 节中提供了广泛的计算结果和比较;最后,10.5 节对本章进行了总结。

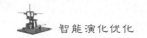

10.2　基本 DE 算法

DE 算法[22]是一种基于种群的演化算法,利用 NP 实值参数向量作为每一代 G 的总体,每个向量,也称为染色体,形成优化问题的候选解,通常定义为最小化(或最大化)。$f(\vec{X})$,使得 $X_j \in [x_{j,\min}, x_{j,\max}]$,其中,$f(\vec{X})$ 为目标函数(或适应度函数),$\vec{X} = [x_1, x_2, \cdots, x_D]^{\mathrm{T}}$ 是由 $x_{j,\min}$ 和 $x_{j,\max}$ 分别为每个决策变量的下界和上界。基本 DE 通过一个简单的阶段循环来完成任务的优化,直到中止准则(即最大代数,最大计算时间),如图 10.1 所示。每个阶段的详细信息描述如下。

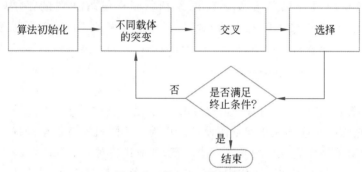

图 10.1　基本 DE 算法框图

10.2.1　算法初始化

基本 DE 的初始化目的是设置控制参数和载体的初始填充。参数包括种群大小(NP),突变尺度因子(F)和交叉概率(Cr)。很明显,一套好的参数可以增强算法的搜索能力,具有高收敛率的全局最优或近优区域。

用 $G = 0, 1, \cdots, G_{\max}$ 来表示 DE 中的后代。当前一代中第 i 个向量表示如下:

$$\vec{X}_{i,G} = [x_{1,i,G}, x_{2,i,G}, \cdots, x_{D,i,G}]^{\mathrm{T}} \tag{10.1}$$

向量的初始总体($G = 0$)通常是随机生成的,它可以覆盖尽可能多的受限搜索空间。因此,第 i 个向量的第 j 个分量可以初始化为

$$x_{j,i,0} = x_{j,\min} + (x_{j,\min} - x_{j,\max}) \times \mathrm{rand}(0,1) \tag{10.2}$$

其中,rand(0,1)是一个随机函数,返回一个介于 0~1 的实数,且分布均匀。

10.2.2　不同载体的突变

突变可以看作在进化过程中对个体的扰动。在基本 DE 中,父向量从当前生成的被

称为目标向量的突变算子所构造的一个突变向量 $\boldsymbol{V}_{i,G}=[v_{1,i,G},v_{2,i,G},\cdots,v_{D,i,G}]^{\mathrm{T}}$ 称为供体载体，对应于第 i 个目标载体 $\boldsymbol{X}_{i,G}$。众所周知，有几种 DE 算法的不同变异方案。在本章中采用 DE/best/1 方案，说明如下。

$$\vec{\boldsymbol{V}}_{i,G}=\vec{\boldsymbol{X}}_{\mathrm{best},G}+F\cdot(\vec{\boldsymbol{X}}_{r_1^i,G}-\vec{\boldsymbol{X}}_{r_2^i,G}) \tag{10.3}$$

其中，$\boldsymbol{X}_{\mathrm{best},G}$ 是第 G 代群体中具有最佳适应度（即最小化问题的最低目标函数值）的向量。从范围 $[1,\mathrm{NP}]$ 中随机选择两个不同于基础索引 i 的整数索引 r_1^i 和 r_2^i。比例因子 F 是一个实数，在范围 $[0,2]$ 内，通常小于 1。

综上所述，DE 的突变与传统 GA 的突变有很大不同。在 GA 突变中，DE 突变不是对基因进行小的改变，而是由个体组合的均值[323]。

10.2.3　交叉

交叉是个体之间信息交换的典型案例。在基本 DE 算法中，交叉操作通过组合目标向量 $\vec{\boldsymbol{X}}_{i,G}$ 及其相应的供体向量 $\vec{\boldsymbol{V}}_{i,G}$ 的分量来生成一个向量 $\boldsymbol{U}_{i,G}=[u_{1,i,G},u_{2,i,G},\cdots,u_{D,i,G}]^{\mathrm{T}}$，称为实验向量。生成实验向量的过程可以用以下公式表示。

$$u_{j,i,G}=\begin{cases}v_{j,i,G}, & \mathrm{rand}(0,1)\leqslant\mathrm{Cr}\ \text{或者}\ j=q \\ x_{j,i,G}, & \text{其他}\end{cases} \tag{10.4}$$

其中，q 是一个在 $[1,D]$ 范围内随机选择的整数，它保证 $\boldsymbol{U}_{i,G}$ 至少从 $\boldsymbol{V}_{i,G}$ 中得到一个分量。交叉越界概率 Cr 是从区间 $[0,1]$ 中取的常数实数。

10.2.4　选择

选择算子用于决定实验向量 $\boldsymbol{U}_{i,G}$ 是否是下一代群体的成员，其可以被描述为

$$\vec{\boldsymbol{X}}_{i,G+1}=\begin{cases}\vec{\boldsymbol{U}}_{i,G}, & f(\vec{\boldsymbol{U}}_{i,G})\leqslant f(\vec{\boldsymbol{X}}_{i,G}) \\ \vec{\boldsymbol{X}}_{i,G}, & \text{其他}\end{cases} \tag{10.5}$$

其中，$f(\vec{\boldsymbol{X}})$ 是要最小化的目标函数。因此，在最小化问题中，如果新的实验向量的目标函数值不大于目标向量的目标函数值，那么它将在下一代中取代相应目标向量；否则目标向量保留在种群中。

10.3　针对 FJSP 的 HDE

10.3.1　HDE 概述

本章所提出的 HDE 框架是基于基本 DE 算法流程而实现的，具体的实现步骤描述如下。

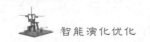

步骤 1：设置总体大小（NP）、比例因子（F）、交叉概率（Cr）、最大代数（$G_{\max}$）、进行局部搜索的概率（P_l）、最大局部迭代（$\text{iter}_{\max}$）。

步骤 2：设置 $G=0$ 并初始化种群。

步骤 3：评估每个染色体并标记 $\vec{X}_{\text{best},G}$。

步骤 4：突变阶段。通过使用变异算子，生成 NP 个供体载体 $\vec{V}_{i,G}$，$i=1,2,\cdots,\text{NP}$，如式（10.3）所述。

步骤 5：交叉相位。根据交叉算子，生成 NP 个实验向量 $\vec{U}_{i,G}$，$i=1,2,\cdots,\text{NP}$，如式（10.4）所示。

步骤 6：对于每个实验向量 $\vec{U}_{i,G}$，样本 $\text{rn}\in U(0,1)$，如果 $\text{rn}<P_l$，则根据取值范围进行局部搜索到 $\vec{U}_{i,G}$，否则直接求值。

步骤 7：选择阶段。通过一对一的选择算子，确定 NP 个目标向量 $\vec{X}_{i,G+1}$，$i=1,2,\cdots,\text{NP}$，如式（10.5）所示。设 $G=G+1$。

步骤 8：更新 $\vec{X}_{\text{best},G}$。

步骤 9：若 $G<G_{\max}$，转步骤 4；否则停止该过程然后返回 $\vec{X}_{\text{best},G}$。

可以看出，采用了最大代数作为终止准则。与基本的 DE 不同，HDE 不仅采用基于 DE 的进化搜索机制，有效地对有希望的可行解进行整个决策空间的探索，同时它也采用了有效的局部搜索对算法的可行解进行了开发，以使用局部搜索来改进解决方案。在 HDE 中，局部搜索应用于实验向量 $\vec{U}_{i,G}$ 而不是目标向量 $\vec{X}_{i,G}$，以避免两者都是有益的循环搜索，陷入局部最优。此外，局部搜索的频率和强度分别由参数 P_l 和 $\text{iter}_{\max}$ 所设定。

关于 FJSP 的建议，在 HDE 中实现两个关键问题：一个是对染色体的评估，另一个是如何对一条染色体进行局部搜索。

为了计算一条染色体（用实参数向量表示，见 10.3.2 节），首先将其转换为一种离散的两个向量编码（见 10.3.3 节），本章称之为前向转换（见 10.3.4 节），然后解码成一个活动调度表[104]。染色体的适应度是该活动调度表的完工时间值，如图 10.2 所示。优化的调度方案始终在最小化完工时间问题的活动调度方案集合中，因此只考虑与染色体对应的调度方案，这可以大大减少搜索空间。

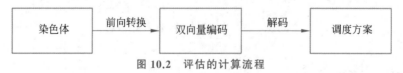

图 10.2　评估的计算流程

对于染色体的局部搜索，其计算流程如图 10.3 所示。实际上，局部搜索算法不是直接应用于染色体，而是应用于相应的调度。为有助于介绍问题的具体知识，以一条染色体为例。首先采用求值算子得到时间表,然后使用局部搜索进一步改进时间表(见 10.3.5 节)。之后是改进后的时间表被编码为双向量编码,然后使用反向转换将其转换为染色体(参见 10.3.4 节)。得到的一条改良的染色体代替原来的染色体进入进化过程。

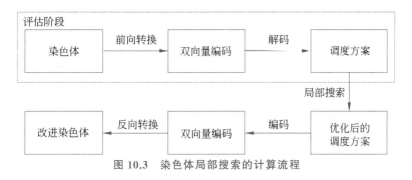

图 10.3　染色体局部搜索的计算流程

在下面的章节中,将详细介绍为 FJSP 提出的 HDE 算法的实现。10.3.2 节介绍了一条染色体的表示和种群的初始化。10.3.3 节中将介绍双向量编码策略,包括其编码和解码方法。10.3.4 节中介绍了前向转换和反向转换两种转换技术。10.3.5 节中描述局部搜索的实现策略。

10.3.2　表示和初始化

在本章所提出的 HDE 算法中,一个染色体 $\vec{X}=[x_1,x_2,\cdots,x_D]^{\mathrm{T}}$,仍然表示为 D 维实参数向量。但是维度 D 应该满足约束 $D=2d$,其中,D 是由 FJSP 中的操作总数来决定的。染色体 $\vec{X}$ 划分成两个部分,以表示两级决策(路由和测序)。前半部分,$\vec{X}^{(1)}=[x_1,x_2,\cdots,x_d]^{\mathrm{T}}$ 描述了每个操作的机器分配信息;而后半部分,$\vec{X}^{(2)}=[x_{d+1},x_{d+2},\cdots,x_{2d}]^{\mathrm{T}}$ 描述了所有机器的操作顺序信息。更重要的是,为了方便地处理问题,范围为 $[x_{j,\min},x_{j,\max}]$,$j=1,2,\cdots,D$,决策变量 D 均设为 $[-\delta,\delta]$,$\delta>0$,其中,δ 根据本书所提出的约束因子算法进行计算。

本书所提出的 HDE 也是随机初始化的策略,与基本 DE 方法一样均匀,HDE 中的一条染色体可以根据式(10.2)随机产生,其中,$X_{j,\min}=-\delta$,$X_{j,\max}=\delta$,$j=1,2,\cdots,D$。

10.3.3　双向量编码

双向量编码包含两个向量:机器分配向量和操作序列向量,以便很好地对应于 FJSP 中的两个子问题。

为了解释这两个向量,首先根据作业编号和作业内操作顺序,给出每个操作的对应作业 ID。对于表 8.1 中显示的实例,该编号方案在表 10.1 中说明。编号后,操作即可也由

固定 ID 引用表示,例如,操作 5 具有与如表 10.1 所示的操作 $O_{2,3}$ 相同的引用。

表 10.1　操作编号方案说明

操作	$O_{1,1}$	$O_{1,2}$	$O_{2,1}$	$O_{2,2}$	$O_{2,3}$	$O_{3,1}$	$O_{3,2}$
引用 ID	1	2	3	4	5	6	7

1. 机器分配向量

机器分配向量,表示为 $\vec{R}^{(1)}=[r_1,r_2,\cdots,r_d]^{\mathrm{T}}$,是一个包含 d 个整数值的数组。在向量中,r_j,$j=1,2,\cdots,d$,表示操作 j 选择其备选机器集合中的第 r_j 台机器。图 10.4 给出了表 8.1 问题的一个可能的机器分配向量,并揭示了它的含义。例如,$r_7=2$ 表示操作 $O_{3,2}$ 选择其备选机器集中的第 2 台机器,即机器 M_3,其中对应的方块用阴影形式表示。

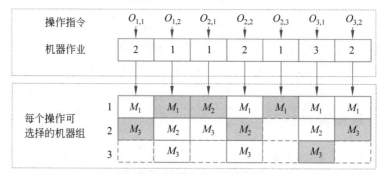

图 10.4　机器分配向量的图示

2. 操作序列向量

操作序列向量,用符号 $\vec{S}=[s_1,s_2,\cdots,s_d]^{\mathrm{T}}$ 表示,代表了所有操作的 ID 排序。操作发生的顺序表示为 $\vec{S}$ 中的每个操作调度优先级。以表 8.1 所示的实例为例,一个可能的操作序列向量表示为 $\vec{S}=[3,6,4,7,1,5,2]^{\mathrm{T}}$。向量可以直接转换为有序操作的唯一列表:$O_{2,1}>O_{3,1}>O_{2,2}>O_{3,2}>O_{1,1}>O_{2,3}>O_{1,2}$。操作 $O_{2,1}$ 优先级最高,优先调度,然后是操作 $O_{3,1}$,以此类推。必须注意的是,并非所有的 ID 排列对于操作序列向量都是可行的,因为作业中存在指定的操作优先级。也就是说,作业中的操作应该保持 $\vec{S}$ 中的相对优先级顺序。

3. 编码与解码

要将一个 FJSP 的时间表编码为两个向量可采用简单而直接的办法,向量 $\vec{R}$ 是仅由调度中的机器分配得到的,而向量 $\vec{S}$ 则是将所有操作按最早开始时间的非递减顺序排序得到的。

双向量的解码分为两个步骤。第一步是根据 $\vec{R}$ 将每个操作分配给所选的机器。第二步是按照 $\vec{S}$ 中的顺序逐一处理所有的操作,处理中的每项操作都在相应机器的最佳可用处理时间内进行分配。通过这种方式生成的时间表可以确保是一个可行的时间表[324]。

10.3.4　转换技术

1. 前向转换

前向转换是将实数型的参数向量 $\vec{X}=[x_1,x_2,\cdots,x_d,x_{d+1},x_{d+2},\cdots,x_{2d}]^{\mathrm{T}}$ 表示的染色体转换成由两个整数型的参数向量组成的双向量码 $\vec{R}=[r_1,r_2,\cdots,r_d]^{\mathrm{T}}$ 和 $\vec{S}=[s_1,s_2,\cdots,s_d]^{\mathrm{T}}$,被分成两个独立的部分。

在第一部分的转换中,将向量 $\vec{X}^{(1)}=[x_1,x_2,\cdots,x_d]^{\mathrm{T}}$ 转换为机器赋值 $\vec{R}=[r_1,r_2,\cdots,r_d]^{\mathrm{T}}$,设 $\vec{L}=[l_1,l_2,\cdots,l_d]^{\mathrm{T}}$,其中,$l_j,j=1,2,\cdots,d$,表示操作 j 的备选机器编号。此处需要将实数 $x_j\in[-\delta,\delta]$ 映射到整数 $r_j\in[1,l_j]$。具体过程为:首先通过线性变换将 x_j 转换为 $[1,l_j]$ 范围内的实数,然后给出转换后的实数最接近的整数值 r_j,如式(10.6)所示。

$$r_j=\mathrm{round}\left(\frac{1}{2\delta}(l_j-1)(x_j+\delta)+1\right),\quad j=1,2,\cdots,d \tag{10.6}$$

其中,$\mathrm{round}(x)$ 是将数 x 舍入到最接近的整数的函数。在 $l_j=1$ 的特殊情况下,不管 x_j 的值是多少,r_j 总是等于 1。

在第二部分中,将 $\vec{X}^{(2)}=[x_{d+1},x_{d+2},\cdots,x_{2d}]^{\mathrm{T}}$ 转换为操作序列向量 $\vec{S}=[s_1,s_2,\cdots,s_d]^{\mathrm{T}}$。为了实现这种转换,首先采用最大位置值(Largest Position Value,LPV)规则[279],将操作按其不增加的位置值排序,构造操作的 ID 置换。但是,如 10.3.3 节所述,得到的排列对于 $\vec{S}$ 来说可能不可行,因此,进一步执行算法 10-1 中所示的修复程序,以调整该排列中作业内操作的相对顺序。

算法 10-1　RepairPermutation($\vec{S}$)

1： 设 $\vec{Q}=[q_1,q_2,\cdots,q_n]^{\mathrm{T}}$
2： $[q_1,q_2,\cdots,q_n]^{\mathrm{T}}\leftarrow[0,0,\cdots,0]^{\mathrm{T}}$
3： **for** $i=1$ to d **do**
4： 　获取操作 s_i 所属的作业 J_k
5： 　$q_k\leftarrow q_k+1$
6： 　获取操作 O_{k,q_k} 的固定 ID
7： 　$s_i\leftarrow\mathrm{op}$
8： **end for**

假设目前有一个向量 $\vec{\boldsymbol{X}}^{(2)}=[0.6,-0.5,0.4,-0.1,0.8,0.2,-0.3]^{\mathrm{T}}$，对于如表 8.1 所示的实例,转换的示例如图 10.5 所示。

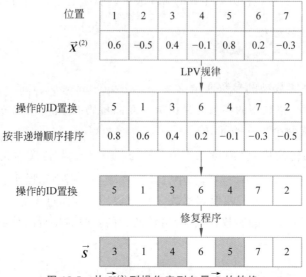

图 10.5 从 $\vec{\boldsymbol{X}}^{(2)}$ 到操作序列向量 $\vec{\boldsymbol{S}}$ 的转换

2. 逆向转换

逆向转换是将包含向量 $\vec{\boldsymbol{R}}^{(1)}=[r_1,r_2,\cdots,r_d]^{\mathrm{T}}$ 和 $\vec{\boldsymbol{S}}=[s_1,s_2,\cdots,s_d]^{\mathrm{T}}$ 的双向量代码转换为染色体 $\vec{\boldsymbol{X}}=[x_1,x_2,\cdots,x_d,x_{d+1},x_{d+2},\cdots,x_{2d}]^{\mathrm{T}}$，这是在对如图 10.3 所示的调度进行局部改进后发生的。这种类型的转换也由两个独立的部分组成,就像前向转换一样。

在机器分配的第一部分中,将向量 $\vec{\boldsymbol{R}}^{(1)}=[r_1,r_2,\cdots,r_d]^{\mathrm{T}}$ 转换为向量 $\vec{\boldsymbol{X}}^{(1)}=[x_1,x_2,\cdots,x_d]^{\mathrm{T}}$，这种转换实际上是对式(10.6)的线性反变换,但 $l_j=1$ 的情况应单独考虑,当 $l_j=1$ 时选择 $[-\delta,\delta]$ 范围内的一个随机值。这种转换可以按照如下形式进行操作。

$$x_j=\begin{cases}\dfrac{2\delta}{l_j-1}(r_j-1)-\delta, & l_j\neq 1\\[2mm] x_j\in[-\delta,\delta], & l_j=1\end{cases} \tag{10.7}$$

其中, $j=1,2,\cdots,d$ 。

在第二部分中,向量 $\vec{\boldsymbol{X}}^{(2)}=[x_{d+1},x_{d+2},\cdots,x_{2d}]^{\mathrm{T}}$ 是在局部改进之前中的元素重新排列得到。根据 LPV 规则,重新排列使生成的新 $\vec{\boldsymbol{X}}^{(2)}$ 对应于改进计划的 $\vec{\boldsymbol{S}}$。以如表 8.1 所示的问题为例,图 10.6 描述了一种可行的转换过程。

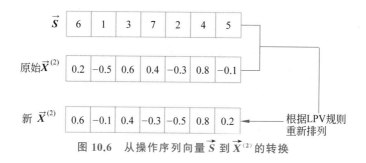

图 10.6　从操作序列向量 $\vec{S}$ 到 $\vec{X}^{(2)}$ 的转换

10.3.5　局部搜索算法

在本节中,将详细说明如何应用局部搜索来改进调度策略。首先,引入一种表示调度的析取图,然后给出了基于析取图中关键路径的两个邻域结构 N_1 和 N_2,最后深入描述整个局部搜索流程。

1. 析取图

FJSP 的调度可以用析取图 $G=(V,C\cup D)$ 来表示。图中,V 表示所有结点的集合,每个结点代表 FJSP 中的一个操作(包括虚拟的启动和中止操作 S);C 是一种连接弧线的集合,这些弧线连接了一个作业中相邻的两个操作,它们的方向表示两个连通操作之间的加工顺序;D 表示一种连接弧线的集合,这些弧线连接在同一台机器上进行的两个相邻的操作,它们的方向也表示加工顺序。每个操作的处理时间一般在对应结点的上方标记,并作为该结点的权重。

例如,对于如表 8.1 所示的问题,用析取图表示的可能调度如图 10.7 所示,其中,$O_{3,1}$、$O_{1,1}$、$O_{2,3}$ 在机器 M_1 上依次处理,$O_{2,1}$、$O_{1,2}$ 在机器 M_2 上依次执行,$O_{3,2}$、$O_{2,2}$ 在机器 M_3 上依次执行。当且仅当该调度的析取图中不存在循环路径时,该调度是可行的。如果析取图是无环的,则从起始结点 S 到结束结点 E 称为关键路径,其长度定义了调度的最大时间跨度。关键路径上的操作称为关键操作。例如,图 10.7 中的析取图是无环的,因此是可行的调度,其关键路径为 $S\rightarrow O_{3,1}\rightarrow O_{3,2}\rightarrow O_{2,2}\rightarrow O_{2,3}\rightarrow E$,最大跨度为 13;操作 $O_{3,1}$、$O_{3,2}$、$O_{2,2}$ 和 $O_{2,3}$ 都是关键操作。

2. 邻域结构

由于完成时间并不比析取图中的任何其他路径短,因此只能通过移动关键操作来改进完成时间。在析取图中,要移动操作 $O_{i,j}$ 分为删除和插入两步执行[284]。

步骤 1:通过移除析取图中所有的连接弧线,将表示 $O_{i,j}$ 的结点 v 从当前机器序列中删除。设结点 v 的权值为 0。

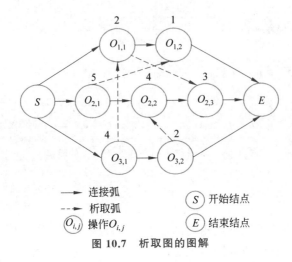

图 10.7　析取图的图解

步骤 2：将 $O_{i,j}$ 分配给机器 M_k，选择 v 在 M_k 处理顺序中的位置，通过加连接弧插入结点 v，并设置结点 v 的权值为 $p_{i,j,k}$。

设 G 为当前调度，G 中的关键路径用 $S \rightarrow co_1 \rightarrow co_2 \rightarrow \cdots \rightarrow co_w \rightarrow E$ 表示。邻域结构 $N_1(G)$ 定义为通过移动一个关键操作 $co_x(x=1,2,\cdots,w)$ 得到的调度的集合（也包括不可行的调度）。设 u_k 为调度 G 中对 M_k 处理的操作次数，则 $N_1(G)$ 的大小可计算为

$$U_{\text{total}} = w \cdot \left(\sum_{k=1}^{m}(u_k + 1) - 1 \right) = w \cdot \left(\sum_{k=1}^{m}u_k + m - 1 \right) = w \cdot (d + m - 1) \qquad (10.8)$$

局部搜索算法是从 $N_1(G)$ 的集合中不断选择一个可接受的调度 G'，并将 G' 设为新的当前调度。如果 G' 是无环且 $G' \in N_1(G)$，则可以接受 $C_{\max}(G') \leqslant C_{\max}(G)$ 的局部搜索。显然，可以在邻域结构中有序地形成时间表，直到找到一个可接受的时间表。但这是非常耗时的，因为必须检查它是否是循环的，并为每个形成的时间表重新计算它的完工时间。在这里，将开发加速方法，以便更快地在 $N_1(G)$ 中找到可接受的时间表。

设 $ES^G(O_{i,j})$ 为计划 G 中操作 $O_{i,j}$ 的最早开始时间，$LS^G(O_{i,j})$ 为不延迟完成时间的最晚开始时间。因此，$O_{i,j}$ 的最早完成时间为 $EC^G(O_{i,j}) = ES^G(O_{i,j}) + p_{i,j,k}$，以及最晚完成时间 $LC^G(O_{i,j}) = LS^G(O_{i,j}) + p_{i,j,k}$，其中，$O_{i,j}$ 在机器 M_k 上处理。设 $PM(O_{i,j})$ 是在 $O_{i,j}$ 之前在同一台机器上进行的操作，$SM(O_{i,j})$ 是在 $O_{i,j}$ 之后在同一台机器上进行的操作。设 $PJ(O_{i,j}) = O_{i,j-1}$ 是作业 J_i 中在 $O_{i,j}$ 之前的操作，$SJ(O_{i,j}) = O_{i,j+1}$ 是作业 J_i 在 $O_{i,j}$ 之后的操作。设 co_x 为需要移动的关键操作，G^- 为删除 G 中的操作 co_x 后得到的调度，取 $C_{\max}(G)$ 作为"所需"的完成时间，并根据该完成时间计算 G^- 中各操作 $O_{i,j}$ 的最迟开始时间 $LS^{G^-}(O_{i,j})$。

如果在 G^- 中的机器 M_k 上，在 $O_{i,j}$ 之前插入 co_x，得到一个满足 $C_{\max}(G') \leqslant C_{\max}(G)$ 的调度 G'，则该调度应早于 $ES^{G^-}(PM(O_{i,j}))$ 开始，并可迟于 $LS^{G^-}(O_{i,j})$ 完成，而不会延迟 $C_{\max}(G)$。此外，在同一工作中，成本必须遵循优先约束。因此，如果在 $O_{i,j}$ 之前的位置可以让 co_x 插入，则应该满足式(10.9)：

$$\max\{EC^{G^-}(PM(O_{i,j})), EC^{G^-}(PJ(co_x))\} + p_{co_x,k} < \min\{LS^{G^-}(O_{i,j}), LS^G(SJ(co_x))\}$$

$$(10.9)$$

在式(10.9)中，之所以使用"$<$"而不是"$\ll$"，是因为这样可以保证 co_x 不是 G' 中的关键操作，尽可能避免循环搜索。

遗憾的是，在 $O_{i,j}$ 之前插入 c_x，满足式(10.9)时不能保证得到的 G' 是无环的。设 Θ_k 为机器 M_k 在 G^- 中处理的操作集合，并按增加最早开始时间排序(请注意 $co_x \notin \Theta_k$)。设 Φ_k 和 Ψ_k 表示 Θ_k 的两个序列，定义如下。

$$\Phi_k = \{v \in \Theta_k \mid ES^G(v) + p_{v,k} > ES^{G^-}(co_x)\} \qquad (10.10)$$

$$\Psi_k = \{v \in \Theta_k \mid LS^G(v) < LS^G(co_x)\} \qquad (10.11)$$

γ_k 是所有操作 $\Phi_k \backslash \Psi_k$ 之前和所有操作 $\Psi_k \backslash \Phi_k$ 之后的位置集合。然后建立了以下定理。

定理 10.1：将操作 co_x 插入位置 $\gamma \in \gamma_k$ 得到的调度总是可行的，并且在机器 M_k 上，集合 γ_k 中存在一个位置是 co_x 插入的最优位置。

这一定理的详细证明可以参考文献[284]。根据定理 10.1，可以得到如下直接推论。

推论 10.1：如果在机器 M_k 上的某个位置插入 co_x 可以得到一个可接受的调度，那么在集合 γ_k 上的某个位置插入 co_x 总存在一个可接受的调度。

因此，当想要在机器 M_k 上找到一个 co_x 插入的位置时，只考虑 γ_k 中的位置，如果该位置满足式(6.9)，则通过将 co_x 插入其中立即得到可接受的调度。如算法 10-2 所示，描述了从邻域结构 N_1 中获得可接受调度的详细过程。

算法 10-2　GetAcceptableSchedule-I(G)

1：　在 G 中获取关键路径 $S \rightarrow co_1 \rightarrow co_2 \rightarrow \cdots \rightarrow co_w \rightarrow E$
2：　**for** $x = 1$ to w **do**
3：　　　从 G 中删除操作 co_x 得到 G^-
4：　　　**for** $k = 1$ to m **do**
5：　　　　　γ_k 获取机器 M_k 上位置集合
6：　　　　　**for** 每个位置 $\gamma \in \gamma_k$ **do**
7：　　　　　　　**if** γ 满足式(10.9)then

8： 将 co_x 插入位置 γ，得到 G'
9： **return** G'
10： **end if**
11： **end for**
12： **end for**
13： **end for**
14： **return** 一个空析取图

为了进行更密集的搜索，进一步定义了邻域结构 $N_2(G)$。它不仅包括在 G 的关键路径上移动一个关键操作所获得的调度，而且包括移动两个操作所获得的调度，其中至少有一个是关键操作。显然，$N_2(G)$ 远大于 $N_1(G)$，$N_1(G) \in N_2(G)$。算法 10-3 描述了从邻域结构 N_2 中获得可接受调度的方法。

算法 10-3 GetAcceptableSchedule-$\mathrm{II}(G)$

1： $G' \leftarrow$ GetAcceptableSchedule-$\mathrm{I}(G)$
2： **if** G' 非空调度 **then**
3： **return** G'
4： **end if**
5： **for** 在调度 G 中的关键路径的每个关键操作 co_x **then**
6： 从 G 中删除操作 co_x 得到 G^-
7： **for** 在 G^- 中的每个操作 o **do**
8： 从 G^- 中删除操作 o 得到 $G^{-'}$
9： **if** 在 $G^{-'}$ 中找到适当的位置 γ，以便将 co_x 插入其中 **then**
10： 将 co_x 插入 γ 中得到 $G^{-''}$
11： **if** 在 $G^{-''}$ 中找到适当的位置 γ'，以便将 o 插入其中 **then**
12： 将 o 插入 γ' 中得到 G'
13： **return** G'
14： **end if**
15： **end if**
16： **end for**
17： **end for**
18： **return** 一个空析取图

从算法 10-3 可以看出，移动两个操作只有在移动一个操作失败的情况下才会执行，因为移动两个操作的时间要长得多。换句话说，更喜欢只有当 N_1 中没有可接受的时间表时才会考虑 $N_2 \backslash N_1$ 中的时间表。第 9 步和第 11 步中的"合适位置"是指在该位置插入操作不能延迟 $C_{\max}(G)$，可由式（10.9）判断，插入后得到的调度应该是可行的。由于根据定理 10.1 可知在两个操作移动时不成立，需要在插入一个操作后检查得到的图是否存

在循环。此外,集合 $N_2 \backslash N_1$ 非常大,所以在移动两个操作时不会考虑所有可能的插入。实际上,如算法 10-3 所示,对于要移动的 co_x 和 o 这两个操作,一旦将 co_x 插入合适的位置,无论是否找到 o 插入的合适位置,都不会尝试其他适合 co_x 的位置。这是计算成本和优化水平之间的折中。

3. 局部查找程序

算法 10-4 给出了局部搜索过程。在第 3 步中,也可以调用算法 10-3 来生成一个可接受的调度,而不是调用算法 10-2。如果嵌入式局部搜索采用算法 10-2,则提出的 HDE 为 HDE-N_1;如果采用算法 10-3,则提出的 HDE 为 HDE-N_2。

算法 10-4 LocalSearch(G, iter$_{max}$)

1： $i \leftarrow 0$
2： **while** G 是非空析取图且 $i < $iter$_{max}$
3： $G \leftarrow$ GetAcceptableSchedule-Ⅰ(G)
4： $i \leftarrow i + 1$
5： **end while**
6： **return** G

10.4 实　验

10.4.1 实验设置

所提出的 HDE 算法在 Intel 2.83GHz 至强处理器和 15.9Gb RAM 上用 Java 语言实现。为了评估 HDE 算法(HDE-N_1 和 HDE-N_2)的性能,本章考虑了 FJSP 文献中以下 4 组知名的基准数据集。

(1) **Kacem**:数据集由来自文献[107]的 5 个实例组成,作业数范围为 4~15,机器数范围为 5~10,每个作业的操作数范围为 2~4,所有作业的操作数范围为 12~56。

(2) **BRdata**:数据集由来自文献[108]的 10 个实例组成,这些数据是在给定的限度内均匀分布随机生成的。作业数范围为 10~20,机器数范围为 4~15,每个作业的操作数范围为 5~15,所有作业的操作数范围为 55~240。

(3) **BCdata**:由文献[109]的 21 个实例组成,这些实例是从三个具有挑战性的经典 JSP 实例(mt10,la24,la40)中获得的[113,325]。作业数范围为 10~15,机器数范围为 11~18,每个作业的操作数范围为 10~15,所有作业的操作数范围为 100~225。

(4) **HUdata**:由来自文献[111]的 129 个实例组成,这些实例由文献[325]的 3 个实

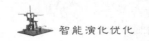

例(mt06,mt10,mt20)和文献[113]的 40 个实例(la01~la40)组成。取决于每个可选机器的平均数量操作时,HUdata 分为三个子集:Edata、Rdata 和 Vdata。作业数范围为 6~30,机器数范围为 5~15,每个作业的操作数范围为 5~15,所有作业的操作数范围为 36~300。

该算法对 Kacem、BRdata 和 BCdata 的每个实例独立运行 50 次,而对 HUdata 的每个实例仅运行 10 次,因为该数据集中的实例数量较多。结果将涉及四个指标,包括最佳最大跨度(Best)、平均最大跨度(AVG)、最大跨度标准差(SD)和相关算法获得的平均计算时间(CPU_{av})。

为了展示本章所提出的 HDE 算法的优越性,将我们的计算结果与文献中几种最具竞争力的算法进行比较。为了分析解的质量,还引入了平均相对误差(MRE)。对于给定的实例,相对误差定义为 RE=(MK−LB)/LB×100%,其中,MK 是报告算法获得的完成时间,LB 是已知的最佳下界。对于相关分析,BRdata 和 BCdata 实例的 LB 来自文献[284],而 HUdata 实例的 LB 根据文献[326]进行计算。Kacem 实例的 LB 不可用。

在 FJSP 算法的比较评估中通常涉及的一个问题是量化计算工作量。然而,每种算法中使用的不同计算硬件、编程平台形式和编码技巧使得这种比较非常困难,并且很难获得真正独立于计算机的 CPU 时间。因此,在本章涉及这个问题时,附上了相应算法的原始 CPU 名称、编程语言和原始计算时间,这足以对所引用算法的效率有一个大致的了解。这种做法在 JSP 的现有研究中经常采用[304,327,328]。

本章提出的算法 HDE-N_1 和 HDE-N_2 在实验中采用了相同的参数。表 10.2 总结了每个数据集的参数设置,其设置方式可以在解决方案质量和计算时间之间获得相对较好的权衡。

表 10.2　HDE 算法参数设置

参数	描述	Kacem data	BRdata	BCdata	HUdata		
					Edata	Rdata	Vdata
NP	群体大小	20	30	50	50	50	50
F	突变比例因子	0.1	0.1	0.5	0.5	0.1	0.1
Cr	自适应交叉概率	0.3	0.3	0.1	0.1	0.3	0.3
G_{max}	最大代数	100	200	700	700	700	700
P_l	进行局部搜索的概率	0.7	0.7	0.8	0.8	0.8	0.8
$iter_{max}$	最大局部迭代	80	80	90	90	120	150
δ	约束因素	1.0	1.0	1.0	1.0	1.0	1.0

10.4.2　Kacem 实例的结果

研究中的第一个数据集是 Kacem 数据。本章将 HDE-N_1 和 HDE-N_2 与 Li 等提出的 TSPCB[292] 和 Wang 等提出的 BEDA[300] 两种算法进行了比较。详细结果列在表 10.3 中。第 1 列表示每个实例的名称；第 2 列显示实例的大小，其中，n 代表作业的数量，m 代表机器的数量；第 3 列列出了文献中针对每个实例报道的最知名的解决方案（Best Known Solution，BKS）；其余列分别描述了 TSPCB、BEDA、HDE-N_1 和 HDE-N_2 的计算结果，其中没有 TSPCB 的 SD 值。表中的粗体值表示最佳结果。

由表 10.3 可以看出，四种算法中，BEDA 和 HDE-N_2 是最有效的，对于所有五个实例，这两种算法都能一致地获得最优已知解。在计算量方面，考虑到 Java 的效率远低于 C++，HDE-N_2 也可以与 BEDA 相媲美。HDE-N_2 在求解实例 15×10 时表现出优越性，求解时间约为 2s，比 TSPCB 和 BEDA 效率高得多。本章提出的 HDE-N_1 算法虽然不能在实例 15×10 上获得一致的最佳一致性，但似乎是四种相关算法中最高效的算法。

10.4.3　BRdata 实例的结果

第二个调查的数据集是 BRdata。本章所提出的算法还与 TSPCB 和 BEDA 进行了比较。详细的结果显示在表 10.4 中，它具有与表 10.3 相同的数量。

从表 10.4 可以看出，与 TSPCB 和 BEDA 等算法相比，HDE-N_1 在数据集 BRdata 求解时，更有效、更高效、更稳健。特别是，对于获得的最佳完成时间，HDE-N_1 在 10 个实例中有 5 个优于 TSPCB，在 10 个实例中有 2 个优于 BEDA；对于获得的平均完工时间，HDE-N_1 在所有 10 个实例中都优于 TSPCB 和 BEDA；在效率方面，在大多数情况下，HDE-N_1 的总体平均计算时间都小于 TSPCB 和 BEDA，MRE 的结果也表明了 HDE-N_1 的有效性。HDE-N_1 得到最佳最大跨度的 MRE 为 15.58%，而 TSPCB 和 BEDA 分别为 18.66% 和 16.07%。对于获得的平均完成时间的 MRE，HDE-N_1 为 16.52%，TSPCB 为 18.95%，BEDA 为 19.24%。与 HDE-N_1 相比，提出的 HDE-N_2 进一步提高了 MK05、MK06、MK10 三个实例的最佳效果。总的来说，HDE-N_1 匹配了 8 个已知的最佳解，甚至为 MK06 实例找到了一个新的最佳解（从 58 提高到 57）。然而，它比 HDE-N_1 更耗时，而且效率也比 TSPCB 和 BEDA 低。

10.4.4　BCdata 实例的结果

BCdata 是文献中 FJSP 最大的数据集之一。最近关于该数据集的重要工作可以参考文献[239]和[315]，Bozejko 等提出了一种并行 TS 算法[239]，使用具有 128 个处理器的高性能 GPU，这可能为 BCdata 实例获得 6 个新的最知名的解决方案。Oddi 等开发了一个

表 10.3 5 个 Kacem 实例的结果

实例	$n \times m$	BKS	TSPCB[a]		CPU_{av}	BEDA[b]			CPU_{av}	HDE-N$_1^c$			CPU_{av}	HDE-N$_2^c$			CPU_{av}
			Best	AVG		Best	AVG	SD		Best	AVG	SD		Best	AVG	SD	
例 1	4×8	11	**11**	11.00	0.05	**11**	11.00	0.00	0.01	**11**	11.00	0.00	0.06	**11**	11.00	0.00	0.09
例 2	8×8	14	**14**	14.20	4.68	**14**	14.00	0.00	0.23	**14**	14.00	0.00	0.14	**14**	14.00	0.00	0.31
例 3	10×7	11	**11**	11.00	5.21	**11**	11.00	0.00	0.30	**11**	11.00	0.00	0.19	**11**	11.00	0.00	0.46
例 4	10×10	7	**7**	7.10	1.72	**7**	7.00	0.00	0.42	**7**	7.00	0.00	0.22	**7**	7.00	0.00	0.37
例 5	15×10	11	**11**	11.70	9.82	**11**	11.70	0.00	14.88	**11**	11.86	0.35	0.66	**11**	11.70	0.00	2.19

注：[a] 指的是 C++ 环境下 Pentium IV 1.6GHz 处理器的 CPU 时间。
[b] 指的是 C++ 环境下 Intel Core i5 3.2GHz 处理器的 CPU 时间。
[c] 指的是 Java 环境下 Intel 2.83GHz 至强处理器的 CPU 时间。

表 10.4　10 个 BRdata 实例的结果

实例	$n \times m$	BKS	TSPCB[a]			BEDA[b]				HDE-N_1[c]				HDE-N_2[c]			
			Best	AVG	CPU$_{av}$	Best	AVG	SD	CPU$_{av}$	Best	AVG	SD	CPU$_{av}$	Best	AVG	SD	CPU$_{av}$
MK01	10×6	40	**40**	40.30	2.80	**40**	41.02	0.83	1.09	**40**	40.00	0.00	1.16	**40**	40.00	0.00	4.01
MK02	10×6	26	**26**	26.50	19.31	**26**	27.25	0.67	2.16	**26**	26.52	0.50	1.48	**26**	26.00	0.00	6.09
MK03	15×8	204	**204**	204.00	0.98	**204**	204.00	0.00	2.18	**204**	204.00	0.00	9.18	**204**	204.00	0.00	30.70
MK04	15×8	60	62	64.88	40.82	**60**	63.69	1.99	9.02	**60**	60.20	0.53	2.35	**60**	60.00	0.00	12.58
MK05	15×4	172	**172**	172.90	20.23	**172**	173.38	0.56	7.10	173	173.02	0.14	3.70	**172**	172.82	0.39	37.89
MK06	10×15	58	65	67.38	27.18	60	62.83	1.06	30.21	59	60.20	0.97	10.70	**57**	58.64	0.66	98.32
MK07	20×5	139	140	142.21	35.29	**139**	141.55	1.07	17.07	**139**	140.12	1.08	3.26	**139**	139.42	0.50	26.38
MK08	20×10	523	**523**	523.00	4.65	**523**	523.00	0.00	4.30	**523**	523.00	0.00	11.52	**523**	523.00	0.00	189.41
MK09	20×10	307	310	311.29	70.38	**307**	310.35	0.96	91.99	**307**	307.00	0.00	28.94	**307**	307.00	0.00	122.87
MK10	20×15	197	214	219.15	89.83	206	211.92	2.59	190.11	202	205.84	1.79	33.44	**198**	201.52	1.33	265.80
MRE (%)			18.66	18.95		16.07				15.58	16.52			14.67	154.46		

注：[a]指的是 C++ 环境下 Pentium IV 1.6GHz 处理器的 CPU 时间。
[b]指的是 C++ 环境下 Intel Core i5 3.2GHz 处理器的 CPU 时间。
[c]指的是 Java 环境下 Intel 2.83GHz 至强处理器的 CPU 时间。

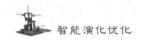

IFS 程序[315]，可以在 BCdata 上实现最领先的性能。

本章所提出的 HDE 算法也在该数据集上进行了评估，详细的计算结果如表 10.5 所示。从表 10.5 可以看出，HDE-N_2 比 HDE-N_1 更有效。在所有 21 个实例中，HDE-N_2 提高了 10 个最佳结果和所有 HDE-N_1 的平均结果。在 SD 值评价的情况下，HDE-N_2 比 HDE-N_1 具有更强的鲁棒性。然而，HDE-N_2 的计算时间比 HDE-N_1 要长得多。

表 10.5　HDE 算法在 BCdata 上的计算结果

实例	$n \times m$	HDE-N_1				HDE-N_2			
		Best	AVG	SD	CPU$_{av}$	Best	AVG	SD	CPU$_{av}$
mt10x	10×11	**918**	922.86	6.11	21.43	**918**	918.58	2.20	179.22
mt10xx	10×12	**918**	922.04	6.31	21.70	**918**	918.38	1.90	179.84
mt10xxx	10×13	**918**	919.94	3.96	23.05	**918**	918.00	0.00	179.39
mt10xy	10×12	**905**	906.52	1.09	22.51	**905**	905.56	0.79	169.77
mt10xyz	10×13	**847**	856.80	3.99	21.79	**847**	851.14	4.65	160.24
mt10c1	10×11	**927**	928.92	1.96	21.07	**927**	927.72	0.45	174.19
mt10cc	10×12	910	913.92	3.40	21.00	**908**	910.60	2.40	165.61
setb4x	15×11	**925**	931.50	2.48	33.04	**925**	925.82	2.11	338.30
setb4xx	15×12	**925**	930.38	3.29	29.76	**925**	925.64	1.98	336.24
setb4xxx	15×13	**925**	931.42	3.59	29.89	**925**	925.48	1.68	353.55
setb4xy	15×12	**910**	921.38	4.44	31.13	**910**	914.00	3.50	330.18
setb4xyz	15×13	905	913.40	4.21	30.39	**903**	905.28	1.16	314.64
setb4c9	15×11	**914**	919.32	2.87	32.19	**914**	917.12	2.52	313.02
setb4cc	15×12	909	912.58	3.81	32.00	**907**	909.58	1.89	316.89
seti5x	15×16	1204	1215.48	5.36	73.20	**1200**	1205.64	3.43	1112.77
seti5xx	15×17	1202	1205.66	2.56	72.52	**1197**	1202.68	2.02	1078.60
seti5xxx	15×18	1202	1206.10	3.18	72.07	**1197**	1202.26	2.37	1087.12
seti5xy	15×17	1138	1146.86	5.04	78.98	**1136**	1137.98	2.82	1250.62
seti5xyz	15×18	1130	1137.44	3.42	80.85	**1125**	1129.76	2.44	1244.22
sei5c12	15×16	1175	1182.54	7.62	69.06	**1171**	1175.42	1.63	1141.43
seti5cc	15×17	1137	1145.62		78.83	**1136**	1137.76	2.48	1222.53
MRE/‰		22.55	23.27			22.39	22.67		

为了证明 HDE 算法的有效性和效率,本章将 HDE-N_1 和 HDE-N_2 与上述两种最先进的算法(文献[239]的 TSBM^{2}h 和文献[315]的 IFS)获得的最佳完成时间和平均计算时间进行了比较。对比结果见表 10.6。对于 IFS 算法,其性能取决于松弛因子 γ,表中分别列出了运行 $\gamma=0.2$ 到 $\gamma=0.7$ 的 IFS 所获得的结果,每次运行设置的最大 CPU 时间限制为 3200s。从表 10.6 中注意到,HDE-N_2 在解的质量方面优于所有其他三种算法。事实上,HDE-N_2 在 21 个实例中确认了 19 个新的最佳解决方案,甚至为实例 seti5c12(从 1174 改进到 1171)找到了一个新的最佳解决方案。HDE-N_2 仅在一个实例(即 seti5x)上由 TSBM^{2}h 主导,并且在 21 个实例中的 4 个实例中优于 TSBM^{2}h。综合考虑 21 种情况,HDE-N_2 的 MRE 为 22.39%,TSBM^{2}h 的 MRE 为 22.45%,HDE-N_1 的 MRE 为 22.55%,IFS 的 MRE 为 23.09%($\gamma=0.7$)。在效率方面,HDE-N_2 似乎比 IFS 更高效,考虑到 TSBM^{2}h 使用的计算硬件要先进得多,与 TSBM^{2}h 相比,HDE-N_2 也更有优势。与其他三种算法相比,HDE-N_1 的计算时间要少得多,但仍然非常有效。事实上,在所有 21 个实例中,HDE-N_1 匹配了 11 个最知名的解,而 IFS 在不同的 γ 设置下总共匹配了 9 个最知名的解。

10.4.5　HUdata 实例的结果

HUdata 是 FJSP 的另一个知名的基线数据集。在文献[284]中的 TS 和文献[291]中的 hGA 是在该数据集上表现出最佳性能的两种算法。表 10.7 给出了 HDE-N_1 和 HDE-N_2 在 HUdata 上得到的最佳完成时间和平均完成时间的 MRE,并与 TS 和 hGA 的结果进行比较。从全局来看,HDE-N_2 在 HUdata 的所有三个子集上获得的最佳完成时间都优于 TS 和 hGA。从得到的平均完成时间来看,hGA 似乎是四种算法中最好的一种。此外,TS、hGA 和 HDE-N_2 在解的质量上都优于 HDE-N_1 的。

此外,值得注意的是,本章所提出的 HDE-N_2 确定了 22 个新的最知名的 HUdata 实例解决方案(16 个来自 Rdata,6 个来自 Vdata),其中 5 个解决方案是最优解决方案。表 10.8 展示了这些实例的先前和新获得的最佳解决方案。

表 10.9 总结了本章提出的 HDE 算法和文献中其他已知的算法获得的最佳完成时间的 MRE 结果,并根据该度量对所有这些算法在每个数据集(Edata,Rdata,Vdata)上进行排名。从表 10.9 可以看出,提出的 HDE-N_1 和 HDE-N_2 对 HUdata 都是非常有效的。事实上,在 11 种算法中,HDE-N_1 在 Edata 和 Vdata 上均排名第五,在 Rdata 上排名第四,HDE-N_2 在 HUdata 的三个子集均排名第一。

表 10.6 基于 BCdata 的 TSBM²h 和 IFS 的 HDE 算法的比较

实例	$n \times m$	BKS	TSBM²h		IFS[b]						HDE-N_1[c]		HDE-N_2[c]	
			Best	CPU$_{av}$	0.2	0.3	0.4	0.5	0.6	0.7	Best	CPU$_{av}$	Best	CPU$_{av}$
mt10x	10×11	918	922	55.11	980	936	936	934	**918**	**918**	**918**	21.43	**918**	179.22
mt10xx	10×12	918	**918**	50.18	936	929	936	933	**918**	926	**918**	21.70	**918**	179.84
mt10xxx	10×13	918	**918**	47.57	936	929	936	926	926	926	**918**	21.43	**918**	179.39
mt10xy	10×12	905	**905**	76.26	922	923	923	915	**905**	909	**905**	22.51	**905**	169.77
mt10xyz	10×13	847	849	110.13	878	858	851	862	**847**	851	**847**	21.79	**847**	160.24
mt10c1	10×11	927	**927**	44.50	943	937	986	934	934	**927**	**927**	21.07	**927**	174.19
mt10cc	10×12	908	**908**	65.74	926	923	919	919	910	911	910	21.00	**908**	165.61
setb4x	15×11	925	**925**	93.76	967	945	930	**925**	937	937	**925**	33.04	**925**	338.30
setb4xx	15×12	925	**925**	92.28	966	931	933	**925**	937	929	**925**	29.76	**925**	336.24
setb4xxx	15×13	925	**925**	89.405	941	930	950	950	942	935	**925**	29.89	**925**	353.55
setb4xy	15×12	910	**910**	150.83	**910**	941	936	936	916	914	**910**	31.13	**910**	330.18
setb4xyz	15×13	903	**903**	152.67	928	909	905	905	905	905	905	30.39	**903**	314.64
setb4c9	15×11	914	**914**	111.40	926	937	926	926	920	920	**914**	32.19	**914**	313.02
setb4cc	15×12	907	**907**	151.19	929	917	**907**	914	**907**	909	909	32.00	**907**	316.89
seti5x	15×16	1198	**1198**	257.75	1210	1199	1199	1205	1207	1209	1204	73.20	1200	1112.77
seti5xx	15×17	1197	**1197**	264.58	1216	1199	1205	1211	1207	1206	1202	72.52	**1197**	1078.60
seti5xxx	15×18	1197	**1197**	226.29	1205	1206	1206	1199	1206	1206	1202	72.07	**1197**	1087.12
seti5xy	15×17	1136	**1136**	675.40	1175	1171	1175	1166	1156	1148	1138	78.98	**1136**	1250.62
seti5xyz	15×18	1125	1128	717.60	1165	1149	1130	1134	1144	1131	1130	80.85	**1125**	1244.22

续表

实例	$n \times m$	BKS	TSBM²h		IPSᵇ						HDE-N₁ᶜ		HDE-N₂ᶜ	
			Best	CPU$_{av}$	0.2	0.3	0.4	0.5	0.6	0.7	Best	CPU$_{av}$	Best	CPU$_{av}$
sei5cl2	15×16	1174	1174	351.32	1196	1209	1200	1198	1198	1175	1175	69.06	**1171**	1141.43
seti5cc	15×17	1136	**1136**	670.35	1177	1155	1162	1166	1138	1150	1137	78.83	**1136**	1222.53
MRE/%			22.45		25.48	24.25	24.44	23.96	23.28	23.09	22.55		22.39	

注：ᵃ指的是 C++ 环境下 Pentium IV 1.6GHz 处理器的 CPU 时间。
ᵇ指的是 C++ 环境下 Intel Core i5 3.2GHz 处理器的 CPU 时间。
ᶜ指的是 Java 环境下 Intel 2.83GHz 至强处理器的 CPU 时间。

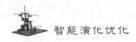

表 10.7　HDE 算法与 TS 和 hGA 算法在基于 HUdata 的 MRE 中的比较

实例	$n \times m$	Edata				Rdata				Vdata			
		TS	hGA	HDE-N_1	HDE-N_2	TS	hGA	HDE-N_1	HDE-N_2	TS	hGA	HDE-N_1	HDE-N_2
mt06/10/20	6×6	**0.00** (0.10)	**0.00** (0.10)	0.05 (0.13)	**0.00** (0.07)	0.34 (0.36)	**0.34** (0.34)	0.34 (0.45)	**0.34** (0.34)	**0.00** (0.00)	**0.00** (0.00)	**0.00** (0.01)	**0.00** (0.00)
	10×10												
	20×5												
la01~la05	10×5	**0.00** (0.00)	**0.00** (0.00)	0.00 (0.00)	**0.00** (0.00)	0.11 (0.24)	0.07 (0.07)	0.11 (0.31)	0.04 (0.10)	0.00 (0.11)	**0.00** (0.00)	0.04 (0.19)	0.00 (0.01)
la06~la10	15×5	**0.00** (0.00)	**0.00** (0.00)	0.00 (0.10)	**0.00** (0.00)	0.03 (0.08)	**0.00** (0.00)	0.05 (0.10)	0.00 (0.01)	0.00 (0.03)	**0.00** (0.00)	0.03 (0.10)	**0.00** (0.00)
la11~la15	20×5	0.29 (0.29)	0.29 (0.29)	0.29 (0.29)	0.29 (0.29)	0.02 (0.02)	**0.00** (0.00)	0.00 (0.02)	**0.00** (0.00)	**0.00** (0.01)	**0.00** (0.00)	0.00 (0.01)	**0.00** (0.00)
la16~la20	10×10	**0.00** (0.00)	0.02 (0.02)	0.02 (0.48)	0.02 (0.02)	1.64 (1.68)	1.64 (1.64)	1.64 (1.69)	1.64 (1.69)	**0.00** (0.00)	**0.00** (0.00)	**0.00** (0.00)	**0.00** (0.00)
la21~la25	15×10	5.62 (5.93)	5.60 (5.66)	5.82 (6.41)	**5.46** (5.91)	3.82 (4.38)	3.57 (3.69)	3.73 (4.57)	3.13 (3.66)	0.70 (0.85)	0.60 (0.68)	1.63 (2.15)	0.57 (0.96)
la26~la30	20×10	3.47 (3.76)	3.28 (3.32)	3.89 (4.71)	**3.11** (3.64)	**0.59** (0.76)	0.64 (0.72)	1.04 (1.41)	0.60 (0.81)	0.11 (0.18)	0.11 (0.13)	0.42 (0.63)	0.10 (0.19)
la31~la35	30×10	**0.30** (0.32)	0.32 (0.32)	0.50 (0.59)	0.32 (0.39)	0.09 (0.14)	0.09 (0.12)	0.22 (0.33)	**0.08** (0.13)	0.01 (0.03)	**0.00** (0.00)	0.12 (0.18)	0.03 (0.03)
la36~la40	15×15	8.99 (9.13)	**8.82** (8.95)	9.63 (10.43)	8.89 (9.36)	3.97 (4.47)	3.86 (3.92)	3.98 (4.92)	**3.38** (4.19)	**0.00** (0.00)	**0.00** (0.00)	0.00 (0.01)	**0.00** (0.00)
MRE/%		2.17 (2.27)	2.13 (2.17)	2.35 (2.68)	**2.11** (2.29)	1.24 (1.36)	1.19 (1.21)	1.28 (1.59)	**1.05** (1.26)	0.095 (0.13)	0.082 (0.09)	0.26 (0.38)	**0.080** (0.14)

表 10.8　由 HDE-N_2 提出的新已知解决方案的最大跨度 HUdata

实　例	数　据　集	LB	之前的最优已知	新的最优已知
la01	Rdata	570	571	570
la03	Rdata	477	478	477
la07	Rdata	749	750	749
la15	Rdata	1089	1090	1089
la21	Rdata	808	835	833
la22	Rdata	737	760	758
la23	Rdata	816	842	832
la24	Rdata	775	808	801
la25	Rdata	752	791	785
la27	Rdata	1085	1091	1090
la29	Rdata	993	998	997
la33	Rdata	1497	1499	1498
la36	Rdata	1016	1030	1028
la37	Rdata	989	1077	1066
la38	Rdata	943	962	960
la40	Rdata	955	970	956
la21	Vdata	800	806	805
la22	Vdata	733	739	735
la23	Vdata	809	815	813
la26	Vdata	1052	1054	1053
la27	Vdata	1084	1085	1084
la30	Vdata	1068	1070	1069

表 10.9　本章提出的 HDE 算法和文献中其他已知的算法获得的最佳完成时间的 MRE 结果

算法	参考文献	Edata		Rdata		Vdata	
		MRE/%	Rank	MRE/%	Rank	MRE/%	Rank
HDE-N_1	本章提出的 HDE 算法	2.35	5	1.28	4	0.26	5
HDE-N_2	本章提出的 HDE 算法	2.11	1	1.05	1	0.080	1
TS	[111]	4.50	7	2.30	7	0.40	6

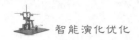

续表

算法	参考文献	Edata		Rdata		Vdata	
		MRE/%	Rank	MRE/%	Rank	MRE/%	Rank
GA	[285]	5.59	8	4.41	9	2.59	10
TS	[284]	2.17	3	1.24	3	0.095	3
GA	[237]	9.01	11	8.34	11	3.24	11
hGA	[291]	2.13	2	1.19	2	0.082	2
GA	[238]	6.00	9	4.42	10	2.04	9
AIA	[296]	6.83	10	3.98	8	1.29	8
PVNS	[297]	3.86	6	1.88	6	0.42	7
CDDS	[240]	2.32	4	1.34	5	0.12	4

10.4.6　HDE 的进一步性能分析

1. HDE 算法间的显著性检验

为了显示两种 HDE 算法在不同问题上是否有显著的性能差异，本章进一步进行了统计分析。由于获得的最大跨度值可能既不呈现正态分布，也不呈现方差的齐性，因此根据文献[304]中提出的建议，可以考虑使用非参数检验。具体而言，采用两两非参数统计检验（Wilcoxon signed-rank 检验）来检验两种算法在每个问题实例上的优化效果是否存在显著差异。结果总结在表 10.10 中。第 1 列显示数据集；第 2 列显示每个类的实例数；在第 3 列中，列出了 HDE-N_2 在静态方面优于 HDE-N_1 的实例，显著性水平为 0.05。从显著性检验来看，HDE-N_1 对于解决一些小规模或相对简单的问题是足够的，例如，在 Hurink Edata 的实例 mt06 和 mt10 上，HDE-N_1 和 HDE-N_2 得到的完成时间值没有统计学上的显著差异。HDE-N_2 似乎更适合处理大规模或困难的问题，因为 HDE-N_2 更有可能找到在基线数据集 BCdata 中所有问题的更优的解。然而，如前所述，HDE-N_2 需要更多的计算工作量，因为其嵌入式局部搜索中使用了更大的邻域结构。

表 10.10　HDE-N_1 和 HDE-N_2 在各数据集上的显著性检验结果总结（显著性水平 $\alpha=0.05$）

数据集	实例数	HDE-N_2 相对于 HDE-N_1 显著优越的情况
Kacem data	5	实例 5
BRdata	10	MK02，MK05，MK06，MK07，MK10
BCdata	21	所有实例
Hurink Edata	43	mt20，la22，la24-la31，la34，la36-la40

续表

数据集	实例数	HDE-N_2 相对于 HDE-N_1 显著优越的情况
Hurink Rdata	43	mt10,mt20,la01-la03,la06-la08,la10,la15,la21-la35,la37,la39,la40
Hurink Vdata	43	la01-la03,la06-la10,la15,la21-la35

2. 参数对 HDE 的影响

为了获得更好的 HDE 性能,本章进行了一些实验来研究参数的影响。

首先考虑了参数 NP 和 G_{max} 的影响。NP 在每 10 步中从 10 增加到 40,G_{max} 在每 50 步中从 100 增加到 250。其他参数按表 10.2 设置,每次参数设置算法运行 50 次。在实例 MK06 上获得的结果如表 10.11 所示。由表 10.11 可以看出,NP 或 G_{max} 的增加有利于初始解的质量。然而,当 NP 或 G_{max} 达到一定值时,再增加它们似乎没有什么效果,有时得到的结果甚至会变差。例如,当 NP=30 时,当 G_{max} 从 200 增加到 250 时,HDE-N_2 的性能并没有提高。而且,无论是 NP 还是 G_{max} 的增加都会增加计算量。

在表 10.12 和表 10.13 中,分别报告了参数 P_l 和 $iter_{max}$、F 和 Cr 对实例 MK06 的影响。从表 10.12 可以看出,P_l 和 $iter_{max}$ 对 HDE 的影响类似于 NP 和 G_{max}。对于 F 和 C_{max},它们的很多设置都可以保持良好的 HDE 性能,但也存在一些设置导致性能相对较差的情况。以 MK06 为例,设置 $F=0.1$,Cr=0.3 似乎是 HDE 的理想选择,而 $F=0.7$,Cr=0.7 则不推荐。

本章还对其他一些实例进行了实验,以观察参数的影响。由于篇幅限制,这里不再列出结果。总的来说,NP 和 G_{max}(P_l 和 $iter_{max}$)应该适当设置,以平衡优化效果和计算量。但对于某些问题实例,它们并不是越大越好。HDE 的性能对 F 和 Cr 不是很敏感,但研究发现,对于灵活性程度较低的问题(通常小于 1.5),$F=0.5$,Cr=0.1 似乎更有效,而 $F=0.1$,Cr=0.3 似乎对其他问题更好。灵活性是指问题中每个操作可选择机器的平均数量。

3. 混合 DE 和局部搜索算法的影响

为了研究基于 DE 的混合式的全局搜索和局部搜索算法的有效性,对带有 DE 的 HDE 算法和多初始解的随机局部搜索(Multi-start Random Local Search,MRLS)算法进行了实验和比较。

DE 算法是通过直接从 HDE 中删除局部搜索过程而形成的。该算法采用随机生成的方法来替换 HDE 中的 DE 算子,生成新的解。具体来说,MRLS 的工作原理是:每次随机生成一个解,然后以一定的概率对其进行局部搜索;重复此过程,直到达到最大复制数(R_{max})。与 HDE 相对应,MRLS 也有两个变体:MRLS-N_1 和 MRLS-N_2。

在表 10.14 中,报告了 DE、MRLS 和 HDE 算法在获得的最佳完成时间(MRE_b)和平

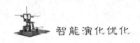

表 10.11　参数 NP 和 G_{max} 对 HDE 的影响

NP	$G_{max}=100$						$G_{max}=150$						$G_{max}=200$						$G_{max}=250$					
	HDE-N_1			HDE-N_2			HDE-N_1			HDE-N_2			HDE-N_1			HDE-N_2			HDE-N_1			HDE-N_2		
	AVG	SD	CPU_{av}	AVG	SD	CPU_{av}	AVG	SD	CPU_{av}	AVG	SD	CPU_{av}	AVG	SD	CPU_{av}	AVG	SD	CPU_{av}	AVG	SD	CPU_{av}	AVG	SD	CPU_{av}
10	61.68	1.11	1.87	60.02	1.10	16.53	61.38	1.01	2.68	59.62	0.88	24.35	61.14	1.07	3.38	59.30	0.79	31.66	60.68	0.87	4.14	59.58	0.81	38.64
20	61.02	0.87	3.90	59.36	0.72	32.93	60.70	0.81	5.48	59.20	0.76	50.16	60.76	0.96	7.18	59.14	0.78	65.53	60.32	1.00	8.64	58.78	0.74	80.55
30	60.98	0.98	5.91	59.04	0.67	49.33	60.38	0.83	8.36	58.78	0.71	75.61	60.20	0.95	10.56	58.64	0.66	98.32	60.20	1.01	12.80	58.70	0.65	123.35
40	60.64	0.88	7.67	59.08	0.80	66.82	60.22	0.79	11.40	58.80	0.61	97.78	60.02	0.65	13.95	58.58	0.57	130.62	59.62	0.85	17.44	58.54	0.61	164.79

表 10.12　参数 P_l 和 $iter_{max}$ 对 HDE 的影响

P_l	$iter_{max}=10$						$iter_{max}=40$						$iter_{max}=70$						$iter_{max}=100$					
	HDE-N_1			HDE-N_2			HDE-N_1			HDE-N_2			HDE-N_1			HDE-N_2			HDE-N_1			HDE-N_2		
	AVG	SD	CPU_{av}	AVG	SD	CPU_{av}	AVG	SD	CPU_{av}	AVG	SD	CPU_{av}	AVG	SD	CPU_{av}	AVG	SD	CPU_{av}	AVG	SD	CPU_{av}	AVG	SD	CPU_{av}
0.1	66.30	2.13	2.26	64.18	1.87	3.09	62.44	1.31	3.29	60.68	1.04	11.18	62.08	0.78	3.45	60.28	0.76	15.37	62.18	1.16	3.49	60.24	0.85	16.24
0.3	64.38	1.92	3.05	62.52	1.37	7.20	61.12	1.10	5.51	59.46	0.93	33.36	60.76	0.94	5.99	59.24	0.82	43.50	61.00	0.86	6.26	59.18	0.72	45.31
0.5	63.30	1.66	4.03	61.92	1.51	12.61	60.72	0.93	7.26	59.34	0.77	56.67	60.44	0.73	8.11	58.88	0.85	70.86	60.46	0.76	8.50	58.92	0.70	71.99
0.7	63.00	1.40	4.89	61.80	1.51	17.19	60.38	0.92	9.48	59.12	0.90	80.25	59.92	0.80	10.48	58.76	0.66	97.60	59.94	0.77	10.80	58.70	0.58	100.39
0.9	62.60	1.60	5.70	61.78	1.49	22.00	60.24	0.80	11.32	58.98	0.89	104.24	60.04	0.73	12.67	58.64	0.69	127.30	59.94	0.84	12.83	58.54	0.58	128.02

表 10.13　参数 F 和 Cr 对 HDE 的影响

F	Cr=0.1						Cr=0.3						Cr=0.5						Cr=0.7					
	HDE-N_1			HDE-N_2			HDE-N_1			HDE-N_2			HDE-N_1			HDE-N_2			HDE-N_1			HDE-N_2		
	AVG	SD	CPU$_{av}$	AVG	SD	CPU$_{av}$	AVG	SD	CPU$_{av}$	AVG	SD	CPU$_{av}$	AVG	SD	CPU$_{av}$	AVG	SD	CPU$_{av}$	AVG	SD	CPU$_{av}$	AVG	SD	CPU$_{av}$
0.1	61.04	0.57	9.53	59.34	0.48	92.60	60.20	0.97	10.70	58.64	0.66	98.32	60.48	1.09	7.73	59.38	0.88	82.04	62.74	1.32	5.30	60.76	1.27	70.96
0.3	60.68	0.62	12.24	59.26	0.69	99.96	60.68	0.77	17.79	58.72	0.73	110.41	60.58	0.88	19.98	59.42	0.84	105.02	60.88	1.12	19.64	59.50	1.02	100.77
0.5	60.94	0.65	12.66	59.16	0.55	101.86	61.18	0.77	19.67	59.38	0.60	108.57	61.74	0.72	22.82	59.56	0.73	96.37	62.08	1.19	24.21	60.12	0.87	84.88
0.7	60.97	0.62	13.92	59.06	0.51	104.67	61.90	0.68	21.91	59.94	0.47	102.15	63.04	0.83	25.22	60.90	0.79	75.54	64.18	1.24	25.87	62.20	0.99	49.57

表 10.14 DE，MRLS 和 HDE 算法的比较

数据集	实例数	DE		MRLS-N_1		MRLS-N_2		HDE-N_1		HDE-N_1	
		MRE_b/%	MRE_{av}/%	MRE_b/%	MRE_{av}/%	MRE_b/%	MRE_{av}/%	MRE_b/%	MRE_{av}/%	MRE_b/%	MRE_{av}/%
BRdata	10	34.47	42.98	36.63	41.44	34.24	39.87	15.58	16.52	14.67	15.46
BCdata	21	24.76	28.53	25.52	27.78	23.78	25.37	22.55	23.27	22.39	22.67
Hurink Edata	43	5.26	6.79	4.70	5.42	3.70	4.28	2.35	2.68	2.11	2.29
Hurink Rdata	43	7.51	9.92	5.28	5.94	4.55	5.18	1.28	1.59	1.05	1.26
Hurink Vdata	43	5.50	7.86	4.18	5.08	3.77	4.79	0.26	0.38	0.080	0.14

均完成时间（MRE_{av}）的 MRE 方面的性能。DE 和 MRLS 的参数与 HDE 一致。对于 MRLS，为了与 HDE 进行公平的比较，将其唯一参数 $R_{\max}$ 设置为 $\text{NP} \times G_{\max}$。从表 10.14 中不难看出，在每个数据集上，HDE-N_1（或 HDE-N_2）产生的结果明显优于 DE 和 MRLS-N_1（或 MRLS-N_2）。为了更好地展示变异的优越性，以 Hurink 数据中实例 la40 为例，这些算法的典型收敛速率曲线如图 10.8 所示。从图 10.8 可以看出，与 DE 和 MRLS 算法相比，HDE 算法可以快速收敛到更低的完成时间值。这个结论同样适用于其他标记实例。

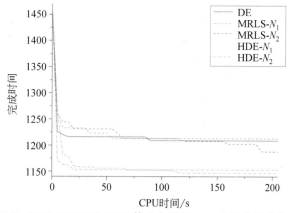

图 10.8　HDE、MRLS 和 HDE 算法在实例 la40 上的收敛速率曲线

基于上述结果和比较，可以得出结论，HDE 的性能优于其单独组件（DE 和局部搜索）。它的成功可以归因于 DE 通过全局搜索为局部搜索算法提供了良好的起点，而局部搜索通过局部开发进一步改进了解的质量，并将 DE 引导到更有前途的搜索空间。即 HDE 整合了 DE 的多元化优势和局部搜索集约化优势，很好地实现了探索与开发的平衡。

表 10.15 记录了 HDE 中 DE 与局部搜索计算量的关系，其中，P_{DE} 和 P_{LS} 分别表示 DE 和局部搜索所占的百分比。从表 10.15 可以看出，局部搜索需要大部分的计算开销，特别是在 HDE-N_2 中。这并不奇怪，因为局部搜索的每次迭代比计算向量的代价要高得多。

表 10.15　各数据集的 P_{DE} 和 P_{LS} 结果

数据集	实例数	HDE-N_1		HDE-N_2	
		$P_{\text{DE}}/\%$	$P_{\text{LS}}/\%$	$P_{\text{DE}}/\%$	$P_{\text{LS}}/\%$
Kacem data	5	24.01	75.99	2.39	97.61
BRdata	10	18.08	81.82	1.16	98.84
BCdata	21	15.11	84.89	1.27	98.73

续表

数据集	实例数	HDE-N_1		HDE-N_2	
		P_{DE}/%	P_{LS}/%	P_{DE}/%	P_{LS}/%
Hurink Edata	43	11.44	88.56	1.25	98.75
Hurink Rdata	43	6.49	93.51	1.32	98.68

4. 纯 DE 算法的性能潜力

本章的重点是混合式算法,但在本节中分析一下纯 DE 算法的性能潜力。在表 10.14 中,曾经报告过一些 DE 的结果,其中,DE 的参数是根据 HDE 设置的,只是为了证明融合的有效性。然而,HDE 的参数并不适合纯 DE。为了研究纯 DE 的性能可以达到的效果,将 NP 和 G_{max} 重置为 500 和 10 000;所得的 NP×G_{max}=5×10^6 次目标函数评价次数与文献[238]采用的方法相同,其中,种群规模和世代数分别设置为 5000 和 1000。在表 10.16 中,将本章的 DE 算法与文献[285]的 GA(GA_Chen)、文献[237]的 GA(GA_Jia)和文献[238]的 GA(GA_Pezzella)三种纯遗传算法在 BRdata 数据集上获得的最佳完成时间值进行了比较。从表 10.16 可以看出,DE 的总体结果仅略差于 GA[238] 的结果。但需要注意的是,在文献[238]的遗传算法中集成了不同的策略,如问题相关初始化和智能突变,而本章的 DE 仅使用基本 DE 算子来搜索问题空间。

表 10.16　GA_Chen、GA_Jia 和 GA_Pezzella 在 BRdata 上的比较

实例名	$n \times m$	DE	GA_Chen	GA_Jia	GA_Pezzella
MK01	10×6	**40**	**40**	**40**	**40**
MK02	10×6	27	29	28	26
MK03	15×8	**204**	**204**	**204**	**204**
MK04	15×8	**60**	63	61	**60**
MK05	15×4	**173**	181	176	**173**
MK06	10×15	63	**60**	62	63
MK07	20×5	144	148	145	**139**
MK08	20×10	**523**	**523**	**523**	**523**
MK09	20×10	311	**308**	310	311
MK10	20×15	223	212	216	212
MRE/%		18.99	19.55	19.11	17.53

10.5　本　章　小　结

本章提出了基于最大完工时间准则的 FJSP 求解算法,该算法在现代制造环境中具有重要的应用价值。通过一种新的转换机制,将工作在连续域上的 DE 算法应用于搜索离散 FJSP 的问题空间。值得注意的是,这种转换机制不仅适用于 DE,也适用于其他处理 FJSP 的连续演化算法,如和声搜索(HS)[273]和人工蜂群(ABC)[329]算法。为了加强搜索的密集度,同时平衡探索和开发的关系,在 DE 框架中引入了一种基于关键路径的局部搜索算法,并在局部搜索中提出了两种邻域结构,并通过加速方法在邻域内更快地找到可行的调度方案,以提高效率。计算和比较结果表明,本章提出的 HDE-N_1 算法对 FJSP 的求解效果特别好,优于最近提出的几种算法;HDE-N_2 可以获得比 HDE-N_1 更高质量的解,并且与目前的技术水平相比较,一些已知的基准实例的最优解甚至被 HDE-N_2 进一步提升。未来的工作是针对多目标 FJSP 开发多目标 HDE 算法,并将该算法应用于其他类型的组合优化问题中。

第 11 章 大规模柔性作业车间调度问题的集成搜索启发式算法

11.1 前　言

经典的作业车间调度问题(JSP)是生产调度领域中比较重要也是比较困难的问题之一,在研究文献中得到了大量的关注[303,330-334]。柔性作业车间调度问题(FJSP)是对传统作业车间调度问题的扩展,其中每个操作都允许由给定集合中的任意机器处理,而不是由指定的一台机器处理。与传统的 JSP 相比,FJSP 更接近于真实的生产环境,具有更强的实用性。但是,它比传统的 JSP 更复杂,因为它附加了将每个操作分配给适当机器的约定。证明了即使每个作业最多有三个操作,并且有两台机器[272],FJSP 也是强 NP 难问题。由于 FJSP 的计算复杂性,精确的算法是无效的,特别是在大规模的优化实例中。因此,在过去的十年里,元启发式方法已经成为这个问题研究的主流。在这个领域的初步研究中,禁忌搜索(TS)在 FJSP 中应用最为成功[108,110,111,284]。由文献[284]提出的 TS 到目前为止仍然代表着最先进的技术。在文献[335]中,提出了一种用于 FJSP 的并行双级 TS,该 TS 获得了对 FJSP 问题的最优解。然而,近年来,有两类技术被普遍地用来解决 FJSP,它们是基于演化和基于约束的方法。

基于演化的方法试图使用演化算法来求解 FJSP。这类方法的基本机制是将调度解编码成某种形式的代码,然后在优化过程中使用相应的译码算法对代码进行评估。到目前为止,针对 FJSP 的许多元启发式演化算法已经被研究,如遗传算法(GA)[238,291]、人工免疫算法(AIA)[296]、蚁群优化算法(ACO)[298]、人工蜂群算法(ABC)[299]。在这些现有的工作中,模因范式[258]在演化算法中引入了依赖问题的局部搜索,似乎更有希望为 FJSP 提供高质量的解决方案[291,299]。

基于约束的方法主要建立在约束优化(CP)技术的基础上。因此,将约束优化应用于 FJSP 是很自然的,因为 FJSP 本质上是一个约束优化问题。然而,由于搜索空间呈指数增长,纯 CP 仅对一些较小的 FJSP 实例有效。为了克服搜索空间爆炸的困难,近年来对 CP 方法进行了一些重要改进,如差异搜索(DS)[336]、大邻域搜索(LNS)[337]和迭代平坦搜索(IFS)[338]。最近,这些技术已经在 FJSP 上得到了很好的测试,并在一些基准测试中取得了优异的性能[240,309-316]。

由于这两类技术在 FJSP 中都得到了成功的应用,因此对它们进行集成以便形成更强大的搜索机制是一类潜在有效的求解方法。本章提出了基于最大完成时间准则的 FJSP 的两个算法模块:混合和声搜索(HHS)和大邻域搜索(LNS),分别代表了基于演化和基于约束的方法。HHS 算法采用模因范式设计,采用和声搜索(HS)[273]对搜索空间进行探索,并在和声搜索中嵌入基于关键路径的局部搜索过程进行探索。为了不断改进现有的解决方案,设计了 LNS 算法,采用基于 CP 的搜索对其子部分进行重新优化。在这两种算法的基础上,提出了一种求解大规模 FJSP 问题的混合式启发式搜索算法 HHS/LNS。

本章将 HHS 与 LNS 进行集成,主要基于以下几个方面的考虑:HHS 算法能够快速生成高质量的解决方案;然而,当进化过程达到一定程度时,很难通过优化几个重要的算法参数来进一步改进;LNS 在搜索过程中有较强的增强能力,但随着问题空间的增大,这种能力会下降。LNS 的另一个缺点是,在处理一些大规模的实例时,依赖于初始解,较差的初始解可能会导致大量的计算时间和较差的结果质量。

本章的其余部分组织如下:11.2 节和 11.3 节分别介绍 HHS 模块和 LNS 模块。如何将这两个模块集成到一个框架中,将在 11.4 节中进行描述。之后,在 11.5 节进行了实验研究。最后,在 11.6 节对本章进行了总结。

11.2　混合和声搜索

11.2.1　HS 简介

和声搜索(HS)[273]是最新的基于种群的元启发式演化算法之一。它最初是为连续优化问题而设计的,连续优化问题定义为最小化(或最大化)$f(\boldsymbol{X})$,使 $x(j) \in [x_{\min}(j), x_{\max}(j)]$,其中,$f(\boldsymbol{X})$为目标函数,$\boldsymbol{X} = \{x(1), x(2), \cdots, x(D)\}$是由 D 个决策变量组成,$x_{\min}(j)$ 和 $x_{\max}(j)$ 分别为每个决策变量的下界和上界。为了解决这个问题,HS 保持了一个由和声向量组成的和声存储器(HM),可以表示为 HM = $\{\boldsymbol{X}_1, \boldsymbol{X}_2, \cdots, \boldsymbol{X}_{\mathrm{HMS}}\}$,HMS 表示和声内存大小,其中,$\boldsymbol{X}_i = \{x_i(1), x_i(2), \cdots, x_i(D)\}$ 是 HM 中的第 i 个和声向量。HM 中最好和最差的和声向量分别标记为 $\boldsymbol{X}_{\mathrm{best}}$ 和 $\boldsymbol{X}_{\mathrm{worst}}$,HS 的工作流程简单描述如下:首先,初始和声内存是由在范围内的均匀分布生成的$[x_{\min}(j), x_{\max}(j)]$,其中,$1 \leqslant j \leqslant D$。然后,根据记忆考虑、音高调整和随机选择三种规则,从 HM 中生成新的候选和声。本章采用修改后的音高调整规则[339],该规则能够很好地继承 $\boldsymbol{X}_{\mathrm{best}}$ 的良好解结构,使算法具有更少的参数。生成新的候选和声的伪代码,即 HS 中的"即兴",在算法 11-1 中描述,其

中,HMCR 是考虑和声记忆的比例,PAR 是音调调整速率,rand(0,1)是一个随机函数,返回 0~1 中均匀分布的实数。在即兴创作之后,HM 会更新,用新生成的和声替换 HM 中最糟糕的和声,但前提是它的适合度(根据目标函数衡量)比最糟糕的和声好。不断重复改进和更新的过程,直到满足中止准则。HS 的详细信息参见文献[273,274]和前述章节的相关内容。

算法 11-1　即兴创作的伪代码

1：　**for** each $j \in [1, D]$ **do**
2：　　　**if** rand(0,1) < HMCR **then**
3：　　　　　$x_{new}(j) \leftarrow x_i(j)$, where $i \in \{1, 2, \cdots, HMS\}$;
4：　　　　　**if** rand(0,1) < PAR **then**
5：　　　　　　　$x_{new}(j) \leftarrow x_{best}(j)$
6：　　　　　**end if**
7：　　　**else**
8：　　　　　$x_{new}(j) \leftarrow x_{new}(j) \in [x_{min}(j), x_{max}(j)]$
9：　　　**end if**
10：　**end for**

11.2.2　HHS 程序

所提出的 HHS 算法的流程是基于 HS 的,其算法流程在算法 11-2 中描述。与基本和声向量不同的是,通过局部搜索过程对即兴阶段生成的和声向量进行改进,以强调开发,改进后的和声向量进入进化过程,取代原有的和声向量。此外,HHS 采用了总即兴次数(Number of Improvisations,NI)作为停止标准。换句话说,当 NI 达到停止标准时,HHS 将终止。

算法 11-2　HHS算法流程

1：　设置算法参数和停止准则
2：　初始化 HM
3：　评估 HM 中的每个和声向量,并标记 X_{best} 和 X_{worst}
4：　**while** 停止条件不满足 **do**
5：　　　从 HM 中即兴创作一个新的和声向量 X_{new}
6：　　　对 X_{new} 执行局部搜索并产生 X'_{new}
7：　　　更新 HM
8：　**end while**
9：　**return** 最好的和声向量

11.2.3　HHS 对 FJSP 的适配

从算法 11-2 中可以看出,将所提出的 HHS 应用于 FJSP 求解将存在四个方面的问题:和声向量的表示、HM 的初始化、和声向量的评估以及如何应用于和声向量的局部搜索。由于 HS 算法是在连续域中工作的,因此,为了更有效地利用 HS 的搜索机制,将 HHS 中和声向量(见本节中的 1)的表示形式描述为连续值。为了保持分集,只对 HM 进行随机一致的初始化(见本节中的 1)。

为了评估一个和声向量,应该将它映射到 FJSP 的一个调度解,然后基于其适应度给出该调度的最大完工时间的值。然而,因为和声向量的连续性和时间表的离散性,这种映射并不简单。因此,采用一种离散的双向量(见本节中的 2)作为桥梁。当求和声向量时,首先将其转换为双向量编码,在本章中称为前向转换(见本节中的 3),然后将双向量编码进一步解码为一个活动的调度,如图 11.1 所示。

图 11.1　解的评估计算流程

对于和声向量的局部搜索,其计算流程如图 11.2 所示。事实上,局部搜索不直接应用于和声向量,而是应用于和声向量对应的调度,这有助于引入问题特异性知识。如图 11.2 所示,在对和声向量进行局部搜索时,首先利用求值算子得到相应的调度,然后通过局部搜索进一步改进调度(见本节中的 4)。然后,将改进的时间表编码为双向量编码,最后使用反向转换(见本节中的 3)将其转换为和声向量(改进的和声向量)。

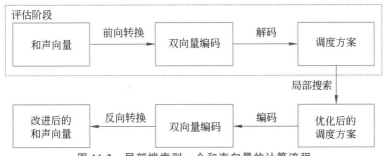

图 11.2　局部搜索到一个和声向量的计算流程

下面将详细介绍 HHS 对 FJSP 的调整:介绍和声向量的表示和 HM 的初始化;对双向量进行说明,包括其编码和解码方法;介绍转换技术,前向转换和反向转换;介绍局部搜索策略。

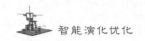
1. 所用到的表示和初始化

在 HHS 中，一个和声向量 $\boldsymbol{X}_i = \{x_i(1), x_i(2), \cdots, x_i(D)\}$，表示为 D 维实向量。维度 D 满足约束 $D = 2d$，其中，D 是要求解的 FJSP 中所有操作的总数。和声向量的前半部分 $\boldsymbol{X}_{i,1} = \{x_i(1), x_i(2), \cdots, x_i(d)\}$ 描述了每个操作的机器分配信息，而和声向量的后半部分 $\boldsymbol{X}_{i,2} = \{x_i(d+1), x_i(d+2), \cdots, x_i(2d)\}$ 显示所有机器上的操作排序信息。本设计可以很好地对应于 FJSP 的双向量编码。此外，为了方便地处理这个问题，区间 $[x_{\min}(j), x_{\max}(j)], j = 1, 2, \cdots, D$，均设为 $[-\delta, \delta], \delta > 0$，其中，$\delta$ 为本章中的束缚因子。

种群被随机和均匀地初始化，一个和声向量 $\boldsymbol{X}_i = \{x_i(1), x_i(2), \cdots, x_i(D)\}$，根据以下公式随机生成。

$$x_i(j) = -\delta + 2\delta \times \text{rand}(0,1), j = 1, 2, \cdots, D \tag{11.1}$$

2. 双向量

双向量由两个向量组成：机器分配向量和操作序列向量分别对应于 FJSP 中的两个子问题。

为了解释这两个向量，首先根据作业号和作业内的作业顺序给每个作业一个固定的 ID。对于如表 8.1 所示的实例，表 10.1 说明了这种编号方案。编号后，操作也可以通过固定的 ID 来引用，例如，操作 6 与操作 $O_{3,1}$ 具有相同的引用，如表 10.1 所示。

机器分配向量，用 $\boldsymbol{R}_i = \{r_i(1), r_i(2), \cdots, r_i(d)\}$ 表示，是由 d 个整数值组成的数组。在向量 $r_i(j), 1 \leqslant j \leqslant d$ 中，$r_i(j)$ 表示操作 j 在其备选机器集中选择的机器编号，即 $r_i(j)$ 表示操作 j 被分配给第 $r_i(j)$ 台机器。对于表 8.1 中的问题，一个可能的机器分配向量如图 11.3 所示，并揭示了其含义。例如，$r_i(1) = 2$ 表示操作 $O_{1,1}$ 其备选机器集合中的第二台机器，也就是机器 M_3。

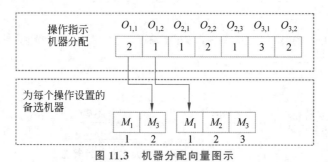

图 11.3　机器分配向量图示

对于操作序列向量，表示为 $\boldsymbol{S}_i = \{s_i(1), s_i(2), \cdots, s_i(d)\}$，它是所有操作的 ID 排列。$\boldsymbol{S}_i$ 中每个操作的出现顺序表示其调度优先级。以如表 8.1 所示的实例为例，将一个可能的操作序列向量表示为 $S_i = \{3, 1, 4, 2, 6, 5, 7\}$。操作系统可以直接转换为一个唯一的有序操作列表：$O_{2,1} > O_{1,1} > O_{2,2} > O_{1,2} > O_{3,1} > O_{2,3} > O_{3,2}$。操作 $O_{2,1}$ 优先级最高，首先被调度，然后是操作 $O_{1,1}$，以此类推。必须注意的是，并不是所有的 ID 排列对操作序列向量都是可行的，因为作业中指定了操作的优先级。也就是说，作业内的操作应该保持 S_i 中的相对优先级顺序。

双向量的解码分为两个阶段：第一步是根据 R_i 将每个操作分配给所选机器；第二步是根据 S_i 中的顺序逐个处理所有的操作，处理下的每个操作都在最佳可用的处理时间内分配给相应的机器。通过这种方式生成的调度可以保证是可行的调度[323]。将计划表解决方案编码为双向量编码更直接，向量 R_i 是通过调度中的机器分配得到，而向量 S_i 通过按照最早开始时间的非递减顺序对所有操作进行排序来实现。

3. 转换技术

本章提出的 HHS 中的转换包括两种不同类型：前向转换和反向转换。

前向转换是将一个由实参数向量表示的和声向量转换 $\boldsymbol{X}_i = \{x_i(1), x_i(2), \cdots, x_i(d), x_i(d+1), x_i(d+2), \cdots, x_i(2d)\}$ 到由两个整数参数向量 $\boldsymbol{R}_i = \{r_i(1), r_i(2), \cdots, r_i(d)\}$ 和 $\boldsymbol{S}_i = \{s_i(1), s_i(2), \cdots, s_i(d)\}$，并分为两个独立的部分。在第一部分中，转换了 $\boldsymbol{X}_{i,1} = \{x_i(1), x_i(2), \cdots, x_i(d)\}$ 到机器分配向量 $\boldsymbol{R}_i = \{r_i(1), r_i(2), \cdots, r_i(d)\}$。设 $l(j)$ 表示操作 j 的可选机器数，其中，$j = 1, 2, \cdots, d$，转换需要做的是映射实数 $x_i(j) \in [-\delta, \delta]$ 等于整数 $r_i(j) \in [1, l(j)]$。具体的转换过程首先是对实数 $x_i(j)$ 进行线性映射，将其映射到 $[1, l(j)]$ 区间内，然后取 $r_i(j)$ 为转换后实数的最近整数值，具体过程如式(11.2)所示。

$$r_i(j) = \mathrm{round}\left(\frac{1}{2\delta}(l(j) - 1)(x_i(j) + \delta) + 1\right), \quad j = 1, 2, \cdots, d \qquad (11.2)$$

其中，$\mathrm{round}(x)$ 是一个将数字 x 四舍五入为最接近的整数的函数。在第二部分，$\boldsymbol{X}_{i,2} = \{x_i(d+1), x_i(d+2), \cdots, x_i(2d)\}$ 转换为操作序列向量 $\boldsymbol{S}_i = \{s_i(1), s_i(2), \cdots, s_i(d)\}$。为了实现这种转换，使用最大位置值(LPV)规则[279]来构造一个操作的 ID 排列，将操作按照其不递增的位置值进行排序。然而，正如本节 2 中提到的那样，得到的排列可能不适用于 S_i。因此，进一步进行修复程序，以调整排列中工件内操作的相对顺序。假设有一个向量 $\boldsymbol{X}_{i,2} = \{0.6, -0.4, 0.5, -0.2, 0.7, 0.3, -0.3\}$ 对于表 8.1 中的实例，一个转换的例子如图 11.4 所示。

反向转换是将双向量编码转换为和声向量，和声向量也由两个独立的部分组成：在第一部分的机器分配中，变换实际上是公式(11.2)的线性逆变换，但 $l(j) = 1$ 的情况需要单独考虑，$x_i(j)$ 应选择 $[-\delta, \delta]$ 中的随机值。转换过程如下。

$$x_i(j) = \begin{cases} \dfrac{2\delta}{l(j) - 1}(r_i(j) - 1) - \delta, & l(j) \neq 1 \\ x_i(j) \in [-\delta, \delta], & l(j) = 1 \end{cases} \qquad (11.3)$$

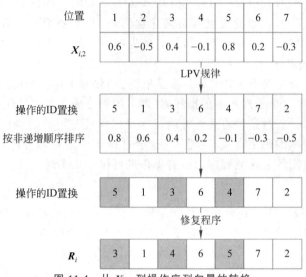

图 11.4 从 $X_{i,2}$ 到操作序列向量的转换

其中,$j=1,2,\cdots,d$。对于第二部分,向量 $X_{i,2}=\{x_i(d+1),x_i(d+2),\cdots,x_i(2d)\}$ 是通过重新排列旧序列中的元素得到的 $X_{i,2}$ 改进。重新排列得到新的 $X_{i,2}$ 对应于根据 LPV 规则改进调度的操作序列向量。

4. 局部搜索策略

采用局部搜索提高 HS 的局部开发能力,实际应用于如图 11.2 所示的和声向量对应的调度。

FJSP 的调度可以用析取图 $G=(V,C\bigcup D)$ 表示[108,340]。图中,V 表示所有结点的集合,每个结点表示 FJSP 中的一个操作(包括伪启动和伪终止操作);C 是所有连接弧的集合,这些连接弧将一个作业内两个相邻的作业连接起来,它们的方向表示两个连接作业之间的加工顺序;D 表示所有分离弧的集合,这些弧连接在同一台机器上执行的两个相邻操作,它们的方向也表示加工顺序。每个操作的处理时间一般标记在对应结点的上方,作为结点的权值。以如表 8.1 所示的问题为例,用析取图表示的一个可能的调度如图 11.5 所示,其中,$O_{3,1}$、$O_{2,3}$ 在机器 M_1;$O_{2,1}$、$O_{1,2}$ 在机器 M_2;$O_{1,1}$、$O_{2,2}$、$O_{3,2}$ 在机器 M_3。从开始结点 S 到结束结点 E 的最长路径称为关键路径,其长度定义了调度的完成时间。关键路径上的操作称为关键操作。在图 11.5 中,关键路径为 $S\rightarrow O_{1,1}\rightarrow O_{2,2}\rightarrow O_{2,3}\rightarrow E$ 和完成时间等于 10,其中,$O_{1,1}$、$O_{2,2}$ 和 $O_{2,3}$ 均为关键操作。

在 HHS 中,采用了类似于文献[299]的局部搜索方法,通过在选取图的关键路径上移动一个关键操作来获得调度解的邻域。一个操作的移动分为删除和插入两步,即删除

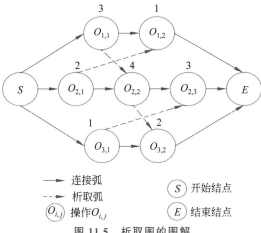

连接弧

- - - 析取弧

$O_{i,j}$　操作$O_{i,j}$

S　开始结点

E　结束结点

图 11.5　析取图的图解

取析图中的一个操作,然后将其插入一个可用的位置,不会产生更差的调度。值得注意的是,对于要移动的操作,可以在任何可选机器上选择可用的位置,因此当移动到另一台机器时,该操作的机器分配将被重新分配。以如图 11.5 所示的调度为例,当对其进行局部搜索时,其关键路径 $S \rightarrow O_{1,1} \rightarrow O_{2,2} \rightarrow O_{2,3} \rightarrow E$ 首先被识别出来,然后尝试移动 $O_{1,1}$,如果 $O_{1,1}$ 成功移动(找到 $O_{1,1}$ 插入),立即找到一个可接受的进度表,并将其设置为当前进度表,以继续进行下一个局部改进迭代,否则为 $O_{2,2}$ 被认为是移动的,直到关键路径上的一个操作被成功移动。如果关键路径上的所有操作都移动失败,则表示移动其中一个关键操作后,局部搜索将降至局部最优。

在本章算法的局部搜索过程中,主要的区别在于当找到移动一个关键操作的局部最优解时,通过同时移动两个操作来进一步改进现有解,其中至少有一个是关键操作。因为移动两个操作比较耗时,所以只在移动一个关键操作失败时才执行。总之,在局部搜索中获得可接受的邻域的过程在算法 11-3 中描述,其中,循环中的关键字"return"意味着算法在到达这里时中止,返回的内容被重新分级为算法的最终结果。

算法 11-3　生成可接受邻域算法

1：　得到由析取图 G 表示的当前解中的关键路径
2：　**for** 关键路径上的每个操作 cp **do**
3：　　　从 G 中删除 cp,得到 G'
4：　　　**if** 找到一个可用的位置供 cp 插入 **then**
5：　　　　　插入操作 cp 生成 G''
6：　　　　　**return** 析取图 G''
7：　　　**end if**

8： **end for**
9： **for** 关键路径上的每个操作 cp **do**
10： 从 G 中删除 cp,得到 G'
11： **for** G' 中的每个操作 **do**
12： 删除 G' 中的 op,得到 G''
13： **if** 为 cp 和 op 找到两个可以插入的位置 **then**
14： 插入 cp 和 op 得到 G'''
15： **return** 析取图 G'''
16： **end if**
17： **end for**
18： **end for**
19： **return** 一个空析取图

有关如何移动操作的详细信息,请参阅文献[299]。当满足最大局部迭代或所有指定的移动失败时,局部搜索过程终止。

11.3　大邻域搜索

11.3.1　LNS 概述

大邻域搜索(LNS)[337]是一种将约束规划(CP)和局部搜索结合起来解决优化问题的强大技术。与典型的局部搜索不同,LNS 通过选择变量的子集来缓解问题,而不是对当前解决方案进行小的修改,例如,在调度中移动一个或两个操作。一旦变量被选中,取消赋值,同时保持其余变量不变(破坏),然后通过重新优化未赋值的变量来寻找更好的解决方案(结构)。在 LNS 上迭代销毁和构造步骤,直到满足中止条件。LNS 的基本架构见算法 11-4。

算法 11-4　LNS 的基本架构

1： 生成初始解
2： **while** 不满足终止条件 **do**
3： 选择一组要放松的变量
4： 固定剩余的变量
5： **if** 搜索发现改进 **then**
6： 更新当前解决方案
7： **end if**
8： **end while**

LNS 的主要思想其实很简单。通过破坏算子,对原问题进行简化,然后利用粒子群算法来解决简化问题,克服了粒子群算法在探索大搜索空间方面存在的缺陷。与纯树搜索[341]相比,利用强 CP 传播技术可以更有效地修剪搜索空间。

本章中的 LNS 是在 C_{OMET}[342] 之上实现的,C_{OMET}[342] 是一种先进的优化系统,在运筹学中逐渐被采用。在 C_{OMET} 中使用 LNS 时,用户应首先通过建立约束条件对需要解决的问题进行建模;在算法 11-4 的步骤 4 和步骤 5 中,将不断添加附加约束;一旦发布了一个约束,C_{OMET} 系统中提供的 CP 传播将被触发,这意味着在此之前发布的所有约束都将参与域的过滤,一个接一个地约束,直到不能从任何域中删除更多的值为止。此外,每次在搜索过程中找到一个解决方案时,系统都会动态地添加一个约束,说明找到的下一个解决方案必须更好。下面将介绍基于 C_{OMET} 的 FJSP 的 LNS 的实现,包括基于约束的模型、销毁过程和构造过程。

11.3.2　FJSP 的基于约束的模型

为了阐述求解 FJSP 问题的基于约束的模型,在 8.1 节的基础上定义了两个额外的符号。令 $\sigma_{i,j}$、$\mu_{i,j}$ 分别表示操作 $O_{i,j}$ 在时间表中的开始时间和所选的机器。因此,FJSP 的解决方案由所有操作的值对 $(\sigma_{i,j}, \mu_{i,j})$ 组成。当解决方案满足以下三种约束条件时,它是可行的。

(1) 优先级约束:作业中的操作必须满足指定的优先顺序。公式如下:

$$\forall i \in [1,n], \forall j \in [1,n_i-1], \sigma_{i,j} + p_{i,j,\mu_{i,j}} \leqslant \sigma_{i,j+1}$$

(2) 资源约束:一个操作只能在其上处理可用的机器,即 $\forall O_{i,j}, \mu_{i,j} \in M_{i,j}$。

(3) 容量约束:机器一次只能处理一个操作。公式为 $\forall O_{x,y}, O_{a,\beta}$,如果 $\mu_{x,y} = \mu_{a,\beta}$,那么 $\sigma_{x,y} + p_{x,y,\mu_{x,y}} \leqslant \sigma_{a,\beta}$,或者 $\sigma_{a,\beta} + p_{a,\beta,\mu_{a,\beta}} \leqslant \sigma_{x,y}$。

在以上三个约束条件下,FJSP 的解满足最小化完成时间 $C_{\max} = \max\limits_{1 \leqslant i \leqslant n, 1 \leqslant j \leqslant n_i} \{\sigma_{i,j} + p_{i,j,\mu_{i,j}}\}$。

11.3.3　约束破坏算法

在约束破坏算法中,选择一些变量进行松弛,而保持其他变量不变。对于 FJSP,采用了部分顺序调度(Partial-Order Schedule,POS)松弛[343]。首先选择一组操作,然后将剩余的每个操作固定在当前机器上,并且在同一台机器上执行的操作保持它们在当前调度中的相对优先顺序。(σ, μ) 是目前的调度解决方案,(σ', μ') 是要构造的一个解决方案。POS 松弛可以表述为:$\forall O_{x,y}, O_{a,\beta} \notin R$ 和 $\mu_{x,y} = \mu_{a,\beta}$,如果 $\sigma_{x,y} + p_{x,y,\mu_{x,y}} \leqslant \sigma_{a,\beta}$,则 $\sigma'_{x,y} + p_{x,y,\mu_{x,y}} \leqslant \sigma'_{a,\beta}$ 和 $\mu'_{x,y} = \mu_{x,y}, \mu'_{a,\beta} = \mu_{a,\beta}$ 只确定剩余操作之间的相对优先顺序,而不是实际的开始时间,有利于 POS 的松弛,这为重新优化留下了更多的空间。

设 γ 为 Ω 的子集,其中每个操作都固定在原机器上,那么如何选择集 γ 在 LNS 中称

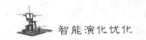

为邻域启发式。本章采用时间窗口邻域启发式策略,随机生成时间窗$[t_{min},t_{max}]$和在区间$[t_{min},t_{max}]$之间所有操作的集合γ。为了进一步加强搜索,选取一个子集$\gamma\subseteq\Omega$,从时间窗邻域构造一个额外的邻域,γ中操作的机器分配是固定的,即$\forall O_{i,j}\in r,\mu'_{i,j}=\mu_{i,j}$。

11.3.4 构造算法

构造过程是在现有调度方案的基础上,利用 CP 搜索生成新的调度方案。本章的搜索方法简单而直接,它依赖于这样一个事实:一旦将每个操作分配给一个可用的机器,并且同一机器内的操作在约束条件下完全排序,最小的完成时间等于沿着优先图(析取图)最长路径的操作的持续时间之和。简单地说,搜索过程是这样进行的:对选中的机器进行操作,首先考虑机器选择最少的操作;然后分别对每台机器上的操作进行排序,对冗余最少的机器给予优先级;在排序之后,根据优先图计算出每个操作最早、最晚的启动时间和最大完工时间;最后设置所有操作的开始时间为最早的开始时间。为避免搜索时间过长,LNS 的每一个构造过程都设置了失败限制。此外,采用深度优先搜索作为搜索控制器,由于搜索是在基于约束的系统上实现的,它可以很好地继承约束传播在 CP 中的优点。

11.4 集成的启发式搜索方法:HHS/LNS

鉴于现有的两个算法模块的复杂性,本章采用了相对简单的集成策略。HHS 模块首先被执行,通过 HS 在每次迭代时替换 HM 中最差和声的机制,在运行 HHS 算法结束时也可以将 HM 视为一个精英解决方案池(达到 NI)。由于机器分配到的操作对 FJSP 至关重要,所以在进入 LNS 模块之前,可以从 HM 中的精英解决方案中提取一些好的机器分配信息。提取过程如下:对于每个操作,HM 中最佳和声选择的机器被添加到其可用机器列表中,而其他精英解选择最频繁的剩余机器被添加,如果其选择的频率不小于τ,其中,τ为可调参数。所以,每个操作都有一个精简的机器集可供选择。提取完成后,将 HHS 找到的最佳解决方案作为 LNS 的初始解决方案,LNS 运行指定的 CPU 时间对其进行进一步改进,并返回找到的最佳解决方案。

如上所述,本章的集成策略有两个方面的特点:一是 HHS 找到的最佳解决方案为 LNS 提供了一个很好的起点;二是提取的机器分配信息将 LNS 的搜索限制在一个更有前景的问题空间,增强了强化能力。

正如 11.1 节所述,这种简单的集成直接而简明地实现了本章进行这项研究的动机。

11.5　实 验 研 究

11.5.1　实验设置

为了测试所提出算法的性能,HHS 模块采用 Java 语言实现,LNS 模块采用 C_{OMET}[342]语言实现。这两种算法都运行在 Intel 2.83GHz、15.9GB 内存的 Xeon 处理器上。在本章实验中,主要涉及两个著名的 FJSP 基线数据集。一个是文献[108]的 FJSP 实例的 BRdata 数据集,用于验证所提出的 HHS 算法的有效性。另一种是文献[110]提供的一组更大、更难的实例,称为 DPdata 数据集,用来说明 HHS/LNS 解决更大、更难的 FJSP 问题的有效性。此外,为了对本章所提出的算法进行全面的评价,进一步实验并分析了另外两个重要基准数据集的结果,这两个数据集分别是文献[109]的 BCdata 数据集和文献[111]的 HUdata 数据集。其中,HUdata 分为三个子集:Edata、Rdata 和 Vdata。本章引用的每个基准实例的最佳下界(LB)和最佳上界(UB)均取自于文献[284]。

由于所提出算法的天然不确定性,为了获得有意义的结果,对每个问题实例进行 5 次运行,正如一些现有文献[238,284,291]所建议的。包括最佳完成时间(BC_{max})、平均完成时间($AV(C_{max})$)、5 次运行得到的完成时间标准差(SD)和平均计算时间($AV(CPU)$)来描述计算结果。

为了证明算法的有效性,本章将提出的算法的结果与文献中已有的算法进行了比较,BC_{max} 及 $AV(C_{max})$ 作为主要的比较指标。采用(dev)表示的相对偏差准则对完成时间进行比较,定义为

$$\mathrm{dev} = [(\mathrm{MK_{comp}} - \mathrm{MK_{proposed}})/\mathrm{MK_{comp}})] \times 100\% \tag{11.4}$$

其中,$K_{proposed}$ 和 K_{comp} 分别是由本章的方法和比较算法得到的最大完工时间值。

HHS 算法模块的参数包括:和声内存大小(HMS)、和声内存考虑率(HMCR)、音高调整率(PAR)、约束因子(δ)、即兴总次数(NI)和局部搜索最大迭代次数($iter_{max}$)。LNS 算法模块有三个参数:每个构造过程的失败限制(maxFail),Ω 中属于 γ 的操作的概率(P_l),以及最大 CPU 时间限制(T_{max})。对于集成方法 HHS/LNS,除 HHS 和 LNS 中的参数外,还存在 11.4 节中提到的参数 τ 作为相应的实验指定参数,设置参数的方式可以在求解质量和计算时间之间取得较好的平衡。

11.5.2　HHS 模块性能分析

本节将分析 HHS 算法的性能。首先,在数据集 BRdata 上验证本章所提出的 HHS 的有效性。表 11.1 给出了 HHS 算法的实验参数。

表 11.1　BRdata 上的 HHS 参数设置

参　数　名	描　述	值
HMS	和声内存大小	5
HMCR	和声内存考虑率	0.95
PAR	音高调整率	0.3
δ	约束因子	1.0
NI	即兴总次数	3000
$iter_{max}$	局部搜索最大迭代次数	150

　　HHS 对基准数据集 BRdata 的计算结果显示在表 11.2 中。第 1 列和第 2 列分别包含实例的名称和大小;第 3 列列出了实例的所有操作的总数;在第 4 列中,为每个实例显示了每个操作的可选机器的平均数量,这在 FJSP 中称为"灵活性";在第 5 列中,(LB,UB)分别代表实例的最佳下界和最佳上界,下面的列描述了 11.5.1 节中提到的四个指标。

表 11.2　HHS 对 BRdata 的结果

实例	$n \times m$	d	Flex	(LB,UB)	HHS			
					BC_{max}	$AV(C_{max})$	SD	AV(CPU)
MK01	10×6	55	2.09	(36,42)	40	40	0	3.87
MK02	10×6	58	4.10	(24,32)	26	26.2	0.45	5.79
MK03	15×8	150	3.01	(204,211)	204	204	0	36.60
MK04	15×8	90	1.91	(48,81)	60	60	0	13.30
MK05	15×4	106	1.71	(168,186)	172	172.8	0.45	35.78
MK06	10×15	150	3.27	(33,86)	60	59.4	0.45	111.65
MK07	20×5	100	2.83	(133,157)	139	139.8	0.45	36.16
MK08	20×10	225	1.43	523	523	523	0	171.10
MK09	20×10	240	2.53	(299,369)	307	307	0	172.24
MK10	20×15	240	2.98	(165,296)	202	203	1.00	437.69

　　表 11.3 将 HHS 算法与最近提出的几种基于演化的算法进行了比较,包括文献[238]的 GA、文献[298]的 KBACO、文献[296]的 AIA 和文献[299]的 ABC。GA 和 AIA 的 $AV(C_{max})$ 不可用。在表 11.4 中,将 HHS 算法与其他类别的算法进行了比较,包括文献[284]的 TS 和文献[240]的 CDDS。加粗的值表示该算法在上述方法中是最好的,其中,dev 是一种衡量两个数值之间差异大小的度量指标,用于评估不同调度算法得到的完成时间之间的差异。与上述其他算法不同,CDDS 本质上是确定性的,它不是一个单一的算法,实际上,

表 11.3　提出的 HHS 与现有的四种基于 BRdata 的演化算法的比较

实例	HHS		GA		KBACO			AIA		ABC		
	BC_{max}	$AV(C_{max})$	BC_{max}	dev/%	BC_{max}	$AV(C_{max})$	dev/%	BC_{max}	dev/%	BC_{max}	$AV(C_{max})$	dev/%
MK01	40	40	40	0	39	39.8	−2.56	40	0	40	40	0
MK02	26	26.2	26	0	29	29.1	+10.34	26	0	26	26.5	0
MK03	204	204	204	0	204	204	0	204	0	204	204	0
MK04	60	60	60	0	65	66.1	+7.69	60	0	60	61.22	0
MK05	172	172.8	173	+0.58	173	173.8	+0.58	173	+0.58	172	172.98	0
MK06	59	59.4	63	+6.35	67	69.1	+11.94	63	+6.35	60	64.48	+1.67
MK07	139	139.8	139	0	144	145.4	+3.47	140	+0.71	139	141.42	0
MK08	523	523	523	0	523	523	0	523	0	523	523	0
MK09	307	307	311	+1.29	311	312.2	+1.29	312	+1.60	307	308.76	0
MK10	202	203	212	+4.72	229	233.7	+11.79	214	+5.61	208	212.84	+2.88
平均提升				+1.29			+4.45		+2.09			+0.46

表 11.4 提出的 HHS 与 BRdata 上其他类别技术（TS、CDDS）的比较

实例	HHS		TS			CDDS							
	BC_{max}	$AV(C_{max})$	BC_{max}	$AV(C_{max})$	dev/%	N_1	dev/%	N_2	dev/%	N_3	dev/%	N_4	dev/%
MK01	**40**	40	**40**	40	0	**40**	0	**40**	0	**40**	0	**40**	0
MK02	**26**	26.2	**26**	26	0	**26**	−0.77	**26**	−0.77	**26**	−0.77	**26**	−0.77
MK03	**204**	204	**204**	204	0	**204**	0	**204**	0	**204**	0	**204**	0
MK04	**60**	60	**60**	60	0	**60**	0	**60**	0	**60**	0	**60**	0
MK05	**172**	172.8	173	173	+0.58	175	+1.26	173	+0.12	173	+0.12	173	+0.12
MK06	59	59.4	**58**	58.4	−1.72	60	+1.00	59	−0.68	59	−0.68	**58**	−0.58
MK07	**139**	139.8	144	147	+3.47	**139**	−0.58	**139**	−0.58	**139**	−0.58	**139**	−0.58
MK08	**523**	523	**523**	523	0	**523**	0	**523**	0	**523**	0	**523**	0
MK09	**307**	307	**307**	307	0	**307**	0	**307**	0	**307**	0	**307**	0
MK10	202	203	198	199.2	−2.02	198	−2.53	197	−3.05	198	−2.53	198	−2.53
平均提升					+0.03		−0.16		−0.50		−0.44		−0.62

它由一组四种确定性算法（CDDS-N_1、CDDS-N_2、CDDS-N_3 和 CDDS-N_4）组成。因此，为了进行更公平的比较，通过将 HHS 与 CDDS-N_1（或 CDDS-N_2、CDDS-N_3 和 CDDS-N_4）进行比较来计算 CDDS-N_1（或 CDDS-N_2、CDDS-N_3 和 CDDS-N_4）的开发，基于 HHS 的平均性能，而不是使用最佳性能。

从表 11.3 可以看出，所提出的 HHS 在 BRdata 数据集上优于其他基准演化算法。事实上，就 BC_{max} 而言，HHS 在 10 个实例中有 4 个优于 GA，在 10 个实例中有 7 个优于 KBACO，在 10 个实例中有 5 个优于 AIA，在 10 个实例中有 2 个优于 ABC。对于 MK06 和 MK10 实例，HHS 得到了较好的解决方案。关于平均相对偏差的度量也表明，现有的四种基于演化的算法都受到所提出的 HHS 的支配。从表 11.4 中可以看出，HHS 也可以与 TS 和 CDDS 进行比较。特别是，HHS 在 3 种算法的 10 个实例中获得了 8 个最佳 BC_{max}。从平均相对偏差来看，HHS 略好于 TS，但略差于所有 4 种 CDDS 算法。

从表 11.2 可以看出，HHS 不仅能力强，而且稳定性和效率高。一半的实例在 SD＝0 的情况下得到解决，而其余的则使用较小的 SD 值。此外，除实例 MK10 外，所有 10 个实例的计算时间不超过 3min。基于仿真测试和对比研究，可以肯定地得出结论，HHS 足以有效、高效和鲁棒地求解一些大中型 FJSP 实例。

为了进一步说明 HHS 的特性，在 DPdata 中使用了一个大型 FJSP 实例（08a）。HMS 参数设为 8，其他参数设置如表 11.1 所示。图 11.6 绘制了 HHS 在求解实例 08a 时得到的收敛曲线。从图 11.6 可以看出，在最初的 10 代中，完成时间的减小速度非常快，但是在接下来的 10 代中，速度会变慢很多。换句话说，HHS 可以在较短的时间内生成高质量的解，但随着演化过程的进行，解难以进一步改进。

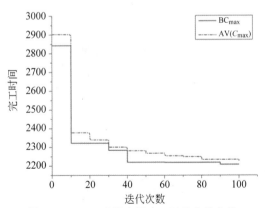

图 11.6 HHS 求解实例 08a 时的收敛曲线

表 11.5 列出了实例 08a 上 HHS 在不同参数设置下的性能。只调整对解的质量很重要的参数 $iter_{max}$ 和 NI，其他参数保持固定。从表 11.5 可以看出，参数 $iter_{max}$ 对最终解决方案的影响更大，实验 2 得到的完工时间值比实验 1 得到的好很多，但是计算时间要长很

多。实验 2 和实验 3 的结果差别不大,这是因为局部迭代次数 300 足够大,几乎每个局部搜索都能找到局部最优。因此,此时进一步增加 $iter_{max}$ 对解决方案是没有意义的。增大参数 NI 也可以提高解的质量,但与增大 $iter_{max}$ 相比,提高的效果比较有限,在达到一定值后,再增大 NI 似乎没有效果。在三个实验中,当 NI 从 3000 增加到 5000 时,BC_{max} 保持不变。表 11.5 中的计算结果也表明,无论通过增大参数 NI 还是 $iter_{max}$,所提出的 HHS 都很难进一步提高解的质量。

表 11.5　不同参数设置下 HHS 在实例 08a 上的性能

实验编号	$iter_{max}$	NI=1000			NI=3000			NI=5000		
		BC_{max}	$AV(C_{max})$	$AV(CPU)$	BC_{max}	$AV(C_{max})$	$AV(CPU)$	BC_{max}	$AV(C_{max})$	$AV(CPU)$
1	150	2136	2166	47.83	2124	2142.6	176.09	2124	2132.2	279.22
2	300	2086	2090.2	479.99	2082	2087	1455.79	2082	2085	2386.80
3	450	2086	2088.2	483.28	2080	2086.4	1460.77	2080	2083.2	2434.54

11.5.3　LNS 模块性能分析

本节将对 LNS 的性能进行分析。在这项研究中,使用了三个大型的 FJSP 实例 (07a,08a,09a),它们的问题空间在 DPdata 中越来越大。首先,LNS 直接运行在三个实例上,其中,参数 $maxFail=200$;$P_l=0.33$,$T_{max}=2000s$。详细结果见表 11.6,第 1 列显示实例的名称,第 2 列列出了 LNS 对每个实例的初始解,这是通过 CP 搜索找到的第一个可行解,下面四列记录了 LNS 每 500s 获得的最小完成时间,最后一列表示每个实例在文献中最著名的解决方案。

表 11.6　LNS 在实例 07a、08a、09a 上的性能

实例名	初始解	时间/s				BKS
		500	1000	1500	2000	
07a	3094	2370	2357	2347	2327	2283
08a	4639	2893	2515	2409	2355	2069
09a	8447	7045	6561	6058	4888	2066

从表 11.6 中可以看出,随着问题空间大小的增大,每个实例的初始解都较差,实例 07a、08a、09a 的初始解比其最知名解差距约为 35.5%、124.2%、308.8%。对于 2000s 以后得到的最终解,情况相似,只有实例 07a 的解是可以接受的,与已知解相比差距约为 1.9%。另外两个例子 08a 和 09a 比较差,分别是最著名的两个例子的 13.8% 和 136.6%。实例 08a 和 09a 的最终解决方案质量较差,部分原因是它们的初始解决方案很差,因此有

必要为 LNS 提供一个良好的初始解决方案。在每个实例中,最大完工时间都随着计算时间的增加而减小,但减小速度的变化并不具有一定的规律性。

在接下来的内容中,进一步观察 LNS 解决不同问题实例时减少完成时间的速度。在图 11.7 中,绘制了 07a、08a、09a 三个实例完成时间的减少情况。为了进行公平比较,这三个实例的初始解都被设定为已知最优解的 10%。从图 11.7 中可以看出,对于实例 07a,完成时间的整体减少速度最快,而对于实例 09a,速度最慢。看起来,当处理问题空间较小的实例时,LNS 通常表现出更强的集中搜索能力。

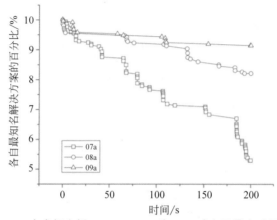

图 11.7　在求解实例 07a、08a、09a 时,LNS 减少了最大时间跨度

11.5.4　整合效应

根据上述性能分析,整合的效果是可预见的。首先,在 11.5.2 节的实验中,当 HHS 的进化过程达到一定水平时,很难进一步改进解决方案。其次,11.5.3 节揭示了初始解是解决一些大规模问题的重要因素之一,而 LNS 在较小的问题空间上可能表现出更强的搜索能力。此外,表 11.6 的结果表明,纯 LNS 算法不是 FJSP 的理想优化工具。因此,11.4 节提出的整合是必要和合理的,可以克服两种算法的缺点。

在图 11.8 中,展示了机器分配信息提取的影响,使用的是 08a 实例。圆点曲线描述了直接在 HHS 提供的初始解上执行 LNS 所导致的完成时间减小情况,而三角形点曲线则描述了提取程序之后的情况。从图 11.8 可以看出,LNS 可以有效地改进 HHS 获得的高质量解决方案,并且提取质量更优的解。

11.5.5　大规模基准实例的计算结果

在本节中,展示本章所提出的启发式集成搜索方法 HHS/LNS 对于解决大规模 FJSP 问题的有效性。HHS/LNS 是在基准数据集 DPdata 中的实例上进行评估,而

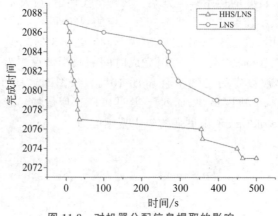

图 11.8　对机器分配信息提取的影响

DPdata 是 FJSP 文献中最难也最大的基准测试数据集之一。对于这组实例,HHS/LNS 算法的常用参数如表 11.7 所示。LNS 在 HHS/LNS 上的 CPU 最大时间限制($T_{\max}$)对于前 12 个实例(01a～12a)设置为 500s,而对于其余的实例设置为 2s。

表 11.7　HHS/LNS 在 DPdata 上的参数设置

参　数　名	描　　　述	值
HMS	和声内存大小	8
HMCR	和声内存占用率	0.95
PAR	音高调整率	0.3
NI	即兴总次数	3000
δ	约束因子	1.0
$\text{iter}_{\max}$	局部搜索最大迭代次数	200
maxFail	每个构造过程的失败限制	200
P_l	Ω 中的操作属于 $\gamma(P_l)$ 的概率	0.33
τ	所选频率的限制	3

　　表 11.8 显示了 DPdata 中实例的详细计算结果。第 1～5 列与表 11.2 相应列含义一致,在第 6～8 列中,首先给出了 HHS 得到的原始结果,后续分别给出了 LNS 和 HHS/LNS 的计算结果。

　　表 11.9 将 HHS/LNS 与三种最先进的算法进行了比较,分别是文献[284]的 TS、文献[291]的 hGA,以及文献[240]的 CDDS。$BC_{\max}$ 及 $AV(C_{\max})$ 表示 HHS/LNS、TS 和 hGA 算法在 5 次独立运行中分别获得的最佳和平均最大完工时间。正如 11.5.2 节所述,

表 11.8 DPdata 实例上的结果

实例	$n \times m$	d	Flex	(LB,UB)	HHS			LNS			HHS/LNS			
					BC_{max}	$AV(C_{max})$	SD	BC_{max}	$AV(C_{max})$	SD	BC_{max}	$AV(C_{max})$	SD	AV(CPU)
01a	10×5	196	1.13	(2505,2530)	2525	2534	6.28	2554	2560	8.25	2505	2512.8	7.12	837.6
02a	10×5	196	1.69	(2228,2244)	2242	2245.4	2.07	2233	2235.8	3.27	2230	2231.2	1.64	972.6
03a	10×5	196	2.56	(2228,2235)	2229	2231.2	1.48	2230	2231.2	2.08	2228	2229	1.00	1164.6
04a	10×5	196	1.13	(2503,2565)	2506	2517	8.34	2506	2522.4	25.81	2506	2506	0	849.6
05a	10×5	196	1.69	(2189,2229)	2232	2234.6	2.41	2219	2222	3.94	2212	2215.2	2.39	931.2
06a	10×5	196	2.56	(2162,2216)	2201	2206.8	3.77	2213	2215.6	1.82	2187	2191.8	2.77	1167.0
07a	15×8	293	1.24	(2187,2408)	2323	2340.2	12.28	2327	2358.8	23.34	2288	2303	11.46	1547.4
08a	15×8	293	2.42	(2061,2093)	2086	2087.6	1.52	2226	2278.6	73.08	2067	2073.8	5.16	1905.6
09a	15×8	293	4.03	(2061,2074)	2074	2079	3.32	4004	4503	445.40	2069	2072.8	3.56	943.2
10a	15×8	293	1.24	(2178,2362)	2341	2346.4	5.03	2357	2390.4	18.77	2297	2302.2	7.19	1590.0
11a	15×8	293	2.42	(2017,2078)	2077	2079.8	2.77	2221	2289.2	55.92	2061	2066.6	3.28	1826.4
12a	15×8	293	4.03	(1969,2047)	2045	2052.6	9.81	3765	4639	637.83	2027	2035.6	5.81	914.4
13a	20×10	387	1.34	(2161,2302)	2280	2291.2	6.94	2365	2374.2	13.74	2263	2269.4	4.39	2900.3
14a	20×10	387	2.99	(2161,2183)	2194	2195.2	1.10	3585	3743.2	162.67	2164	2167.6	2.07	3237.5
15a	20×10	387	5.02	(2161,2171)	2220	2230.2	6.72	10 081	10 324.8	466.59	2163	2166.2	3.03	2112.3
16a	20×10	387	1.34	(2148,2301)	2285	2289	5.10	2352	2372	15.76	2259	2266.4	5.46	2802.2
17a	20×10	387	2.99	(2088,2169)	2160	2166.6	4.93	3558	3658	134.82	2137	2141.2	2.95	3096.4
18a	20×10	387	5.02	(2057,2139)	2159	2170.2	6.53	10 036	10 683.8	594.23	2124	2128	3.87	2489.2

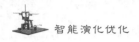

表 11.9 本章提出的 HHS/LNS 算法与当前最先进的 DPdata 算法的比较

实例	HHS/LNS			TS			hGA			CDDS							
	BC_{max}	$AV(C_{max})$	dev/%	BC_{max}	$AV(C_{max})$	dev/%	BC_{max}	$AV(C_{max})$	dev/%	N_1	dev/%	N_2	dev/%	N_3	dev/%	N_4	dev/%
01a	**2505**	2512.8	+0.52	2518	2528	+0.52	2518	2518	+0.52	2518	+0.21	2530	+0.68	2530	+0.68	2520	+0.29
02a	**2230**	2231.2	+0.04	2231	2234	+0.04	2231	2231	+0.04	2231	−0.01	2244	+0.57	2232	+0.04	2231	−0.01
03a	**2228**	2299	+0.04	2229	2229.6	+0.04	2229	2229.3	+0.04	2229	0	2235	+0.27	2230	+0.04	2233	+0.18
04a	2506	2506	−0.12	**2503**	2516.2	−0.12	2515	2518	+0.36	2510	+0.16	2520	+0.56	2507	+0.04	**2503**	−0.12
05a	**2212**	2215.2	+0.18	2216	2220	+0.18	2217	2218	+0.23	2220	+0.22	2219	+0.17	2216	+0.04	2217	+0.08
06a	**2187**	2191.8	+0.73	2203	2206.4	+0.73	2196	2198	+0.41	2199	+0.33	2214	+1.00	2201	+0.42	2196	+0.19
07a	2288	2303	−0.22	**2283**	2297.6	−0.22	2307	2309.8	+0.82	2299	−0.17	**2283**	−0.88	2293	−0.44	2307	+0.17
08a	**2067**	2073.8	+0.10	2069	2071.4	+0.10	2073	2076	+0.29	2069	−0.23	2069	−0.23	2069	−0.23	2069	−0.23
09a	2069	2072.8	−0.10	**2066**	2067.4	−0.10	**2066**	2067	−0.10	2069	−0.18	**2066**	−0.33	**2066**	−0.33	**2066**	−0.33
10a	2297	2302.2	−0.74	**2291**	2305.6	−0.74	2315	2315.2	+0.78	2301	−0.05	**2291**	−0.49	2307	+0.21	2311	+0.38
11a	**2061**	2066.6	+0.10	2063	2065.6	+0.10	2071	2072	+0.48	2078	+0.55	2069	+0.12	2078	+0.55	2063	−0.17
12a	**2027**	2035.6	+0.34	2034	2038	+0.34	2030	2030.6	+0.15	2034	−0.08	2031	−0.23	2040	+0.22	2031	−0.23
13a	2263	2269.4	−0.13	2260	2266.2	−0.13	**2257**	2260	−0.27	**2257**	−0.55	2265	−0.19	2260	−0.42	2259	−0.46
14a	**2164**	2167.6	+0.14	2167	2168	+0.14	2167	2167.6	+0.14	2167	−0.03	2189	+0.98	2183	+0.71	2176	+0.39
15a	**2163**	2166.2	+0.18	2167	2167.2	+0.18	2165	2165.4	+0.09	2167	+0.04	2165	−0.06	2178	+0.54	2171	+0.22
16a	2259	2266.4	−0.18	**2255**	2258.8	−0.18	2256	2258	−0.13	2259	−0.03	2265	−0.46	2260	−0.28	2256	−0.46
17a	**2137**	2141.2	+0.19	2141	21.44	+0.19	2140	2142	+0.14	2143	+0.08	2140	−0.06	2156	+0.69	2143	+0.08
18a	**2124**	2128	+0.61	2137	2140.2	+0.61	2127	2130.7	+0.14	2137	+0.42	2127	−0.05	2131	+0.14	2131	+0.14
平均提升			+0.09			+0.09			+0.23		+0.02		+0.08		+0.15		+0.01

CDDS 是一种确定性算法,因此使用度量指标 dev 进行比较,将 HHS/LNS 的 $AV(C_{max})$ 与 CDDS 的结果进行比较,以进行更公平的比较。

从表 11.9 可以看出,本章的结果与现有算法相比非常有竞争力。与 TS、hGA 和 CDDS 相比,所提出的 HHS/LNS 在 BC_{max} 和 $AV(C_{max})$ 方面的性能通常更优。就 BC_{max} 而言,HHS/LNS 在 18 个实例中有 12 个实例优于 TS;在 18 个实例中有 15 个实例优于 hGA;在 18 个实例中有 15 个优于 CDDS-N_1,在与 CDDS N_2、CDDS-N_3 和 CDDS-N_4 相关的 15、14 和 16 个实例中,HHS/LNS 仅在 6 个实例中不是最好的,结果略差于平均水平最好的 0.2%。总体而言,HHS/LNS 启发式集成搜索算法在 18 个实例上的平均开发效率分别比 TS 和 hGA 高出 0.09% 和 0.23%。从 CDDS 的平均 dev 值来看,即使将 HHS/LNS 的 $AV(C_{max})$ 与 CDDS 的结果进行比较,本章的方法也比四种 CDDS 算法更优。同样令人鼓舞的是,HHS/LNS 为 DPdata 中的 01a、02a、03a、05a、06a、08a、11a、12a、14a、15a、17a 和 18a 实例获得了 12 个新的最佳解决方案。HHS/LNS 通过合理的计算努力建立新的最佳解决方案的能力有力地证明了它的有效性。在表 11.10 中,记录了 DPdata 中以前和新获得的最佳实例解决方案。其中,实例 01a 和 03a 的最佳下界分别为 2505 和 2228[110],因此本章的集成方法实现对实例 01a 和 03a 的最优求解。

表 11.10 由提出的 HHS/LNS 在 DPdata 上确定的最著名的新解决方案的完成时间

实例	（LB,UB）	之前的已知最优解	新的已知最优解
01a	(2505,2530)	2518	2505
02a	(2228,2244)	2231	2230
03a	(2228,2235)	2229	2228
05a	(2189,2229)	2216	2212
06a	(2162,2216)	2196	2187
08a	(2061,2093)	2069	2067
11a	(2017,2078)	2063	2061
12a	(1969,2047)	2030	2027
14a	(2161,2183)	2167	2164
15a	(2161,2171)	2165	2163
17a	(2088,2169)	2140	2137
18a	(2057,2139)	2127	2124

从表 11.8 可以看出，HHS/LNS 对 DPdata 的平均计算时间要比 HHS 对 BRdata 的平均计算时间长得多。这并不奇怪，因为来自 DPdata 的实例更困难、更大，当然需要更多的搜索工作。考虑到最近的相关文献，如 Oddi 等在 AMD henom Ⅱ X4Quad 3.5GHz 上设置了 3200s 的 CPU 时间限制来解决一些大型 JSP 实例[315]，而 Beck 和 Feng 两人在 2GHz 双核 AMD Opteron 270 结点的集群上执行他们的算法，每个结点有 2GB 的 RAM，3600s 来处理一些棘手的 JSP 问题[303]。因此，本章所提出的 HHS/LNS 在解决大规模 FJSP 实例方面的效率是相当可以接受和合理的。对于大一点的 SD 值，可以解释由于本章所提出的 HHS/LNS 由两个算法模块组成，可以受更多不确定性因素的影响，另一个可能的原因是 DPdata 中实例的操作处理时间值很大。从纯 LNS 得到的结果可以看出，LNS 与 HHS/LNS 不具有可比性，特别是在问题空间较大的情况下。例如，LNS 在实例 04a 上获得了与 HS/LNS 相同的 BC_{max}，但在实例 12a 上得到了非常糟糕的解决方案。

在表 11.11 中，直接比较了 HHS/LNS、TS、hGA 和 CDDS 所需的计算量。CI-CPU 行给出了每个算法在 Pdata 实例上与计算机无关的平均 CPU 时间之和。考虑到不同 CPU 的不同性能，所有这些值都使用 Dongarra[344] 的归一化系数进行了处理。此外，HHS 和 LNS 分别使用 Java 和 C_{OMET} 语言编码，而其他三种算法都使用 C/C++ 语言编码。众所周知，Java 的效率比 C/C++ 要低得多，C_{OMET} 语言通常比 C/C++ 代码慢 2/3～4/5 倍。因此，为了进行更公平的比较，进一步将 HHS/LNS 所需的计算时间除以 4 倍。应该指出的是，CPU 时间之间的比较意味着具有指示性，因为无法访问影响计算时间的其他信息，例如，操作系统、软件工程决策和程序员的编码技能。从表 11.11 可以看出，HS/LNS 的计算量与 hGA 相当，但远远超过 TS 和 CCDS。

表 11.11　比较 HHS/LNS、TS、hGA、CDDS 对 DPdata 的总计算时间(单位：s)

算法	HHS/LNS	TS	hGA	CDDS
CI-CPU	6279	2467	6206	2890

从表 11.3 和表 11.4 可以看出，HHS 不能在 BRdata 中的一些实例上获得最佳结果。因此，在 BRdata 上运行 HHS/LNS 进一步优化 HHS 获得的解更具有研究价值，尽管 BRdata 中的实例通常不如 DPdata 中的实例规模大。HHS、LNS 和 HHS/LNS 在 BRdata 上获得的最佳完工时间值列在表 11.12 中，其中，纯 LNS 的最大 CPU 时间限制设置为 1000s。

表 11.12　比较 HHS、LNS 和 HHS/LNS 对 BRdata 的最佳完成时间

实　　例	HHS	LNS	HHS/LNS
MK01	40	40	40
MK02	26	26	26
MK03	204	204	204
MK04	60	60	60
MK05	172	173	172
MK06	59	60	58
MK07	139	140	139
MK08	523	523	523
MK09	307	307	307
MK10	202	206	198

从表 11.12 可以看出,情况并不如预期的那样有效。HHS/LNS 基于 HHS 仅改善了两个实例(MK06 和 MK10),并且没有实现任何新的最佳已知解。原因可能是 HHS 单独产生的解已经达到或非常接近 BRdata 实例的实际最优解。值得注意的是,除了 MK03 和 MK09 实例的 LB 值可以由算法验证外,BRdata 实例的真正最优解是未知的。此外,LNS 方法在 BRdata 上的性能也与 HHS 和 HHS/LNS 相当。回顾 HHS/LNS 在 DPdata 上获得的结果,似乎更有希望使用 HHS/LNS 来解决相对较大且困难的问题,因为对于这些问题,实际最优解与现有算法获得的解之间可能存在更大的差距。

表 11.13 根据平均相对误差(MRE)总结了所有相关基准实例的计算结果。第 1 列报告数据集,第 2 列报告每个数据集的实例数,第 3 列报告每个操作的可选机器的平均数量,接下来的 7 列报告 HHS、纯 LNS、HHS/LNS、Mastrolilli 等的 TS[284]、Gao 等的 hGA[291]、Hmida 等的 CDDS[240]、Bozejko 等的 M^2h[335]。LNS 方法对 BCdata 和 HUdata 实例的 CPU 时间限制最大值为 2000s。对于每个实例,相对误差(RE)定义为 RE = [(MK−LB)/LB]×100%,其中,MK 为参考算法得到的最佳最大完工时间,LB 为最著名的下界。通过实验,发现 HHS 可以很好地解决 HUdata 的许多实例。因此,对于 HHS/LNS 集成方法,如果 HHS 能够最优地解决一个实例,则不会执行 LNS。从表 11.13 可以看出,HHS/LNS 在 DPdata、BCdata、Hurink Edata 和 Hurink Rdata 上都优于其他所有算法。而在 HHS/LNS 中,BRdata 上的 hGA 和 CDDS 占主导地位,Hurink Vdata 上的 TS 和 hGA 同时占主导地位。需要注意的是,LNS 单独在 BCdata 和 Hurink Edata

上都可以取得很好的性能,但还是比 HHS/LNS 差。回顾 Pacino 和 Van Hentenryck[316] 的工作,他们提出的使用松弛随机选择的大邻域搜索在 Hurink 数据上非常有效,结果与他们的工作基本一致。LNS 似乎更适合解决灵活性较低的实例(BCdata 和 Hurink Edata)。但是,在处理大规模的灵活程度更高的实例时,往往无法保持 LNS 良好的性能。LNS 在 Hurink Vdata 上的极差结果就说明了这一点。此外,LNS 的结果也证实了进行本研究的动机之一,即随着问题空间的增加,LNS 的强化能力严重下降。

表 11.13　已知下界情况下的平均相对误差(MRE)

数据集	数据集的实例数	可选机器的平均数量	HHS/%	LNS/%	(HHS/LNS)/%	TS/%	hGA/%	CDDS/%	M²h/%
BRdata	10	2.59	15.52	16.20	14.98	15.14	14.92	14.98	N/A
DPdata	18	2.49	2.90	63.03	1.89	2.01	2.12	1.94	N/A
BCdata	21	1.18	22.86	22.73	22.43	22.53	22.61	22.54	22.53
Hurink Edata	43	1.15	2.34	2.32	2.11	2.17	2.13	2.32	N/A
Hurink Rdata	43	2.00	1.41	1.44	1.18	1.24	1.19	1.34	N/A
Hurink Vdata	43	1.31	0.19	30.27	0.11	0.095	0.082	0.12	N/A

注:N/A 表示无相应数据。

11.6　本章小结

本章以最大完工时间为标准,开发了 FJSP 的两个算法模块 HHS 和 LNS。HHS 具有模因范式的演化方法特点,LNS 是典型的约束方法。考虑到两种算法的优缺点,在此基础上建立了一种启发式综合搜索方法 HHS/LNS。HHS/LNS 实际上是一个两阶段算法,首先执行 HHS,然后通过 LNS 进一步完善 HHS 得到的解决方案。为了加强对 LNS 的搜索,在进入 LNS 模块之前,从 HM 的精英解决方案中提取一些好的机器分配信息,将 LNS 限制在一个更有前景的问题空间。实证结果表明,HHS/LNS 在大规模 FJSP 问题上与最先进的算法具有很强的竞争力,在 DPdata 中考虑的 18 个实例中,有 12 个实例发现了新的上界,而其余的实例平均约为最知名解决方案的 0.2%。此外,通过对 HHS/LNS 在其他基准上的评估,也证明了其有效性。

事实上,更愿意将本章的集成方法视为一种框架,而不是一个单一的算法。本章的求解过程大致可分为三个步骤:首先,对问题进行演化算法求解,直到求解结果难以改进为止;其次,从演化算法得到的精英解中提取部分信息,并根据提取的信息缩小问题空间;第三,对约简问题执行增强能力较强的搜索方法,进一步改进演化算法得到的解。HHS/LNS 只是该框架的一个实例,其他合适的替代方案可以替代 HHS 或 LNS 形成新的算法。本章采用 HHS 主要是因为其结构简单、效率高。

在未来的研究中,将专注于提高 HHS/LNS 的效率和稳定性。如何更好地平衡 HHS 和 LNS 搜索,需要考虑哪些问题使两种算法的强度最大化。此外,用其他更好的替代方案来替代 HHS 或 LNS 来研究集成方法的性能将是很有意义的。最后,一个可能的研究方向是将 LNS 引入演化算法中,取代传统的局部搜索,形成模因框架。与传统的局部搜索相比,LNS 可以涉及更多的变量,对约束的处理也更高效,因此可以在嵌入演化算法中获得良好的性能。

第 12 章 求解多目标柔性作业车间调度的模因演算法

12.1 前 言

集成电路制造领域中,如图 12.1 所示的刻蚀机晶圆输片系统提供更加有效的晶圆调度方案,从而提高晶圆的生产效率。本文将该系统所具有的多腔室、多机器人、多加工路径、多优化目标等复杂生产环境抽象为多目标柔性作业车间调度问题,并基于此进行了核心调度算法的研究。

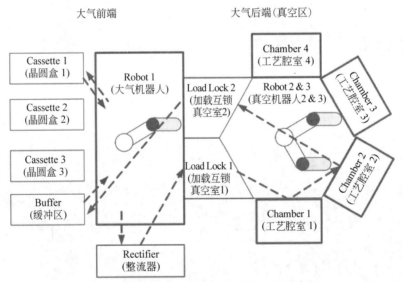

图 12.1 刻蚀机晶圆输片系统典型结构示意图

在如图 12.1 所示的刻蚀机输片系统中,如果不考虑系统中的不确定因素,并将机器人看作一类特殊的传输机器,那么该系统中的关键调度问题可转换为 MO-FJSP 问题。

正如前面章节所述,最新的关于 MO-FJSP 的研究更关注后验方法。尽管在这方面已经取得了不少成果,但是仍然有许多地方值得进一步研究。本章采用后验方法,针对需要最小化完工时间、总负载和关键负载的 MO-FJSP,提出了新的先进的 MAs,该算法将基于 NSGA-Ⅱ 的遗传搜索与局部搜索相混合,并利用了与 MOGLS 类似的分解思想。本章在 MO-FJSP 研究方面的贡献体现在算法设计和实验分析两个方面。

在算法设计上,所提算法的新颖性概括如下。首先,本章提出了一个求解 MO-FJSP 的基于关键操作的与问题相关的局部搜索算子,该算子强调了对问题解空间的探索能力。在该局部搜索中,使用了一种分层策略来处理三个目标。即,主要考虑完工时间的最小化,对其他两个目标的考虑则体现在尝试所有可能产生可接受邻域解的动作顺序上。第二,通过良好设计的染色体表示、染色体解码和遗传算子,开发了针对 MO-FJSP 的基于 NSGA-Ⅱ 的遗传搜索,它主要强调对问题解空间的开发能力。第三,采用了与 MOGLS 中类似的机制从种群中选择解进行局部搜索,有利于在 MAs 中平衡局部搜索和遗传搜索。根据相关调研所知,该种机制被引入 MO-FJSP 的研究中尚属首次。

在实验分析方面,本章的特点如下。首先,通过实验探究了所提出的 MAs 各个关键部分,如局部搜索、对整体性能的贡献。因此与已有工作不同的是,不仅显示了所提出的 MAs 的有效性,而且揭示了其各关键部分如何影响总体的性能。第二,在关于 MO-FJSP 的文献中,评价算法性能的典型方法是列举出算法在一定运行次数中所找到的所有非支配解。然而,这种评价方法似乎更加定性而非定量,很难准确地描述算法的真实性能。因此,有必要引入多目标优化中的定量指标,使评价更加合理可靠。事实上,这种做法在不少多目标组合优化问题的研究[67,82,345,346]中并不鲜见,但是对于 MO-FJSP 的研究来说,却还远未普及。

本章后续部分组织如下:12.2 节将概述所提出的 MAs;它的实现细节,包括遗传搜索和局部搜索,将分别在 12.3 节和 12.4 节中叙述;之后,12.5 节进行了大量的实验研究;最后,12.6 节对本章进行了总结。

12.2　算法概述

本章提出的模因演算法基于原始的 NSGA-Ⅱ 算法框架,算法基本流程如算法 12-1 所示。首先,算法随机产生一个大小为 N 的初始种群;然后,步骤 4～18 进行循环迭代直至满足中止条件。在算法每一代中,先由当前种群 P_t,通过二元锦标赛选择,遗传算子(包括交叉和变异)产生一个子代种群 Q_t。接着利用提出的局部搜索策略对子代种群进行精细搜索以得到一个改善的种群 Q'_t。在步骤 6 中,种群 P_t、Q_t 和 Q'_t 合并为一个种群 R_t。因为 R_t 可能会含有一些目标大小完全相同的个体,这样会影响搜索质量,所以在步骤 7 中进一步对重复的个体进行变异操作。最后,利用 NSGA-Ⅱ 中的快速非支配排序与拥挤距离方法对 R_t 中的个体进行排序,以选择最好的 N 个解作为下一代种群 P_{t+1}。

算法 12-1　模因演算法框架

1：　$P_0 \leftarrow \text{InitializePopulation}()$
2：　$t \leftarrow 0$
3：　**while** 中止条件不满足时 **do**
4：　　　　$Q_t \leftarrow \text{MakeOfspringPopulation}(P_t)$
5：　　　$Q_t' \leftarrow \text{LocalSearch}(Q_t)$
6：　　　$R_t \leftarrow P_t \bigcup Q_t \bigcup Q_t'$
7：　　　$R_t \leftarrow \text{EliminateDuplicates}(R_t)$
8：　　　$\{F_1, F_2, \cdots\} \leftarrow \text{FastNonDominatedSort}(R_t)$
9：　　　$P_{t+1} \leftarrow \varnothing$
10：　　$i \leftarrow 1$
11：　　**while** $|P_{t+1}| + |F_i| < N$ **do**
12：　　　　$\text{CrowdingDistanceAssignment}(F_i)$
13：　　　　$P_{t+1} \leftarrow P_{t+1} \bigcup F_i$
14：　　　　$i \leftarrow i+1$
15：　　**end while**
16：　　$\text{Sort}(F_i)$
17：　　$P_{t+1} \leftarrow P_{t+1} \bigcup F_i[1:(N-|P_{t+1}|)]$
18：　　$t \leftarrow t+1$
19：　**end while**

从算法 12-1 可以看出，要实现针对 MO-FJSP 问题求解的模因演算法涉及两个关键的步骤：第一，如何利用遗传搜索产生子代种群，这对应于算法 12-1 中的步骤 4；第二，如何对子代种群进行局部搜索以得到一个改进种群，这对应于算法 12-1 中的步骤 5。接下来将对这两个关键步骤进行具体描述。

12.3　全局搜索策略

在本节将具体化遗传搜索的实现细节，包括染色体编码、染色体解码和遗传操作。注意，遗传搜索在模因演算法中主要负责对问题解空间的全局搜索。

12.3.1　染色体编码

对于 FJSP 问题，一个解由两部分组成：第一部分是操作在机器上的分配；第二部分是每台机器上操作的处理序列。因此，在本章提出的模因演算法中一个染色体由两个向量组成：第一个向量是机器选择向量；第二个向量是操作排序向量。这两个向量分别对应于 FJSP 问题的两个子问题。

在解释这两个向量之前,首先对问题中所有操作按顺序进行连续的整数编号。给定每个操作一个固定的 ID:j,其中,$j=1,2,\cdots,d,d=\sum_{i=1}^{n}n_i$,这就意味着作业 J_1 包含操作 $1,\cdots,n_1$,作业 J_2 包含操作 $n_1+1,n_1+2,\cdots,n_1+n_n$,以此类推。在编号之后,一个操作也可以用固定 ID 进行指代,如在表 8.1 中,操作 $O_{2.2}$ 也可以称作操作 4。

机器分配向量可以表示为 $\boldsymbol{u}=[u_1,u_2,\cdots,u_d]$。这是一个包含 d 个整数值的数组,且 u_j 满足 $1\leqslant u_j\leqslant l_j$,其中,$l_j$ 是可供操作 j 执行的机器数目。再进一步将操作 j 的可用机器,按操作 j 在其上的处理时间,进行非递减的排序。如果两台机器在执行操作 j 时需要相同的处理时间,那么具有较小 ID 的机器排在前列。那么这样,在机器分配向量中 u_j 意味着操作 j 选择了在排序后的可用机器序列中的第 u_j 台机器,也即具有第 u_j 小处理时间的机器。

操作序列向量可以表示为 $\boldsymbol{v}=[v_1,v_2,\cdots,v_d]$。它是一个所有操作 ID 的一个全排列,其中操作 ID 在这个向量中的出现顺序表示该操作的调度优先顺序。例如,对于在表中的问题,一个可能的操作序列向量可以表示为 $\boldsymbol{v}=[6,1,7,3,4,2,5]$。这个向量可以直接转换为操作的优先顺序列表:$O_{3.1}\textgreater O_{1.1}\textgreater O_{3.2}\textgreater O_{2.1}\textgreater O_{2.2}\textgreater O_{1.2}\textgreater O_{2.3}$。操作 $O_{3.1}$ 有最高的优先权并被首先调度,然后是操作 $O_{1.1}$,以此类推。必须注意的是,并不是所有的操作 ID 全排列都构成一个可行的操作序列向量,这是因为在作业内部的操作必须满足问题中原先指定的优先顺序。即一个作业内的操作应该在向量 $\boldsymbol{v}$ 中保持它们之间的相对优先顺序不变。

12.3.2　染色体解码

染色体解码就是按向量 $\boldsymbol{v}$ 中的操作排列顺序,逐个将每个操作分配到指定的机器上(由向量 $\boldsymbol{u}$ 确定),并且在该机器上为其分配一段处理时间。具体来说,考虑某个操作时,首先可以从向量 $\boldsymbol{u}$ 中获取它所选择的处理机器,然后可以从 0 时刻开始往后顺序扫描该机器上已安排操作之间的空闲时隙直到一个可用的被找到以安排该操作。下面进一步解释何为可用的空闲时隙,设 $s_{i,j}$ 表示一个操作 $O_{i,j}$ 在调度中的开始执行时刻,$c_{i,j}$ 表示它的完成时刻。因为一个操作只能在它所属作业内的上一个操作执行完成后才能执行,所以如果在机器 M_k 上的一个空闲时隙 $[S_x,E_x]$ 对于操作 $O_{i,j}$ 是可用的,那必须满足如下约束条件。

$$\begin{cases}\max\{S_x,c_{i,j-1}\}+p_{i,j,k}\leqslant E_x,&j\geqslant 2\\S_x+p_{i,j,k}\leqslant E_x,&j=1\end{cases}\tag{12.1}$$

当 $O_{i,j}$ 被分配到可用的空闲时隙后,它的开始时刻就被设置为 $\max\{S_x,c_{i,j-1}\}$,$(j\geqslant 2)$ 或者 S_x,$(j=1)$。如果在机器 M_k 上对于操作 $O_{i,j}$ 不存在这样的时隙,那么 $O_{i,j}$ 将被安排

到 M_k 的时间末端上。通过这种解码方式产生的调度解可以保证是可行调度解[104]。例如，对于表 8.1 中的问题，一个可行的染色体为 $u=[1,1,1,1,1,2,1]$ 和 $v=[6,1,7,3,4,2,5]$，那么通过上述解码方式可以得到如图 12.2 所示的以甘特图描述的活动调度解。

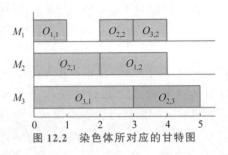

图 12.2　染色体所对应的甘特图

由上可见，在该解码方式中，一个操作在被调度时，允许其在所分配的机器上搜索最早的可用空闲时隙。因此对于被分配在同一台机器上的操作 v_i 和 v_j，有可能出现如下情形：在解码得到的调度方案中，v_i 在 v_j 之前被执行，但是在向量 v 中，v_j 实际出现在 v_i 之前。为了在遗传搜索中更好地继承高质量的操作序列信息，在染色体涉及遗传操作之前，对染色体中的向量 v 进行重排，具体做法是根据操作在解码后所得调度中的开始时刻，对所有操作进行非递减的排序，所得到的操作序列就是调整后的向量 v。

12.3.3　遗传操作

在本章所提模因演算法中，遗传操作用来生成子代个体，它包括交叉和变异。交叉是对一对染色体进行操作，而变异只针对单个个体。对染色体中的两个向量 u 和 v，交叉操作是分别独立执行的，本章为其分别设计不同的交叉操作。

对于向量 u 上的交叉操作，首先在其中随机选择一些交叉位置，然后通过交换两个父代染色体相应位置上的基因信息以得到两个子代个体的向量 u 表示。对于向量 v 上的交叉操作，采用一个改进的序列交叉方式，具体描述如下。首先，在向量 v 中随机选择两个交叉点，将第一个父代个体中在这两个交叉点之间的所有操作复制到第一子代个体的相应位置。然后，对于余下的操作，按照第二个父代个体中这些操作出现的优先顺序逐个将它们填补到第一个子代个体的向量 v 中的空余部分。对于第二个子代个体，可以对称地由在第二个父代个体中选择交叉点的方式得到。然而，由于作业内操作之间的约束，这种方式所得到的操作序列并不一定是可行的。所以，对交叉后得到的向量 v 进一步执行一个简单的修补策略，以调整同一个作业内的操作的相对顺序，从而保证可行性，该修补策略如算法 12-2 所示。图 12.3 以表 8.1 中给出的问题为例，描述了向量 v 上的交叉操作时是如何执行的。

算法 12-2　RepairOperationSequence(v)

1:　$[q_1, q_2, \cdots, q_n] \leftarrow [0, 0, \cdots, 0]$
2:　**for** $i=1$ to d **do**

3：　　　获得操作 v_i 所属的作业 J_k
4：　　　　$q_k \leftarrow q_k + 1$
5：　　　获得操作 O_{k,q_k} 的固定 ID op
6：　　　$v_i \leftarrow$ op
7：　**end for**

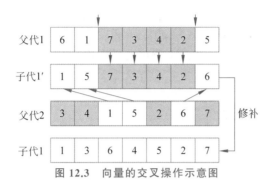

图 12.3　向量的交叉操作示意图

变异操作与交叉操作相同，也包含两个独立的部分。对于向量 u，任意选择一个操作，然后改变该操作的机器分配；对于向量 v，在不违反同一作业内操作优先顺序的前提下，将一个操作插入向量 v 的另一个位置上，其中，操作和位置都是随机选择的。

12.4　局部搜索策略

本节将详细描述如何对子代种群进行局部搜索。在实现上又具体分为两个部分：第一，选择子代种群中的哪些个体进行局部搜索；第二，一旦选择了某个个体，如何通过局部搜索对该个体进行精炼以得到更高质量的个体。下面将分别介绍这两个部分内容。

12.4.1　个体选择

本章提出的模因演算法采用一种与 MOGLS[82] 中类似的选择机制来选择部分个体进行局部搜索。首先定义如下聚合函数：
$$f(\boldsymbol{x}, \boldsymbol{\lambda}) = \lambda_1 f_1(\boldsymbol{x}) + \lambda_2 f_2(\boldsymbol{x}) + \lambda_3 f_3(\boldsymbol{x}) \tag{12.2}$$
其中，$\boldsymbol{\lambda} = [\lambda_1, \lambda_2, \lambda_3]$ 是一个权向量，$f_1(\boldsymbol{x})$、$f_2(\boldsymbol{x})$ 和 $f_3(\boldsymbol{x})$ 分别设置为 MO-FJSP 问题的 3 个优化目标。$f_1(\boldsymbol{x})$ 为完工时间 $C_{\max} = \max\{C_i \mid i = 1, 2, \cdots, n\}$，$f_2(\boldsymbol{x})$ 为总负载 $W_T = \sum_{k=1}^{m} W_k$，$f_3(\boldsymbol{x})$ 为关键负载 $W_{\max} = \max\{W_k \mid k = 1, 2, \cdots, m\}$。然后，利用 4.2.2 节中的方法生成一组满足约束条件(12.3)且在目标空间中均匀分布的权向量：

$$\lambda_1 + \lambda_2 + \lambda_3 = z, \lambda_i \in \{0, 1, \cdots, z\}, i = 1, 2, 3 \tag{12.3}$$

因此,权向量的个数为 $C_{(z+2)}^2$。本章中式(12.2)中的 z 设置为 23,那么对含有 3 个优化目标的问题将会生成 300 个权向量。当选择一个个体进行局部搜索时,首先从这些权向量中随机选择一个,然后以这个权值向量确定的聚合函数为比较指标,通过无放回的锦标赛选择方式选择一个精英解,最后对该解进行局部搜索以得到一个或一组改进的解。

另一个问题是选择多少数量的解进行局部搜索。这里引入一个局部搜索的概率 P_{ls},那么在子代种群中将有 $\lfloor N \times P_{ls} \rfloor$ 个解被选择以执行进一步的局部搜索。换言之,"选择精英解并应用局部搜索"的操作被重复了 $\lfloor N \times P_{ls} \rfloor$ 次。算法 12-3 概括了所有上述过程。

算法 12-3 LocalSearch(Q_t)

1: $Q_t' \leftarrow \varnothing$
2: **for** $i = 1$ to $\lfloor N \times P_{ls} \rfloor$ **do**
3:     从权向量集合中随机选取一个权向量 λ
4:       $\{u, v\} \leftarrow$ TournamentSelectionWithReplacement(Q_t, λ)
5:     $E_i \leftarrow$ LocalSearchForIndividual($\{u, v\}, \lambda$)
6:     $Q_t' \leftarrow Q_t' \cup E_i$
7: **end for**
8: **return** Q_t'

12.4.2 针对个体的局部搜索

到目前为止,算法中还有最后一个关键的问题需要阐述,即如何对染色体个体进行局部搜索,这对应于算法 12-3 中的步骤 5。在本章的模因演算法中,所提出的局部搜索实际上不直接针对染色体,而是针对该染色体解码后的调度解,这样有利于引入与问题相关的知识。

1. 邻域的生成

在本章所提出的局部搜索中,一个调度解 G 的邻域解是通过移动某个操作来得到的。因为完工时间这个目标相对于其他两个目标较难以优化,本章设定 G 的邻域解 G' 是可接受的当且仅当 $C_{\max}(G') \leqslant C_{\max}(G)$。为了使移动更有针对性、更加高效,这里引入如下定理。

定理 12.1:在调度解 G 中,若通过移动某个操作 $O_{i,j} \notin X(G)$ 得到一个新解 G',那么 $C_{\max}(G) \leqslant C_{\max}(G')$。

证明：假设 P 是图 G 中的一条关键路径，表示为 $S \rightarrow \mathrm{co}_1 \rightarrow \cdots \rightarrow \mathrm{co}_l \rightarrow E$。因为 $O_{i,j} \notin X(G)$，所以 $O_{i,j}$ 不在关键路径 P 上。$O_{i,j}$ 的移动只有如下 3 种可能：①移动到某台机器上的两个相邻操作之间；②移动到某台机器上所有操作之前的位置；③移动到某台机器上所有操作之后的位置。对于第一种情形，假设 $O_{i,j}$ 移动到操作 o_x 和 o_y 之间。显然，如果不存在 $k \in \{1,2,\cdots,l-1\}$ 满足 $\mathrm{co}_k = o_x$ 且 $\mathrm{co}_{k+1} = o_y$，那么路径 P 将不受影响，仍然存在于调度解 G' 中，所以 $C_{\max}(G) \leqslant C_{\max}(G')$。否则，路径 $S \rightarrow \mathrm{co}_1 \rightarrow \cdots \rightarrow \mathrm{co}_k \rightarrow O_{i,j} \rightarrow \mathrm{co}_{k+1} \rightarrow \cdots \rightarrow \mathrm{co}_l \rightarrow E$ 将会出现在 G' 中，那么 $C_{\max}(G) < C_{\max}(G')$。综合起来，$C_{\max}(G) \leqslant C_{\max}(G')$。对于另外两种情形，类似可证，这里不再赘述。

从定理 12.1 中可以得出，只有移动关键操作才能减小完工时间。所以在本章的局部搜索中，只考虑移动关键操作。

接下来将讨论如何在当前调度解 G 中移动一个关键操作使得到的邻域解 G' 是可行的且满足 $C_{\max}(G) < C_{\max}(G')$。假设 G 中的关键操作 co_i 将被移动，那么首先将其从 G 中删除得到 G_i^-，具体步骤是先移除以 co_i 为起点和以 co_i 为终点的非连接弧；然后用一条指向 $\mathrm{SM}(G, \mathrm{co}_i)$ 的非连接弧连接 $\mathrm{PM}(G, \mathrm{co}_i)$ 和 $\mathrm{SM}(G, \mathrm{co}_i)$；最后将结点 co_i 的权重设置为 0。删除 co_i 之后，所要考虑的是在 G_i^- 中重新选择一个可行的位置，将 co_i 重新插入，以得到可行调度 G' 且 $C_{\max}(G') < C_{\max}(G)$。如果 G_i^- 中存在这样的位置，假设该位置位于机器 M_k 上的操作 v 之前，那么 co_i 的开始时刻不得早于 $\mathrm{EC}(G_i^-, \mathrm{PM}(G_i^-, v))$，且在完工时间不大于 $C_{\max}(G)$ 的限制下 co_i 的完成时刻不得迟于 $\mathrm{LS}(G_i^-, v, C_{\max}(G))$。另外，$\mathrm{co}_i$ 还必须遵循同一个作业内的操作优先约束关系。因此，如果该位置对于 co_i 来说是可以插入的，那么必须满足如下不等式。

$$\begin{aligned}
&\max\{\mathrm{EC}(G_i^-, \mathrm{PM}(G_i^-, v)), \mathrm{EC}(G_i^-, \mathrm{PJ}(\mathrm{co}_i))\} + p_{\mathrm{co}_i, k} \\
&\leqslant \min\{\mathrm{LS}(G_i^-, v, C_{\max}(G)), \mathrm{LS}(G_i^-, \mathrm{SJ}(\mathrm{co}_i), C_{\max}(G))\}
\end{aligned} \tag{12.4}$$

但是在本章的局部搜索中，式(12.4)中实际使用的是"$<$"号而不是"$\leqslant$"，这主要是基于如下的定理。

定理 12.2：在调度 G_i^- 中，将一个操作 co_i 插入位于机器 M_k 的在操作 v 之前的位置上得到调度 G'，并且这个位置满足约束条件式(12.4)（严格小于的情况），那么如果 $C_{\max}(G') = C_{\max}(G)$，则 co_i 不是调度 G' 中的关键操作。

证明：首先根据定义，可以得到

$$\mathrm{ES}(G', \mathrm{co}_i) = \max\{\mathrm{EC}(G', \mathrm{PM}(G_i^-, v)), \mathrm{EC}(G', \mathrm{PJ}(\mathrm{co}_i))\} \tag{12.5}$$

$$\mathrm{LS}(G', \mathrm{co}_i, C_{\max}(G')) = \min\{\mathrm{LS}(G', v, C_{\max}(G')), \mathrm{LS}(G', \mathrm{SJ}(\mathrm{co}_i), C_{\max}(G'))\} - p_{\mathrm{co}_i, k} \tag{12.6}$$

co_i 的插入将不会改变操作 $\mathrm{PM}(G_i^-, v)$ 和 $\mathrm{PJ}(\mathrm{co}_i)$ 的最早完成时刻，在完工时间不大于 $C_{\max}(G)$ 的限制下也不会改变操作 v 和 $\mathrm{SJ}(\mathrm{co}_i)$ 的最早开始时刻，所以可以得到：

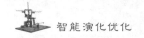

$$\text{EC}(G', \text{PM}(G_i^-, v)) = \text{EC}(G_i^-, \text{PM}(G_i^-, v)) \tag{12.7}$$

$$\text{EC}(G', \text{PJ}(\text{co}_i)) = \text{EC}(G_i^-, \text{PJ}(\text{co}_i)) \tag{12.8}$$

$$\text{LS}(G', v, C_{\max}(G)) = \text{LS}(G_i^-, v, C_{\max}(G)) \tag{12.9}$$

$$\text{LS}(G', \text{SJ}(\text{co}_i), C_{\max}(G)) = \text{LS}(G_i^-, \text{SJ}(\text{co}_i), C_{\max}(G)) \tag{12.10}$$

既然 $C_{\max}(G') = C_{\max}(G)$,综合式(12.5)~式(12.10),可以得到:

$$\text{ES}(G', \text{co}_i) \neq \text{LS}(G', \text{co}_i, C_{\max}(G')) \tag{12.11}$$

因此,co_i 不是调度 G' 中的关键操作。

根据定理 12.2,如果 $C_{\max}(G') = C_{\max}(G)$,那么 co_i 将不是 G' 中的关键操作。因此,可以保证如下情形不会发生:在下一轮局部迭代的过程中 co_i 将再次被移动,局部搜索的当前解又回到初始解 G。这样就可以尽可能地避免循环搜索,这也正是在式(12.4)中实际使用"$<$"的原因。

然而需要指出的是,即使在满足式(12.4)的条件下,将 co_i 插入 v 之前,也不能确保所得到的调度解 G' 是无环的。在下面将进一步介绍,如果将 co_i 插入某台机器 M_k 上,如何将所考虑的插入位置仅限制在可行的位置上。设 Θ_k 为在调度 G_i^- 中,在机器 M_k 上执行的操作集合,且这个集合是有序的,其中包含的操作按最早开始时刻递增的顺序进行了排序(注意 $\text{co}_i \notin \Theta_k$)。再设 Φ_k 和 Ψ_k 是 Θ_k 的两个子序列,且它们满足如下条件。

$$\Phi_k = \{ r \in \Theta_k \mid \text{ES}(G, r) + p_{r,k} > \text{ES}(G_i^-, \text{co}_i) \} \tag{12.12}$$

$$\Psi_k = \{ r \in \Theta_k \mid \text{LS}(G, r, C_{\max}(G)) < \text{LS}(G_i^-, \text{co}_i, C_{\max}(G)) \} \tag{12.13}$$

设 γ_k 表示在 $\Phi_k \backslash \Psi_k$ 中所有操作之前且在 $\Phi_k \backslash \Psi_k$ 中所有操作之后的位置集合,那么可以得到如下定理。

定理 12.3:在调度 G_i^- 中,将操作 co_i 插入一个位置 $\gamma \in \gamma_k$ 上总能得到一个可行的调度解,且在集合 γ_k 中存在一个最优位置,即在机器 M_k 的其他任何位置上插入 co_i 都不能得到具有更小完工时间的调度。

定理 12.3 的证明思路可以参见文献[284]。根据该定理,可以直接得到如下的推论。

推论 12.1:在调度 G_i^- 中,如果将操作 co_i 插入机器 M_k 上的某个位置,可以得到一个可行调度 G' 且满足 $C_{\max}(G') \leqslant C_{\max}(G)$,那么集合 γ_k 中也一定存在这样的位置。

由推论 12.1,当在调度 G_i^- 中,为操作 co_i 重新分配机器 M_k 上的某个位置时,只需顺序检测 γ_k 中的位置,一旦某个位置满足约束式(12.4)(严格小于的情况),立即将 co_i 插入这个位置上,得到邻域调度解 G',它替换 G 成为新的当前调度解,也是下一轮局部迭代的初始解。由此可见,在局部搜索中实际使用了"首次接受"的方式,即接受第一个可接受的邻域解作为当前解。这是因为如果考虑所有关键操作的所有可行的移动,计算开销相当大。

现在已经解决了邻域生成中的关键步骤,即如何在调度 G_i^- 中的一台机器 M_k 上搜索可供插入的可行位置。为了方便描述，这里将其看作一个动作，并表示为 $co_i \rightsquigarrow M_k$。算法 12-4 概括了动作 $co_i \rightsquigarrow M_k$ 的执行过程。

算法 12-4 InsertOperationOnMachine(G_i^-, co_i, k)

1： 获取机器 M_k 上的位置集合 γ_k
2： **for** γ_k 中的每个位置 **do**
3：   **if** γ 满足条件式(12.4) **then**
4：   在 G_i^- 中将操作 co_i 插入位置 γ
5：   **return true**
6：   **end if**
7： **end for**
8： **return false**

设 $\varphi(G) = \{co_i \rightsquigarrow M_k \mid i = 1, 2, \cdots, nc, M_k \in M_{co_i}\}$，该集合包含如算法 12-4 所描述的所有 $\sum_{i=1}^{nc} l_{co_i}$ 个可能的动作，其中每个动作都有希望生成当前解 G 的一个可接受的邻域解。

在本章的局部搜索中，对总负载和关键负载这两个优化目标的考虑，体现在局部搜索以何种顺序逐个尝试 $\varphi(G)$ 中的动作。为 $\varphi(G)$ 中的每个动作 $co_i \rightsquigarrow M_k$ 定义两个指标：

$$\Delta_t(co_i \rightsquigarrow M_k) = p_{co_i, k} - p_{co_i, \mu(co_i, G)} \tag{12.14}$$

$$\Delta_c(co_i \rightsquigarrow M_k) = W_k(G) + p_{co_i, k} \tag{12.15}$$

显然，Δ_t 和 Δ_c 分别考虑了总负载和关键负载这两个优化目标。基于这两个指标，可以对 $\varphi(G)$ 中的动作按 Δ_t 的大小进行非递减的排序。如果两个动作具有相同的 Δ_t 值，具有较小 Δ_c 值的动作排在前列。在局部搜索的一轮迭代中，$\varphi(G)$ 中的动作根据排序后的顺序逐个被尝试，直至生成当前解 G 的一个可接受的邻域解。至此，本章已经描述了邻域生成的所有细节，算法 12-5 概括了整个过程。

算法 12-5 GetNeighborSchedule(G)

1： 获取集合 $\chi(G) = \{co_1, co_2, \cdots, co_{nc}\}$
2： $[G_1^-, G_2^-, \cdots, G_{nc}^-] \leftarrow [\varnothing, \varnothing, \cdots, \varnothing]$
3： 根据 Δ_t 和 Δ_c 对 $\varphi(G)$ 进行排序
4：   **for** 在排序后的 $\varphi(G)$ 中的每个动作 $co_i \rightsquigarrow M_k$ **do**
5：   **if** $G_i^- = \varnothing$ **then**
6：   复制 G 的一个副本到 G^*
7：   从 G^* 中删除 co_i
8： $G_i^- \leftarrow G^*$

9：   **end if**

10：   **if** InsertOperationOnMachine$(G_i^-, \mathrm{co}_i, k)$ **then**

11： $G' \leftarrow G_i^-$

12：   **return** G'

13：   **end if**

14： **end for**

15： **return** $\varnothing$

由上述可见,在局部搜索中,本章实际采用了分层的策略来处理所考虑的三个目标,具体可总结如下:首先设计了一种邻域生成方式以保证在每轮局部迭代中完工时间都是非增的;在这个前提下,每轮局部迭代中,具有最小总负载的邻域解被选择作为新的当前解;如果存在多个这样的邻域解,再进一步考虑关键负载。

2. 接受准则

现在可以相对容易地给出针对一个个体的局部搜索过程,它其实是算法 12-5 的一个迭代过程。唯一的问题是,在局部搜索路径上产生的邻域解,哪些将被作为改进的解添加到改进的种群中。本章采用两种不同的接受准则,分别称作“Best”和“Pareto”。“Best”准则选择局部搜索路径上具有最小 $f(G,\lambda)$ 值的调度解作为最终改进的解。算法 12-6 概括了使用“Best”准则,针对个体的局部搜索过程,其中,参数 $\mathrm{iter}_{\max}$ 表示局部搜索的最大迭代轮数。正如上文所提及的,本章所提出的局部搜索并不是直接针对染色体个体,而是针对染色体解码后的调度解,所以在局部搜索循环之前,需要在算法 12-6 的步骤 2 中执行解码过程,同样在局部循环之后也需要对所得到的最终改进解进行编码,并以染色体的形式返回。对于“Pareto”准则,它的含义如下:算法中的每一代中,收集所有局部搜索路径上的解,当中的非支配解构成了改进的种群。

算法 12-6   LocalSearchForIndividual$(\langle \boldsymbol{u}, \boldsymbol{v} \rangle, \boldsymbol{\lambda})$

1： $i \leftarrow 0$

2： $G \leftarrow$ ChromosomeDecoding$(\boldsymbol{u}, \boldsymbol{v})$

3： $G_{\mathrm{best}} \leftarrow G$

4：   flag $\leftarrow 0$

5： **while** $G \neq \varnothing$ 且 $i < \mathrm{iter}_{\max}$ **do**

6： $G \leftarrow$ GetNeighborSchedule(G)

7：   **if** $G \neq \varnothing$ 且 $f(G,\lambda) < f(G_{\mathrm{best}},\lambda)$ **then**

8： $G_{\mathrm{best}} \leftarrow G$

9：   flag $\leftarrow 1$

10：   **end if**

11： $i \leftarrow i + 1$

12： **end while**

13：**if** flag＝1 **then**

14：　　$\{u',v'\}$←ChromosomeEncoding(G_{best})

15：　　**return**$\{u',v'\}$

16：**end if**

17：**return** $\varnothing$

12.5　实　验　分　析

本章所提出的算法都以 Java 语言实现，并运行在带有 8Gb 内存的 Intel Core i7-3520M 2.9GHz 处理器上。实验中采用了 4 个著名的标准测试集米测试算法，包括 5 个 Kacem 实例（ka4x5、ka08、ka10x7、ka10x10、ka15x10）[110]、10 个 BRdata 实例（M_k01～M_k10）[108]、18 个 DPdata 实例（01a～18a）[110] 和 3 个 Hurink Vdata 实例（la30、la35、la40）[111]。这些测试问题几乎覆盖了已有 MO-FJSP 问题研究中所采用的全部问题实例。实际上，绝大多数的研究只采用其中的一部分问题，但是在本章实验中将考虑所有 36 个问题实例，以对所有实现的算法进行全面的评价。

因为在本章实现的算法中，全局搜索部分和局部搜索部分都可以采用不同的策略，所以在实验中将涉及所实现算法的若干种不同的变体，如表 12.1 所示。下面将对该表中所列算法进行进一步的解释。MA-2 与 MA-1 的唯一不同之处在于，它在局部搜索中采用的接受准则是"Pareto"而不是"Best"。MA-1-NH 和 MA-2-NH 分别对应于 MA-1 和 MA-2，唯一的不同是它们在局部搜索中均不采用分层策略。换言之，当在局部搜索中准备生成可接受的邻域解时，MA-1-NH(MA-2-NH)以原始的顺序检测集合 $\varphi(G)$ 直至得到一个可以接受的邻域解。为了验证遗传搜索的有效性，本章还设计了多起点的局部搜索算法（Multi-Start Random Local Search，MRLS）。具体来说，MRLS-1(MRLS-2)与 MA-1(MA-2)的不同之处就在于它使用随机产生的方式而不是遗传算子来生成子代种群。这里的 NSGA-Ⅱ是一个针对 MO-FJSP 的改编版，其中所采用的染色体表示和遗传算子与本章所提出的模因演算法完全相同，它是一个纯粹的基于遗传搜索的算法，没有显式的局部搜索。

表 12.1　算法变体说明

算法变体	全局搜索	局部搜索	
		接受准则	分层策略
MA-1	遗传	Best	是
MA-2	遗传	Pareto	是

算法变体	全局搜索	局部搜索	
		接受准则	分层策略
MA-1-NH	遗传	Best	否
MA-2-NH	遗传	Pareto	否
MRLS-1	随机	Best	是
MRLS-2	随机	Pareto	是
NSGA-Ⅱ	遗传	—	—

所实现算法的参数设置如表 12.2 所示,本章对它们采用统一的参数值。算法的终止条件是已搜索的解的数目。对 Kacem 测试集,该值设置为 150 000;对 BRdata 测试集,该值设置为 500 000;而对其他测试问题,该值设置为 1 000 000。这个值对于所有实现的算法均是一致的,以确保公平的比较。对每个问题实例,表 12.1 中列出的每个算法均独立运行 30 次。

表 12.2　算法的参数设置

参 数 名 称	参 数 值
种群大小(N)	300
交叉概率(P_c)	1.0
变异概率(P_m)	0.1
局部搜索概率(P_{ls})	0.1
局部搜索最大迭代次数($\text{iter}_{\max}$)	50
局部搜索初始解选择中的锦标赛大小(S_t)	20

12.5.1　评价指标

为了评价所提出算法的性能,本章实验采用反向世代距离(IGD)和集合覆盖率作为评价指标。其中,IGD 的计算是根据非支配解的归一化后的目标值,该值可以通过式(12.16)得到。

$$\tilde{f}_i(\boldsymbol{x}) = \frac{f_i(\boldsymbol{x}) - f_i^{\min}}{f_i^{\max} - f_i^{\min}}, \quad i = 1, 2, 3 \tag{12.16}$$

其中,$f_i^{\max}$ 和 $f_i^{\min}$ 分别是所有比较算法针对当前 MO-FJSP 实例得到的所有结果中的 $f_i(x)$ 的最大值和最小值。

因为对于所有测试问题实例,真实的 Pareto 前沿面都是未知的。在实验中,对每个问题实例,参考集 P^* 主要是通过如下方式形成:将所有实现的算法 30 次运行后所得到的所有结果进行合并,并从中选出最终的非支配解集。另外,文献[251,344,346]中得到的非支配解也包含进了 P^* 中。这些 P^* 集合与本章详细的实验结果将公开在本书资料相关的共享网站链接上,以供其他研究者参考和使用。

12.5.2　局部搜索中接受准则的实验研究

为了研究局部搜索中两种不同的接受准则("Best"和"Pareto")对所提出的模因演算法的影响,这里将对算法 MA-1 和 MA-2 的性能进行比较。

表 12.3 中给出了 MA-1 和 MA-2 在所有 36 个实例上独立运行 30 次所得 IGD 和集合覆盖率的平均值。另外,表中也列出了实例的一些特征,第 1 列表示实例名称;第 2 列表示实例的大小,其中,n 和 m 分别表示作业的数目和机器的数目;第 3 列表示每个实例的柔性度,它指的是问题中每个操作平均可选的机器数目。在每个实例上,对 IGD 和集合覆盖率两个指标均进行了置信度为 95% 的 Wilcoxon 秩和检验[304],并将统计上显著优于其他比较算法的结果以粗体显示。因为 IGD 越小越好,集合覆盖率相对越大越好,所以表 12.3 中加粗的结果为统计上显著小的 IGD 和统计上显著大的集合覆盖率。在接下来的表 12.4～表 12.6 中,加粗的结果具有相同的含义。

表 12.3　MA-1 和 MA-2 在所有问题实例上独立运行 30 次所得 IGD 和集合覆盖率的平均值

实例	$n \times m$	柔性度	IGD		MA-1（A）vs MA-2（B）	
			MA-1	MA-2	$C(A,B)$	$C(B,A)$
ka4x5	4×5	5	0.000 000	0.000 000	0.000 000	0.000 000
ka08	8×8	6.48	0.000 000	0.000 000	0.000 000	0.000 000
ka10x7	10×7	7	0.000 000	0.000 000	0.000 000	0.000 000
ka10x10	10×10	10	**0.033 793**	0.092 931	0.000 000	0.000 000
ka15x10	15×10	10	0.002 778	0.000 000	0.000 000	0.044 444
Mk01	10×6	2.09	0.001 569	0.001 774	0.035 455	0.023 333
Mk02	10×6	4.1	0.009 685	**0.006 263**	0.052 315	**0.131 944**
Mk03	15×8	3.01	0.000 000	0.000 000	0.000 000	0.000 000
Mk04	15×8	1.91	0.005 937	0.006 307	0.143 948	0.122 322
Mk05	15×4	1.71	0.003 265	0.005 062	0.003 030	0.003 030

实例	$n \times m$	柔性度	IGD		MA-1（A）vs MA-2（B）	
			MA-1	MA-2	$C(A,B)$	$C(B,A)$
Mk06	10×15	3.27	0.039 592	0.040 446	0.252 925	**0.499 238**
Mk07	20×5	2.83	0.000 000	0.000 181	0.006 250	0.000 000
Mk08	20×10	1.43	0.000 000	0.000 000	0.000 000	0.000 000
Mk09	20×10	2.52	0.002 534	**0.001 927**	0.110 502	**0.220 580**
Mk10	20×15	2.98	0.032 299	**0.026 703**	0.229 056	**0.663 331**
01a	10×5	1.13	0.142 513	0.121 680	0.366 667	0.550 000
02a	10×5	1.69	0.029 790	0.034 413	0.527 354	0.364 881
03a	10×5	2.56	**0.022 955**	0.029 485	0.582 381	0.375 278
04a	10×5	1.13	0.017 067	0.020 658	0.413 626	0.282 165
05a	10×5	1.69	0.029 702	**0.027 830**	0.373 163	**0.525 628**
06a	10×5	2.56	0.020 006	0.020 205	0.517 712	0.410 313
07a	15×8	1.24	0.138 625	**0.104 688**	0.376 984	0.544 444
08a	15×8	2.42	**0.025 773**	0.038 654	**0.602 632**	0.282 778
09a	15×8	4.03	0.035 028	**0.026 466**	0.266 865	**0.613 413**
10a	15×8	1.24	0.040 129	0.036 169	0.349 751	0.606 132
11a	15×8	2.42	0.024 052	**0.020 052**	0.285 550	**0.603 962**
12a	15×8	4.03	0.017 390	**0.015 395**	0.349 964	**0.534 587**
13a	20×10	1.34	0.058 361	0.061 297	**0.581 839**	0.269 497
14a	20×10	2.99	0.041 484	**0.030 463**	0.183 185	**0.732 829**
15a	20×10	5.02	0.036 633	**0.021 958**	0.161 310	**0.809 418**
16a	20×10	1.34	**0.043 449**	0.047 622	0.383 714	0.498 220
17a	20×10	2.99	0.022 545	**0.015 152**	0.142 421	**0.742 204**
18a	20×10	5.02	0.019 398	**0.015 005**	0.298 604	**0.582 840**
la30	20×10	4.65	0.040 453	**0.035 973**	0.196 376	**0.700 000**
la35	30×10	4.65	0.016 722	**0.012 918**	0.169 444	**0.613 889**
la40	15×15	6.48	0.028 966	**0.016 913**	0.181 508	**0.717 222**

对于 IGD 指标，MA-1 在实例 ka10x10 和 3 个 DPdata 实例上显著优于 MA-2。MA-

2 在 36 个实例中的 15 个实例中显著优于 MA-1,其中包括 3 个 BRdata 实例,9 个 DPdata 实例和所有 3 个 Hurink Vdata 实例。在余下的 17 个实例中,MA-1 和 MA-2 的性能并没有显著性的区别。对于集合覆盖率指标,MA-1 在实例 08a 和 13a 上显著优于 MA-2。MA-2 在 4 个 BRdata 实例上,8 个 DPdata 实例上及所有 3 个 Hurink Vdata 实例上均显著优于 MA-1。在所有 5 个 Kacem 实例上,6 个 BRdata 实例上和 8 个 DPdata 实例上,两者没有统计显著性区别。

从整体上看,在所考虑的实例上,MA-2 似乎性能优于 MA-1。然而,MA-1 仍在几个实例上表现出了较强的搜索能力。总之,根据实验结果,对所提模因演算法"Pareto"接受准则是首选,但是在某些情形下"Best"接受准则更加适合。

12.5.3　遗传搜索和局部搜索混合的有效性

在本节中,MA-1(MA-2)的性能将会与 NSGA-Ⅱ和 MRLS-1(MRLS-2)比较,以验证将基于遗传的全局搜索与基于问题相关知识的局部搜索相混合的有效性,旨在通过这些实验更好地了解为什么提出的模因演算法是有效的。

表 12.4 中给出了平均 IGD 值之间的比较。四个算法分成了两组进行比较:{MA-1,MRLS-1,NSGA-Ⅱ}和{MA-2,MRLS-2,NSGA-Ⅱ}。对于第一组算法,显然 MA-1 性能最优,因为它在绝大多数实例上所得 IGD 值均显著优于 MRLS-1 和 NSGA-Ⅱ。对于第二组算法,情形类似。很容易观察到,MRLS-2 和 NSGA-Ⅱ在 31 个实例上均显著劣于 MA-2,且在任何实例上二者均不显著优于 MA-2。表 12.5 给出了它们之间的集合覆盖率的比较,显然 MA-1(MA-2)所得结果比 MRLS-1(MRLS-2)好很多。

表 12.4　以 30 次独立运行所得平均 IGD 值为性能指标,验证遗传搜索与局部搜索混合的有效性

实例	IGD			IGD		
	MA-1	**MRLS-1**	**NSGA-Ⅱ**	**MA-2**	**MRLS-2**	**NSGA-Ⅱ**
ka4x5	0.000 000	0.047 126	0.000 000	0.000 000	0.004 167	0.000 000
ka08	0.000 000	0.058 269	0.000 833	0.000 000	0.009 167	0.000 833
ka10x7	0.000 000	0.000 000	0.007 407	0.000 000	0.000 000	0.007 407
ka10x10	0.033 793	0.081 590	0.134 327	0.092 931	0.052 079	0.134 327
ka15x10	**0.002 778**	0.313 175	0.280 442	**0.000 000**	0.294 616	0.280 442
Mk01	**0.001 569**	0.101 091	0.035 556	**0.001 774**	0.090 541	0.035 556
Mk02	**0.009 685**	0.128 757	0.050 101	**0.006 263**	0.119 288	0.050 101

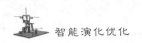
续表

实例	IGD			IGD		
	MA-1	MRLS-1	NSGA-Ⅱ	MA-2	MRLS-2	NSGA-Ⅱ
Mk03	0.000 000	1.007 897	0.000 202	0.000 000	0.953 574	0.000 202
Mk04	**0.005 937**	0.251 465	0.023 388	**0.006 307**	0.233 541	0.023 388
Mk05	**0.003 265**	0.243 095	0.012 698	**0.005 062**	0.209 437	0.012 698
Mk06	**0.039 592**	0.452 603	0.073 385	**0.040 446**	0.453 476	0.073 385
Mk07	**0.000 000**	0.292 828	0.006 943	**0.000 181**	0.278 908	0.006 943
Mk08	0.000 000	0.655 307	0.000 000	0.000 000	0.603 192	0.000 000
Mk09	**0.002 534**	0.462 225	0.014 184	**0.001 927**	0.439 581	0.014 184
Mk10	**0.032 299**	0.750 063	0.071 379	**0.026 703**	0.723 913	0.071 379
01a	0.142 513	0.648 216	0.148 463	**0.121 680**	0.592 304	0.148 463
02a	**0.029 790**	0.266 288	0.059 942	**0.034 413**	0.248 628	0.059 942
03a	**0.022 955**	0.260 912	0.065 892	**0.029 485**	0.226 697	0.065 892
04a	**0.017 067**	0.152 115	0.029 280	**0.020 658**	0.130 728	0.029 280
05a	**0.029 702**	0.351 096	0.058 806	**0.027 830**	0.337 028	0.058 806
06a	**0.020 006**	0.539 079	0.086 530	**0.020 205**	0.510 495	0.086 530
07a	0.138 625	0.419 420	0.157 773	**0.104 688**	0.406 506	0.157 773
08a	**0.025 773**	0.439 693	0.112 187	**0.038 654**	0.425 074	0.112 187
09a	**0.035 028**	0.408 097	0.117 332	**0.026 466**	0.402 469	0.117 332
10a	**0.040 129**	0.312 350	0.092 129	**0.036 169**	0.300 337	0.092 129
11a	**0.024 052**	0.535 776	0.089 533	**0.020 052**	0.516 628	0.089 533
12a	**0.017 390**	0.788 284	0.113 920	**0.015 395**	0.767 139	0.113 920
13a	**0.058 361**	0.528 276	0.086 919	**0.061 297**	0.510 652	0.086 919
14a	**0.041 484**	0.509 893	0.140 580	**0.030 463**	0.491 917	0.140 580
15a	**0.036 633**	0.509 471	0.111 058	**0.021 958**	0.493 920	0.111 058
16a	**0.043 449**	0.439 592	0.102 748	**0.047 622**	0.422 147	0.102 748
17a	**0.022 545**	0.707 046	0.132 775	**0.015 152**	0.701 669	0.132 775

续表

实例	IGD			IGD		
	MA-1	MRLS-1	NSGA-Ⅱ	MA-2	MRLS-2	NSGA-Ⅱ
18a	**0.019 398**	0.942 038	0.187 137	**0.015 005**	0.919 420	0.187 137
la30	**0.040 453**	0.332 309	0.108 040	**0.035 973**	0.310 914	0.108 040
la35	**0.016 722**	0.440 808	0.089 383	**0.012 918**	0.432 735	0.089 383
la40	**0.028 966**	0.417 990	0.140 409	**0.016 913**	0.400 358	0.140 409

表 12.5　以 30 次独立运行所得平均集合覆盖率值为性能指标，
验证遗传搜索与局部搜索混合的有效性

实例	MA-1 (A)与 MRLS-1 (C)		MA-1 (A)与 NSGA-Ⅱ (E)		MA-2 (B)与 MRLS-2 (D)		MA-2 (B)与 NSGA-Ⅱ (E)	
	$C(A,C)$	$C(C,A)$	$C(A,E)$	$C(E,A)$	$C(B,D)$	$C(D,B)$	$C(B,E)$	$C(E,B)$
ka4x5	**0.041 667**	0.000 000	0.000 000	0.000 000	0.016 667	0.000 000	0.000 000	0.000 000
ka08	**0.313 333**	0.000 000	0.008 333	0.000 000	**0.110 000**	0.000 000	0.008 333	0.000 000
ka10x7	0.000 000	0.000 000	0.033 333	0.000 000	0.000 000	0.000 000	0.033 333	0.000 000
ka10x10	0.033 333	0.000 000	**0.185 000**	0.000 000	0.008 333	0.000 000	**0.185 000**	0.000 000
ka15x10	**1.000 000**	0.000 000	**1.000 000**	0.000 000	**1.000 000**	0.000 000	**1.000 000**	0.000 000
Mk01	**0.943 749**	0.000 000	**0.747 222**	0.000 000	**0.945 949**	0.000 000	**0.752 564**	0.016 061
Mk02	**0.916 005**	0.000 000	**0.577 838**	0.003 704	**0.909 114**	0.000 000	**0.588 899**	0.000 000
Mk03	**1.000 000**	0.000 000	**0.025 490**	0.000 000	**1.000 000**	0.000 000	**0.025 490**	0.000 000
Mk04	**1.000 000**	0.000 000	**0.274 072**	0.004 000	**0.994 444**	0.000 000	**0.277 258**	0.004 615
Mk05	**0.896 971**	0.000 000	**0.070 260**	0.003 030	**0.780 210**	0.000 000	**0.076 573**	0.000 000
Mk06	**1.000 000**	0.000 000	**0.444 094**	0.259 674	**1.000 000**	0.000 000	**0.549 810**	0.162 620
Mk07	**1.000 000**	0.000 000	**0.176 634**	0.000 000	**1.000 000**	0.000 000	**0.176 634**	0.006 250
Mk08	**1.000 000**	0.000 000	0.000 000	0.000 000	**1.000 000**	0.000 000	0.000 000	0.000 000
Mk09	**1.000 000**	0.000 000	**0.808 463**	0.025 715	**1.000 000**	0.000 000	**0.824 307**	0.012 114
Mk10	**1.000 000**	0.000 000	**0.562 177**	0.235 564	**1.000 000**	0.000 000	**0.662 532**	0.167 871
01a	**1.000 000**	0.000 000	0.600 000	0.316 667	**1.000 000**	0.000 000	0.600 000	0.400 000

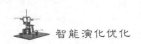
实例	MA-1（A）与 MRLS-1（C）		MA-1（A）与 NSGA-Ⅱ（E）		MA-2（B）与 MRLS-2（D）		MA-2（B）与 NSGA-Ⅱ（E）	
	$C(A,C)$	$C(C,A)$	$C(A,E)$	$C(E,A)$	$C(B,D)$	$C(D,B)$	$C(B,E)$	$C(E,B)$
02a	**0.996 296**	0.000 000	**0.872 778**	0.110 370	**0.978 782**	0.000 000	**0.794 444**	0.137 077
03a	**0.994 444**	0.000 000	**0.937 778**	0.011 111	**0.974 352**	0.010 833	**0.891 905**	0.064 127
04a	**1.000 000**	0.000 000	**0.546 229**	0.143 587	**1.000 000**	0.000 000	**0.533 477**	0.166 952
05a	**1.000 000**	0.000 000	**0.754 491**	0.134 465	**1.000 000**	0.000 000	**0.790 380**	0.098 991
06a	**1.000 000**	0.000 000	**0.985 997**	0.000 641	**1.000 000**	0.000 000	**0.982 198**	0.002 925
07a	**1.000 000**	0.000 000	**0.616 667**	0.311 111	**1.000 000**	0.000 000	**0.764 444**	0.173 333
08a	**1.000 000**	0.000 000	**0.906 111**	0.011 111	**0.997 436**	0.000 000	**0.886 111**	0.061 706
09a	**1.000 000**	0.000 000	**0.843 980**	0.018 704	**1.000 000**	0.000 000	**0.973 016**	0.000 000
10a	**1.000 000**	0.000 000	**0.877 519**	0.097 341	**0.999 660**	0.000 000	**0.871 207**	0.092 518
11a	**1.000 000**	0.000 000	**0.813 326**	0.066 952	**1.000 000**	0.000 000	**0.856 821**	0.041 296
12a	**1.000 000**	0.000 000	**0.994 903**	0.000 290	**1.000 000**	0.000 000	**0.994 900**	0.000 233
13a	**1.000 000**	0.000 000	**0.529 982**	0.170 424	**1.000 000**	0.000 000	**0.447 590**	0.215 780
14a	**1.000 000**	0.000 000	**0.849 749**	0.036 574	**1.000 000**	0.000 000	**0.987 963**	0.000 000
15a	**1.000 000**	0.000 000	**0.805 833**	0.047 884	**1.000 000**	0.000 000	**0.993 333**	0.000 000
16a	**1.000 000**	0.000 000	**0.656 102**	0.118 672	**1.000 000**	0.000 000	**0.661 786**	0.090 860
17a	**1.000 000**	0.000 000	**0.945 089**	0.005 143	**1.000 000**	0.000 000	**0.966 387**	0.000 953
18a	**1.000 000**	0.000 000	**0.999 274**	0.000 000	**1.000 000**	0.000 000	**1.000 000**	0.000 000
la30	**1.000 000**	0.000 000	**0.891 534**	0.010 833	**1.000 000**	0.000 000	**0.947 222**	0.014 286
la35	**1.000 000**	0.000 000	**0.985 000**	0.000 000	**1.000 000**	0.000 000	**1.000 000**	0.000 000
la40	**1.000 000**	0.000 000	**0.823 611**	0.008 466	**1.000 000**	0.000 000	**0.936 667**	0.000 000

　　基于上述结果和比较，可以得出如下结论：MA-1（MA-2）的搜索能力比 MRLS-1（MRLS-2）和 NSGA-Ⅱ强很多，很好地诠释了遗传搜索、局部搜索和二者混合的有效性；本章所提出的模因演算法之所以有效，归功于 MA-1（MA-2）成功集成了遗传搜索广泛搜索的能力和局部搜索集中搜索的能力，很好地实现了搜索中开发和探索的有机结合。

12.5.4　局部搜索中分层策略的有效性

本节将阐释局部搜索中分层策略的有效性,所以将 MA-1(MA-2)和 MA-1-NH(MA-2-NH)之间的性能进行比较。由表 12.6 可知,局部搜索中的分层策略进一步提高了所提算法的性能。

具体来说,对于 IGD 指标,MA-1 在两个 Kacem 实例上、7 个 BRdata 实例上和 11 个 DPdata 实例上显著优于 MA-1-NH,且只在实例 15a 和 la35 上显著劣于 MA-1-NH。对于集合覆盖率,MA-1 在 20 个实例上显著优于 MA-1-NH,MA-1-NH 同样只在 15a 和 la35 上显著优于 MA-1。分层策略在 MA-2 中显示了类似的效果。MA-2 在 24 个实例上的 IGD 值和集合覆盖率值均显著优于 MA-2-NH,MA-2-NH 只在实例 Mk05 上获得了显著优的 IGD 值,且在任何实例上都未能得到比 MA-2 显著优的集合覆盖率。另外值得注意的是,分层策略似乎对具有较多非支配解的实例更加有效,如 Mk09、Mk10 和 11a 等。

表 12.6　以 30 次独立运行所得平均 IGD 值和平均集合覆盖率值
为性能指标,验证分层策略的有效性

实例	IGD		MA-1（A）与 MA-1-NH（C）		IGD		MA-2（B）与 MA-2-NH（D）	
	MA-1	MA-1-NH	$C(A,C)$	$C(C,A)$	MA-2	MA-2-NH	$C(B,D)$	$C(D,B)$
ka4x5	0.000 000	0.000 000	0.000 000	0.000 000	0.000 000	0.000 000	0.000 000	0.000 000
ka08	0.000 000	0.000 000	0.000 000	0.000 000	0.000 000	0.000 000	0.000 000	0.000 000
ka10x7	0.000 000	0.000 000	0.000 000	0.000 000	0.000 000	0.000 000	0.000 000	0.000 000
ka10x10	**0.033 793**	0.070 134	**0.116 667**	0.000 000	0.092 931	0.071 523	**0.127 778**	0.000 000
ka15x10	**0.002 778**	0.156 178	**0.900 000**	0.000 000	**0.000 000**	0.136 906	**0.838 889**	0.000 000
Mk01	**0.001 569**	0.022 960	**0.489 172**	0.000 000	**0.001 774**	0.015 994	**0.348 780**	0.016 061
Mk02	**0.009 685**	0.034 411	**0.483 089**	0.020 370	**0.006 263**	0.027 675	**0.424 478**	0.012 500
Mk03	**0.000 000**	0.000 202	**0.025 490**	0.000 000	**0.000 000**	0.000 136	**0.019 390**	0.000 000
Mk04	**0.005 937**	0.009 063	**0.379 759**	0.020 682	**0.006 307**	0.008 421	**0.321 268**	0.040 832
Mk05	0.003 265	0.000 000	0.000 000	0.003 030	0.005 062	**0.000 000**	0.000 000	0.003 030
Mk06	**0.039 592**	0.057 145	**0.732 628**	0.121 220	**0.040 446**	0.054 947	**0.829 041**	0.061 756
Mk07	0.000 000	0.001 130	0.042 361	0.000 000	**0.000 181**	0.002 145	**0.065 833**	0.000 000

实例	IGD		MA-1（A）与 MA-1-NH（C）		IGD		MA-2（B）与 MA-2-NH（D）	
	MA-1	MA-1-NH	C（A，C）	C（C，A）	MA-2	MA-2-NH	C（B，D）	C（D，B）
Mk08	0.000 000	0.000 000	0.000 000	0.000 000	0.000 000	0.000 000	0.000 000	0.000 000
Mk09	**0.002 534**	0.017 960	**0.908 416**	0.006 954	**0.001 927**	0.019 248	**0.921 462**	0.005 524
Mk10	**0.032 299**	0.096 543	**0.924 833**	0.014 070	**0.026 703**	0.082 840	**0.923 299**	0.011 510
01a	0.142 513	0.130 129	0.433 333	0.533 333	0.121 680	0.114 516	0.455 556	0.500 000
02a	0.029 790	0.034 487	0.509 114	0.429 167	**0.034 413**	0.043 247	0.559 841	0.377 315
03a	0.022 955	0.027 293	**0.606 349**	0.263 175	0.029 485	0.031 024	0.436 905	0.471 164
04a	**0.017 067**	0.021 816	0.389 245	0.249 457	0.020 658	0.018 123	0.275 728	0.366 822
05a	**0.029 702**	0.044 304	**0.811 556**	0.118 395	**0.027 830**	0.042 991	**0.877 537**	0.077 069
06a	**0.020 006**	0.073 221	**0.996 160**	0.000 000	**0.020 205**	0.068 212	**0.985 961**	0.002 807
07a	0.138 625	0.137 809	0.525 000	0.392 222	0.104 688	0.116 383	0.516 667	0.405 556
08a	**0.025 773**	0.034 817	0.538 175	0.336 746	0.038 654	0.039 831	0.495 794	0.365 913
09a	0.035 028	0.036 091	0.496 890	0.425 767	**0.026 466**	0.038 417	**0.613 968**	0.272 315
10a	**0.040 129**	0.054 284	**0.716 120**	0.236 064	**0.036 169**	0.045 667	**0.711 205**	0.242 898
11a	**0.024 052**	0.109 806	**0.998 012**	0.000 000	**0.020 052**	0.111 832	**0.997 280**	0.000 000
12a	**0.017 390**	0.221 964	**1.000 000**	0.000 000	**0.015 395**	0.248 510	**1.000 000**	0.000 000
13a	**0.058 361**	0.073 867	**0.621 165**	0.148 909	**0.061 297**	0.091 838	**0.707 024**	0.213 000
14a	0.041 484	0.035 127	0.352 652	0.526 402	**0.030 463**	0.050 004	**0.732 103**	0.189 431
15a	0.036 633	**0.028 674**	0.333 018	**0.580 291**	0.021 958	0.028 285	**0.606 548**	0.295 503
16a	**0.043 449**	0.071 278	**0.816 502**	0.057 209	**0.047 622**	0.063 839	**0.758 392**	0.099 110
17a	**0.022 545**	0.184 460	**1.000 000**	0.000 000	**0.015 152**	0.214 329	**1.000 000**	0.000 000
18a	**0.019 398**	0.343 793	**1.000 000**	0.000 000	**0.015 005**	0.439 499	**1.000 000**	0.000 000
la30	0.040 453	0.042 556	0.362 513	0.494 643	**0.035 973**	0.046 167	**0.717 460**	0.203 624
la35	0.016 722	**0.012 202**	0.266 667	**0.627 778**	0.012 918	0.012 686	0.405 556	0.410 000
la40	**0.028 966**	0.042 734	**0.684 101**	0.250 544	**0.016 913**	0.059 628	**0.953 889**	0.020 357

12.5.5　与先进算法的比较

本节将所实现算法中性能较优的 MA-1 和 MA-2 与已有的先进算法进行比较。据调研所知,文献中已有的求解 MO-FJSP 的算法都只是选取了本章中所考虑的 36 个测试实例中的一部分进行测试。因此,在每个数据集上,本章选取那些最具代表性的算法,或者说性能较好的算法,进行比较。另外,正如 12.1 节中所提到的,在 MO-FJSP 相关的文献中,一个算法性能的呈现一般是通过列出它一定次数运行后总共搜集到的非支配解。然而,几乎没有算法给出算法每次运行的结果。因此在前面所采用的统计性的比较方式在这里就很难实施,尽管本章认为这种比较方式比仅比较多次运行得到的非支配解集更加合理。至于这部分的比较,对于每个实例,以一个算法多次运行搜集到的非支配解集为对象,来计算 IGD 和集合覆盖率,并以此评价算法的优劣。且为了充分说明所提算法的优势,MA-1(MA-2)在每个数据集上的运行次数设置为其他比较算法中所采用的最小运行次数。

表 12.7～表 12.9 将 MA-1(MA-2)与最近提出的求解 MO-FJSP 的算法在 Kacem 数据集和 BRdata 数据集上进行了比较,这些算法在本章中分别称作 HSFLA[251]、PLS[345]、SEA[256] 和 CMA[257]。HSFLA 没有在 ka4x5 和 ka10x7 这两个实例上进行测试,PLS 仅考虑了 BRdata 数据集中的 4 个实例。HSFLA 和 PLS 均在每个实例上运行 20 次,但是 SEA 只运行 10 次。对于 CMA,采用了 4 种不同的参数设置,在每种设置下算法运行 10 次,所以 CMA 实际在每个实例上共运行了 40 次。如上文所述,对于所提出的 MA-1(MA-2),算法运行次数设置为 10。

表 12.7　MA-1 和 MA-2 与已有算法在 Kacem 和 BRdata 实例上所得 IGD 值的比较结果

实例	IGD					
	MA-1	MA-2	HSFLA	PLS	SEA	CMA
ka4x5	0.000 000	0.000 000	—	0.000 000	0.000 000	0.000 000
ka08	0.000 000	0.000 000	0.000 000	0.000 000	0.000 000	0.000 000
ka10x7	0.000 000	0.000 000	—	0.000 000	0.000 000	0.000 000
ka10x10	0.000 000	0.000 000	0.000 000	0.000 000	0.000 000	0.000 000
ka15x10	0.000 000	0.000 000	0.000 000	0.000 000	0.000 000	0.000 000
Mk01	0.000 000	0.000 000	0.202 123	0.111 817	0.010 644	0.000 000
Mk02	0.000 000	0.000 000	0.141 176	0.060 069	0.038 961	0.009 524

续表

实例	IGD					
	MA-1	**MA-2**	**HSFLA**	**PLS**	**SEA**	**CMA**
Mk03	**0.000 000**	**0.000 000**	0.222 437	0.222 437	**0.000 000**	**0.000 000**
Mk04	**0.002 610**	0.002 705	0.189 767	—	0.012 537	0.003 653
Mk05	**0.000 000**	**0.000 000**	0.018 541	—	0.024 490	**0.000 000**
Mk06	0.028 061	0.025 240	0.114 675	—	0.053 591	**0.022 556**
Mk07	**0.000 000**	**0.000 000**	0.049 865	—	0.015 284	0.007 078
Mk08	**0.000 000**	**0.000 000**	0.111 717	0.111 717	0.006 982	**0.000 000**
Mk09	0.000 908	**0.000 663**	0.118 504	—	0.009 631	0.001 470
Mk10	0.019 261	**0.015 448**	0.086 488	—	0.079 933	0.044 289

注：对每个实例，比较算法所得最小 IGD 值以粗体标记。

表 12.8   MA-1 与已有算法在 Kacem 和 BRdata 实例上所得集合覆盖率值的比较结果

实例	MA-1（A）与 HSFLA（B）		MA-1（A）与 PLS（C）		MA-1（A）与 SEA（D）		MA-1（A）与 CMA（E）	
	$C(A,B)$	$C(B,A)$	$C(A,C)$	$C(C,A)$	$C(A,D)$	$C(D,A)$	$C(A,E)$	$C(E,A)$
ka4x5	—	—	**0.000 000**	0.000 000	**0.000 000**	0.000 000	**0.000 000**	0.000 000
ka08	**0.000 000**	0.000 000	**0.000 000**	0.000 000	**0.000 000**	0.000 000	**0.000 000**	0.000 000
ka10x7	—	—	**0.000 000**	0.000 000	**0.000 000**	0.000 000	**0.000 000**	0.000 000
ka10x10	**0.000 000**	0.000 000	**0.000 000**	0.000 000	**0.000 000**	0.000 000	**0.000 000**	0.000 000
ka15x10	**0.000 000**	0.000 000	**0.000 000**	0.000 000	**0.000 000**	0.000 000	**0.000 000**	0.000 000
Mk01	**0.909 091**	0.000 000	**1.000 000**	0.000 000	**0.272 727**	0.000 000	**0.000 000**	0.000 000
Mk02	**1.000 000**	0.000 000	**0.750 000**	0.000 000	**0.142 857**	0.000 000	**0.250 000**	0.000 000
Mk03	**0.857 143**	0.000 000	**0.857 143**	0.000 000	**0.000 000**	0.000 000	**0.000 000**	0.000 000
Mk04	**1.000 000**	0.000 000	—		**0.100 000**	0.000 000	0.043 478	**0.074 074**
Mk05	**0.428 571**	0.000 000	—	—	**0.000 000**	0.000 000	**0.000 000**	0.000 000
Mk06	**1.000 000**	0.000 000			**0.669 903**	0.009 434	**0.598 425**	0.179 245
Mk07	**0.666 667**	0.000 000			**0.000 000**	0.000 000	**0.250 000**	0.000 000
Mk08	**0.625 000**	0.000 000	**0.625 000**	0.000 000	**0.000 000**	0.000 000	**0.000 000**	0.000 000

实例	MA-1（A）与 HSFLA（B）		MA-1（A）与 PLS（C）		MA-1（A）与 SEA（D）		MA-1（A）与 CMA（E）	
	$C(A,B)$	$C(B,A)$	$C(A,C)$	$C(C,A)$	$C(A,D)$	$C(D,A)$	$C(A,E)$	$C(E,A)$
Mk09	**1.000 000**	0.000 000	—	—	**0.687 500**	0.000 000	**0.052 632**	0.050 000
Mk10	**0.733 333**	0.035 176	—	—	**0.934 783**	0.010 050	**0.762 590**	0.120 603

注：对每个实例，两个比较算法所得较大集合覆盖率值以粗体标记。

表 12.9　MA-2 与已有算法在 Kacem 和 BRdata 实例上所得集合覆盖率值的比较结果

实例	MA-2（A）与 HSFLA（B）		MA-2（A）与 PLS（C）		MA-2（A）与 SEA（D）		MA-2（A）与 CMA（E）	
	$C(A,B)$	$C(B,A)$	$C(A,C)$	$C(C,A)$	$C(A,D)$	$C(D,A)$	$C(A,E)$	$C(E,A)$
ka4x5	—	—	0.000 000	0.000 000	0.000 000	0.000 000	0.000 000	0.000 000
ka08	0.000 000	0.000 000	0.000 000	0.000 000	0.000 000	0.000 000	0.000 000	0.000 000
ka10x7	—	—	0.000 000	0.000 000	0.000 000	0.000 000	0.000 000	0.000 000
ka10x10	0.000 000	0.000 000	0.000 000	0.000 000	0.000 000	0.000 000	0.000 000	0.000 000
ka15x10	0.000 000	0.000 000	0.000 000	0.000 000	0.000 000	0.000 000	0.000 000	0.000 000
Mk01	**0.909 091**	0.000 000	**1.000 000**	0.000 000	**0.272 727**	0.000 000	0.000 000	0.000 000
Mk02	**1.000 000**	0.000 000	**0.750 000**	0.000 000	**0.142 857**	0.000 000	**0.250 000**	0.000 000
Mk03	**0.857 143**	0.000 000	**0.857 143**	0.000 000	0.000 000	0.000 000	0.000 000	0.000 000
Mk04	**1.000 000**	0.000 000	—	—	**0.200 000**	0.000 000	**0.043 478**	0.000 000
Mk05	**0.428 571**	0.000 000	—	—	0.000 000	0.000 000	0.000 000	0.000 000
Mk06	**1.000 000**	0.000 000	—	—	**0.689 320**	0.000 000	**0.677 165**	0.064 220
Mk07	**0.666 667**	0.000 000	—	—	0.000 000	0.000 000	**0.250 000**	0.000 000
Mk08	**0.625 000**	0.000 000	**0.625 000**	0.000 000	0.000 000	0.000 000	0.000 000	0.000 000
Mk09	**1.000 000**	0.000 000	—	—	**0.703 125**	0.000 000	**0.052 632**	0.016 667
Mk10	**0.866 667**	0.005 181	—	—	**0.920 290**	0.010 363	**0.830 935**	0.051 813

注：对每个实例，两个比较算法所得较大集合覆盖率值以粗体标记。

　　首先，由表 12.7～表 12.9 可知，这 6 个比较的算法均可以在它们所运行的次数内，找到每个 Kacem 实例参考集中的所有非支配解。接下来，本章仅关注 BRdata 测试集。对于 IGD 指标，MA-1 在 10 个实例中的 7 个实例上得到了最好的结果，MA-2 在除了 Mk04

和 Mk06 的两个实例上取得了最优的结果。与其他算法相比，HSFLA 和 PLS 性能似乎相对较差，因为它们在每个 BRdata 实例上的 IGD 值均劣于其他比较的算法。CMA 在 Mk06 上得到了最好的 IGD 值，甚至优于 MA-1 和 MA-2，但是应当注意的是，CMA 的结果是基于更多的运行次数。研究中也发现，如果将 MA-1（MA-2）的运行次数增加到 30 次，CMA 在 Mk06 实例上的优势也将不复存在。

表 12.8 和表 12.9 给出了 MA-1 和 MA-2 与其他算法在覆盖率指标上的比较情况。从这两个表中可以清晰地看出，与其他算法相比，MA-1 和 MA-2 在搜索非支配解方面显示了明显的优越性。在表 12.10 中，比较了 MA-1、MA-2 和 HSFLA 的平均运行时间。然而，由于不同的计算环境、编程平台和编程技巧，这方面的比较是存在疑问的。因此，在给出每个算法原始运行时间的同时，也附上了其使用的 CPU 和编程语言信息，这样足以使本章对各个算法的效率有粗略的了解。从表 12.10 中可以看出，相比 MA-1 和 MA-2，HSFLA 算法一般需要更多的计算开销。

表 12.10　MA-1、MA-2 和 HSFLA 在 Kacem 和 BRdata 实例上所耗费平均 CPU 时间（单位：s）的比较

实　　例	MA-1[a]	MA-2[a]	HSFLA[b]
ka4x5	5.77	5.03	1.26
ka08	5.39	6.15	—
ka10x7	5.37	5.08	10.14
ka10x10	5.80	6.53	—
ka15x10	8.91	7.46	21.13
Mk01	20.30	20.16	172.18
Mk02	26.99	28.21	229.56
Mk03	56.60	53.76	139.87
Mk04	30.71	30.53	426.12
Mk05	37.50	36.36	153.12
Mk06	81.41	80.61	577.80
Mk07	38.54	37.74	185.23
Mk08	79.40	77.71	165.48
Mk09	74.74	75.23	565.70
Mk10	85.39	90.75	1072.20

注：[a] 指的是以 Java 语言在 Intel Core i7-3520M 2.9GHz 处理器上的 CPU 时间；

　　　[b] 指的是以 C++ 语言在 Pentium IV 1.8GHz 处理器上的 CPU 时间。

在表 12.11 中,将 MA-1 和 MA-2 与 MOGA[248]在 DPdata 测试集上进行了性能的对比。所有这 3 个算法均是在每个实例上独立运行 10 次。从 IGD 结果看,MA-1 和 MA-2 在 DPdata 实例上的性能远远超过 MOGA。至于计算时间,MA-1 和 MA-2 也在大多数实例上显示了明显的优越性。另外,MA-1 和 MA-2 相对于 MOGA 的绝对优势,也可以很容易从集合覆盖率的值看出。集合覆盖率显示,对每个实例,MOGA 所得到的每个解均被 MA-1(MA-2)所得解中的某个或多个解所支配,而且 MA-1(MA-2)所得解均不被 MOGA 所得解中的任一个所支配。

表 12.11　MA-1、MA-2 和 MOGA 在 DPdata 实例上所得 IGD 值和所耗费平均 CPU 时间(单位:s)的比较

实例	MA-1[a]		MA-2[a]		MOGA[b]	
	IGD	CPU	IGD	CPU	IGD	CPU
01a	0.040 359	198.33	**0.035 874**	185.72	0.224 215	122.50
02a	**0.004 321**	155.34	0.016 988	166.01	0.101 119	153.40
03a	**0.007 921**	150.80	0.013 462	157.96	0.207 378	174.00
04a	**0.006 372**	121.34	0.011 408	87.25	0.308 259	124.20
05a	**0.014 391**	121.04	0.014 910	117.03	0.536 145	142.40
06a	**0.012 423**	138.70	0.013 342	135.07	0.808 465	185.60
07a	**0.022 060**	200.52	0.039 878	215.18	0.259 504	457.80
08a	**0.003 637**	122.56	0.010 671	164.33	0.186 362	496.00
09a	0.013 067	106.50	**0.002 006**	153.70	0.197 739	609.60
10a	0.023 802	188.23	**0.017 439**	180.87	0.226 811	452.80
11a	0.014 375	176.87	**0.010 544**	163.37	0.697 549	608.20
12a	0.009 872	192.45	**0.007 111**	165.14	0.895 897	715.40
13a	0.026 774	195.87	**0.026 426**	196.45	0.304 963	1439.40
14a	0.024 124	122.11	**0.009 541**	153.67	0.352 456	1743.20
15a	0.016 359	123.93	**0.004 840**	148.75	0.173 609	1997.10
16a	0.026 806	185.04	**0.023 212**	194.71	0.394 364	1291.40
17a	0.011 310	184.15	**0.005 050**	203.10	0.735 482	1708.00
18a	0.008 480	175.72	**0.006 298**	191.23	0.922 706	1980.40

注:[a]指的是以 Java 语言在 Intel Core i7-3520M 2.9GHz 处理器上的 CPU 时间;

[b]指的是以 C++ 语言在 2GHz 处理器上的 CPU 时间;

对每个实例,比较算法所得最小 IGD 值以粗体标记。

表 12.12 给出了 MA-1 和 MA-2 与 MOEA-GLS[246] 在 3 个 Hurink Vdata 实例上的性能比较。这 3 个算法对每个实例均独立运行 30 次。因为对这 3 个实例都只存在少数的非支配解,所以表 12.12 中直接列出了每个算法在 30 次独立运行中所找到的非支配解。对于实例 la30 和 la40,MA-1 和 MOEA-GLS 所得到的每个解均被 MA-2 所得到的一个或多个解所支配,且 MA-2 所得解均不被其他两个算法所得的任何解所支配。对于实例 la35,所有这 3 个算法结果相同,都能找到唯一的非支配解。表 12.13 显示,相比 MOEA-GLS,MA-1 和 MA-2 的计算开销要小得多。

表 12.12　MA-1、MA-2 和 MOEA-GLS 在 3 个 Hurink Vdata 实例上 30 次独立运行所找到的非支配解

实例	MA-1			MA-2			MOEA-GLS		
	C_{max}	W_T	W_{max}	C_{max}	W_T	W_{max}	C_{max}	W_T	W_{max}
la30	1076	10 680	1075	**1072**	**10 680**	**1072**	1075	10 680	1075
	1078	10 680	1074	**1073**	**10 680**	**1071**	1077	10 680	1073
	1079	10 680	1073	**1082**	**10 680**	**1070**	1079	10 680	1072
	1080	10 680	1072	**1135**	**10 680**	**1069**			
	1086	10 680	1071						
	1097	10 680	1070						
la35	**1550**	**15 485**	**1550**	**1550**	**15 485**	**1550**	**1550**	**15 485**	**1550**
la40	955	11 472	772	**955**	**11 472**	**769**	955	11 472	783
	956	11 472	771	**956**	**11 472**	**768**	957	11 472	780
	959	11 472	770				963	11 472	779
	967	11 472	769				964	11 472	777
							966	11 472	775

注:对每个实例,以粗体标记不被其他任何解所支配的解。

表 12.13　MA-1、MA-2 和 MOEA-GLS 在 3 个 Hurink Vdata 实例上所耗费的平均 CPU 时间(单位:s)

实　　例	MA-1[a]	MA-2[a]	MOEA-GLS[b]
la30	47.95	53.43	2110.83
la35	67.29	83.03	355.20
la40	62.13	55.81	928.80

注:[a] 指的是 Java 语言在 Intel Core i7-3520M 2.9GHz 处理器上的 CPU 时间;
　　 [b] 指的是 C++ 语言在 2GHz 处理器上的 CPU 时间。

尽管本章的 MA-1 和 MA-2 是针对 MO-FJSP 提出的,但是其中着重考虑了完工时间的最小化。因此,表 12.14 中将它们的性能与针对单目标 FJSP 的两个先进算法进行了比较,它们分别是 Mastrolilli 等[284] 提出的 TS 算法以及 Hmida 等[240] 提出的 CDDS 算法,比较的指标是各个算法所得到的最好的完工时间值,表的第 4 列列出了每个实例的已知最佳解(Best Known Solution,BKS)。从表 12.14 可以看出,与 TS 和 CDDS 相比,MA-1 和 MA-2 在解决单目标 FJSP 问题方面也具有较强的竞争力。一个非常有趣的现象是,MA-1 和 MA-2 在某些实例上甚至得到了新的 BKS。具体来说,MA-1 找到了实例 05a 的一个新的 BKS,而 MA-2 则分别得到了实例 06a、11a、12a、17a 和 18a 的新的 BKS。另外,对于实例 06a、12a、17a 和 18a,相比原先的 BKS,MA-2 所得新的 BKS 有了较大的改进。这其中的原因有待进一步探究。可能的原因是,对于这些实例,对多个目标的同时优化反过来促进了完工时间的最小化。

表 12.14　MA-1、MA-2、TS 和 CDDS 所得最优完工时间的比较

实　　例	BKS	MA-1	MA-2	TS	CDDS
ka4x5	11	**11**	**11**	—	—
ka08	14	**14**	**14**	—	—
ka10x7	11	**11**	**11**	—	—
ka10x10	7	**7**	—	—	—
ka15x10	11	**11**	**11**	—	—
Mk01	40	**40**	**40**	40	40
Mk02	26	**26**	**26**	26	26
Mk03	204	**204**	**204**	204	204
Mk04	60	**60**	**60**	60	60
Mk05	172	**172**	**172**	173	173
Mk06	58	60	59	**58**	**58**
Mk07	139	**139**	**139**	144	**139**
Mk08	523	**523**	**523**	523	523
Mk09	307	**307**	**307**	307	307
Mk10	197	205	202	198	**197**
01a	2505	2520	2521	**2518**	**2518**

续表

实 例	BKS	MA-1	MA-2	TS	CDDS
02a	2230	2236	2244	**2231**	**2231**
03a	2228	2231	2234	**2229**	**2229**
04a	2503	2510	2513	**2503**	**2503**
05a	2212	**2208**	2211	2216	2216
06a	2187	2173	**2172**	2203	2196
07a	2283	2371	2365	**2283**	**2283**
08a	2067	2083	2087	**2069**	**2069**
09a	2066	2081	2075	**2066**	**2066**
10a	2291	2340	2327	**2291**	**2291**
11a	2061	2067	**2057**	2063	2063
12a	2027	1998	**1992**	2034	2031
13a	2257	2306	2311	2260	**2257**
14a	2167	2192	2187	**2167**	**2167**
15a	2165	2186	2180	2167	**2165**
16a	2255	2292	2293	**2255**	2256
17a	2140	2129	**2119**	2141	2140
18a	2127	2086	**2077**	2137	2127
la30	1069	1076	1072	**1069**	—
la35	1549	1550	1550	**1549**	—
la40	955	**955**	**955**	**955**	

注：对每个实例，比较算法所得最小完工时间值以粗体标记。

从上述实验结果和比较，可以得出如下结论：一般来说，在解决 MO-FJSP 方面，所提出的 MA-1 和 MA-2 性能优于已有的先进算法；另外，它们也体现了在最小化完工时间方面强大的优化能力，甚至进一步改进了若干实例已知的最佳完工时间值。

12.6　进一步讨论

本节将结合 12.5 节中的一些实验结果,在算法设计方面,对所提出算法给出更加深入的解释。从 12.5.5 节中可以看出,所提出的模因演算法优于已有的先进算法。但是为什么它们可以展现出如此优越的性能呢? 这里需要强调两个方面的内容。

第一,局部搜索中的邻域生成策略可以很好地做到尽可能地同时降低所考虑的三个优化目标。具体来说,邻域搜索是以改进完工时间为驱动的,实现方式是尝试移动当前调度中的一个关键操作直至生成一个新的可行调度解。表 12.14 中的结果可以部分显示所设计的邻域结构对最小化完工时间特别有效,因为即使与求解单目标 FJSP 的先进算法相比,本章所提出的模因演算法仍具有相媲美的性能。然而对求解 MO-FJSP 而言,仅考虑完工时间这一个优化目标是不够的。因为完工时间可以通过关键操作的性质来进行优化,所以需要进一步考虑如何在降低完工时间的同时,尽可能地抑制其他两个目标值的增长。正如 12.4.2 节中所述,一个调度 G 的邻域实际上是通过尝试 $\varphi(G)$ 中的动作来生成的。一旦某个动作成功执行,就会形成可接受的邻域解 G'。所以,本章将 $\varphi(G)$ 中的动作根据指标 Δ_l 和 Δ_c 进行排序,然后按照排列后的顺序逐个尝试这些动作。这样做的原因是想确保在 $C_{\max}(G') \leqslant C_{\max}(G)$ 的前提下,G' 具有尽可能最小的总负载。关键负载是三个优化目标中最后被考虑的,因为只有在 Δ_l 具有相同值的情况下,Δ_c 才会起作用。那么,本章为什么根据这种优先次序来处理这三个目标呢? 这是因为完工时间是三个优化目标中最难优化的目标,它不仅取决于机器分配而且取决于每台机器上的操作序列。完工时间能否被有效地最小化将直接影响算法的最终性能。另外,已有文献[257]指出完工时间在大多数实例上与关键负载呈近似正相关的关系,所以这意味着最小化完工时间有助于最小化关键负载。这解释了本章为什么在完工时间后优先考虑总负载。本章设计能够使在局部搜索路径上产生的邻域调度解的完工时间是非增的,且合理地控制了其他两个目标的增长,很好地权衡了所考虑的三个优化目标。在 12.5.3 节中,统计结果显示 MA-1 和 MA-2 均显著优于改进的 NSGA-Ⅱ,有效地验证了所提出的局部搜索的有效性。另外,12.5.4 节中的计算结果显示在邻域生成中分层地考虑三个优化目标优于仅考虑完工时间这一个优化目标。

第二,本章将强调在种群中选择哪些解进行局部搜索的问题。为了降低模因演算法的计算代价,只对子代种群中较好的个体应用局部搜索。且在每一代中,只对事先定义的一定数目(由局部搜索概率 P_{ls} 确定)的个体进行局部搜索,这有助于保持种群的多样性,以防早熟现象发生。对于如何选择一个待局部搜索的个体,算法中使用了基于式(12.2)的锦标赛选择,其中,权向量是从一组均匀分布的权向量集合中随机选取。这种选择方法

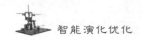

蕴含分解的思想,其背后的设计机理可以从如下两点进行说明。第一,选择方式是为每个随机的局部搜索方向选择好的个体,而不是为每个个体选择好的局部搜索方向,因为后者较难实现[82]。第二,每次随机地选择权向量能够使种群中的解通过局部搜索从不同方向上接近 Pareto 前沿面,较好地解决了多目标优化中收敛性和多样性的问题[161]。

　　总之,基于邻域生成过程实现了一个强大的局部搜索引擎,它被恰当地运用以改进由遗传算子生成的子代种群中的部分优良个体。实际的效果是,基于遗传搜索的全局搜索为局部搜索提供较好的初始解,被局部搜索改进后的个体又通过非支配排序和拥挤距离注入下一代种群,这样整个种群将持续地被牵引向 Pareto 前沿面。这种效果已经在 12.5.3 节中得到了充分的实验验证,结果表明,遗传搜索和局部搜索的混合显著优于单一的遗传搜索或局部搜索。值得注意的是,以上所强调的两个方面都与局部搜索有关,但是这不意味着在所提出的模因演算法中遗传搜索是无关紧要的。事实上,从 12.5.3 节中的结果可以看出,MA-1(MA-2)的性能要比 MRLS-1(MRLS-2)好很多,这显示了遗传搜索的地位同样至关重要。然而,就算法设计而言,局部搜索较遗传搜索更加复杂和精细。

12.7　本章小结

　　本章研究了以完工时间、总负载和关键负载为优化目标的 MO-FJSP,该问题有较强的工业背景且非常接近真实的生产环境。为了提出求解该问题的有效的模因演算法,首先通过精心设计的染色体编码解码方式以及遗传算子,将经典的 NSGA-Ⅱ 适用于 MO-FJSP 问题。然后针对 MO-FJSP,开发了一个新颖的基于关键操作的局部搜索算法。值得注意的是,该局部搜索中使用了一种分层的策略来增强局部搜索处理多个优化目标的能力。该策略以最高的优先级考虑完工时间的最小化,紧接着是总负载和关键负载。对总负载和关键负载的考虑体现在对所有可能动作进行尝试的优先顺序上。之后,将局部搜索嵌入改编后的 NSGA-Ⅱ 中以强调搜索的集中性,从而形成了本章所提出的模因演算法。局部搜索中采用的两种不同的接受准则对模因演算法的性能影响不是很大,但是从整体上"Pareto"准则较优。为了阐释所提出的模因演算法的工作原理,模因演算法的各个重要组成模块的有效性都得到了很好的实验验证,包括遗传搜索、局部搜索,以及局部搜索中的分层策略。另外,本章还将所提的模因演算法与已有的若干先进算法在多个测试集上进行了大量的性能比较。根据实验结果,所提出的模因演算法与其他先进算法相比有着显著的优势。这充分显示了结合传统多目标进化技术与问题知识相关的搜索是解决具体多目标优化问题的有效途径。

下 篇 总 结

1993 年 Brandimarte 提出禁忌搜索(TS)方法以来,针对柔性作业车间调度问题(FJSP)的研究得到了蓬勃发展。作者所在的团队在 2013 年所提出融合问题知识的混合和声搜索方法(HHS)、混合和声搜索和大邻域搜索的集成搜索方法(HHS/LNS),和 2015 年所提出的基于目标重要性分解的模因演化方法(本书下篇中的相关内容)被视为该领域重要的里程碑性研究成果,并得到学术界的高度评价和工业界的广泛应用。*IEEE Transactions on Automation Science and Engineering*(*IEEE TASE*)副主编认为相关成果研究了一类具有挑战性的实际调度问题,提出了一种精致有效的算法,相关成果论文曾入围 *IEEE TASE* 最受欢迎的 20 篇论文行列;国际运筹学学报(*International Transactions on Operational Research*)认为本书中的算法是在所有 FJSP 算法中,性能最好的 **7 个经典算法之一**;欧洲运筹学研究(*Europe Journal of Operational Research*)认为本书中的方法是演化计算在 FJSP 求解上有代表性的一类搜索优化调度方法;国际著名的分析检索系统 Local Citation References(LCR)将本书中的算法列为当前十大 FJSP经典算法之一(LCR 排名第 4)。

在行业应用和评价方面,英国皇家工程院院士 **Duc Truong Pham** 教授应用本书中的算法解决多工业协作机器人系统的优化调度;国际公认的全局优化和组合优化领域的先驱者、AAAS Fellow、俄罗斯/乌克兰/蒙古/立陶宛科学院院士 **Panos M. Pardalos** 教授应用本书中的变邻域搜索算法,解决复杂条件的柔性作业车间调度;ACM GECCO 2013 主席 **Enrique Alba** 教授认为,本书中的成果是过去 10 年内有代表性的一类搜索优化调度方法;欧洲/俄罗斯科学院院士、IEEE Fellow、IET Fellow **焦李成**教授认为,本书中的成果是针对真实生产场景下实用高效的 FJSP 算法,并被成功应用的 4 大经典算法之一。

尽管作者所在团队在 FJSP 的求解方法领域取得了一定的研究成果,但是针对真实场景和不同行业应用问题的挑战,需要持续深入的研究。特别是近年来在人工智能领域兴起的深度学习和大模型技术,为优化问题的研究提供了一种新的思路,笔者所在团队将持续开展这方面的研究工作,并及时将相关成果呈现给读者。

参 考 文 献

[1]   Cohon J L. Multiobjective programming and planning[M]. Chelsea: Courier Corporation, 2004.

[2]   Osyczka A. An approach to multicriterion optimization problems for engineering design [J]. Computer Methods in Applied Mechanics and Engineering, 1978, 15(3): 309-333.

[3]   Laundy R S. Multiple Criteria Optimisation: Theory, Computation and Application[J]. Journal of the Operational Research Society, 1988, 39(3): 879-886.

[4]   Koski J. Multicriterion optimization in structural design[R]. Tampere Univ of Technology, 1981.

[5]   Deb K, Pratap A, Agarwal S, et al. A fast and elitist multiobjective genetic algorithm: NSGA-Ⅱ [J]. IEEE transactions on evolutionary computation, 2002, 6(2): 182-197.

[6]   Zitzler E, Thiele L. Multiobjective evolutionary algorithms: a comparative case study and the strength Pareto approach[J]. IEEE transactions on Evolutionary Computation, 1999, 3 (4): 257-271.

[7]   Deb K. Multi-objective optimisation using evolutionary algorithms: an introduction[M]. London: Springer London, 2011.

[8]   Coello C A C, Lamont G B, Van Veldhuizen D A. Evolutionary algorithms for solving multi-objective problems[M]. New York: Springer, 2007.

[9]   Ishibuchi H, Tsukamoto N, Nojima Y. Evolutionary many-objective optimization: A short review [C]. Proceedings of the 10th IEEE Congress on Evolutionary Computation. IEEE, 2008: 2419-2426.

[10]   Fleming P J, Purshouse R C, Lygoe R J. Many-Objective Optimization: An Engineering Design Perspective[C]. Proceedings of the 2nd Evolutionary Multi-Criterion Optimization. 2005, 5: 14-32.

[11]   Herrero J G, Berlanga A, López J M M. Effective evolutionary algorithms for many-specifications attainment: Application to air traffic control tracking filters [J]. IEEE Transactions on Evolutionary Computation, 2008, 13(1): 151-168.

[12]   Sülflow A, Drechsler N, Drechsler R. Robust multi-objective optimization in high dimensional spaces[C]. Proceedings of the 4th Evolutionary Multi-Criterion Optimization. 2007: 715-726.

[13]   Harman M, Yao X. Software module clustering as a multi-objective search problem[J]. IEEE Transactions on Software Engineering, 2010, 37(2): 264-282.

[14]   Sayyad A S, Menzies T, Ammar H. On the value of user preferences in search-based software engineering: A case study in software product lines[C]. Proceedings of the 35th international conference on software engineering. IEEE, 2013: 492-501.

[15]   Zitzler E, Laumanns M, Thiele L. SPEA2: Improving the strength Pareto evolutionary algorithm [J]. TIK-report, 2001, 103.

[16] Corne D W, Jerram N R, Knowles J D, et al. PESA-Ⅱ: Region-based selection in evolutionary multiobjective optimization [C]. Proceedings of the 3rd Annual Conference on Genetic and Evolutionary Computation, 2001: 283-290.

[17] Ikeda K, Kita H, Kobayashi S. Failure of Pareto-based MOEAs: Does non-dominated really mean near to optimal? [C]. Proceedings of the 14th congress on evolutionary computation. IEEE, 2001, 2: 957-962.

[18] Khare V, Yao X, Deb K. Performance scaling of multi-objective evolutionary algorithms[C]. Proceedings of the 2nd Evolutionary Multi-Criterion Optimization. 2003: 376-390.

[19] Purshouse R C, Fleming P J. Evolutionary many-objective optimisation: An exploratory analysis [C]. Proceedings of the 15th Congress on Evolutionary Computation. 2003, 3: 2066-2073.

[20] Yu X, Gen M. Introduction to evolutionary algorithms [M]. Springer Science & Business Media, 2010.

[21] Larrañaga P, Lozano J A. Estimation of distribution algorithms: A new tool for evolutionary computation[M]. Springer Science & Business Media, 2001.

[22] Storn R, Price K. Differential evolution-a simple and efficient heuristic for global optimization over continuous spaces[J]. Journal of global optimization, 1997, 11(4): 341.

[23] Fonseca C. Genetic algorithms for multipobjective optimization: Formulation discussion and generalization[C]. Proceedings of the 5th International Conference on Genetic Algorithms, 1993. 416-423

[24] Tan K C, Chiam S C, Mamun A A, et al. Balancing exploration and exploitation with adaptive variation for evolutionary multi-objective optimization [J]. European Journal of Operational Research, 2009, 197(2): 701-713.

[25] Hughes E J. Evolutionary many-objective optimisation: many once or one many? [C]. Proceedings of the 17th IEEE congress on evolutionary computation. IEEE, 2005, 1: 222-227.

[26] Purshouse R C, Fleming P J. On the evolutionary optimization of many conflicting objectives[J]. IEEE transactions on evolutionary computation, 2007, 11(6): 770-784.

[27] Knowles J, Corne D. Quantifying the effects of objective space dimension in evolutionary multiobjective optimization[C]. Proceedings of the 4th Evolutionary Multi-Criterion Optimization. 2007: 757-771.

[28] Deb K, Mohan M, Mishra S. Towards a quick computation of well-spread pareto-optimal solutions[C]. Proceedings of the 2th Evolutionary Multi-Criterion Optimization. 2003: 222-236.

[29] Bentley P J, Wakefield J P. Finding acceptable solutions in the pareto-optimal range using multiobjective genetic algorithms[C]. Proceedings of the Soft computing in engineering design and manufacturing. 1998: 231-240.

[30] Drechsler N, Drechsler R, Becker B. Multi-objective optimisation based on relation favour[C]. Proceedings of the 1st Evolutionary Multi-Criterion Optimization. 2001: 154-166.

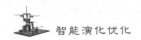

[31] Köppen M, Vicente-Garcia R, Nickolay B. Fuzzy-pareto-dominance and its application in evolutionary multi-objective optimization[C]. Proceedings of the 3rd Evolutionary Multi-Criterion Optimization. 2005: 399-412.

[32] He Z, Yen G G, Zhang J. Fuzzy-based Pareto optimality for many-objective evolutionary algorithms[J]. IEEE Transactions on Evolutionary Computation, 2013, 18(2): 269-285.

[33] Sato H, Aguirre H E, Tanaka K. Controlling dominance area of solutions and its impact on the performance of MOEAs[J]. Lecture Notes in Computer Science, 2007, 4403: 5.

[34] Di Pierro F, Khu S T, Savic D A. An investigation on preference order ranking scheme for multiobjective evolutionary optimization[J]. IEEE transactions on evolutionary computation, 2007, 11(1): 17-45.

[35] Kukkonen S, Lampinen J. Ranking-dominance and many-objective optimization[C]. Proceedings of the 15th IEEE Congress on Evolutionary Computation. IEEE, 2007: 3983-3990.

[36] Le K, Landa-Silva D. Obtaining better non-dominated sets using volume dominance[C]. Proceedings of the 15th2007 IEEE congress on evolutionary computation. IEEE, 2007: 3119-3126.

[37] Yang S, Li M, Liu X, et al. A grid-based evolutionary algorithm for many-objective optimization[J]. IEEE Transactions on Evolutionary Computation, 2013, 17(5): 721-736.

[38] Coello C A C, Oyama A, Fujii K. An alternative preference relation to deal with many-objective optimization problems[C]. Proceedings of the 7th Evolutionary Multi-Criterion Optimization. 2013: 291-306.

[39] Yuan Y, Xu H, Wang B. An improved NSGA-Ⅲ procedure for evolutionary many-objective optimization[C]. Proceedings of the 16th Annual Conference on Genetic and Evolutionary Computation. 2014: 661-668.

[40] Garza-Fabre M, Pulido G T, Coello C A C. Ranking methods for many-objective optimization[C]. Proceedings of the 8th Mexican International Conference on Artificial Intelligence. 2009: 633-645.

[41] Jaimes A L, Santana-Quintero L V, Coello C A C. Ranking Methods in Many-Objective Evolutionary Algorithms[J]. Nature-inspired algorithms for optimisation, 2009, 193: 413-434.

[42] López Jaimes A, Coello Coello C A. Study of preference relations in many-objective optimization[C]. Proceedings of the 11th Annual conference on Genetic and evolutionary computation. 2009: 611-618.

[43] Garza Fabre M, Toscano Pulido G, Coello Coello C A. Alternative fitness assignment methods for many-objective optimization problems[C]. Proceedings of the 9th Artifical Evolution International Conference, Evolution Artificielle. 2010: 146-157.

[44] Adra S F, Fleming P J. Diversity management in evolutionary many-objective optimization[J]. IEEE Transactions on Evolutionary Computation, 2010, 15(2): 183-195.

[45] Deb K, Jain H. An evolutionary many-objective optimization algorithm using reference-point-

based nondominated sorting approach, part I: solving problems with box constraints[J]. IEEE transactions on evolutionary computation, 2013, 18(4): 577-601.

[46] Li M, Yang S, Liu X. Shift-based density estimation for Pareto-based algorithms in many-objective optimization [J]. IEEE Transactions on Evolutionary Computation, 2013, 18 (3): 348-365.

[47] Fleischer M. The measure of Pareto optima applications to multi-objective metaheuristics[C]. Proceedings of the 2nd Evolutionary Multi-Criterion Optimization. 2003: 519-533.

[48] Beume N, Naujoks B, Emmerich M. SMS-EMOA: Multiobjective selection based on dominated hypervolume[J]. European Journal of Operational Research, 2007, 181(3): 1653-1669.

[49] Igel C, Hansen N, Roth S. Covariance matrix adaptation for multi-objective optimization[J]. Evolutionary computation, 2007, 15(1): 1-28.

[50] Bader J, Zitzler E. HypE: An algorithm for fast hypervolume-based many-objective optimization [J]. Evolutionary computation, 2011, 19(1): 45-76.

[51] Brockhoff D, Wagner T, Trautmann H. On the properties of the R2 indicator[C]. Proceedings of the 14th Annual Conference on Genetic and Evolutionary Computation, 2012: 465-472.

[52] Schutze O, Esquivel X, Lara A, et al. Using the averaged Hausdorff distance as a performance measure in evolutionary multiobjective optimization [J]. IEEE Transactions on Evolutionary Computation, 2012, 16(4): 504-522.

[53] Phan D H, Suzuki J. R2-IBEA: R2 indicator based evolutionary algorithm for multiobjective optimization[C]. Proceedings of the 17th IEEE congress on evolutionary computation. 2013: 1836-1845.

[54] Trautmann H, Wagner T, Brockhoff D. R2-EMOA: Focused multiobjective search using R2-indicator-based selection[C]. Proceedings of the 7th Learning and Intelligent Optimization. 2013: 70-74.

[55] Gómez R H, Coello C A C. MOMBI: A new metaheuristic for many-objective optimization based on the R2 indicator[C]. Proceedings of the 15th IEEE Congress on Evolutionary Computation. IEEE, 2013: 2488-2495.

[56] Rodríguez Villalobos C A, Coello Coello C A. A new multi-objective evolutionary algorithm based on a performance assessment indicator[C]. Proceedings of the 14th annual conference on Genetic and evolutionary computation. 2012: 505-512.

[57] Zhang Q, Li H. MOEA/D: A multiobjective evolutionary algorithm based on decomposition[J]. IEEE Transactions on evolutionary computation, 2007, 11(6): 712-731.

[58] Li H, Zhang Q. Multiobjective optimization problems with complicated Pareto sets, MOEA/D and NSGA-II [J]. IEEE Transactions on evolutionary computation, 2008, 13(2): 284-302.

[59] Hughes E J. Multiple single objective Pareto sampling[C]. Proceedings of the 5th Congress on Evolutionary Computation. IEEE, 2003, 4: 2678-2684.

[60] Yuan Y, Xu H, Wang B. Evolutionary many-objective optimization using ensemble fitness ranking[C]. Proceedings of the 16th Annual Conference on Genetic and Evolutionary Computation. 2014: 669-676.

[61] Wagner T, Beume N, Naujoks B. Pareto-, aggregation-, and indicator-based methods in many-objective optimization[C]. Proceedings of the 4th Evolutionary Multi-Criterion Optimization. 2007: 742-756.

[62] Ishibuchi H, Sakane Y, Tsukamoto N, et al. Evolutionary many-objective optimization by NSGA-Ⅱ and MOEA/D with large populations[C]. Proceedings of the 14th IEEE International Conference on Systems. 2009: 1758-1763.

[63] Hadka D, Reed P. Diagnostic assessment of search controls and failure modes in many-objective evolutionary optimization[J]. Evolutionary computation, 2012, 20(3): 423-452.

[64] Li M, Yang S, Liu X, et al. A comparative study on evolutionary algorithms for many-objective optimization[C]. Proceedings of the 7th Evolutionary Multi-Criterion Optimization. 2013: 261-275.

[65] Wang R, Purshouse R C, Fleming P J. Preference-inspired coevolutionary algorithms for many-objective optimization[J]. IEEE Transactions on Evolutionary Computation, 2012, 17(4): 474-494.

[66] Zapotecas Martínez S, Coello Coello C A. A multi-objective particle swarm optimizer based on decomposition[C]. Proceedings of the 13th annual conference on Genetic and evolutionary computation. 2011: 69-76.

[67] Ke L, Zhang Q, Battiti R. MOEA/D-ACO: A multiobjective evolutionary algorithm using decomposition and antcolony[J]. IEEE transactions on cybernetics, 2013, 43(6): 1845-1859.

[68] Ishibuchi H, Sakane Y, Tsukamoto N, et al. Adaptation of scalarizing functions in MOEA/D: An adaptive scalarizing function-based multiobjective evolutionary algorithm[C]. Proceedings of the 5th Evolutionary Multi-Criterion Optimization. 2009: 438-452.

[69] Zhao S Z, Suganthan P N, Zhang Q. Decomposition-based multiobjective evolutionary algorithm with an ensemble of neighborhood sizes[J]. IEEE Transactions on Evolutionary Computation, 2012, 16(3): 442-446.

[70] Li K, Fialho A, Kwong S, et al. Adaptive operator selection with bandits for a multiobjective evolutionary algorithm based on decomposition [J]. IEEE Transactions on Evolutionary Computation, 2013, 18(1): 114-130.

[71] Sindhya K, Miettinen K, Deb K. A hybrid framework for evolutionary multi-objective optimization[J]. IEEE Transactions on Evolutionary Computation, 2012, 17(4): 495-511.

[72] Martínez S Z, Coello C A C. A direct local search mechanism for decomposition-based multi-objective evolutionary algorithms[C]. Proceedings of the 17th IEEE congress on evolutionary computation. IEEE, 2012: 1-8.

[73] Li K, Zhang Q, Kwong S, et al. Stable matching-based selection in evolutionary multiobjective optimization[J]. IEEE Transactions on Evolutionary Computation, 2013, 18(6): 909-923.

[74] Asafuddoula M, Ray T, Sarker R. A decomposition based evolutionary algorithm for many objective optimization with systematic sampling and adaptive epsilon control[C]. Proceedings of the 7th Evolutionary Multi-Criterion Optimization. 2013: 413-427.

[75] Asafuddoula M, Ray T, Sarker R. A decomposition-based evolutionary algorithm for many objective optimization [J]. IEEE Transactions on Evolutionary Computation, 2014, 19(3): 445-460.

[76] Ishibuchi H, Hitotsuyanagi Y, Tsukamoto N, et al. Many-objective test problems to visually examine the behavior of multiobjective evolution in a decision space[C]. Proceedings of 9th International Conference on Parallel Problem Solving from Nature, 2010: 91-100.

[77] Ishibuchi H, Akedo N, Nojima Y. Relation between neighborhood size and MOEA/D performance on many-objective problems[C]. Proceedings of the 7th Evolutionary Multi-Criterion Optimization. 2013: 459-474.

[78] Ishibuchi H, Akedo N, Nojima Y. Behavior of multiobjective evolutionary algorithms on many-objective knapsack problems[J]. IEEE Transactions on Evolutionary Computation, 2014, 19(2): 264-283.

[79] Moen H J F, Hansen N B, Hovland H, et al. Many-objective optimization using taxi-cab surface evolutionary algorithm[C]. Proceedings of the 7th Evolutionary Multi-Criterion Optimization. 2013: 128-142.

[80] Liu H L, Gu F, Zhang Q. Decomposition of a multiobjective optimization problem into a number of simple multiobjective subproblems[J]. IEEE transactions on evolutionary computation, 2013, 18(3): 450-455.

[81] Ishibuchi H, Murata T. A multi-objective genetic local search algorithm and its application to flowshop scheduling [J]. IEEE transactions on systems, man, and cybernetics, part C (applications and reviews), 1998, 28(3): 392-403.

[82] Ishibuchi H, Yoshida T, Murata T. Balance between genetic search and local search in memetic algorithms for multiobjective permutation flowshop scheduling [J]. IEEE transactions on evolutionary computation, 2003, 7(2): 204-223.

[83] Chan T M, Man K F, Kwong S, et al. A jumping gene paradigm for evolutionary multiobjective optimization[J]. IEEE Transactions on Evolutionary Computation, 2008, 12(2): 143-159.

[84] Li M, Yang S, Li K, et al. Evolutionary algorithms with segment-based search for multiobjective optimization problems[J]. IEEE transactions on cybernetics, 2013, 44(8): 1295-1313.

[85] Vrugt J A, Robinson B A. Improved evolutionary optimization from genetically adaptive multimethod search[J]. Proceedings of the National Academy of Sciences, 2007, 104(3): 708-711.

[86] Elhossini A, Areibi S, Dony R. Strength Pareto particle swarm optimization and hybrid EA-PSO for multi-objective optimization[J]. Evolutionary Computation, 2010, 18(1): 127-156.

[87] Hadka D, Reed P. Borg: An auto-adaptive many-objective evolutionary computing framework[J]. Evolutionary computation, 2013, 21(2): 231-259.

[88] Nebro A J, Durillo J J, Machín M, et al. A study of the combination of variation operators in the NSGA-Ⅱ algorithm[C]. Proceedings of the 15th Advances in Artificial Intelligence: 15th Conference of the Spanish Association for Artificial Intelligence, CAEPIA 2013, Madrid, Spain, September 17-20, 2013. Proceedings 15. Springer Berlin Heidelberg, 2013: 269-278.

[89] Shim V A, Tan K C, Tang H. Adaptive memetic computing for evolutionary multiobjective optimization[J]. IEEE transactions on cybernetics, 2014, 45(4): 610-621.

[90] Sato H, Aguirre H E, Tanaka K. Genetic diversity and effective crossover in evolutionary many-objective optimization[C]. Proceedings of the 5th Learning and Intelligent Optimization: 5th International Conference. 2011: 91-105.

[91] Ishibuchi H, Tanigaki Y, Masuda H, et al. Distance-based analysis of crossover operators for many-objective knapsack problems[C]. Proceedings of the 13th International Conference. 2014: 600-610.

[92] Deb K, Agrawal R B. Simulated binary crossover for continuous search space[J]. Complex systems, 1995, 9(2): 115-148.

[93] Kukkonen S, Deb K. Improved pruning of non-dominated solutions based on crowding distance for bi-objective optimization problems[C]. Proceedings of the 8th IEEE International Conference on Evolutionary Computation. IEEE, 2006: 1179-1186.

[94] Yuan Y, Xu H. Flexible job shop scheduling using hybrid differential evolution algorithms[J]. Computers & Industrial Engineering, 2013, 65(2): 246-260.

[95] Storn R. Designing digital filters with differential evolution[M]. New ideas in optimization. 1999: 109-126.

[96] Ilonen J, Kamarainen J K, Lampinen J. Differential evolution training algorithm for feed-forward neural networks[J]. Neural Processing Letters, 2003, 17: 93-105.

[97] Zhu Q Y, Qin A K, Suganthan P N, et al. Evolutionary extreme learning machine[J]. Pattern recognition, 2005, 38(10): 1759-1763.

[98] Noman N, Iba H. Differential evolution for economic load dispatch problems[J]. Electric power systems research, 2008, 78(8): 1322-1331.

[99] Mezura-Montes E, Reyes-Sierra M, Coello C A C. Multi-objective optimization using differential evolution: a survey of the state-of-the-art[J]. Advances in differential evolution, 2008: 173-196.

[100] Zhang Q, Zhou A, Zhao S, et al. Multiobjective optimization test instances for the CEC 2009 special session and competition[J]. University of Essex, Colchester, UK and Nanyang technological University, Singapore, special session on performance assessment of multi-

objective optimization algorithms, technical report, 2008, 264: 1-30.

[101]　Denysiuk R, Costa L, Espírito Santo I. Many-objective optimization using differential evolution with variable-wise mutation restriction[C]. Proceedings of the 15th annual conference on Genetic and evolutionary computation. 2013: 591-598.

[102]　Bandyopadhyay S, Mukherjee A. An algorithm for many-objective optimization with reduced objective computations: A study in differential evolution[J]. IEEE Transactions on Evolutionary Computation, 2014, 19(3): 400-413.

[103]　Roy B, Sussmann B. Les problemesd'ordonnancement avec contraintes disjonctives[J]. Note DS, 1964, 9.

[104]　Michael L P. Scheduling: theory, algorithms, and systems[M]. SPRINGER INTERNATIONAL PU, 2022.

[105]　Deb K, Thiele L, Laumanns M, et al. Scalable multi-objective optimization test problems[C]. Proceedings of the 4th Congress on Evolutionary Computation. IEEE, 2002, 1: 825-830.

[106]　Huband S, Hingston P, Barone L, et al. A review of multiobjective test problems and a scalable test problem toolkit[J]. IEEE Transactions on Evolutionary Computation, 2006, 10(5): 477-506.

[107]　Kacem I, Hammadi S, Borne P. Pareto-optimality approach for flexible job-shop scheduling problems: hybridization of evolutionary algorithms and fuzzy logic[J]. Mathematics and computers in simulation, 2002, 60(3-5): 245-276.

[108]　Brandimarte P. Routing and scheduling in a flexible job shop by tabu search[J]. Annals of Operations research, 1993, 41(3): 157-183.

[109]　Barnes J W, Chambers J B. Flexible job shop scheduling by tabu search[J]. Graduate Program in Operations and Industrial Engineering, The University of Texas at Austin, Technical Report Series, ORP96-09, 1996.

[110]　Dauzère-Pérès S, Paulli J. An integrated approach for modeling and solving the general multiprocessor job-shop scheduling problem using tabu search[J]. Annals of Operations Research, 1997, 70(0): 281-306.

[111]　Hurink J, Jurisch B, Thole M. Tabu search for the job-shop scheduling problem with multi-purpose machines[J]. Operations-Research-Spektrum, 1994, 15: 205-215.

[112]　Crowston W B, Glover F, Trawick J D. Probabilistic and parametric learning combinations of local job shop scheduling rules[R]. CARNEGIE INST OF TECH PITTSBURGH PA GRADUATE SCHOOL OF INDUSTRIAL ADMINISTRATION, 1963.

[113]　Lawrence S. An experimental investigation of heuristic scheduling techniques[J]. Supplement to resource constrained project scheduling, 1984.

[114]　Van Veldhuizen D A. Multiobjective evolutionary algorithms: classifications, analyses, and new innovations[M]. Dayton: Air Force Institute of Technology, 1999.

[115] Zitzler E, Thiele L, Laumanns M, et al. Performance assessment of multiobjective optimizers: An analysis and review[J]. IEEE Transactions on evolutionary computation, 2003, 7(2): 117-132.

[116] Li M, Yang S, Liu X. Diversity comparison of Pareto front approximations in many-objective optimization[J]. IEEE Transactions on Cybernetics, 2014, 44(12): 2568-2584.

[117] Zitzler E, Deb K, Thiele L. Comparison of multiobjective evolutionary algorithms: Empirical results[J]. Evolutionary computation, 2000, 8(2): 173-195.

[118] Auger A, Bader J, Brockhoff D, et al. Theory of the hypervolume indicator: optimal μ-distributions and the choice of the reference point[C]. Proceedings of the 10th ACM SIGEVO workshop on Foundations of genetic algorithms. 2009: 87-102.

[119] Qi Y, Ma X, Liu F, et al. MOEA/D with adaptive weight adjustment[J]. Evolutionary computation, 2014, 22(2): 231-264.

[120] Wang Z, Zhang Q, Gong M, et al. A replacement strategy for balancing convergence and diversity in MOEA/D[C]. Proceedings of the 16th IEEE Congress on Evolutionary Computation. IEEE, 2014: 2132-2139.

[121] Das I, Dennis J E. Normal-boundary intersection: A new method for generating the Pareto surface in nonlinear multicriteria optimization problems[J]. SIAM journal on optimization, 1998, 8(3): 631-657.

[122] Deb K, Miettinen K. A review of nadir point estimation procedures using evolutionary approaches: A tale of dimensionality reduction[C]. Proceedings of the Multiple Criterion Decision Making (MCDM-2008) Conference. 2009: 1-14.

[123] Deb K, Miettinen K, Chaudhuri S. Toward an estimation of nadir objective vector using a hybrid of evolutionary and local search approaches[J]. IEEE Transactions on Evolutionary Computation, 2010, 14(6): 821-841.

[124] Bechikh S, Said L B, Ghedira K. Estimating nadir point in multi-objective optimization using mobile reference points[C]. Proceedings of the 12th IEEE Congress on Evolutionary Computation. IEEE, 2010: 1-9.

[125] Zou X, Chen Y, Liu M, et al. A new evolutionary algorithm for solving many-objective optimization problems[J]. IEEE Transactions on Systems, Man, and Cybernetics, Part B (Cybernetics), 2008, 38(5): 1402-1412.

[126] While L, Bradstreet L, Barone L. A fast way of calculating exact hypervolumes[J]. IEEE Transactions on Evolutionary Computation, 2011, 16(1): 86-95.

[127] Durillo J J, Nebro A J. jMetal: A Java framework for multi-objective optimization[J]. Advances in Engineering Software, 2011, 42(10): 760-771.

[128] Wilcoxon F. Individual comparisons by ranking methods[M]. New York: Springer New York, 1992.

[129]   Murata T，Ishibuchi H，Gen M. Specification of genetic search directions in cellular multi-objective genetic algorithms［C］. Proceedings of the 1st Evolutionary Multi-Criterion Optimization. 2001：82-95.

[130]   Deb K，Goldberg D E. An investigation of niche and species formation in genetic function optimization［C］. Proceedings of the 3rd International Conference on Genetic Algorithms，1989：42-50.

[131]   Antonio L M，Coello C A C. Use of cooperative coevolution for solving large scale multiobjective optimization problems［C］. Proceedings of the 15th IEEE Congress on Evolutionary Computation. IEEE，2013：2758-2765.

[132]   Chiang T C. nsga3cpp：A C++ implementation of NSGA-Ⅲ［J］. IEEE Transactions on Evolutionary Computation，2014，18(4)：577-601.

[133]   Brockhoff D，Zitzler E. Objective reduction in evolutionary multiobjective optimization：Theory and applications［J］. Evolutionary computation，2009，17(2)：135-166.

[134]   Saxena D K，Duro J A，Tiwari A，et al. Objective reduction in many-objective optimization：Linear and nonlinear algorithms［J］. IEEE Transactions on Evolutionary Computation，2012，17(1)：77-99.

[135]   Asafuddoula M，Singh H K，Ray T. Six-sigma robust design optimization using a many-objective decomposition-based evolutionary algorithm［J］. IEEE Transactions on Evolutionary Computation，2014，19(4)：490-507.

[136]   Mkaouer W，Kessentini M，Shaout A，et al. Many-objective software remodularization using NSGA-Ⅲ［J］. ACM Transactions on Software Engineering and Methodology，2015，24(3)：1-45.

[137]   Yuan Y，Xu H. Multiobjective flexible job shop scheduling using memetic algorithms［J］. IEEE Transactions on Automation Science and Engineering，2013，12(1)：336-353.

[138]   Li B，Li J，Tang K，et al. Many-objective evolutionary algorithms：A survey［J］. ACM Computing Surveys，2015，48(1)：1-35.

[139]   Zitzler E，Künzli S. Indicator-based selection in multiobjective search［C］.Proceedings of the 8th Parallel Problem Solving from Nature. 2004，4：832-842.

[140]   Yuan Y，Xu H，Wang B，et al. A new dominance relation-based evolutionary algorithm for many-objective optimization［J］. IEEE Transactions on Evolutionary Computation，2015，20(1)：16-37.

[141]   Jain H，Deb K. An evolutionary many-objective optimization algorithm using reference-point based nondominated sorting approach，part Ⅱ：Handling constraints and extending to an adaptive approach［J］. IEEE Transactions on evolutionary computation，2013，18(4)：602-622.

[142]   Wang H，Jiao L，Yao X. Two_Arch2：An improved two-archive algorithm for many-objective optimization［J］. IEEE transactions on evolutionary computation，2014，19(4)：524-541.

[143] Ishibuchi H, Tsukamoto N, Sakane Y, et al. Indicator-based evolutionary algorithm with hypervolume approximation by achievement scalarizing functions[C]. Proceedings of the 12th annual conference on Genetic and evolutionary computation. 2010: 527-534.

[144] Yuan Y, Xu H, Wang B, et al. Balancing convergence and diversity in decomposition-based many-objective optimizers[J]. IEEE Transactions on Evolutionary Computation, 2015, 20(2): 180-198.

[145] Tan Y Y, Jiao Y C, Li H, et al. MOEA/D+ uniform design: A new version of MOEA/D for optimization problems with many objectives[J]. Computers & Operations Research, 2013, 40 (6): 1648-1660.

[146] Giagkiozis I, Purshouse R C, Fleming P J. Generalized decomposition and cross entropy methods for many-objective optimization[J]. Information Sciences, 2014, 282: 363-387.

[147] Wang R, Purshouse R C, Fleming P J. Preference-inspired co-evolutionary algorithms using weight vectors[J]. European Journal of Operational Research, 2015, 243(2): 423-441.

[148] López Jaimes A, Coello Coello C A. Some techniques to deal with many-objective problems[C]. Proceedings of the 11th annual conference companion on genetic and evolutionary computation conference: late breaking papers. 2009: 2693-2696.

[149] López Jaimes A, Coello Coello C A, Chakraborty D. Objective reduction using a feature selection technique [C]. Proceedings of the 10th annual conference on Genetic and evolutionary computation. 2008: 673-680.

[150] Walker D J, Everson R M, Fieldsend J E. Visualizing mutually nondominating solution sets in many-objective optimization[J]. IEEE Transactions on Evolutionary Computation, 2012, 17(2): 165-184.

[151] Tušar T, Filipič B. Visualization of Pareto front approximations in evolutionary multiobjective optimization: A critical review and the prosection method [J]. IEEE Transactions on Evolutionary Computation, 2014, 19(2): 225-245.

[152] Koppen M, Yoshida K. Visualization of Pareto-sets in evolutionary multi-objective optimization [C]. Proceedings of the 7th international conference on hybrid intelligent systems. IEEE, 2007: 156-161.

[153] Chandrashekar G, Sahin F. A survey on feature selection methods[J]. Computers & Electrical Engineering, 2014, 40(1): 16-28.

[154] Purshouse R C, Fleming P J. Conflict, harmony, and independence: Relationships in evolutionary multi-criterion optimisation [C]. Proceedings of the 2nd Evolutionary Multi-Criterion Optimization. 2003: 16-30.

[155] Singh H K, Isaacs A, Ray T. A Pareto corner search evolutionary algorithm and dimensionality reduction in many-objective optimization problems [J]. IEEE Transactions on Evolutionary Computation, 2011, 15(4): 539-556.

[156] Deb K, Saxena D. Searching for Pareto-optimal solutions through dimensionality reduction for certain large-dimensional multi-objective optimization problems[C]. Proceedings of the 8th World Congress on Computational Intelligence. 2006: 3352-3360.

[157] Xue B, Zhang M, Browne W N, et al. A survey on evolutionary computation approaches to feature selection[J]. IEEE Transactions on evolutionary computation, 2015, 20(4): 606-626.

[158] Guo X, Wang Y, Wang X. Using objective clustering for solving many-objective optimization problems[J]. Mathematical Problems in Engineering, 2013, 2013(pt.5): 133-174.

[159] Wang H, Yao X. Objective reduction based on nonlinear correlation information entropy[J]. Soft Computing, 2016, 20: 2393-2407.

[160] Duro J A, Saxena D K, Deb K, et al. Machine learning based decision support for many-objective optimization problems[J]. Neurocomputing, 2014, 146: 30-47.

[161] Laumanns M, Thiele L, Deb K, et al. Combining convergence and diversity in evolutionary multiobjective optimization[J]. Evolutionary computation, 2002, 10(3): 263-282.

[162] Ishibuchi H, Masuda H, Nojima Y. Pareto fronts of many-objective degenerate test problems [J]. IEEE Transactions on Evolutionary Computation, 2015, 20(5): 807-813.

[163] De Freitas A R R, Fleming P J, Guimaraes F G. Aggregation trees for visualization and dimension reduction in many-objective optimization [J]. Information Sciences, 2015, 298: 288-314.

[164] Guo X, Wang Y, Wang X. An objective reduction algorithm using representative Pareto solution search for many-objective optimization problems[J]. Soft Computing, 2016, 20: 4881-4895.

[165] Brockhoff D, Zitzler E. Improving hypervolume-based multiobjective evolutionary algorithms by using objective reduction methods[C]. Proceedings of the 9 IEEE Congress on Evolutionary Computation. IEEE, 2007: 2086-2093.

[166] López Jaimes A, Coello C A C, Urías Barrientos J E. Online objective reduction to deal with many-objective problems[C]. Proceedings of the 5th Evolutionary Multi-Criterion Optimization. 2009: 423-437.

[167] Sinha A, Saxena D K, Deb K, et al. Using objective reduction and interactive procedure to handle many-objective optimization problems [J]. Applied Soft Computing, 2013, 13 (1): 415-427.

[168] Min B, Park C, Jang I, et al. Development of Pareto-based evolutionary model integrated with dynamic goal programming and successive linear objective reduction [J]. Applied Soft Computing, 2015, 35: 75-112.

[169] Kendall M G. A new measure of rank correlation[J]. Biometrika, 1938, 30(1/2): 81-93.

[170] Golberg D E. Genetic algorithms in search, optimization, and machine learning[J]. Addion wesley, 1989, 1989(102): 36.

[171] Musselman K, Talavage J. A tradeoff cut approach to multiple objective optimization[J].

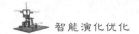

Operations Research, 1980, 28(6): 1424-1435.

[172] Gu L, Yang R J, Tho C H, et al. Optimisation and robustness for crashworthiness of side impact[J]. International journal of vehicle design, 2001, 26(4): 348-360.

[173] Ray T, Tai K, Seow K C. Multiobjective design optimization by an evolutionary algorithm[J]. Engineering Optimization, 2001, 33(4): 399-424.

[174] Van Veldhuizen D A, Lamont G B. Multiobjective evolutionary algorithm research: A history and analysis [R]. Technical Report TR-98-03, Department of Electrical and Computer Engineering, Graduate School of Engineering, Air Force Institute of Technology, Wright-Patterson AFB, Ohio, 1998.

[175] Carreras J, Pozo C, Boer D, et al. Systematic approach for the life cycle multi-objective optimization of buildings combining objective reduction and surrogate modeling[J]. Energy and Buildings, 2016, 130: 506-518.

[176] Copado-Méndez P J, Pozo C, Guillén-Gosálbez G, et al. Enhancing the ϵ-constraint method through the use of objective reduction and random sequences: Application to environmental problems[J]. Computers & Chemical Engineering, 2016, 87: 36-48.

[177] Siwei J, Zhihua C, Jie Z, et al. Multiobjective optimization by decomposition with Pareto-adaptive weight vectors [C]. Proceedings of the 7th international conference on natural computation. IEEE, 2011, 3: 1260-1264.

[178] Cheng R, Jin Y, Olhofer M, et al. A reference vector guided evolutionary algorithm for many-objective optimization[J]. IEEE Transactions on Evolutionary Computation, 2016, 20(5): 773-791.

[179] Gupta A, Ong Y S, Feng L. Multifactorial evolution: toward evolutionary multitasking[J]. IEEE Transactions on Evolutionary Computation, 2015, 20(3): 343-357.

[180] Gupta A, Ong Y S, Feng L, et al. Multiobjective multifactorial optimization in evolutionary multitasking[J]. IEEE transactions on cybernetics, 2016, 47(7): 1652-1665.

[181] Ong Y S, Gupta A. Evolutionary multitasking: a computer science view of cognitive multitasking[J]. Cognitive Computation, 2016, 8: 125-142.

[182] Coello C A C, Lamont G B, Van Veldhuizen D A. Evolutionary algorithms for solving multi-objective problems[M]. New York: Springer, 2007.

[183] Sobester A, Forrester A, Keane A. Engineering design via surrogate modelling: a practical guide [M]. Hoboken: John Wiley & Sons, 2008.

[184] Jin Y. Surrogate-assisted evolutionary computation: Recent advances and future challenges[J]. Swarm and Evolutionary Computation, 2011, 1(2): 61-70.

[185] Jones D R, Schonlau M, Welch W J. Efficient global optimization of expensive black-box functions[J]. Journal of Global optimization, 1998, 13(4): 455.

[186] Shahriari B, Swersky K, Wang Z, et al. Taking the human out of the loop: A review of Bayesian

optimization[J]. Proceedings of the IEEE, 2015, 104(1): 148-175.

[187] Knowles J. ParEGO: A hybrid algorithm with on-line landscape approximation for expensive multiobjective optimization problems[J]. IEEE Transactions on Evolutionary Computation, 2006, 10(1): 50-66.

[188] Zhang Q, Liu W, Tsang E, et al. Expensive multiobjective optimization by MOEA/D with Gaussian process model[J]. IEEE Transactions on Evolutionary Computation, 2009, 14(3): 456-474.

[189] Ponweiser W, Wagner T, Biermann D, et al. Multiobjective optimization on a limited budget of evaluations using model-assisted S-metric selection[C]. Proceedings of the 10th Parallel Problem Solving from Nature. 2008: 784-794.

[190] Picheny V. Multiobjective optimization using Gaussian process emulators via stepwise uncertainty reduction[J]. Statistics and Computing, 2015, 25(6): 1265-1280.

[191] Wagner T, Emmerich M, Deutz A, et al. On expected-improvement criteria for model-based multi-objective optimization[C]. Proceedings of the 11th Parallel Problem Solving from Nature. 2010: 718-727.

[192] Horn D, Wagner T, Biermann D, et al. Model-Based Multi-objective Optimization: Taxonomy, Multi-Point Proposal, Toolbox and Benchmark[C]. Proceedings of the 9th Evolutionary Multi-Criterion Optimization. 2015(1): 64-78.

[193] Rahat A A M, Everson R M, Fieldsend J E. Alternative infill strategies for expensive multi-objective optimisation[C]. Proceedings of the 19th Genetic and Evolutionary Computation Conference. 2017: 873-880.

[194] Farina M. A neural network based generalized response surface multiobjective evolutionary algorithm[C]. Proceedings of the 4th Congress on Evolutionary Computation. IEEE, 2002, 1: 956-961.

[195] Yun Y, Yoon M, Nakayama H. Multi-objective optimization based on meta-modeling by using support vector regression[J]. Optimization and Engineering, 2009, 10: 167-181.

[196] Voutchkov I, Keane A. Multi-objective optimization using surrogates[J]. Computational Intelligence in Optimization: Applications and Implementations, 2010: 155-175.

[197] Akhtar T, Shoemaker C A. Multi objective optimization of computationally expensive multi-modal functions with RBF surrogates and multi-rule selection[J]. Journal of Global Optimization, 2016, 64: 17-32.

[198] Chugh T, Jin Y, Miettinen K, et al. A surrogate-assisted reference vector guided evolutionary algorithm for computationally expensive many-objective optimization[J]. IEEE Transactions on Evolutionary Computation, 2016, 22(1): 129-142.

[199] Emmerich M T M, Giannakoglou K C, Naujoks B. Single-and multiobjective evolutionary optimization assisted by Gaussian random field metamodels[J]. IEEE Transactions on

Evolutionary Computation，2006，10(4)：421-439.

[200] Karakasis M K，Giannakoglou K C. On the use of metamodel-assisted，multi-objective evolutionary algorithms[J]. Engineering Optimization，2006，38(8)：941-957.

[201] Habib A，Singh H K，Chugh T，et al. A multiple surrogate assisted decomposition-based evolutionary algorithm for expensive multi/many-objective optimization[J]. IEEE Transactions on Evolutionary Computation，2019，23(6)：1000-1014.

[202] Knowles J，Nakayama H. Meta-modeling in multiobjective optimization[J]. Multiobjective optimization：Interactive and evolutionary approaches，2008：245-284.

[203] Santana-Quintero L V，Montano A A，Coello C A C. A review of techniques for handling expensive functions in evolutionary multi-objective optimization[J]. Computational intelligence in expensive optimization problems，2010：29-59.

[204] Díaz-Manríquez A，Toscano G，Barron-Zambrano J H，et al. A review of surrogate assisted multiobjective evolutionary algorithms[J]. Computational intelligence and neuroscience，2016，2016：1-19.

[205] Chugh T，Sindhya K，Hakanen J，et al. A survey on handling computationally expensive multiobjective optimization problems with evolutionary algorithms[J]. Soft Computing，2019，23：3137-3166.

[206] Loshchilov I，Schoenauer M，Sebag M. Dominance-based Pareto-surrogate for multi-objective optimization[C]. Proceedings of the 8th Simulated Evolution and Learning. 2010：230-239.

[207] Deb K，Hussein R，Roy P C，et al. A taxonomy for metamodeling frameworks for evolutionary multiobjective optimization[J]. IEEE Transactions on Evolutionary Computation，2018，23(1)：104-116.

[208] Loshchilov I，Schoenauer M，Sebag M. A mono surrogate for multiobjective optimization[C]. Proceedings of the 12th annual conference on Genetic and evolutionary computation. 2010：471-478.

[209] Seah C W，Ong Y S，Tsang I W，et al. Pareto rank learning in multi-objective evolutionary algorithms[C]. Proceedings of the 14th IEEE Congress on Evolutionary Computation. IEEE，2012：1-8.

[210] Yu X，Yao X，Wang Y，et al. Domination-based ordinal regression for expensive multi-objective optimization[C]. Proceedings of the 6th IEEE Symposium Series on Computational Intelligence. IEEE，2019：2058-2065.

[211] Zhang J，Zhou A，Tang K，et al. Preselection via classification：A case study on evolutionary multiobjective optimization[J]. Information Sciences，2018，465：388-403.

[212] Pan L，He C，Tian Y，et al. A classification-based surrogate-assisted evolutionary algorithm for expensive many-objective optimization[J]. IEEE Transactions on Evolutionary Computation，2018，23(1)：74-88.

[213] Guo G, Li W, Yang B, et al. Predicting Pareto dominance in multi-objective optimization using pattern recognition[C]. Proceedings of the 2nd International Conference on Intelligent System Design and Engineering Application. IEEE, 2012: 456-459.

[214] Bandaru S, Ng A H C, Deb K. On the performance of classification algorithms for learning Pareto-dominance relations [C]. Proceedings of the 16th IEEE Congress on Evolutionary Computation. IEEE, 2014: 1139-1146.

[215] LeCun Y, Bengio Y, Hinton G. Deep learning[J]. Nature, 2015, 521(7553): 436-444.

[216] Snoek J, Rippel O, Swersky K, et al. Scalable bayesian optimization using deep neural networks [C]. Proceedings of the 32nd International Conference on Machine Learning. 2015: 2171-2180.

[217] Rumelhart D E, Hinton G E, Williams R J. Learning representations by back-propagating errors [J]. Nature, 1986, 323(6088): 533-536.

[218] He K, Zhang X, Ren S, et al. Delving deep into rectifiers: Surpassing human-level performance on imagenet classification [C]. Proceedings of the 15th IEEE international Conference on Computer Vision. 2015: 1026-1034.

[219] Srivastava N, Hinton G, Krizhevsky A, et al. Dropout: a simple way to prevent neural networks from overfitting[J]. The journal of machine learning research, 2014, 15(1): 1929-1958.

[220] Kingma D P, Ba J. Adam: A method for stochastic optimization[C]. Proceedings of the 3rd International Conference on Learning Representations. 2015.

[221] Paszke A, Gross S, Massa F, et al. Pytorch: An imperative style, high-performance deep learning library[J]. Advances in Neural Information Processing Systems, 2019, 32: 8024-8035.

[222] He H, Garcia E A. Learning from imbalanced data[J]. IEEE Transactions on knowledge and data engineering, 2009, 21(9): 1263-1284.

[223] Deb K. Multi-objective genetic algorithms: Problem difficulties and construction of test problems [J]. Evolutionary computation, 1999, 7(3): 205-230.

[224] Deb K, Thiele L, Laumanns M, et al. Scalable test problems for evolutionary multiobjective optimization[M]. London: Springer London, 2005.

[225] Zitzler E, Thiele L. Multiobjective optimization using evolutionary algorithms—a comparative case study[C]. Proceedings of the 5th Parallel Problem Solving from Nature. 1998: 292-301.

[226] Tian Y, Cheng R, Zhang X, et al. PlatEMO: A MATLAB platform for evolutionary multi-objective optimization [J]. IEEE Computational Intelligence Magazine, 2017, 12(4): 73-87.

[227] Ma X, Yu Y, Li X, et al. A survey of weight vector adjustment methods for decomposition-based multiobjective evolutionary algorithms [J]. IEEE Transactions on Evolutionary Computation, 2020, 24(4): 634-649.

[228] Cortes C, Vapnik V. Support-vector networks[J]. Machine learning, 1995, 20: 273-297.

[229] Breiman L. Random forests[J]. Machine learning, 2001, 45: 5-32.

[230] Rennie J D, Shih L, Teevan J, et al. Tackling the poor assumptions of naive bayes text

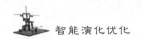
classifiers[C]. Proceedings of the 20th International Conference on Machine Learning. 2003: 616-623.

[231] Pedregosa F, Varoquaux G, Gramfort A, et al. Scikit-learn: Machine learning in Python[J]. the Journal of machine Learning research, 2011, 12: 2825-2830.

[232] Daniels S J, Rahat A A M, Everson R M, et al. A suite of computationally expensive shape optimisation problems using computational fluid dynamics[C]. Proceedings of the 15th Parallel Problem Solving from Nature. 2018: 296-307.

[233] Volz V, Naujoks B, Kerschke P, et al. Single-and multi-objective game-benchmark for evolutionary algorithms[C]. Proceedings of the 21st Genetic and Evolutionary Computation Conference. 2019: 647-655.

[234] Ho N B, Tay J C, Lai E M K. An effective architecture for learning and evolving flexible job-shop schedules[J]. European Journal of Operational Research, 2007, 179(2): 316-333.

[235] Yuan Y, Xu H, Yang J. A hybrid harmony search algorithm for the flexible job shop scheduling problem[J]. Applied soft computing, 2013, 13(7): 3259-3272.

[236] Yuan Y, Xu H. An integrated search heuristic for large-scale flexible job shop scheduling problems[J]. Computers & Operations Research, 2013, 40(12): 2864-2877.

[237] Jia H Z, Nee A Y C, Fuh J Y H, et al. A modified genetic algorithm for distributed scheduling problems[J]. Journal of Intelligent Manufacturing, 2003, 14: 351-362.

[238] Pezzella F, Morganti G, Ciaschetti G. A genetic algorithm for the flexible job-shop scheduling problem[J]. Computers & operations research, 2008, 35(10): 3202-3212.

[239] Bożejko W, Uchroński M, Wodecki M. Parallel hybrid metaheuristics for the flexible job shop problem[J]. Computers & Industrial Engineering, 2010, 59(2): 323-333.

[240] Hmida A B, Haouari M, Huguet M J, et al. Discrepancy search for the flexible job shop scheduling problem[J]. Computers & Operations Research, 2010, 37(12): 2192-2201.

[241] Xia W, Wu Z. An effective hybrid optimization approach for multi-objective flexible job-shop scheduling problems[J]. Computers & industrial engineering, 2005, 48(2): 409-425.

[242] Liu H, Abraham A, Choi O, et al. Variable neighborhood particle swarm optimization for multi-objective flexible job-shop scheduling problems[C]. Proceedings of the 6th Simulated Evolution and Learning. 2006: 197-204.

[243] Zhang G, Shao X, Li P, et al. An effective hybrid particle swarm optimization algorithm for multi-objective flexible job-shop scheduling problem[J]. Computers & Industrial Engineering, 2009, 56(4): 1309-1318.

[244] Xing L N, Chen Y W, Yang K W. An efficient search method for multi-objective flexible job shop scheduling problems[J]. Journal of Intelligent manufacturing, 2009, 20: 283-293.

[245] Li J, Pan Q, Liang Y C. An effective hybrid tabu search algorithm for multi-objective flexible job-shop scheduling problems[J]. Computers & Industrial Engineering, 2010, 59(4): 647-662.

[246] Ho N B, Tay J C. Solving multiple-objective flexible job shop problems by evolution and local search[J]. IEEE Transactions on Systems, Man, and Cybernetics, Part C (Applications and Reviews), 2008, 38(5): 674-685.

[247] Frutos M, Olivera A C, Tohmé F. A memetic algorithm based on a NSGA Ⅱ scheme for the flexible job-shop scheduling problem[J]. Annals of Operations Research, 2010, 181: 745-765.

[248] Wang X, Gao L, Zhang C, et al. A multi-objective genetic algorithm based on immune and entropy principle for flexible job-shop scheduling problem [J]. The International Journal of Advanced Manufacturing Technology, 2010, 51(5-8): 757-767.

[249] Moslehi G, Mahnam M. A Pareto approach to multi-objective flexible job-shop scheduling problem using particle swarm optimization and local search [J]. International Journal of Production Economics, 2011, 129(1): 14-22.

[250] Li J Q, Pan Q K, Gao K Z. Pareto-based discrete artificial bee colony algorithm for multi-objective flexible job shop scheduling problems [J]. The International Journal of Advanced Manufacturing Technology, 2011, 55: 1159-1169.

[251] Li J, Pan Q, Xie S. An effective shuffled frog-leaping algorithm for multi-objective flexible job shop scheduling problems [J]. Applied Mathematics and Computation, 2012, 218 (18): 9353-9371.

[252] Wang L, Zhou G, Xu Y, et al. An enhanced Pareto-based artificial bee colony algorithm for the multi-objective flexible job-shop scheduling [J]. The International Journal of Advanced Manufacturing Technology, 2012, 60: 1111-1123.

[253] Rahmati S H A, Zandieh M, Yazdani M. Developing two multi-objective evolutionary algorithms for the multi-objective flexible job shop scheduling problem[J]. The International Journal of Advanced Manufacturing Technology, 2013, 64: 915-932.

[254] Rabiee M, Zandieh M, Ramezani P. Bi-objective partial flexible job shop scheduling problem: NSGA-Ⅱ, NRGA, MOGA and PAES approaches [J]. International Journal of Production Research, 2012, 50(24): 7327-7342.

[255] Xiong J, Tan X, Yang K, et al. A hybrid multiobjective evolutionary approach for flexible job-shop scheduling problems[J]. Mathematical problems in engineering, 2012, 2012: 857-868.

[256] Chiang T C, Lin H J. A simple and effective evolutionary algorithm for multiobjective flexible job shop scheduling[J]. International Journal of Production Economics, 2013, 141(1): 87-98.

[257] Chiang T C, Lin H J. Flexible job shop scheduling using a multiobjective memetic algorithm[C]. Proceedings of the 7th Advanced Intelligent Computing Theories and Applications. 2012: 49-56.

[258] Moscato P. On evolution, search, optimization, genetic algorithms and martial arts: Towards memetic algorithms [J]. Caltech concurrent computation program, C3P Report, 1989, 826 (1989): 37.

[259] Krasnogor N, Smith J. A tutorial for competent memetic algorithms: model, taxonomy, and

design issues[J]. IEEE transactions on Evolutionary Computation, 2005, 9(5): 474-488.

[260] Neri F, Cotta C. Memetic algorithms and memetic computing optimization: A literature review [J]. Swarm and Evolutionary Computation, 2012, 2: 1-14.

[261] Ong Y S, Keane A J. Meta-Lamarckian learning in memetic algorithms[J]. IEEE transactions on evolutionary computation, 2004, 8(2): 99-110.

[262] Ong Y S, Lim M H, Zhu N, et al. Classification of adaptive memetic algorithms: a comparative study[J]. IEEE Transactions on Systems, Man, and Cybernetics, Part B (Cybernetics), 2006, 36(1): 141-152.

[263] Ishibuchi H, Narukawa K. Some issues on the implementation of local search in evolutionary multiobjective optimization[C]. Proceedings of the 6th Annual Conference on Genetic and Evolutionary Computation, 2004: 1246-1258.

[264] Sindhya K, Deb K, Miettinen K. Improving convergence of evolutionary multi-objective optimization with local search: a concurrent-hybrid algorithm[J]. Natural Computing, 2011, 10: 1407-1430.

[265] Ishibuchi H, Hitotsuyanagi Y, Nojima Y. An empirical study on the specification of the local search application probability in multiobjective memetic algorithms[C]. Proceedings of the 15th IEEE Congress on Evolutionary Computation, 2007: 2788-2795.

[266] Ishibuchi H, Hitotsuyanagi Y, Tsukamoto N, et al. Use of heuristic local search for single-objective optimization in multiobjec tive memetic algorithms [C]. Proceedings of the 7th Internadtional Conference on Parallel Problem Solving from Nature, 2008: 743-752.

[267] Garrett D, Dasgupta D. An empirical comparison of memetic algorithm strategies on the multiobjective quadratic assignment problem[C]. Proceedings of the 6th IEEE Symposium on Computational Intelligence in Multi-Criteria Decision-Making (MCDM). IEEE, 2009: 80-87.

[268] Van Laarhoven P J M, Aarts E H L, Lenstra J K. Job shop scheduling by simulated annealing [J].Operations research, 1992, 40(1): 113-125.

[269] Nowicki E, Smutnicki C. A fast taboo search algorithm for the job shop problem [J]. Management science, 1996, 42(6): 797-813.

[270] Gonçalves J F, de Magalhães Mendes J J, Resende M G C. A hybrid genetic algorithm for the job shop scheduling problem[J]. European journal of operational research, 2005, 167(1): 77-95.

[271] Lochtefeld D F, Ciarallo F W. Helper-objective optimization strategies for the job-shop scheduling problem[J]. Applied Soft Computing, 2011, 11(6): 4161-4174.

[272] Garey M R, Johnson D S, Sethi R. The complexity of flowshop and jobshop scheduling[J]. Mathematics of operations research, 1976, 1(2): 117-129.

[273] Geem Z W, Kim J H, Loganathan G V. A new heuristic optimization algorithm: harmony search[J]. simulation, 2001, 76(2): 60-68.

[274] Lee K S, Geem Z W. A new meta-heuristic algorithm for continuous engineering optimization:

harmony search theory and practice[J]. Computer methods in applied mechanics and engineering, 2005, 194(36-38): 3902-3933.

[275] Lee K S, Geem Z W, Lee S, et al. The harmony search heuristic algorithm for discrete structural optimization[J]. Engineering Optimization, 2005, 37(7): 663-684.

[276] Mahdavi M, Fesanghary M, Damangir E. An improved harmony search algorithm for solving optimization problems[J]. Applied mathematics and computation, 2007, 188(2): 1567-1579.

[277] Geem Z W, Lee K S, Park Y. Application of harmony search to vehicle routing[J]. American journal of applied sciences, 2005, 2(12): 1552-1557.

[278] Vasebi A, Fesanghary M, Bathaee S M T. Combined heat and power economic dispatch by harmony search algorithm[J]. International Journal of Electrical Power & Energy Systems, 2007, 29(10): 713-719.

[279] Wang L, Pan Q K, Tasgetiren M F. Minimizing the total flow time in a flow shop with blocking by using hybrid harmony search algorithms[J]. Expert Systems with Applications, 2010, 37 (12): 7929-7936.

[280] Del Ser J, Matinmikko M, Gil-López S, et al. Centralized and distributed spectrum channel assignment in cognitive wireless networks: a harmony search approach[J]. Applied Soft Computing, 2012, 12(2): 921-930.

[281] Lin J Y, Chen Y P. Analysis on the collaboration between global search and local search in memetic computation[J]. IEEE Transactions on Evolutionary Computation, 2011, 15(5): 608-623.

[282] Brucker P, Schlie R. Job-shop scheduling with multipurpose machines[J]. Computing, 1990.

[283] Najid N M, Dauzere-Peres S, Zaidat A. A modified simulated annealing method for flexible job shop scheduling problem[C]. Proceedings of the 32nd IEEE International Conference on Systems, Man and Cybernetics. IEEE, 2002, 5: 6.

[284] Mastrolilli M, Gambardella L M. Effective neighbourhood functions for the flexible job shop problem[J]. Journal of scheduling, 2000, 3(1): 3-20.

[285] Chen H, Ihlow J, Lehmann C. A genetic algorithm for flexible job-shop scheduling[C]. Proceedings of the 15th IEEE International Conference on Robotics and Automation. 1999, 2: 1120-1125.

[286] Zhang H, Gen M. Multistage-based genetic algorithm for flexible job-shop scheduling problem [J]. Journal of Complexity International, 2005, 11(2): 223-232.

[287] Zhang G, Gao L, Shi Y. An effective genetic algorithm for the flexible job-shop scheduling problem[J]. Expert Systems with Applications, 2011, 38(4): 3563-3573.

[288] Girish B S, Jawahar N. A particle swarm optimization algorithm for flexible job shop scheduling problem[C]. Proceedings of the 5th IEEE International Conference on Automation Science and Engineering. IEEE, 2009: 298-303.

[289] Rahmati S H A, Zandieh M. A new biogeography-based optimization (BBO) algorithm for the flexible job shop scheduling problem[J]. The International Journal of Advanced Manufacturing Technology, 2012, 58: 1115-1129.

[290] Fattahi P, Saidi Mehrabad M, Jolai F. Mathematical modeling and heuristic approaches to flexible job shop scheduling problems [J]. Journal of intelligent manufacturing, 2007, 18: 331-342.

[291] Gao J, Sun L, Gen M. A hybrid genetic and variable neighborhood descent algorithm for flexible job shop scheduling problems[J]. Computers & Operations Research, 2008, 35(9): 2892-2907.

[292] Li J Q, Pan Q K, Suganthan P N, et al. A hybrid tabu search algorithm with an efficient neighborhood structure for the flexible job shop scheduling problem[J]. The international journal of advanced manufacturing technology, 2011, 52: 683-697.

[293] Raeesi N M R, Kobti Z. A memetic algorithm for job shop scheduling using a critical-path-based local search heuristic[J]. Memetic Computing, 2012, 4: 231-245.

[294] Tung L F, Lin L, Nagi R. Multiple-objective scheduling for the hierarchical control of flexible manufacturing systems[J]. International Journal of Flexible Manufacturing Systems, 1999, 11: 379-409.

[295] Kacem I, Hammadi S, Borne P. Approach by localization and multiobjective evolutionary optimization for flexible job-shop scheduling problems[J]. IEEE Transactions on Systems, Man, and Cybernetics, Part C (Applications and Reviews), 2002, 32(1): 1-13.

[296] Bagheri A, Zandieh M, Mahdavi I, et al. An artificial immune algorithm for the flexible job-shop scheduling problem[J]. Future Generation Computer Systems, 2010, 26(4): 533-541.

[297] Yazdani M, Amiri M, Zandieh M. Flexible job-shop scheduling with parallel variable neighborhood search algorithm[J]. Expert Systems with Applications, 2010, 37(1): 678-687.

[298] Xing L N, Chen Y W, Wang P, et al. A knowledge-based ant colony optimization for flexible job shop scheduling problems[J]. Applied Soft Computing, 2010, 10(3): 888-896.

[299] Wang L, Zhou G, Xu Y, et al. An effective artificial bee colony algorithm for the flexible job-shop scheduling problem [J]. International Journal of Advanced Manufacturing Technology, 2012, 60(1-4): 303-315.

[300] Wang L, Wang S, Xu Y, et al. A bi-population based estimation of distribution algorithm for the flexible job-shop scheduling problem[J]. Computers & Industrial Engineering, 2012, 62(4): 917-926.

[301] Gen M. Solving job-shop scheduling problem using genetic algorithms[C]. Proceedings of the 16th International Conference on Computer and Industrial Engineering. 1994.

[302] Baker K. Sequencing and scheduling: an introduction to the mathematics of the job-shop[J]. INFORMS, 1983, 13(3): 94-96.

[303] Beck J C, Feng T K, Watson J P. Combining constraint programming and local search for job-

shop scheduling[J]. INFORMS Journal on Computing, 2011, 23(1): 1-14.

[304] Demšar J. Statistical comparisons of classifiers over multiple data sets[J]. The Journal of Machine learning research, 2006, 7: 1-30.

[305] Bhattacharya A, Abraham A, Vasant P, et al. Evolutionary artificial neural network for selecting flexible manufacturing systems under disparate level-of-satisfaction of decision maker [J]. International Journal of Innovative Computing, Information and Control, 2007, 3(1): 131-140.

[306] Ganesan T, Vasant P, Elamvazuthi I. Optimization of nonlinear geological structure mapping using hybrid neuro-genetic techniques[J]. Mathematical and Computer Modelling, 2011, 54(11-12): 2913-2922.

[307] Ganesan T, Vasant P, Elamvazuthi I. Hybrid neuro-swarm optimization approach for design of distributed generation power systems[J]. Neural Computing and Applications, 2013, 23: 105-117.

[308] Bhattacharya A, Vasant P. Soft-sensing of level of satisfaction in TOC product-mix decision heuristic using robust fuzzy-LP[J]. European Journal of Operational Research, 2007, 177(1): 55-70.

[309] Vasant P, Bhattacharya A, Sarkar B, et al. Detection of level of satisfaction and fuzziness patterns for MCDM model with modified flexible S-curve MF[J]. Applied Soft Computing, 2007, 7(3): 1044-1054.

[310] Díaz-Madroñero M, Peidro D, Vasant P. Vendor selection problem by using an interactive fuzzy multi-objective approach with modified S-curve membership functions [J]. Computers & mathematics with applications, 2010, 60(4): 1038-1048.

[311] Vasant P, Elamvazuthi I, Webb J F. Fuzzy technique for optimization of objective function with uncertain resource variables and technological coefficients[J]. International Journal of Modeling, Simulation, and Scientific Computing, 2010, 1(03): 349-367.

[312] Lei D. Co-evolutionary genetic algorithm for fuzzy flexible job shop scheduling[J]. Applied soft computing, 2012, 12(8): 2237-2245.

[313] Zheng Y, Li Y, Lei D. Multi-objective swarm-based neighborhood search for fuzzy flexible job shop scheduling[J]. International Journal of Advanced Manufacturing Technology, 2012, 60(9-12): 1063-1069.

[314] Lei D, Guo X. Swarm-based neighbourhood search algorithm for fuzzy flexible job shop scheduling[J]. International Journal of Production Research, 2012, 50(6): 1639-1649.

[315] Oddi A, Rasconi R, Cesta A, et al. Iterative Flattening Search for the Flexible Job Shop Scheduling Problem[C]. Proceedings of the 22nd International Joint Conference. 2011.

[316] Pacino D, Van Hentenryck P. Large neighborhood search and adaptive randomized decompositions for flexible jobshop scheduling[C]. Proceedings of the 22nd International Joint

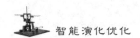
Conference. 2011, 11: 1997-2002.

[317] Tasgetiren M F, Suganthan P N, Pan Q K. An ensemble of discrete differential evolution algorithms for solving the generalized traveling salesman problem[J]. Applied Mathematics and Computation, 2010, 215(9): 3356-3368.

[318] Damak N, Jarboui B, Siarry P, et al. Differential evolution for solving multi-mode resource-constrained project scheduling problems[J]. Computers & Operations Research, 2009, 36(9): 2653-2659.

[319] Kazemipoor H, Tavakkoli-Moghaddam R, Shahnazari-Shahrezaei P, et al. A differential evolution algorithm to solve multi-skilled project portfolio scheduling problems [J]. The International Journal of Advanced Manufacturing Technology, 2013, 64: 1099-1111.

[320] Onwubolu G, Davendra D. Scheduling flow shops using differential evolution algorithm[J]. european Journal of Operational research, 2006, 171(2): 674-692.

[321] Qian B, Wang L, Hu R, et al. A hybrid differential evolution method for permutation flow-shop scheduling[J]. International Journal of Advanced Manufacturing Technology, 2008, 38.

[322] Qian B, Wang L, Hu R, et al. A DE-based approach to no-wait flow-shop scheduling [J]. Computers & Industrial Engineering, 2009, 57(3): 787-805.

[323] Panduro M A, Brizuela C A, Balderas L I, et al. A comparison of genetic algorithms, particle swarm optimization and the differential evolution method for the design of scannable circular antenna arrays[J]. Progress In Electromagnetics Research B, 2009, 13: 171-186.

[324] Cheng R, Gen M, Tsujimura Y. A tutorial survey of job-shop scheduling problems using genetic algorithms—I. Representation[J]. Computers & industrial engineering, 1996, 30(4): 983-997.

[325] Fisher H. Probabilistic learning combinations of local job-shop scheduling rules[J]. Industrial scheduling, 1963: 225-251.

[326] Jurisch B. Scheduling jobs in shops with multi-purpose machines[D]. University of Osnabrück, Germany, 1992.

[327] Nasiri M M, Kianfar F. A GES/TS algorithm for the job shop scheduling[J]. Computers & Industrial Engineering, 2012, 62(4): 946-952.

[328] Sha D Y, Hsu C Y. A hybrid particle swarm optimization for job shop scheduling problem[J]. Computers & Industrial Engineering, 2006, 51(4): 791-808.

[329] Karaboga D, Basturk B. A powerful and efficient algorithm for numerical function optimization: artificial bee colony (ABC) algorithm[J]. Journal of global optimization, 2007, 39: 459-471.

[330] Colorni A, Dorigo M, Maniezzo V, et al. Ant system for job-shop scheduling[J]. JORBEL-Belgian Journal of Operations Research, Statistics, and Computer Science, 1994, 34(1): 39-53.

[331] Cheng C C, Smith S F. Applying constraint satisfaction techniques to job shop scheduling[J]. Annals of Operations Research, 1997, 70(0): 327-357.

[332] Nowicki E, Smutnicki C. An advanced tabu search algorithm for the job shop problem[J].

Journal of Scheduling, 2005, 8: 145-159.

[333] Huang K L, Liao C J. Ant colony optimization combined with taboo search for the job shop scheduling problem[J]. Computers & operations research, 2008, 35(4): 1030-1046.

[334] Wang Y. A new hybrid genetic algorithm for job shop scheduling problem[J]. Computers & Operations Research, 2012, 39(10): 2291-2299.

[335] Bozejko W, Uchronski M, Wodecki M. Parallel Meta2heuristics for the Flexible Job Shop Problem[C]. Proceedings of the 9th International Conference on Artificial Intelligence and Soft Computing. 2010(2): 395-402.

[336] Harvey W D. Nonsystematic backtracking search[M]. Stanford university, 1995.

[337] Shaw P. Using constraint programming and local search methods to solve vehicle routing problems[C]. Proceedings of the 4th Principles and Practice of Constraint Programming. 1998: 417-431.

[338] Cesta A, Oddi A, Smith S F. Iterative flattening: A scalable method for solving multi-capacity scheduling problems[C]. Proceedings of the 17th Association for the Advancement of Artificial Intelligence/ Innovative Applications of Artificial Intelligence. 2000: 742-747.

[339] Pan Q K, Wang L, Gao L. A chaotic harmony search algorithm for the flow shop scheduling problem with limited buffers[J]. Applied Soft Computing, 2011, 11(8): 5270-5280.

[340] Tamaki H. A Paralleled Genetic Algorithm based on a Neighborthood Model and Its Application to the Jopshop Scheduling[J]. Parallel problem solving from nature, 1992, 2: 573-582.

[341] Carchrae T, Beck J C. Principles for the design of large neighborhood search[J]. Journal of Mathematical Modelling and Algorithms, 2009, 8(3): 245-270.

[342] Michel L, Hentenryck P V. A constraint-based architecture for local search[C]. Proceedings of the 17th Association for Computing Machinery Special Interest Group on Programming Languages conference on Object-oriented programming, systems, languages, and applications. 2002: 83-100.

[343] Godard D, Laborie P, Nuijten W. Randomized Large Neighborhood Search for Cumulative Scheduling[C]. Proceedings of the 15th International Conference on Automated Planning and Scheduling. 2005, 5: 81-89.

[344] Dongarra J J. Performance of various computers using standard linear equations software[J]. Association for Computing Machinery Special Interest Group on Computer Architecture Computer Architecture News, 1992, 20(3): 22-44.

[345] Minella G, Ruiz R, Ciavotta M. A review and evaluation of multiobjective algorithms for the flowshop scheduling problem[J]. INFORMS Journal on Computing, 2008, 20(3): 451-471.

[346] Mei Y, Tang K, Yao X. Decomposition-based memetic algorithm for multiobjective capacitated arc routing problem[J]. IEEE Transactions on Evolutionary Computation, 2011, 15 (2): 151-165.

附录 A

A.1　英文缩写对照表

英文缩写对照如表 A.1 所示。

表 A.1　英文缩写对照表

ABC	人工蜂群（Artificial Bee Colony）
ACO	蚁群优化（Ant Colony Optimization）
AIA	人工免疫算法（Artificial Immune Algorithm）
AL	局部化（Approach by Localization）
AR	平均排序（Average Ranking）
BBO	基于生物地理学的优化（Biogeography-Based Optimization）
BKS	最知名的解决方案（Best Known Solution）
CCG	控制最大交叉基因数目（Controlling the maximum number of Crossed Genes）
CNBs	互补朴素贝叶斯（Complement Naive Bayes）
CP	约束编程（Constraint Programming）
DCI	多样性比较指标（Diversity Comparison Indicator）
DE	差分进化（Differential Evolution）
DS	差异搜索（Discrepancy Search）
EAs	演化算法（Evolutionary Algorithms）
EC	进化计算（Evolutionary Computation）
EDA	分布估计算法（Estimation of Distribution Algorithm）
EFR	集成适应度排序（Ensemble Fitness Ranking）

EGO	有效全局优化(Efficient Global Optimization)
EI	期望改进(Expected Improvement)
EMO	演化多目标优化(Evolutionary Multi-objective Optimization)
FJSP	灵活车间调度问题(Flexible Job-shop Scheduling Problem)
GA	遗传算法(Genetic Algorithm)
GD	世代距离(Generational Distance)
HDE	混合差分进化(Hybrid Differential Evolution)
HHS	混合和声搜索(Hybrid Harmony Search)
HM	和声记忆(Harmony Memory)
HMCR	和声记忆的比例(Harmony Memory Considering Rate)
HMS	和声记忆大小(Harmony Memory Size)
HS	和声搜索(Harmony Search)
HV	超体积(Hypervolume)
HypE	多目标 HV 估计算法(HV estimation algorithm for multi-objective optimization)
IBEA	基于指标的演化算法(Indicator-Based Evolutionary Algorithm)
IFS	迭代扁平化搜索(Iterative Flattening Search)
IGD	反向世代距离(Inverted Generational Distance)
JSP	车间调度问题(Job-shop Scheduling Problem)
KBACO	基于知识的蚁群优化(Knowledge-Based Ant Colony Optimization)
LNS	拉丁超立方采样(Latin Hypercube Sampling)
LPV	最大位置值(Largest Position Value)
MaOPs	多目标优化问题(Many-objective Optimization Problems)
MAs	模因演算法(Memetic Algorithms)
MaxEvals	最大评估数(Maximum Number of Evaluations)
MO-COPs	多目标组合优化问题(Multi-Objective Combinatorial Optimization Problems)
MO-FJSP	多目标柔性作业车间调度(Multi-Objective Flexible Job-shop Scheduling Problem)
MOEA/D	问题分解多目标演化算法(Multi-Objective Evolutionary Algorithm Based on Decomposition)

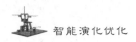
MOEAs	多目标演化算法(Multi-Objective Evolutionary Algorithms)
MOGA	多目标遗传算法(Muli-Objective Genetic Algorithm)
MOGLS	多目标遗传局部搜索(Multi-Objective Genetic Local Search)
MOPs	多目标优化问题(Multi-objective Optimization Problems)
MR	最大排序(Maximum Ranking)
MRE	平均相对误差(Mean Relative Error)
MRLS	多启动随机局部搜索(Multi-start Random Local Search)
MSOPS	多重单目标 Pareto 采样(Multiple Single-Objective Pareto Sampling)
MVU	最大方差展开(Maximum Variance Unfolding)
MWR	大部分工作剩余(Most Work Remaining)
NI	总即兴次数(Number of Improvisations)
NN	神经网络(Neural Network)
NSGA-Ⅱ	第二代非支配排序遗传算法(Non-dominated Sorting Genetic Algorithm Ⅱ)
PAR	调整比率(Pitch Adjusting Rate)
PBI	基于惩罚的边界交叉(Penalty-Based Boundary Intersection)
PCA	主成分分析(Principal Component Analysis)
PCSEA	Pareto 角落搜索演化算法(Pareto Corner Search Evolutionary Algorithm)
PESA-Ⅱ	第二代基于 Pareto 包络的选择算法(Pareto Envelope-Based Selection Algorithm Ⅱ)
PF	Pareto 前沿(Pareto Front)
P-FJSP	部分灵活车间调度问题(Partial Flexible Job-shop Scheduling Problem)
PSO	粒子群优化(Particle Swarm Optimization)
PVNS	并行可变邻域搜索(Parallel Variable Neighborhood Search)
RE	相对误差(Relative Error)
ReLU	修正线性单元(Rectified Linear Unit)
RF	随机森林(Random Forest)
SA	模拟退火(Simulated Annealing)
SBX	两点交叉(Simulated Binary Crossover)

SC	集合覆盖率(Set Coverage)
SFLA	混合的蛙跳算法(Shuffled Frog-Leaping Algorithm)
SMS-EMOA	S 测度选择演化算法(S Metric Selection Evolutionary Algorithm)
SO-COPs	单目标组合优化问题(Single-Objective Combinatorial Optimization Problems)
SOPs	单目标优化问题(Single-Objective Optimization Problems)
SPEA2	第二代强度 Pareto 演化算法(Strength Pareto Evolutionary Algorithm 2)
SVM	支持向量机(Support Vector Machine)
TS	禁忌搜索(Tabu Search)
VND	变邻域下降搜索(Variable Neighborhood Descent)
VNS	变邻域搜索(Variable Neighborhood Search)

A.2 图片索引

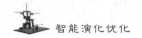
A.3 表格索引